Zum Aufbau dieses Pflanzenführers

Bei der Formenfülle der heimischen Flora fällt es gerade dem Anfänger schwer, die einzelnen Arten und Sippen zu unterscheiden. Zwar kann man die Pflanzenarten anhand morphologischer und anatomischer Kriterien beschreiben, aber den Weg der wissenschaftlichen Diagnose unter Hinzuziehen langer dichotom aufgebauter Bestimmungsschlüssel wird nicht jeder botanisch Interessierte beschreiten wollen.

Um dem Pflanzenfreund und Laien den Zugang zur Vielfalt der heimischen Pflanzenwelt zu erleichtern, werden die Pflanzenarten zunächst nach leicht unterscheidbaren Kriterien in Gruppen zusammengefasst.

Als Erstes erfolgt eine **Ordnung der Pflanzen nach der Blütenfarbe** (nähere Erläuterungen zu den Farbmerkmalen siehe vordere Klappentexte), in einem zweiten Schritt nach **Blütenmerkmalen** (siehe hierzu Gruppierung der Pflanzen innerhalb einer Farbkategorie nach Blütenmerkmalen ab S. 4).

Bei der Zuordnung einer Pflanze zu den aufgeführten Gruppen können mitunter Schwierigkeiten auftreten. Dies trifft vor allem zu für Arten, die in unterschiedlichen Farbvarianten auftreten, z. B. Wiesen-Schaumkraut weiß oder rosa, oder auch für Arten, deren Blüten anfangs rot und später blauviolett erscheinen, z. B. beim Weichen Lungenkraut. **In kritischen Fällen werden die Arten zweimal im Porträtteil, jeweils bei den zugehörigen Farbkategorien, aufgeführt.**

Abkürzungen und Symbole

✻	Blütezeit
↕	Wuchshöhe
▼	Lebensraum
♂	männliche Blüte oder Pflanze
♀	weibliche Blüte oder Pflanze
Pfl.	Pflanze
B.	Blatt, Blätter
B.chen	Blättchen
St.	Stängel
▲	Verbreitung und Vorkommen der Pflanze

Einführung

In diesem Pflanzenführer werden über 1500 Arten in naturgetreuen Farbzeichnungen mit möglichst detaillierten Unterscheidungsmerkmalen vorgestellt. Der Schwerpunkt der Artenauswahl liegt auf Deutschland unter Einbeziehung der Nachbarländer und einschließlich des Alpenraumes. Es ist natürlich nicht möglich, alle Arten darzustellen, die in diesem ausgedehnten Gebiet mit den unterschiedlichsten Natur- und Lebensräumen vorkommen. Der Alpenraum weist schon allein über 4500 Arten auf. Deutschland hat über 2500 Pflanzenarten zu bieten und die Flora Österreichs kommt insgesamt auf fast 3000 Arten. Auch wenn es bei diesen Zahlen zu Überschneidungen kommt, so ist die tatsächliche Artenzahl in diesem umrissenen Raum sehr hoch. So scheint es fast vermessen, der Artenfülle in einem Buch nur halbwegs gerecht werden zu wollen. Trotzdem wird versucht, anhand der Abbildungen und Beschreibungen einem breiten Nutzerkreis das Interesse an der heimischen Pflanzenwelt – und darüber hinaus –, an deren Namen, Verbreitung und Standortsansprüchen zu wecken, und einen Einstieg sowie eine Hilfe und Anregung zu weiteren Studien zu vermitteln.

Zur Entstehung des Buches

Die meisten neueren bebilderten Pflanzenführer verwenden Pflanzenfotos in unterschiedlicher Qualität. Detailgenauere Farbzeichnungen sind in der heutigen Zeit vielen Verlagen zu aufwendig.

Es ist daher erfreulich, dass der reiche Bilderschatz von Claus Caspari aus den vorausgegangenen Büchern in diesem Werk Verwendung findet. Eine Besonderheit ist, dass zusätzlich über 200 Farbzeichnungen neuer Arten in ebenso hervorragender Qualität durch Stefan Caspari hinzugekommen sind, die speziell für dieses Buch von ihm gezeichnet wurden. Die eingeschlagene Richtung naturgetreuer Pflanzendarstellung wird also fortgesetzt, in einer Zeit, in der eine kostengünstige, zeitsparende Produktion meist Vorrang vor Qualität hat – eine wahre Rarität.

Im Hauptteil des Buches sind über 1500 Arten abgebildet und beschrieben.
Folgende Kriterien waren für die Auswahl der Arten, die mit Abbildungen und ausführlichen Texten aufgeführt sind, entscheidend: Verbreitungsschwerpunkt Deutschland und die unmittelbar benachbarten Länder wie Österreich und Schweiz, aber auch Frankreich, Oberitalien und Slowenien, sowie eindeutige Darstellbarkeit als Farbzeichnung.

Bei sehr ähnlichen Arten, z. B. der Gattung der Melden (*Chenopodia*), die sich oft nur in der Struktur der Früchte und Samen unterscheiden lassen, oder bei Arten der Gattung Brombeere (*Rubus*), von denen es unzählige, sehr schwer unterscheidbare Sippen gibt, wurden nur einige wenige ausgewählt, sozusagen als Typus für die betreffende Gattung. So werden auch bei der sehr artenreichen Gattung der Habichtskräuter (*Hieracium*) nur solche Arten vorgestellt, die sich anhand ihres Aussehens und/oder standortspezifischer Merkmale (Alpenpflanzen oder Moorpflanzen) gut charakterisieren lassen. Attraktive Arten wie Orchideen oder Lilien wurden stärker berücksichtigt, auch wenn sie oft recht selten anzutreffen sind oder nur in eng definierten, umgrenzten Gebieten als sogenannte endemische Arten vorkommen (z. B. nur in den französischen oder italienischen Seealpen). Darunter fallen auch einige Arten des Mittelmeerraumes, deren Ausläufer sich bis Oberitalien und Südtirol erstrecken. Manche dieser südlich verbreiteten Arten kommen auch in wintermilden, warmen Gebieten Süddeutschlands vor (z. B. im Kaiserstuhl).

Dank

Danken möchte ich an dieser Stelle besonders Herrn Stefan Caspari für seine endlose Geduld, die Pflanzen, die ich ihm gebracht habe, in tagelanger Arbeit mit allen Details zu malen – auch wenn es sich oft um sehr aufwendige Darstellungen (z. B. von Disteln oder stark behaarten Arten) handelte. Dank gebührt auch den Mitarbeitern des Botanischen Gartens München, die uns bei schwer auffindbaren, seltenen Pflanzenarten ihr Pflanzenmaterial großzügig zur Verfügung gestellt haben. Nicht zuletzt möchte ich mich bei meiner Frau herzlich bedanken, die mich bei der Suche nach brauchbarem Pflanzenmaterial auf zahlreichen Exkursionen geduldig begleitet hat.

Thomas Schauer

Oben: Das Leberblümchen gehört zu den ersten Frühjahrsblühern der Wälder und Waldränder.

Unten: Zweigriffeliger Weißdorn mit reifen Früchten im Herbst.

Gruppierung der Pflanzen innerhalb einer Farbkategorie nach Blütenmerkmalen

Die Pflanzen innerhalb der Farbkategorien (nur bei den grünlich-bräunlichen Blüten erfolgt wegen der Überschaubarkeit der Gruppe keine weitere Unterteilung) sind nach ihren Blütenmerkmalen in **jeweils 4 Gruppen** zusammengefasst.

Im Hauptteil (S. 22–543) des Buches erfolgt dann die Anordnung der Arten innerhalb jeder Gruppe, also der Kombination aus Blütenfarbe und -form, nach deren Familienzugehörigkeit im herkömmlichen Pflanzensystem. Begonnen wird mit den Familien der einkeimblättrigen Arten. Daran schließen sich die Familien der zweikeimblättrigen Pflanzen an. Einkeimblättrige Arten zeichnen sich in der Regel durch parallelnervige Blätter (Ausnahmen: Einbeere und Aronstab) sowie 3-zählige Blüten aus. Zweikeimblättrige besitzen Blätter mit Netznervatur (Ausnahme: Wegerich, Gelber Enzian, Arnika) und meist 5-, seltener 4-zählige Blüten.

1. Pflanzen mit radiären Blüten: Die Blüte besteht aus 3 oder 4 Blütenblättern

Bei der radiären Blüte sind alle Blütenblätter gleich. Die Blüte ist strahlig oder radiärsymmetrisch. Durch die Blüte lässt sich mehr als 1 Symmetrieebene legen.

Gefranster Enzian

Kreuzblüte

Pfeilkraut

Ehrenpreis

2. Pflanzen mit radiären Blüten: Die Blüte besteht aus 5 oder mehr Blütenblättern

Glockenblume

Akelei

Schwertlilie

Trollblume

Leberblümchen

Affodill

3. Pflanzen mit spiegelsymmetrischen Blüten

Bei den spiegelsymmetrischen (zygomorphen) Blüten sind Ober- und Unterteil der Blüte verschieden. Die Blüte lässt sich durch 1 Symmetrieebene in 2 spiegelbildlich gleiche Hälften zerlegen. Es gibt Blüten, z. B. beim Ehrenpreis oder bei der Königskerze, bei denen das obere oder untere Kron- oder Blütenblatt nur undeutlich größer oder kleiner ist, sodass der Eindruck einer radiären Blüte vermittelt wird. In diesen Fällen wurden die Arten zur Gruppe mit radiären Blüten gestellt.

Orchideenblüte

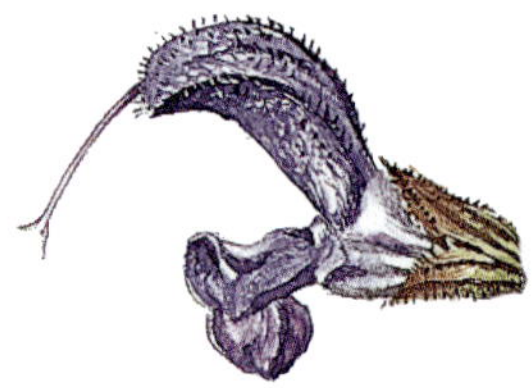

Lippenblüte
(mit Ober- und Unterlippe)

Veilchen

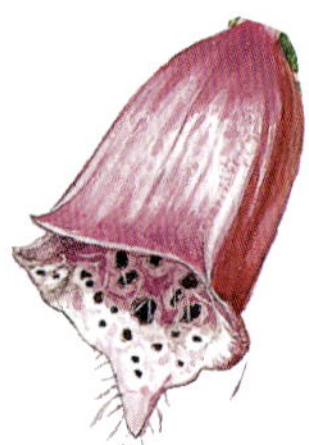

Fingerhut

Lippenblüte
(nur mit Unterlippe)

Schmetterlingsblüte

4. Pflanzen mit kleinen Blüten in dichten Blütenständen

Die Blüten sind in kugeligen oder flachen Köpfchen, in Körbchen, Dolden oder dichten Trauben und Ähren angeordnet. Der Blütenstand vermittelt den Eindruck einer einzigen Blüte, daher auch Scheinblüte genannt.

Köpfchen (Hasen-Klee, Teufelskralle, Skabiose)

Körbchen nur mit Strahlenblüten (Bocksbart)

Körbchen mit Strahlen- und Röhrenblüten (Margerite)

Körbchen nur mit Röhrenblüten (Strahlenlose Kamille)

Traube (Wiesen-Knöterich)

doldenartiger Blütenstand, Trugdolde (Wolfsmilch)

zusammengesetzte Dolde (Doldengewächse)

Ähre (Wegerich)

einfache Dolde (Lauch)

Weitere Erläuterung zu den im Text verwendeten Bestimmungsmerkmalen einer Pflanze

Die Einordnung nach Farbe und Form der Blüte einer Pflanze erlaubt eine grobe Orientierung. Für eine exakte Bestimmung einer Art sind noch weitere Merkmale über den Bau einer Pflanze wie Form und Stellung der Blätter notwendig. Die Erläuterungen zu den nötigen Fachausdrücken sind im Kapitel »Erklärung der Fachausdrücke (Bau der Pflanze)« ab S. 16 aufgeführt.

Ein weiteres Merkmal ist die **Wuchshöhe**. Die Angaben können nur einer groben Orientierung dienen, denn eine Art kann im Schatten wachsend sehr klein oder ansonsten auch sehr hochwüchsig werden. Bei den Größenangaben handelt es sich um Durchschnittswerte innerhalb einer gewissen Variationsbreite. Das Gleiche gilt für die Zeitspanne der **Blütezeiten**. Je nach den Standortbedingungen – sonnig, schattig, in geringer oder hoher Meereshöhe – kann die Blütezeit beträchtliche Unterschiede aufweisen. Noch schwieriger erwies es sich, bei der Weitläufigkeit des behandelten Raumes genauere Angaben zur **Häufigkeit einer Art** zu machen. Als Orientierung zu den Häufigkeitsangaben gelten folgende Erläuterungen:

- **häufig:** Arten, die an ihren typischen Standorten wie Wegränder oder Wälder und (fast) im gesamten Gebiet Mitteleuropas regelmäßig anzutreffen sind.
- **verbreitet:** Arten, die in fast allen Gebieten Mitteleuropas anzutreffen sind, aber mit geringerer Häufigkeit.
- **zerstreut:** Arten, die in den meisten Gebieten, aber oft nur an wenigen Stellen zu finden sind.
- **selten:** Arten, die nur noch in wenigen Gebieten und da meist nur an wenigen Fundpunkten vorkommen; meistens handelt es sich um Pflanzenarten spezieller Standorte wie Trocken- und Halbtrockenrasen oder Moore, die infolge von Intensivierung (für landwirtschaftliche Zwecke) oder infolge von Zerstörung (durch Straßenbau oder Siedlungstätigkeit) stark dezimiert oder in Mitleidenschaft gezogen sind.

Die **geografischen Verbreitungsangaben** sind sehr grob; sie beziehen sich meist auf ganz Europa, z. B. Mittel- und Südeuropa, nördlich bis Südskandinavien. Für typische Gebirgspflanzen werden in der Regel die Namen der Gebirge, wie Alpen, Pyrenäen, Apennin, Karpaten, angegeben. Wer detaillierte geografische Daten zur Verbreitung einer Art wissen möchte, muss auf spezifische Florenwerke der einzelnen Länder zurückgreifen.

Zum Schutzstatus

Angaben zum Schutzstatus einer Pflanze wurden nicht gemacht, da die Schutzbestimmungen in jedem Land und oft auch in den einzelnen Bundesländern (z. B. in Österreich) recht unterschiedlich sind. Um den Fortbestand vieler Arten und auch seltener Pflanzengesellschaften zu erhalten, ist in erster Linie der Standort- oder Biotopschutz vorrangig. Gerade Flächen in sogenannten Ödländern wie Magerwiesen, Magerweiden, Trockenrasen oder Sumpfwiesen unterliegen der Begehrlichkeit für eine Bebauung durch Gewerbegebiete und Einkaufszentren in der freien Landschaft. Groß ist auch der Flächenverbrauch naturnaher Standorte beim Bau von Skizentren einschließlich der notwendigen Infrastruktur. Hier werden z. B. bei Pistenplanien die Standorte gänzlich zerstört, indem der Boden mit dem gesamten Arteninventar an Pflanzen und den übrigen Bodenlebewesen ausgelöscht wird.

Hinsichtlich des Einzelschutzes sind natürlich attraktive Arten wie Maiglöckchen, Trollblume oder Enzianarten gefährdet, die oft dem »Pflanzenfreund« zum Opfer fallen. Bei dem intensiven Freizeittourismus sind selbst Arten mit einer hohen Individuenzahl z. B. auf einer Bergwiese bei dem Ansturm von Tausenden Besuchern an einem Wochenende gefährdet.

Eine intakte Streuwiese mit Sibirischer Schwertlilie. Nur ein Schutz der gesamten Fläche vor jeglichen Eingriffen, die die Existenz des Lebensraumes gefährden, dient auch dem Schutz der einzelnen Arten.

Äcker, Schutt- und Kiesplätze, Wege

Die Vegetation der Schutt- und Kiesplätze sowie der Wegränder und Bahndämme wird unter dem Begriff **Ruderalfluren** zusammengefasst. So unterschiedlich die Standorte hinsichtlich Bodenfeuchte und Bodenbeschaffenheit sein mögen, alle Arten brauchen offenen Boden, frei von Konkurrenten der Arten aus den Wiesen- und Waldgesellschaften. Ein Großteil der Pflanzen sind kurzlebige, einjährige Arten, die als Erstbesiedler oder Pioniere auf diesen Rohböden oder durch Bodenbearbeitung auf vegetationslosen Flächen siedeln. Häufig schmücken buntblütige Arten wie Klatsch-Mohn, Kornblume, Rittersporn oder Frauenspiegel die Getreidefelder, sofern keine chemische Bekämpfung der Ackerwildkräuter durchgeführt wird.

Trockenrasen, Magerrasen, steinige Hänge, Mauern

Offene Trockenrasen gibt es in Mitteleuropa von Natur aus nur dort, wo der Boden für Wald- und Strauchwuchs zu ungünstig ist. Zu nennen sind flachgründige oder felsige, meist südexponierte, trockene Hänge. Meist sind die baumfreien Inseln mit steppenartiger Vegetation durch Beweidung oder einschürige Mahd entstanden. Die meisten Felsheiden, Steppenrasen oder sonstigen baum- und strauchlosen Rasengesellschaften, wie der Kalkmagerrasen oder der Silikatmagerrasen, sind in Mitteleuropa Sekundärstandorte, die einst von Eichen-, Buchen- oder sonstigen Trockenwäldern bestockt waren. In Mitteleuropa haben die Trockenrasen ihren Schwerpunkt in warmen, niederschlagsarmen Gegenden.

Ein typischer Ruderalstandort mit offenem Rohboden und ersten Pionierpflanzen.

Auf nackten **Felsbändern und Felskuppen, Mauerkronen und Steinfugen** mit geringer Humusbildung und minimalem Wasserspeichervermögen können Bäume und Sträucher nur schwerlich Fuß fassen. Dort gedeihen flechten- und moosreiche Pioniergesellschaften mit vielen sukkulenten Pflanzen wie Hauswurz- und Mauerpfefferarten, die mit ihren fleischigen Blättern lange Zeit Wasser speichern können, oder mit Arten wie Felsen-Leimkraut und Thymian, die extreme Hitze und Trockenheit gut überdauern.

Fettwiesen und -weiden

Mit den Fettwiesen und -weiden ist das intensiv genutzte Wirtschaftsgrünland gemeint. Regelmäßige Mahd und/oder Beweidung bei häufiger Düngung lassen relativ artenarme Wiesengesellschaften entstehen. Auf den trockeneren, nur extensiv genutzten Wiesenstandorten trifft man gelegentlich eine bunte Wiesengesellschaft aus Glatthafer, Wiesen-Salbei, Margerite und Wiesen-Glockenblume an. Allerdings sind heute diese Standorte meist in Ackerland umgewandelt. Feuchtere Wiesen sind durch Kohldistel, Wiesen-Knöterich und, bei zunehmender Nässe, durch Trollblume, Sumpf-Dotterblume und Wasser-Greiskraut gekennzeichnet. Auch diese artenreichen Feuchtwiesen sind durch Dränmaßnahmen weitgehend verschwunden. Infolge frühzeitiger und im weiteren Jahresgang häufiger Mahd gelangen die meisten Wiesenkräuter nicht mehr zur Blüte und zur Samenreife, sodass sie ausbleiben.

Oben: Ein artenreicher Magerrasen auf einem flachgründigen, trockenen Standort ist meist durch Auflichtung und Rodung von Wäldern und anschließender extensiver Beweidung entstanden. Langfristig erobert sich der Wald diese Standorte wieder zurück.

Unten: Bunte Wiesen mit Wiesen-Salbei, Margerite und vielen anderen Kräutern sind ziemlich selten geworden.

Moore, Sümpfe, Gewässer

Moore entstehen durch Verlandung flacher Seen und Tümpel. Sie treten auch im Bereich austretender Quellen am Hang oder in Mulden auf, wo das Grundwasser nahe bis zur Oberfläche reicht. Die Pflanzen der Moorstandorte erzeugen Torf. Dieser besteht aus wenig zersetzten Pflanzenresten. Ständiger Wasserüberschuss mit sauerstoffarmem Wasser verhindert den vollständigen Abbau der Pflanzenreste, sodass Torfmächtigkeiten von wenigen Dezimetern bis mehreren Metern im Lauf von Jahrhunderten und darüber hinaus entstehen.

Die grundwasserabhängigen Niedermoore werden mit Nährstoffen und mineralischen Salzen versorgt. Sie sind reich an Blütenpflanzen. Die nur von Regenwasser gespeisten Hochmoore sind dagegen nährstoffarm. Nur wenige Blütenpflanzen wie Moosbeere und Rauschbeere oder Scheidiges Wollgras können sich ansiedeln.

Im Unterschied zu den Mooren trocknen die Standorte der **Sümpfe** gelegentlich aus, sodass die abgestorbenen Pflanzenreste zu Humus abgebaut werden.

Seen und Teiche zählen zu den Stillgewässern. Arten wie die meisten Laichkräuter oder Tausendblatt, die in 2–5 m Wassertiefe und in klaren Seen noch tiefer wachsen, rechnet man zur Unterwasservegetation. Pflanzen wie die See- und Teichrose, die ihre Blätter an langen Stielen bis zur Wasseroberfläche schicken, zählt man zu den Schwimmblattgesellschaften. Daran schließt sich uferwärts meist ein breiter Schilfgürtel an, der allmählich in ein Seggenried übergeht.

Oben: Ein von zahlreichen wassergefüllten Schlenken durchzogenes Moor. Nur auf den etwas höheren Flächen haben Birken und Fichten eine Chance zu wachsen.

Unten: Die Weiße Seerose zählt zu den Charakterarten der Schwimmblattzone der Stillgewässer.

Wälder, Waldränder, Gebüsche, Auen

Mitteleuropa war einst weitgehend von Wäldern bedeckt. Soweit die heutigen Waldbestände nicht durch forstliche Maßnahmen stark verändert sind, lassen sich anhand der Baumarten und der Zusammensetzung der Krautschicht am Boden zahlreiche Waldgesellschaften unterscheiden, von denen hier nur wenige aufgezeigt werden können.

Innerhalb der **Laubmischwälder** unterscheidet man unter anderem die buchenreichen Mischwälder an mäßig feuchten Standorten, die hainbuchenreichen Wälder auf trockeneren Böden und die eschen- und erlenreichen Mischwälder auf feuchteren Böden.
Die an Laubhölzern reichen Wälder zeigen vor dem Blattaustrieb eine üppige Bodenvegetation aus Leberblümchen, Busch-Windröschen, Waldmeister, Frühlings-Platterbse, Lungenkraut und vielen anderen Frühjahrsblühern. In den höheren Lagen der Gebirge (in den Mittelgebirgen um 500–1000 m, in den Alpen bei 800–1350 m) haben wir den Buchen-Tannenwald, dem noch die Fichte, durch den Menschen stark gefördert, beigemischt ist, während der bodensaure Buchen-Eichenwald oft als landschaftsbeherrschende Waldform der mitteleuropäischen Tieflagen bezeichnet wird.

Wenden wir uns den **Nadelwäldern** zu. Der hochstaudenreiche Tannenwald mit der Weißtanne bevorzugt regenreiche Mittelgebirge und die ozeanisch getönten Nordalpen bis in eine Höhe von fast 1700 m.
In den kontinentaleren Inneralpen sind in den Trockentälern der Wald-Kiefernwald, in den höheren Lagen der Lärchen-Zirbenwald verbreitet, der dort bei etwa 2400 m die Waldgrenze bildet. Die anspruchslose Wald-Kiefer tritt noch an verschiedensten Standorten waldbildend auf, so als wärmeliebender Eichen-Kiefernwald, als bodensaurer Sand-Kiefernwald, in Waldmooren und in Dünen-Kiefernwäldern. Die Fichte wurde durch die Forstwirtschaft gefördert.

Ein naturnaher, artenreicher Laubmischwald aus Buche, Tanne und Fichte.

Sie ist heute auf den unterschiedlichsten Standorten gebietsweise die vorherrschende Baumart. Natürliche **Auenwälder** weisen eine Zonierung auf. Unmittelbar am Fluss stockt die Weichholzaue. Sie wird dominiert von strauch- und baumförmigen Weiden und der Grau-Erle. Daran schließt sich meist ein erlenreicher Eschenwald an. Auf höheren, grundwasserferneren und nur selten überschwemmten Standorten stellt sich die Hartholzaue mit Ulme, Eiche, Hainbuche und Ahorn ein.

Alpen

Aus den alpinen Lebensräumen werden vor allem die Arten vorgestellt, deren Hauptverbreitung auf die Alpen und ähnliche Hochgebirge beschränkt ist, und zwar überwiegend auf die höheren Lagen nahe der Waldgrenze und darüber. In der **subalpinen Stufe** (in den Nordalpen etwa bei 1350–1900 m, in den Zentralalpen bei 1600–2400 m, in den Südalpen bei 1400–2000 m) sind neben den bereits erwähnten Wäldern die Zwergstrauchgesellschaften mit Alpenrosen, das Latschengebüsch auf trockeneren und das Grünerlengebüsch auf feuchteren, wasserzügigen Böden zu erwähnen. Die darüber anschließende **alpine Stufe** umfasst die Matten- und Felsregion, in der sehr unterschiedliche, aber immer extreme Standortbedingungen herrschen. Als Beispiele angeführt seien die flachgründigen Rasengesellschaften auf Kalk oder auf silikatreichem, saurem Gestein, die extrem humusarmen Felsspalten oder die Schutthalden und Kare, die ständig in Bewegung sind.

Vielfältig sind die Standorte in den Alpen, dementsprechend vielfältig ist auch deren Pflanzenwelt.

Die Stranddistel ist eine Charakterart im Dünensand der Meeresküsten.

Meeresstrand und Küste

Die **Salzpflanzengesellschaften** sind relativ artenarm, da nur wenige Arten den extremen Bedingungen des Meeresstrandes standhalten. Der breite, schlick und tonreiche Küstensaum zwischen Hoch- und Niedrigwasser wird als Watt bezeichnet. Es wird von einem dichten Quellerrasen besiedelt. Darauf folgt eine Zone aus Strand-Aster, Strandflieder, Salzmelde und dem Andelgras. An flachen Meeresküsten wird durch die Brandung ständig Sand über die Mittelhochwasserlinie angespült, der dann, durch Stürme landeinwärts transportiert, zu einer **Sanddüne** heranwächst. Auf dieser sogenannten Weißdüne siedeln sich Strandhafer, Meersenf und Strand-Melde sowie Stranddistel an.

Im Küstensaum zwischen Hoch- und Niedrigwasser (Watt) siedelt sich der Quellerrasen aus dem Gemeinen Queller an.

Erklärung der Fachausdrücke (Bau der Pflanze)

Bildungen der Oberfläche der Pflanze

Stacheln harte, stechende Auswüchse der Oberhaut am Blatt oder Stängel.

Im Gegensatz dazu sind Dornen zu harten, verholzten, stechenden Gebilden umgewandelte B., Kurz- oder Seitensprosse.

Haare 1-zellige oder mehrzellige, einfache oder verzweigte, gerade oder gekrümmte Vorstülpungen der Oberhaut der Pflanze, z. B.:

Borsthaare steif, stechend.

Drüsenhaare Haare mit einem Drüsenköpfchen an der Spitze (**1, 2**).

Kraushaare steif, gekrümmt, lang.

Seidenhaare dicht, anliegend, glänzend.

Sternhaare sternförmig verzweigt.

Wollhaare weich, dicht, lang.

Reif abwischbarer, weißer oder bläulicher Überzug am Blatt oder Stängel.

Das Blatt

Laubblatt gewöhnliches, meist grünes Blatt, das der Assimilation dient.

Hochblatt Blatt im Bereich der Blüten oder des Blütenstandes, meist von den übrigen Laubblättern stark abweichend (**3, 4**).

Hüllblatt schuppiges oder blattartiges Hochblatt, eine Blüte oder einen Blütenstand umgebend (**5, 6, 7**).

Niederblatt schuppenförmiges Blatt am Grund des Stängels und an unterirdischen Teilen (**8**).

Tragblatt krautiges oder schuppenförmiges Blatt, aus dessen Achseln die Blüten oder Seitensprosse entspringen (**9, 10**).

Spreublatt kleines, schuppenartiges B. zwischen den Einzelblüten mancher Korbblütler.

Vorblatt kleines, schuppenförmiges, oft häutiges Hochblatt, dem Blütenstiel ansitzend (z. B. bei Grasblüten).

Blattanheftung

gestielt mit deutlichem Blattstiel (**1**).

herablaufend Die Blattspreite zieht sich teilweise am Stängel herab (**2**).

sitzend ohne Blattstiel.

stängelumfassend oder halb stängelumfassend Das Blatt umgibt den Stängel mit seinem Grund ganz (**3**) oder zum Teil (**4**).

Blattnervatur

fiedernervig (5)

netznervig (6)

parallelnervig (7)

Blattteile

Blattspreite (8)

Blattstiel (8)

Blattachsel Winkel zwischen Blatt und Stängel.

Blattfieder Teil eines zusammengesetzten Blattes (**9**).

Blatthäutchen kleiner Fortsatz am Übergang der Blattscheide in die Spreite (z. B. bei Gräsern) (**10**).

Blattöhrchen kleines, lappenförmiges Anhängsel am Blattgrund (**11**).

Blattranke zartes, oft spiralig gedrehtes Organ zum Festhalten, aus einem Blatt oder Blattabschnitt gebildet (**9**).

Blattscheide verbreiteter, unterer Teil des Blattes, den Stängel röhrig oder bauchig umschließend (**10, 12, 13**).

Nebenblatt schuppen- oder blattartiges, meist paariges Anhängsel am Grund des Blattstieles (**14, 15**).

Weitere Blattmerkmale siehe hintere Klappe.

Die Blüte

Bütenhülle die äußeren Teile der Blüte. Ist die Blütenhülle doppelt, so bezeichnet man den äußeren Kreis als Kelch (**2**), den inneren als Krone (**1, 3**).

Blütenkelch aus meist grünen, freien Kelchblättern (**2**) oder Kelchblatt unten zu einer Kelchröhre (**3**) verwachsen, oben mit Kelchzipfeln (**3, 1**).

Blütenkrone aus gefärbten, freien Kronblättern (**5**) oder zu einer Kronröhre verwachsenen Kronblättern (**2, 4**), oben mit Kronzipfeln (**2**).

Außenkelch kelchartiges Gebilde aus mehreren Hochblättern dicht unter dem Kelch (**3**).

Nebenkrone kronblattähnlicher Kranz aus freien oder verwachsenen Anhängseln im Inneren der Krone (**5**).

Fruchtblatt enthält die Samenanlage(n); mehrere Fruchtblätter sind zu einem Fruchtknoten verwachsen, der einen oder mehrere, meist fadenförmige Griffel mit verschieden gestalteter Narbe zur Aufnahme des Pollens trägt (**6**).

Man unterscheidet nach der Stellung des Fruchtknotens:

unterständig wenn er unterhalb des Ansatzpunktes von Kelch und Krone sitzt (**7**).

mittelständig wenn er teilweise in den becherförmigen Teil des Blütenbodens eingesenkt ist (**8**).

oberständig wenn er oberhalb des Ansatzpunktes von Kelch und Krone steht (**9**).

Samenanlage vom Fruchtblatt oder Fruchtknoten eingeschlossen, liefert nach der Befruchtung die Samen (**10**).

Blütenboden oberster, verbreiteter (**7, 8, 9**) oder manchmal auch krugförmig ausgehöhlter (**10**) Teil des Blütenstängels, der die Blütenteile, bei Korbblütlern die Einzelblüten (**11**) trägt.

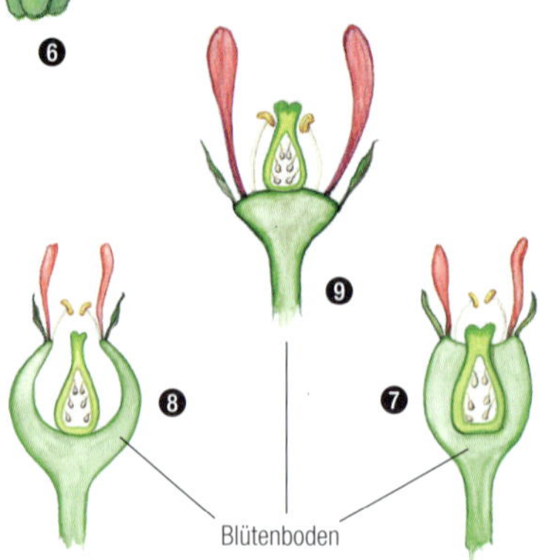

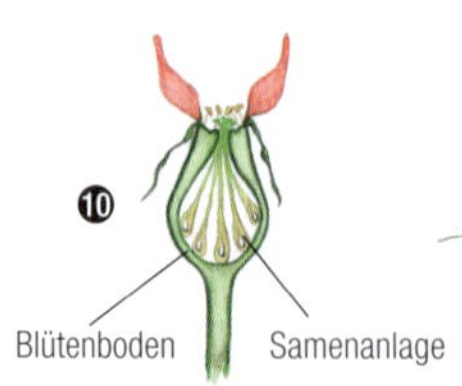

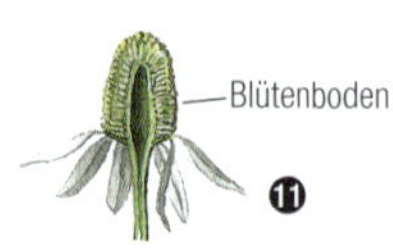

Sonderbildungen der Blüte

Blütensporn (1)

Schlundhöcker oder Gaumen bei Rachenblüten der Braunwurzgewächsen (2).

Schmetterlingsblüte Dabei nennt man das obere Kronblatt Fahne, die beiden unteren, verwachsenen Schiffchen und die beiden seitlichen Flügel (3).

Zungenblüte bei Korbblütengewächsen; Saum der Blütenkrone ist flach ausgebreitet (4).

Röhrenblüte bei Korbblütengewächsen; Blütenkrone zu einer 5-zipfeligen Kronröhre verwachsen (5).

Pappus Haarkranz an den Blüten bzw. Früchten vieler Korbblütler (5).

Ährchen Blütenstand bei Gräsern (6); jedes Ährchen besteht aus einer äußeren und einer inneren Hüllspelze sowie einer oder mehreren Blüten; jede Blüte besteht aus einer (oft begrannten) Deckspelze und einer Vorspelze (manchmal fehlend); Staubblätter 3, Narben 2, federig, Fruchtknoten 1, oberständig.

Nektardrüse (7)

Fruchtschlauch Bei Seggen ist der Fruchtknoten in einem geschlossenen Schlauch eingehüllt (8).

Blütenscheide oder **Spatha** (bei Aronstabgewächsen) meist gefärbte, kronblattartige Hochblattscheide (9).

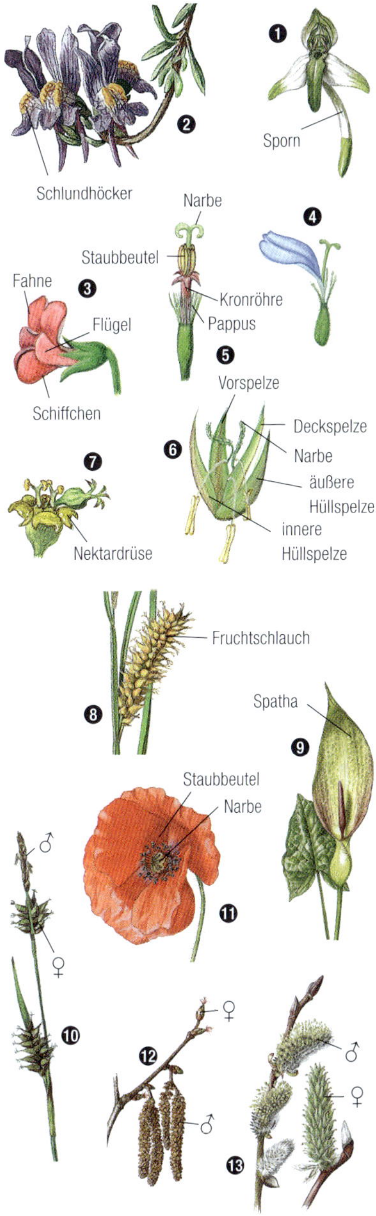

Geschlecht der Blüte

1-geschlechtig entweder mit Staubblatt (männliche Blüten) oder mit Fruchtknoten (weibliche Blüten) (10).

zwittrig oder **2-geschlechtig** mit Staubblatt und Fruchtknoten (11).

Nach der Verteilung der Geschlechter der Blüten ist die Pflanze

1-häusig wenn auf derselben Pflanze männliche und weibliche Blüten sitzen (12).

2-häusig wenn männliche und weibliche Blüten auf verschiedenen Pflanzen sind (13).

Früchte

Balgfrucht aus 1 Fruchtblatt bestehend, das sich nur an einer Längslinie öffnet.

Beere fleischige, 1- bis mehrsamige Frucht (**1**).

Beerenzapfen (Scheinbeere) Zapfen mit fleischig werdenden Fruchtschuppen (bei Wacholder) (**2**).

Hülse trockene Frucht aus 1 Fruchtblatt bestehend, öffnet sich an der Bauch- und Rückennaht (**3**).

Kapsel trockene Frucht aus mehreren Fruchtblättern bestehend, öffnet sich durch Spalten oder Poren (**4**).

Nuss 1-samige Frucht mit harter Schale (**5**).

Früchtchen oder **Nüsschen** 1-samige Teilfrucht bei Arten mit vielen freien Fruchtblättern (**6**).

Scheinbeere fleischige Frucht, an deren Bildung noch andere Organe der Blüte beteiligt sind (z. B. Erdbeere) (**7**).

Schötchen Frucht der Kreuzblütengewächse, die nicht mehr als 3-mal so lang wie breit ist (**8**).

Schote Frucht der Kreuzblütengewächse, die mehr als 3-mal so lang wie breit ist (**9, 10**).

Steinfrucht Frucht mit außen fleischiger, innen steinartiger Fruchtwand (**11**).

Zapfen »Frucht« der Nadelhölzer, bestehend aus zahlreichen, sich überlappenden, verholzenden Fruchtschuppen (**12**).

Sprossachse oder Stängel

besteht aus meist langen Gliedern, die durch **Knoten** begrenzt sind.

Gestalt

geflügelt mit längs verlaufenden, stark verbreiterten Leisten (1).

gefurcht mit längs verlaufenden Rinnen.

kantig im Querschnitt eckig.

stielrund im Querschnitt kreisförmig.

2-schneidig oder **2-seitig** mit 2 längs verlaufenden Kanten.

Besondere Formen

Ausläufer ober- oder unterirdisch kriechende Seitentriebe, die an der Spitze neue Pflanzen bilden (2).

Knolle fleischig verdickter Teil der Sprossachse (Speicherorgan) (3, 4).

Wurzelstock kriechender, unterirdischer Teil der Sprossachse, der jedes Jahr neu austreibt.

Zwiebel unterirdisches Organ aus dicht gestellten, fleischigen Schuppenblättern (5).

Bulbillen (6), **Brutzwiebeln** (7), **Brutknospen** (8) oder **Brutknöllchen** (9) knospenähnliche Jungpflanzen in Blattachseln oder Blütenständen der Mutterpflanze, die zu Boden fallen und dort anwachsen.

Froschlöffelgewächse *(Alismataceae)*

❶ Echtes Pfeilkraut *Sagittaria sagittifolia*

✻ Juni–Juli ↕ 30 –100 cm ▼ Teiche, Ufer, Gräben, Röhrichte, nährstoffreiche Gewässer

Untere B. flutend, bandförmig; Schwimmb. mit ovaler bis pfeilförmiger Spreite, obere B. aufrecht, tief pfeilförmig; Blüten quirlständig; innere 3 Blütenb. weiß, 2-mal so lang wie die 3 äußeren, grünen; Staubb. zahlreich. ▲ Ziemlich selten. Fast ganz Europa.

❷ Gemeiner Froschlöffel *Alisma plantago-aquatica*

✻ Juni–Aug. ↕ 20–90 cm ▼ Teiche, Seen und langsam fließende Gewässer, Röhrichte

B. eiförmig, am Grund abgerundet oder herzförmig, B.spreite 5–25 cm lang; Blüten in Quirlen, die inneren Blütenb. weiß, 2–3-mal so lang wie die 3 äußeren, grünen. ▲ Zerstreut. Europa.

❸ Lanzettblättriger Froschlöffel *Alisma lanceolatum*

✻ Juni–Aug. ↕ 20–60 cm ▼ Röhrichte, Ufer stehende oder langsam fließende Gewässer, Gräben, zeitweise überschwemmte Äcker; kalkliebend

Wasser- und Sumpfpfl., ähnlich Gemeinem Froschlöffel; B. breit-lanzettlich, in den B.stiel verschmälert; Kronb. rosa, am Rand gezähnt. ▲ Zerstreut bis selten. Mittel- und Südeuropa, nördlich bis England und Südschweden.

❹ Igelschlauch *Baldellia ranunculoides (Echinodorus ranunculoides)*

✻ Juni–Aug. ↕ 5–30 cm ▼ Salzhaltige Schlammböden, Tümpel, Gräben

B. grundständig, lang gestielt, lanzettlich, 3-nervig; Blüten 3-zählig; Kronb. fast kreisrund, 2–3-mal so lang wie der Kelch, weißlich bis schwach rosa, in 3–12-blütiger, endständiger Dolde; Blütenstiele 3–5 cm lang; Staubb. 6. ▲ Zerstreut bis selten. Nord- und Nordwestdeutschland, Belgien, Holland, Westschweiz.

❺ Herzlöffel *Caldesia parnassifolia* (incl. *Najadaceae)*

✻ Juli–Sept. ↕ 10–30 cm ▼ Stehende Gewässer, Altwässer, Gräben; wärmeliebend

B. (5b) bis 6 cm lang, gestielt; Blüten 3-zählig (5a), in quirligen Rispen; Quirläste meist 1-blütig; Blütenb. breit-eiförmig, 4–5 mm lang, die 3 äußeren grünlich, die 3 inneren weiß. ▲ Sehr selten. Mitteleuropa.

Froschbissgewächse *(Hydrocharitaceae)*

❻ Wasseraloe, Krebsschere *Stratiotes aloides*

✻ Mai–Juli ↕ 15–40 cm ▼ Nährstoffreiche Gewässer, Altwasser, Gräben

Pfl. frei schwimmend, mit Ausläufern; B. schwertförmig, 3-kantig, stachelig gesägt, zu einer trichterförmigen Rosette angeordnet; Blüten 3–4 cm breit; ♂ Blüten gestielt, ♀ Blüten sitzend; äußere 3 Blütenb. oval, grün, innere 3 Blütenb. rundlich, 2 cm breit, weiß. Geschützt! ▲ Ziemlich selten. Fast ganz Europa.

❼ Gewöhnlicher Froschbiss *Hydrocharis morsus-ranae*

✻ Juni–Aug. ↕ 15–30 cm ▼ Altwasser, nährstoffreiche Gewässer

Mit Ausläufern, an denen neue B.rosetten; B. gestielt, rundlich-nierenförmig, am Grund tief herzförmig, 2–6 cm breit, schwimmend; Blüten 5 cm lang gestielt, äußere 3 Blütenb. schmal-elliptisch, rosa oder grün, innere 3 Blütenb. rundlich, weiß, mit gelbem Grund. ▲ Zerstreut bis selten. Europa.

1
2
3
4
5a
5b
6
7

Kreuzblütengewächse *(Cruciferae* oder *Brassicaceae)*

❶ Acker-Schmalwand *Arabidopsis thaliana*

✻ Apr.–Juni ↕ 5–30 cm ▼ Äcker, Mauern, lückige Magerrasen; kalkmeidend

Pfl. mit grundständiger B.rosette; B. ei-länglich, gezähnt oder ganzrandig, 2–3 cm lang; Kronb. 2–4 mm lang, weiß, seltener lila; Schoten 1–2 cm lang, waagrecht bis aufrecht abstehend. ▲ Verbreitet. Ursprünglich Mittelmeergebiet, heute fast ganz Europa.

❷ Wiesen-Schaumkraut *Cardamine pratensis*

✻ Apr.–Juni ↕ 10–40 cm ▼ Fett- und Nasswiesen, Flachmoore, Ufer, Auenwälder

St. hohl, rund; B. unpaarig gefiedert; Grundb. mit rundlich-eiförmigen, St.b. mit linealischen Fiederb.; Kelchb. 4, 3–5 mm lang; Kronb. 4, 8–14 mm lang, weiß, rosa oder blasslila; Staubbeutel gelb; Schoten 2–4 cm lang. ▲ Verbreitet. Fast ganz Europa.

❸ Behaartes Schaumkraut, Vielstängeliges Schaumkraut *Cardamine hirsuta*

✻ Apr.–Juni ↕ 5–20 cm ▼ Gebüschsäume, Weinberge, Wegränder, Äcker; kalkmeidend

Pfl. mit grundständiger B.rosette; Endfieder der Rosettenb. rundlich; St. kahl oder zerstreut behaart, mit 2–4 gefiederten B.; Kronb. weiß, 2–4 mm lang, etwa doppelt so lang wie die Kelchb.; Staubb. meist 4, mit gelben Staubbeuteln; Schoten etwa 20 mm lang und 1 mm dick. ▲ Zerstreut. Fast ganz Europa (westlich).

❹ Bitteres Schaumkraut *Cardamine amara*

✻ Apr.–Juni ↕ 15–60 cm ▼ Quellfluren, Erlenbrüche, Bachufer, Gräben

St. markig, gefurcht; Grundb. nicht in einer Rosette; St.b. (4a) mit unpaarig gefiederten, jederseits mit 2–5 eiförmigen, geschweift stumpfzähnigen B.chen und etwas größerer Endfieder; Kronb. lila oder weiß, 7–12 mm lang, ausgebreitet; Staubb. 6, mit violetten Staubbeuteln (4b); Blütenstand 10–20-blütig; Schote linealisch, 2–4 cm lang, aufrecht, mit 1–2 cm langem Stiel. ▲ Verbreitet. Fast ganz Europa.

❺ Kleeblättriges Schaumkraut *Cardamine trifolia*

✻ Apr.–Juni ↕ 10–20 cm ▼ Krautreiche Buchen- und Mischwälder, Gebirgswälder

St. b.los oder mit 1 B.; Grundb. 3-zählig, lang gestielt, wintergrün; B.chen rautenförmig-rundlich, gekerbt; Kronb. 4, weiß, 8–11 mm lang; Staubbeutel gelb; Schoten 15–25 mm lang und 2 mm breit, Stiele etwa genauso lang. ▲ Zerstreut. Gebirge Mittel- und Südeuropas.

❻ Wald-Schaumkraut *Cardamine flexuosa*

✻ Apr.–Juni ↕ 10–50 cm ▼ Quellfluren, nasse Waldwege, kalkarme Böden

Pfl. mit grundständiger B.rosette; St. unten stark behaart, 4–10-blättrig; St.b. (6a) jederseits mit rundlichen bis verkehrt-eiförmigen, ganzrandigen oder geschweift gezähnten Fiederb. und größerer Endfieder; B.stiele am Grund nicht geöhrt; Blütenstiele 3–4 mm lang; Kronb. 3–4 mm lang, weiß, 2-mal so lang wie die grünlich violetten Kelchb.; Schoten aufrecht, 14–25 mm lang und 1–1,5 mm breit (6b). ▲ Verbreitet. Fast ganz Europa.

❼ Alpen-Schaumkraut *Cardamine alpina*

✻ Juli–Aug. ↕ 2–10 cm ▼ Schneetälchen, feuchte, kalkarme Felsen, 1600–3000 m

Grundb. rosettig, lang gestielt; alle B. ganzrandig oder seicht geschweift, fleischig; Blüten 4-zählig, weiß, zu 2–8; Kronb. schmal, 4–5 mm lang; Kelchb. länglich, grün, gegen die Spitze violett, weißhautrandig; Schote aufrecht, 10–15 mm lang und 2 mm breit, braun, an der Spitze oft violett. ▲ Zerstreut. Alpen, Pyrenäen.

4a
4b
7
5
1
6b
2
6a
3

Blüten weiß, Blütenblätter 4 oder weniger

Kreuzblütengewächse *(Cruciferae* oder *Brassicaceae)*

❶ Resedenblättriges Schaumkraut *Cardamine resedifolia*

✻ Mai–Aug. ↕ 2–15 cm ▼ Steinrasen, Schneetälchen, feuchte Felsen; kalkmeidend; 600–3200 m

Grundständige B.rosette mit ungeteilten oder 3-lappigen, lang gestielten B.; St.b. jederseits mit 2–3 schmalen B.chen und breit-elliptischen Endb.chen; Blütenstand 6–12-blütig; Kronb. 5–6 mm lang, weiß; Kelchb. grün, weißhautrandig, 1,5–2,5 mm lang; Schoten aufrecht, an 5–8 mm langen Stielen, 12–25 mm lang und 1–1,5 mm breit. ▲ Zerstreut. Hauptsächlich Zentralalpen, Gebirge Südeuropas.

❷ Rauhaarige Gänsekresse *Arabis hirsuta*

✻ Mai–Juli ↕ 10–80 cm ▼ Kalkmagerrasen, lichte Kiefernwälder

St. dicht beblättert; grundständige Rosettenb. eiförmig, in den kurzen Stiel verschmälert, gezähnt oder ganzrandig; St.b. ei-lanzettlich, mit herzförmigem Grund sitzend oder pfeilförmig st.umfassend, meist stark behaart; Blütenstand reichblütig, nach der Blüte verlängert; Kronb. 4–6 mm lang, weiß; Schoten 15–35 mm lang, aufrecht, gedrängt, Klappen mit Mittelnerv. ▲ Verbreitet. Fast ganz Europa.

❸ Turmkraut, Kahle Gänsekresse *Arabis glabra (Turritis glabra)*

✻ Mai–Juli ↕ 60–120 cm ▼ Wald- und Heckenränder, lichte Eichenwälder

Grundb. buchtig gezähnt bis fiederteilig, zur Blütezeit verwelkt; St.b. ganzrandig, st.umfassend, sitzend, kahl, bläulich bereift; Krone 5–8 mm breit, gelblich weiß; Schoten 4-kantig, 4–7 cm lang, am St. angedrückt. ▲ Zerstreut. Europa.

❹ Alpen-Gänsekresse *Arabis alpina*

✻ Mai–Sept. ↕ 6–40 cm ▼ Feuchter, kalkreicher Feinschutt, Felsspalten, Quellfluren und Schneebodengesellschaften, 500–3200 m

Pfl. mit grundständiger Rosette mit verkehrt-eiförmigen, kurz gestielten, grob gezähnten B.; St.b. eiförmig, gezähnt, mit herzförmigem Grund st.umfassend; Kronb. weiß, bis 1 cm lang; Kelchb. grün, hautrandig, bis 4 mm lang; Schoten 2–6 cm lang und 1–2 mm breit, auf waagrecht abstehenden Stielen. ▲ Häufig. Alpen, deutsche Mittelgebirge, Jura, Apennin, Karpaten, Illyrien, Balkanhalbinsel, Arktis.

❺ Zwerg-Gänsekresse *Arabis bellidifolia (Arabis pumila)*

✻ Juni–Aug. ↕ 5–20 cm ▼ Felsschutt, Felsspalten, Pionierrasen, nur auf Kalk, 500–3000 m

Pfl. mit grundständiger B.rosette; B. verkehrt-eiförmigen, von Sternhaaren rau, in den kurzen B.stiel verschmälert; St.b. 2–3, am Rand bewimpert; Blüten weiß, in armblütiger Doldentraube; Kronb. 5–8 mm lang; Schoten bis 4 cm lang und 2 mm breit. ▲ Verbreitet. Alpen, Apennin, Abruzzen.

❻ Glanz-Gänsekresse *Arabis subcoriacea*

✻ Juni–Aug. ↕ 15–30 cm ▼ Quellfluren, nasser Felsschutt, auf Kalk, 600–2800 m

Pfl. kahl mit glänzenden B.; Rosettenb. länglich bis verkehrt-eiförmig, in den langen Stiel verschmälert; St.b. zahlreich, eiförmig, sitzend; Blüten weiß, in dichtblütiger Traube; Kronb. 6–7 mm lang; Kelchb. 3–4 mm lang; Schoten 3–4 cm lang, an 7–15 mm langen Stielen. ▲ Zerstreut. Alpen, Pyrenäen, Karpaten.

❼ Wocheiner Gänsekresse *Arabis vochinensis*

✻ Juni–Aug. ↕ 5–15 cm ▼ Feuchte Schuttfluren, lückige Steinrasen, meist auf Kalk, 1000–2200 m

Pfl. rasenbildend, fast kahl oder schwach behaart; Rosettenb. verkehrt-eiförmig, stumpf, allmählich in den kurzen Stiel verschmälert; St.b. länglich-spitz; Blüten weiß, in dichten Trauben, auf kurzen, aufrecht abstehenden Stielen; Kronb. etwa 6 mm lang; Kelchb. 3 mm lang, weißhautrandig; Schoten linealisch, bis 2,5 cm lang, an 6–8 mm langen Stielen. ▲ Zerstreut. Südöstliche Kalkalpen.

1
2
3
4
5
6
7

Kreuzblütengewächse *(Cruciferae* oder *Brassicaceae)*

❶ Echte Brunnenkresse *Nasturtium officinale*

✻ Mai–Sept. ↕ 30–80 cm ▼ Bäche, Gräben, Quellen, schnell fließende, kühle Gewässer

St. kriechend oder aufsteigend, hohl, verzweigt, kahl; B. gefiedert, mit größerer Endfieder, scharf schmeckend; Blüten weiß; Kronb. 4, 4–5 mm lang; Staubbeutel gelb; Schoten 13–18 mm lang, deren Stiele 8–12 mm lang. ▲ Zerstreut. Europa.

❷ Sandkresse *Cardaminopsis arenosa*

✻ Apr.–Aug. ↕ 10–40 cm ▼ Sandtrockenrasen, Bahndämme, entwässerte Moore, Steinschutt

Pfl. unten abstehend behaart, mit grundständiger B.rosette; B. meist fiederspaltig oder grob gezähnt, obere St.b. lanzettlich, gezähnt oder ganzrandig; Kronb. 6–8 mm lang, weiß, manchmal blasslila; Schoten 2–4 cm lang, 1 mm breit, deutlich abgeflacht, an 1–2 cm langen Stielen. ▲ Zerstreut. Ursprünglich Osteuropa, sich in ganz Europa ausbreitend.

❸ Turmgänsekresse *Pseudoturritis turrita (Arabis turrita)*

✻ Apr.–Mai ↕ 40–80 cm ▼ Lichte Wälder, Waldränder, Gebüsche

Grundb. eiförmig bis spatelig, in den Stiel verschmälert; St.b. (3a) länglich, mit herzförmigem Grund st. umfassend, am Rand, geschweift gezähnt; Kronb. (3b) gelblich weiß; Schoten 7–14 cm lang, 2–3 mm breit, 1-seitig bogig überhängend. ▲ Zerstreut. Mittel- und Südeuropa.

❹ Meerrettich *Armoracia rusticana*

✻ Mai–Juli ↕ 60–120 cm ▼ Kulturpfl., in Unkrautfluren verwildert

Grundb. ei-länglich, bis 1 m lang, lang gestielt, gezähnt; untere St.b. fiederspaltig, obere St.b. ungeteilt, gezähnt bis ganzrandig; Kronb. 5–7 mm lang, weiß; Blüten in reichblütigen Trauben; Schötchen walzlich, 4–6 mm lang; Gemüse- und Heilpfl., senfölreich. ▲ Häufig. Ursprünglich Osteuropa, heute fast ganz Europa.

❺ Graukresse *Berteroa incana*

✻ Juni–Okt. ↕ 20–70 cm ▼ Kiesgruben, Wege, Schutt, Bahngelände

Pfl. 1–2-jährig, durch Sternhaare graugrün, mit dünner Pfahlwurzel; B. lanzettlich, meist ganzrandig, in den kurzen B.stiel verschmälert, 3–5 cm lang; Kronb. tief 2-spaltig, weiß, 5–6 mm lang; Schötchen elliptisch, sternhaarig, grau, 7–10 mm lang, in ährenförmigen Trauben. ▲ Zerstreut bis selten. Mittel- und Südeuropa (östlich).

❻ Bittere Schleifenblume, Bitterer Bauernsenf *Iberis amara*

✻ Mai–Aug. ↕ 10–20 cm ▼ Getreidefelder, trockene, steinige, kalkreiche Böden

B. keilförmig, entfernt gezähnt, stumpf, 3–5 cm lang, am Rand gewimpert; Blüten in doldenartiger, später sich verlängernder Traube; Kronb. weiß, selten hellviolett, die nach außen gerichteten 6–8 mm lang und doppelt so lang wie die inneren; Schötchen 4–6 mm lang und fast so breit, mit flügelartigem Rand; Fruchtstiel fast waagrecht abstehend. ▲ Selten. West- und Mitteleuropa.

❼ Felsen-Bauernsenf *Iberis saxatilis*

✻ Juni–Aug. ↕ 5–15 cm ▼ Felsspalten, Felsschutt, auf Kalk, 1000–2500 m

Pfl. unten verholzt, niederliegend, verzweigt, mit zahlreichen nichtblühenden B.rosetten; B. immergrün, lederig, stachelspitz, bis 15 mm lang und 2 mm breit; Blüten in dichter, später sich verlängernder Traube; Kronb. weiß, selten rosa, die äußeren 6–8 mm lang, doppelt so lang wie die inneren; Schötchen flach, rundlich, 5–8 mm lang und fast so breit wie lang, vorne breit geflügelt und tief ausgerandet. ▲ Ziemlich selten. Südwestalpen, Gebirge Südeuropas.

7
1
4
5
2
3
6
3a
3b

Kreuzblütengewächse *(Cruciferae* oder *Brassicaceae)*

❶ Frühlings-Hungerblümchen *Draba verna*

✻ März–Mai ↕ 3–15 cm ▼ Lückige Magerrasen, sandige Äcker, Wege, Kiesböden

B. keilförmig, ganzrandig oder entfernt gezähnt, sternhaarig, in grundständiger Rosette; Stängel b.los; Kronb. weiß oder rosa, tief ausgerandet; Schötchen länglich-elliptisch, 5–10 mm lang. (Formenreiche Art) ▲ Häufig. Europa.

❷ Fladnitzer Felsenblümchen *Draba fladnizensis*

✻ Juni–Aug. ↕ 2–8 cm ▼ Kalkarmer und kalkreicher Schieferschutt, Felsspalten, windexponierte Steinrasen, 2000–3200 m

Pfl. dichtrasig, polsterförmig, mit den Resten abgestorbener B. bedeckt; B. in grundständiger Rosette, lanzettlich, am Rand gewimpert, 5–10 mm lang; Blütenstand armblütig; Kronb. weiß oder grünlich weiß, 2–3 mm lang; Schötchen oval, kahl, 3–5 mm lang, auf 2–5 mm langen, kahlen Stielen; Griffel fast fehlend. ▲ Ziemlich selten. Alpen, Pyrenäen, Karpaten.

❸ Gletscher-Felsenblümchen *Draba dubia*

✻ Mai–Juli ↕ 3–14 cm ▼ Felsspalten, Feinschutt, auf Kalk und Silikat, 1800–3200 m

Pfl. lockerrasig; Triebe mit vielen toten B.resten; Grundb. in dichter Rosette; B. sternhaarig, schmal, verkehrt-eiförmig, 5–8 mm lang; Blütentraube 3–8-blütig; Kronb. weiß, 3–4 mm lang; Schötchen länglich-elliptisch, 6–14 mm lang, an beiden Enden zugespitzt, meist kahl. ▲ Zerstreut (in den Nordalpen selten). Alpen, Sierra Nevada, Pyrenäen, Tatra.

❹ Acker-Hellerkraut *Thlaspi arvense*

✻ Apr.–Sept. ↕ 10–40 cm ▼ Unkrautfluren, Äcker, Schutt

Pfl. kahl, beim Zerreiben mit Lauchgeruch; St. kantig; St.b. lanzettlich, mit pfeilförmigem Grund st.umfassend, ganzrandig oder gezähnt; Blüten weiß, 4–6 mm breit, in endständigen Trauben; Schötchen 10–15 mm lang, flach, fast kreisrund, breit geflügelt, oben u-förmig ausgerandet. ▲ Ziemlich häufig. Europa.

❺ Durchwachsenblättriges Hellerkraut *Thlaspi perfoliatum*

✻ März–Mai ↕ 5–20 cm ▼ Weinberge, Äcker, Wege, Kalkmagerrasen

St. rund; St.b. herzförmig, st.umfassend sitzend, ganzrandig, blaugrün; Blüten weiß; Schötchen herzförmig, 4–8 mm lang, vorne breit geflügelt, Flügel den Griffel in der Ausrandung überragend. ▲ Zerstreut. Mittel- und Südeuropa, nördlich bis Südskandinavien.

❻ Alpen-Gemskresse *Pritzelago alpina (Hutchinsia alpina)*

✻ Juni–Aug. ↕ 5–12 cm ▼ Kalkschutt, Geröll, Felsbänder, etwa 1500–3400 m, im Geröll der Alpenflüsse oft herabgeschwemmt und tiefer

Pfl. mit grundständiger B.rosette; St. zu mehreren, 1-fach, b.los; B. bis zum Mittelnerv fiederteilig; Blüten in gedrungenen, dann verlängerten Trauben; Kronb. 3–5 mm lang, weiß; Schötchen eiförmig, 4–5 mm lang. ▲ Verbreitet. Gebirge Mittel- und Südeuropas.

❼ Felsen-Kugelschötchen *Kernera saxatilis*

✻ Mai–Juli ↕ 10–30 cm ▼ Felsspalten, Felsschutt, Flussgeröll, auf Kalk, 500–3000 m

Rosettenb. länglich, ganzrandig oder vorne gezähnt bis fiederspaltig, rauhaarig; St.b. linealisch; Blüten in lockeren, zusammengesetzten Blütenständen; Kronb. weiß, etwa 4 mm lang; Kelchb. gelblich grün, etwa 2 mm lang; Schötchen fast kugelig oder birnförmig, bis 3 mm lang. ▲ Verbreitet. Alpen und Vorland, Gebirge Südeuropas.

6
2
3
4
7
5
1

Kreuzblütengewächse *(Cruciferae* oder *Brassicaceae)*

❶ Gebräuchliches Löffelkraut, Löffelkresse *Cochlearia officinalis*

✻ Mai–Aug. ↕ 5–30 cm ▼ Salzwiesen, Salzsümpfe

B. fleischig; untere B. breit-herzförmig oder nierenförmig; Blüten 8–10 mm breit; Kronb. weiß, 4–9 mm lang; Schötchen eiförmig bis kugelig, 4–7 mm lang. ▲ An den Küsten Nord-, Mittel- und Westeuropas zerstreut, im Binnenland selten.

❷ Dänisches Löffelkraut *Cochlearia danica*

✻ Mai–Juni ↕ 5–10 cm ▼ Salzwiesen, Küstensand

Untere B. herzförmig; Stängelb. gestielt, 3–7-lappig, efeuähnlich; Blüten 3–5 mm breit, weiß oder rosa; Schötchen 3–6 mm lang, elliptisch, fein-netznervig. ▲ Verbreitet. Küsten West-, Mittel- und Nordeuropas.

❸ Hirtentäschel *Capsella bursa-pastoris*

✻ Jan.–Dez. ↕ 10–50 cm ▼ Äcker, Wege, Schutt, Gärten

B. tief fiederteilig, in grundständiger Rosette, obere Stängelb. lanzettlich, mit pfeilförmigem Grund stängelumfassend; Blüten weiß, 4–5 mm breit; Schötchen 3-eckig, flach, in verlängerten, b.losen Trauben. ▲ Häufig. Europa.

❹ Bauernsenf *Teesdalia nudicaulis*

✻ Apr.–Mai ↕ 8–15 cm ▼ Sandtrockenrasen, bodensaure, sandige Äcker

B. in grundständiger Rosette, meist leierförmig-fiederspaltig, 2–5 cm lang; Stängel aufrecht, kahl, meist b.los; Kronb. weiß, 1–2 mm lang, die äußeren länger als die inneren; Schötchen breit-elliptisch, schmal geflügelt, löffelförmig gebogen, 3–4 mm lang. ▲ Zerstreut bis selten. Mittel- und Südeuropa, in Nordeuropa bis Südskandinavien, Nordirland, Südengland.

❺ Feld-Kresse *Lepidium campestre*

✻ Mai–Juni ↕ 20–60 mm ▼ Wege, trockene Ruderalstellen, Äcker

Pflanze graugrün, behaart; Stängel meist einzeln; B. pfeilförmig stängelumfassend, ungeteilt, lanzettlich, gezähnt; Blüten weiß, 2–3 mm breit, in ährenförmigen Trauben; Schötchen breit-eiförmig, dicht mit schuppigen Bläschen bedeckt, flach oder etwas gewölbt, geflügelt, am Griffel ausgerandet, dieser die Ausrandung des Flügels nicht überragend. ▲ Zerstreut. Europa.

❻ Pfeilkresse *Cardaria draba (Lepidium draba)*

✻ Apr.–Juli ↕ 20–60 cm ▼ Unkrautfluren, Weinberge, Wege, Dämme, Schutt

B. länglich-eiförmig, unregelmäßig gezähnt, obere B. mit herz-pfeilförmigem Grund stängelumfassend; Blüten 5–6 mm breit, weiß, in dichten Trauben; Schötchen herzförmig, 4–5 mm breit, ungeflügelt. ▲ Zerstreut. Mittel- und Südeuropa (östlich).

❼ Lauchkraut, Lauchhederich *Alliaria petiolata (A. officinalis)*

✻ Apr.–Juni ↕ 20–100 cm ▼ Schattige Unkrautfluren, Waldränder, Zäune

Pflanze beim Zerreiben nach Knoblauch riechend; Grundb. herz- bis nierenförmig, gekerbt, lang gestielt; Blüten weiß, 5–8 mm breit; Schoten 2–3 cm lang, an aufrecht abstehenden Stielen. ▲ Häufig. Fast ganz Europa.

4
5
6
1
3
2
7

Rötegewächse *(Rubiaceae)*

❶ Wiesen-Labkraut *Galium mollugo*

✻ Mai–Sept. ↕ 25–80 cm ▼ Fettwiesen, Wegraine, Gebüsche, Waldränder

Pflanze niederliegend, aufsteigend oder kletternd; Stängel 4-kantig; B. lineal-lanzettlich, 2–8 mm breit, mit aufgesetzter Spitze, zu 6–9 im Quirl; Blütenstand pyramidenförmig, rispenartig; Krone 4-zählig, radförmig, 2–3 mm breit; Kronzipfel grannenartig zugespitzt; Blütenstiele 2–4 mm lang, zur Fruchtzeit sparrig spreizend, dadurch Fruchtstand locker. – Sehr ähnlich ist das **Weiße Labkraut** *(G. album)*; Krone 3–4 mm breit; Blütenstiele 1–3 mm lang, zur Fruchtzeit kaum spreizend, dadurch Fruchtstand locker; B. lanzettlich, allmählich in die Spitze verschmälert. Wiesen, Auenwälder, Waldränder; ▲ Häufig. Europa.

❷ Sumpf-Labkraut *Galium palustre*

✻ Mai–Sept. ↕ 15–80 cm ▼ Röhrichte, Nasswiesen, Gräben, Ufer, Erlenbrüche

Stängel dünn, von gekrümmten, feinen Stacheln rau; B. schmal ei-lanzettlich, vorne breiter, stumpf, 1-nervig, zu 4–6 im Quirl, getrocknet schwärzlich; Blütenstand locker; Krone 4-zipfelig, weiß, 3–5 mm breit; Staubbeutel purpurn; Frucht fast glatt. ▲ Verbreitet. Fast ganz Europa.

❸ Moor-Labkraut *Galium uligonosum*

✻ Juni–Sept. ↕ 15–60 cm ▼ Kalkarme Moorwiesen

Pflanze ähnlich dem Sumpf-Labkraut, aber B. lineal-lanzettlich, stachelspitzig, zu 6–8 im Quirl; Staubbeutel gelb; Frucht feinkörnig-rau. ▲ Verbreitet. Fast ganz Europa.

❹ Nordisches Labkraut *Galium boreale*

✻ Juni–Aug. ↕ 30–50 cm ▼ Flachmoore, Magerwiesen, Auenwiesen, Kiefern- und Eichenwälder

Stängel steif, aufrecht; B. zu 4 quirlständig, derb, lanzettlich, stumpf, 3-nervig; Blütenstand pyramidenförmig; Krone 4-zählig, weiß, 3–5 mm breit. ▲ Zerstreut. Nord- und Mitteleuropa, Gebirge Südeuropas.

❺ Wald-Labkraut *Galium sylvaticum*

✻ Juni–Aug. ↕ 30–100 cm ▼ Laubwälder, Waldränder

Stängel stielrund, fein 4-rippig; B. blaugrün, stachelspitz, meist zu 8 im Quirl; Blütenstand lockerrispig, ausgebreitet, mit feinen Blütenstielen; Krone weiß, 2–3 mm breit, mit zugespitzten Zipfeln. ▲ Ziemlich häufig. Hauptsächlich Mitteleuropa.

❻ Rundblättriges Labkraut *Galium rotundifolium*

✻ Juni–Sept. ↕ 10–25 cm ▼ Tannen- und Fichtenwälder, Fichtenforste

Pflanze aufsteigend, dünn, zart; B. breit-eiförmig, stachelspitz, 1–2 cm lang, zu 4 im Quirl; Blütenstand locker; Krone weiß, 3 mm breit; Früchte mit Widerhaken. ▲ Zerstreut. Hauptsächlich Gebirge Mittel- und Südeuropas.

❼ Waldmeister *Galium odoratum (Asperula odorata)*

✻ Mai–Juni ↕ 15–30 cm ▼ Krautreiche Buchen- und Laubmischwälder

B. lanzettlich, die unteren zu 6, die oberen zu 8 im Quirl, stachelspitz, beiderseits grün; Blütenstand doldig; Krone trichterig, weiß, 4-spaltig, 4–5 mm breit; Früchte mit Widerhaken. ▲ Verbreitet. Fast ganz Europa.

6
4
1
7
2
3
5

Rötegewächse *(Rubiaceae)*

❶ Blaugrünes Labkraut *Galium glaucum (Asperula glauca)*

✱ Mai–Juli ↕ 30–80 cm ▼ Kalkmagerrasen, sonnige, steinige Hänge

Pflanze blaugrün; Stängel verzweigt, mit 4 Längsrippen; B. linealisch, zu 8–10 quirlig, am Rand umgerollt, 1-nervig; Blütenstand locker, schirmförmig; Krone weiß, trichterförmig, 4-teilig, 4–5 mm breit; Früchte glatt. ▲ Ziemlich selten. Mittel- und Südeuropa.

❷ Kletten-Labkraut *Galium aparine*

✱ Juni–Okt. ↕ 60–200 cm ▼ Äcker, Schutt, Ufer, Hecken, Auenwälder

Pflanze klimmend; Stängel behaart, B. linealisch, 4–8 mm breit, am Rand wie der Stängel mit rückwärts gerichteten Stacheln, zu 6–8 im Quirl; Krone 4-zipfelig, weiß, 2 m breit; Frucht kugelig, hakig-borstig, 4–6 mm breit. ▲ Verbreitet. Europa.

❸ Schweizer Labkraut *Galium megalospermum (G. helveticum)*

✱ Juli–Aug. ↕ 2–10 cm ▼ Sickerfeuchter Kalkschutt, steinige Magerrasen, Schneeböden, 1900–2700 m

Pflanze rasenförmig; Stängel kriechend bis aufsteigend, fadenförmig; B. schmal, ei-lanzettlich, dicklich, mit zur Spitze gerichteten Stachelchen, rau, meist zu 6 im Quirl; Krone gelblich weiß; Kronzipfel zugespitzt, aber ohne Stachelspitze oder Granne; Fruchtstiele abwärts gekrümmt, 2–3 mm lang. ▲ Zerstreut. Nördliche Kalkalpen. – Sehr ähnlich ist das **Norische Labkraut**, *G. noricum*, aber B.rand glatt, meist zu 8–9 im Quirl; Fruchtstiele gerade, 1–2 mm lang. ▲ Hauptsächlich südliche Kalkalpen, selten in den Berchtesgadener Alpen.

❹ Färber-Meister *Asperula tinctoria*

✱ Juni–Aug. ↕ 30–50 cm ▼ Lichte Kiefern- und Eichenwälder, sonnige Gebüsche, Halbtrockenrasen

Stängel 4-kantig; B. zu 4–6 quirlständig, schmal-lanzettlich, 1-nervig, 2–6 cm lang; Blütenstand armblütig; Krone weiß, 3-spaltig, 3–4 mm breit; Frucht glatt. ▲ Ziemlich selten. Mitteleuropa, nördlich bis Südschweden.

❺ Hügel-Meister *Asperula cynanchica*

✱ Juni–Aug. ↕ 10–30 cm ▼ Kalkmagerrasen, sonnige Wald- und Wegränder, Kiefernwälder

Pflanze aufsteigend, lockerrasig; untere Stängelb. zur Blütezeit meist abgestorben; B. meist zu 4, quirlig, schmal-lanzettlich, 1-nervig, mit Grannenspitze; Blütenstand wenigblütig; Krone trichterförmig, 4-spaltig, hellrosa bis weiß, 2–3 mm breit, außen rau; Frucht körnig-rau. ▲ Zerstreut. Mittel- und Südeuropa.

❻ Grannen-Meister *Asperula aristata*

✱ Juli–Sept. ↕ 10–40 cm ▼ Gesteinsfluren; kalkliebend; 300–2000 m

Pflanze lockerrasig; B. (6b) schmal-lanzettlich, 1–2 mm breit; Kronröhre (6a) 3–4 mm lang, 2–4-mal länger als die Kronzipfel; Krone hellrosa bis weißlich. ▲ Zerstreut bis selten. Südalpen.

3
6a
5
6b
1
2
4

Spargelgewächse *(Asparagaceae* incl. *Ruscaceae, Hyacinthaceae)*

❶ Schattenblümchen *Maianthemum bifolium*

✻ Mai–Juni ↕ 5–15 cm ▼ Laub- und Nadelwälder

Grundb. zur Blütezeit meist verwelkend; Stängelb. meist 2, herz-eiförmig, spitz, gestielt, 4–8 cm lang; Blüten in 8–15-blütiger Traube, weiß; Blütenb. 4, frei, zurückgebogen, 2–3 mm lang; Stängel oben mit steifen, weißen Haaren; Beere rot, 6 mm breit. Giftig! ▲ Zerstreut. Hauptsächlich Nord- und Mitteleuropa.

Amaryllisgewächse *(Amaryllidaceae)*

❷ Schneeglöckchen *Galanthus nivalis*

✻ Febr.–März ↕ 10–20 cm ▼ Auenwälder, feuchte Laubmischwälder

B. 2, grundständig, grasartig, fleischig, 5–8 mm breit, blaugrün; Stängel mit 1 nickenden Blüte; äußere 3 Blütenb. reinweiß, 14–18 mm lang, innere 3 Blütenb. nur ½ so lang, ausgerandet, an der Spitze mit grünem Fleck. ▲ Zerstreut. Hauptsächlich Südeuropa, Süddeutschland.

Hahnenfußgewächse *(Ranunculaceae)*

❸ Aufrechte Waldrebe *Clematis recta*

✻ Mai–Juli ↕ 50–150 cm ▼ Steinige Hänge, Laubmischwälder; wärmeliebend

Pflanze aufrecht, nicht kletternd oder windend, krautig; Stängel selten verholzt, kantig, hohl; B. mit 5, 7 oder 9 ganzrandigen, eiförmigen, spitzen Fiederb.; Blüten in endständiger Rispe, weiß; Blütenb. nur am Rand dicht filzig behaart. ▲ Selten. Süddeutschland.

Hartriegelgewächse *(Cornaceae)*

❹ Schwedischer Hartriegel *Cornus suecica*

✻ Juli–Aug. ↕ 5–20 cm ▼ Moore, Zwergstrauchheiden, Torfböden

Krautige Pflanze; Stängel unverzweigt, aufrecht, 4-kantig, mit je einer endständigen Dolde aus 8–25 dunkelroten, 2 mm langen Blüten, umgeben von 4 weißen, 5–8 mm langen, eiförmigen Hüllb.; B. eiförmig, sitzend, 3–5-nervig, unterseits blau-grün. ▲ Selten. Nordwestdeutschland, sonst vor allem Nordeuropa.

4

2

1

3

Mohngewächse *(Papaveraceae)*

❶ Sendtners Alpenmohn *Papaver sendtneri*

✱ Juli–Sept. ↕ 5–15 cm ▼ Kalkfelsen, Felsschutt, etwa 1300–2800 m

Pflanze mit 1-blütigen, steifhaarigen Stängeln; B. 1-fach fiederteilig, B.abschnitte breit-eiförmig, spitz, oft noch gelappt; Blüten weiß, etwa 4 cm breit; Kelchb. dicht braunschwarz behaart; Narbenstrahlen meist 5. ▲ Zerstreut. Zentral- und Ostalpen. – Ähnlich ist der **Bündner Alpenmohn** (s. S. 124), aber Blüten gelb.

❷ Großes Hexenkraut *Circaea lutetiana*

✱ Juni–Aug. ↕ 20–60 cm ▼ Laub- und Nadelmischwälder, Auen

Stängel zerstreut behaart; B. matt, breit-lanzettlich, allmählich zugespitzt, gestielt, 5–10 cm lang, am Grund abgerundet, gezähnt, auf den Nerven behaart; Blüten in langer endständiger Traube; Blütenstiele mit Drüsenhaaren, ohne Tragb.; Kelchb. 2; Kronb. 2, tief ausgerandet, 2–4 mm lang, weiß oder rötlich; Frucht 3–4 mm lang. ▲ Verbreitet. Fast ganz Europa.

Nachtkerzengewächse *(Onagraceae)*

❸ Alpen-Hexenkraut *Circaea alpina*

✱ Juni–Aug. ↕ 5–15 cm ▼ Schlucht- und Auenwälder, Nadelmischwälder

B. glänzend, kahl, breit-lanzettlich, 1–3 cm lang, ausgeschweift gezähnt; B.stiel geflügelt; Blüten mit 1 mm langen, leicht abfallenden Tragb. ▲ Ziemlich selten. Nord- und Mitteleuropa, Alpen, Pyrenäen, Apennin, Korsika, Gebirge der Balkanhalbinsel.

Sandelgewächse *(Santalaceae)*

❹ Alpen-Leinblatt *Thesium alpinum*

✱ Juni–Juli ↕ 10–30 cm ▼ Steinige Magerrasen, Trockenrasen, Föhrenwälder, in den Alpen bis etwa 2400 m

Pflanze bogig aufsteigend; Schuppenb. am Stängelgrund entfernt stehend; B. schmal-lanzettlich, 1–4 mm breit, 1-nervig; Blütenstand meist 1-seitswendig; jede Blüte mit 3 Tragb.; Blüten meist 4-zählig; Blütenhülle zur Fruchtzeit nur an der Spitze eingerollt, kürzer als die Frucht. ▲ Verbreitet bis zerstreut. Gebirge Europas, nördlich bis Südschweden.

Nelkengewächse (*Caryophyllaceae)*

❺ Moos-Nabelmiere *Moehringia muscosa*

✱ Mai–Sept. ↕ 5–20 cm ▼ Feuchte, schattige Felsspalten, Felsschutt, fast immer auf Kalk, Schluchtwälder, 600–2300 m

Pflanze mit zarten, niederliegenden, am Ende aufsteigenden Stängeln; B. linealisch, hellgrün, etwa 1 mm breit; Kronb. 4, etwas länger als die 1-nervigen Kelchb.; Griffel 3. ▲ Häufig. Alpen, spanische und französische Gebirge, Jura, Böhmerwald, Karpaten, Balkanhalbinsel.

1
4
5
2
3

Spargelgewächse *(Asparagaceae* incl. *Ruscaceae, Hyacinthaceae)*

❶ Salomonssiegel, Duftende Weißwurz *Polygonatum odoratum (P. officinale)*

✻ Mai–Jun ↕ 15–40 cm ▼ Waldränder, Gebüsche, Eichen- und Kiefernwälder

Stängel scharfkantig; bogig überhängend; B. breit-elliptisch, 2-zeilig; Blüten zu je 1–2, etwas bauchig, 5–7 mm breit, bis 2 cm lang; Blütenb. 6, röhrig verwachsen, weiß, an den freien Zipfeln grünlich, kahl; Staubfäden kahl. Giftig! ▲ Zerstreut. Europa.

❷ Vielblütige Weißwurz *Polygonatum multiflorum*

✻ Mai–Juni ↕ 30–70 cm ▼ Buchen-, Eichen- und Nadelmischwälder

Pflanze ähnlich dem Salomonssiegel, aber Stängel stielrund; B. ± in einer Ebene ausgerichtet; Blüten zu je 3–5, vorne trichterig erweitert, Zipfel behaart; Staubfäden flaumig behaart; Beeren dunkelblau, 8–10 mm. Giftig! ▲ Fast ganz Europa, nördlich bis Südskandinavien.

❸ Quirlblättrige Weißwurz *Polygonatum verticillatum*

✻ Mai–Juni ↕ 30–70 cm ▼ Bergwälder, Hochstaudenfluren, in den Alpen bis etwa 2000 m

Stängel aufrecht, kantig; B. zu je 3–7 quirlständig, schmal-lanzettlich, 5–15 cm lang; Blüten zu je 1–4, 6–10 mm lang; Beeren zuerst rot, dann dunkelblau. Giftig! ▲ Zerstreut. Gebirge Europas.

❹ Knotenfuß *Streptopus amplexifolius*

✻ Mai–Juli ↕ 30–100 cm ▼ Schattige, feuchte Bergwälder, Latschen- und Grünerlengebüsch, 700–2300 m

Stängel gleichmäßig beblättert, oft zickzackförmig gebogen; B. ei-länglich, zugespitzt, 7–12 cm lang, herzförmig stängelumfassend; Blüten grünlich weiß, unter den B. stehend; Blütenstiele in der Mitte gekniet, Blütenb. 6, lanzettlich, nur am Grund verwachsen; Frucht eine leuchtend rote Beere. ▲ Zerstreut bis selten. Alpen und Vorland, Bayerischer und Böhmer Wald, Erz- und Elbsandsteingebirge, Schwarzwald, Schweizer Jura, Pyrenäen, Apennin, Korsika.

❺ Ästige Graslilie *Anthericum ramosum*

✻ Juni–Aug. ↕ 30–70 cm ▼ Halbtrockenrasen, Waldränder

Pflanze ähnlich Traubiger Graslilie, aber Blütenstand rispig verzweigt; Blütenb. 8–13 mm lang, die inneren breiter als die äußeren, so lang wie die Staubb.; Griffel gerade; Tragb. $^1/_5$ so lang wie die Blütenstiele; Fruchtkapsel fast kugelig; B. viel kürzer als der Blütenschaft. ▲ Ziemlich selten. Hauptsächlich Mittel- und Südeuropa.

❻ Traubige Graslilie *Anthericum liliago*

✻ Mai–Juni ↕ 30–70 cm ▼ Trockenrasen, Waldsäume, lichte Eichen- und Kiefernwälder

B. grundständig, grasartig, 4–5 mm breit, etwa so lang wie der Blütenschaft; Blüten in 1-facher Traube; Blütenb. 6, alle gleich, 15–20 mm lang, weiß, 2-mal so lang wie die Staubb.; Griffel bogig gekrümmt; Tragb. lanzettlich, ½ so lang wie die Blütenstiele; Frucht eine eiförmige, spitze Kapsel. ▲ Ziemlich selten. Mittel- und Südeuropa, nördlich bis Südschweden.

1
2
3
4
5
6

Spargelgewächse *(Asparagaceae* incl. *Ruscaceae, Hyacinthaceae)*

❶ Trichterlilie, Paradieslilie *Paradisia liliastrum*

✻ Juni–Juli ↕ 30–50 cm ▼ Bergwiesen zwischen 1000 und 2500 m

B. grundständig, linealisch, grasartig, bis 40 cm lang; Blütenschaft b.los; Blütenstand 3–10-blütig, 1-seitswendig; Blüten trichterförmig, weiß; Blütenb. 6, frei, 3–5-nervig, bis 6 cm lang, unten zu einer schlanken Röhre verwachsen; Tragb. häutig, länger als die Blütenstiele. Geschützt! ▲ Zentral-, West- und Südalpen, Schweizer Jura, Pyrenäen, Zentralplateau, Apennin, Abruzzen.

❷ Maiglöckchen *Convallaria majalis*

✻ Mai–Juni ↕ 10–25 cm ▼ Eichen- und Buchenwälder, Kiefernwälder, Felsschutt; in den Alpen bis 2200 m

B. meist 2, breit-lanzettlich, 10–20 cm; Blüten nickend, glockig, in lang gestielter, 1-seitswendiger Traube; Blütenb. 6, verwachsen, Zipfel nach außen gebogen; Frucht eine rote Beere. Giftig! ▲ Verbreitet. Fast ganz Europa, im Süden nur in den Gebirgen.

❸ Dolden-Milchstern *Ornithogalum umbellatum*

✻ Apr.–Mai ↕ 10–30 cm ▼ Wegränder, Weinberge, Gebüsche

Pflanze mit kugeligen Zwiebeln; B. grundständig, linealisch, 2–5 mm breit, mit weißem Mittelstreifen; Blütenstand doldentraubig, aufrecht; Blütenb. 6, 15–25 mm lang, 4–8 mm breit, weiß, am Rücken mit grünem Streifen. Giftig! ▲ Zerstreut. Mittel- und Südeuropa.

Grasbaumgewächse *(Xanthorrhoeaceae* incl. *Asphodelaceae)*

❹ Weißer Affodill *Asphodelus albus*

✻ Juni–Aug. ↕ 60–120 cm ▼ Trockene Wiesen und Weiden, Gebüschsäume

Wurzel rübenartig verdickt; Grundb. fleischig, binsenförmig, bis 70 cm lang und 2,5 cm breit; Blütenschaft kräftig, b.los; Blüten zahlreich, in dichter Traube, oft noch mit seitenständiger Traube; Tragb. braun, lanzettlich; Blütenb. 6, frei oder am Grund verwachsen, mit braunem Nerv; Staubb. 6, nach unten verbreitert. ▲ Süd- und Westalpen, Südeuropa.

Liliengewächse *(Liliaceae)*

❺ Spätblühende Faltenlilie *Lloydia serotina*

✻ Juni–Aug. ↕ 7–15 cm ▼ Steinige Matten, hochalpine, flechtenreiche Rasen, auf Kalkschiefer und Silikatgestein, 1800–3100 m

Zierliche Zwiebelpflanze mit meist 2 grasartigen, schmal-linealischen Grundb. und wenigen, schmalen Stängelb.; Blüten einzeln; Blütenhüllb. weißlich, außen am Grund gelb, innen mit rötlichen Streifen. ▲ Zerstreut bis selten. Alpen, Karpaten, Balkanhalbinsel, Kaukasus, arktisches Europa.

1
2
3
4
5

Narzissengewächse *(Amaryllidaceae* incl. *Alliaceae)*

❶ Bär-Lauch *Allium ursinum*

✻ Mai–Juni ↕ 20–50 cm ▼ Auenwälder, Laub- und Bergmischwälder

Pflanze mit Lauchgeruch; Zwiebeln länglich; B. grundständig, meist zu 2, mit 2–5 cm breiter, ei-lanzettlicher Spreite und 5–15 cm langem Stiel; Blütenstand doldig, 5–20-blütig, ohne Zwiebeln; Blütenb. 6, frei, weiß; Staubb. 6, etwa ½ so lang wie die Blütenb. ▲ Ziemlich häufig. Fast ganz Europa.

❷ Frühlings-Knotenblume, Märzenbecher *Leucojum vernum*

✻ Febr.–Apr. ↕ 10–30 cm ▼ Auenwälder, Laub- und Bergmischwälder

B. linealisch, 20–30 cm lang, 1 cm breit, hellgrün; Blüten zu 1 oder 2, nickend, glockig, weiß, mit gelbem Saum; alle Blütenb. gleich lang, oval, plötzlich in eine stumpfe, gelbe Spitze verschmälert. Giftig! ▲ Zerstreut. Hauptsächlich Mitteleuropa, südlich bis Mittelitalien.

❸ Weiße Narzisse *Narcissus poeticus*

✻ Apr.–Mai ↕ 20–40 cm ▼ Bergwiesen

Pflanze 1-blütig; B. linealisch, fleischig, blaugrün, 6–12 mm breit; Blüten 3–6 cm breit, weiß, mit kurzer, schüsselförmiger, gelber Nebenkrone mit krausem, rotem Rand; Blütenb. 6, unten röhrig verwachsen, sich überlappend; Gartenpflanze und oft verwildert. Giftig! ▲ Hauptsächlich Südwesteuropa. – Ähnlich ist die **Stern-Narzisse** *(N. radiiflorus)*, aber Blütenb. 5–8 mm breit, am Grund keilförmig verschmälert, sternförmig ausgebreitet. Feuchte Wiesen, Bergwiesen bis 2100 m. ▲ Zerstreut. Schweiz, Südalpen, nordöstliche und südöstliche Alpen (in Bayern fehlend).

Schwertliliengewächse *(Iridaceae)*

❹ Frühlings-Krokus *Crocus albiflorus*

✻ März–Apr. ↕ 8–15 cm ▼ Bergwiesen und -weiden, in den Alpen bis 2800 m

Pflanze mit Knolle, ohne oberirdischen Stängel; B. grundständig, grasartig, schmal-lanzettlich, mit weißem Mittelstreifen; Blüten weiß, violett oder gestreift; Blütenb. unten zu einer Röhre verwachsen. ▲ Verbreitet. Gebirge Mittel- und Südeuropas.

Wegerichgewächse *(Plantaginaceae* incl. *Callitrichaceae, Hippuridaceae, Veronicaceae, Globulariaceae)*

❺ Schlammkraut *Limosella aquatica*

✻ Juni–Sept. ↕ 2–8 cm ▼ Trockenfallende Schlammböden, schlammige Ufer, Sandgruben; entlang der großen Flüsse

Pflanze kahl; B. lineal-spatelig, 8–20 mm lang, 2–8 mm breit; Blüten einzeln, weiß bis blasslila, 3 mm breit, an 2–4 cm langen Stielen. ▲ Zerstreut, sonst selten. Europa.

5
4
3
1
2

Blüten weiß, Blütenblätter 5 oder mehr

Einbeergewächse *(Melanthiaceae* incl. *Trilliaceae)*

❶ Weißer Germer *Veratrum album*

✻ Juni–Aug. ↕ 50–150 cm ▼ Moorwiesen, Alpenweiden, Hochstaudenfluren

B. wechselständig (im Gegensatz zu Enzian-Arten), breit-eiförmig, stark längsfaltig; Blütenrispe 30–60 cm lang; Blüten sternförmig, 8–15 mm breit, weiß oder gelblich, außen grünlich, die unteren 2-geschlechtig, die oberen meist rein ♂. Sehr giftig! ▲ Verbreitet. Gebirge Mittel- und Südeuropas.

Diapensiengewächse *(Diapensiaceae)*

❷ Diapensie *Diapensia lapponica*

✻ Mai–Juni ↕ 2–6 cm ▼ Felsspalten, steinige Matten

Immergrüne Polsterpfl.; B. lederig, spatelig, 5–6 mm lang, in dichten Rosetten; Blüten einzeln, an 5–40 mm langen Stielen; Krone 5-zählig, weiß, 10–15 mm breit; Narbe 3-lappig. ▲ Nordeuropa, in den Alpen fehlend.

Seerosengewächse *(Nymphaeaceae)*

❸ Weiße Seerose *Nymphaea alba*

✻ Juni–Aug. ↕ 50–300 cm ▼ Nährstoffreiche, stehende oder langsam fließende Gewässer

Wasserpfl. mit dickem Rhizom; B. schwimmend, rundlich, 10–30 cm lang; Seitennerven gegen den Rand miteinander verbunden; B.stiele je nach Wassertiefe bis 3 m lang; Blüten 10–12 cm breit; Kelchb. 4, grün; Kronb. 15–25, weiß, so lang wie oder länger als die Kelchb.; Staubfäden der inneren Staubb. fadenförmig; Narbenscheibe flach, 12–24-strahlig, meist gelb. ▲ Zerstreut. Fast ganz Europa.

Hahnenfußgewächse *(Ranunculaceae)*

❹ Christrose, Schneerose *Helleborus niger*

✻ Jan.–Apr. ↕ 10–30 cm ▼ Laubmisch- und Kiefernwälder

B. überwinternd, 7–9-teilig, 10–20 cm breit, Abschnitte nur oberwärts gesägt; Stängel meist 1-blütig, nur oben mit 1–2 ovalen, ganzrandigen B.; Blüten 5–10 cm breit, weiß oder rosa, später grün werdend; Blütenb. ausgebreitet; Nektarb. gelb oder gelbgrün. Giftig! ▲ Zerstreut. Alpen und südosteuropäische Gebirge.

❺ Narzissenblütiges Windröschen *Anemonastrum narcissiflorum (Anemone narcissiflora)*

✻ Mai–Aug. ↕ 20–40 cm ▼ Kalkhaltige Bergwiesen und Matten, etwa 1400–2400 m

Pfl. abstehend behaart; grundständige B. handförmig 3–5-teilig, deren Abschnitte in schmale, lange Zipfel zerteilt; Stängelb. ähnlich; Blüten 2–3 cm breit, zu 3–8 in einer Dolde, darunter 3 ungleich tief gespaltene, sitzende Hochb.; Blütenb. 5–6, weiß, beiderseits kahl, außen oft rötlich. Giftig! ▲ Zerstreut. Gebirge Mittel- und Südeuropas.

❻ Korianderblättrige Schmuckblume *Callianthemum coriandrifolium*

✻ Mai–Aug. ↕ 5–20 cm ▼ Bodensaure, steinige Rasen, Silikatgestein, 1800–2800 m

Stängel 1–2-blütig; Grundb. lang gestielt, blaugrün, kahl, mit mehrfach fiederteiligen Abschnitten; Kelchb. 5, grünlich oder weiß; Blütenb. 5–13, breit-oval, weiß oder schwach rosa. ▲ Zerstreut. Zentralalpen, süd-, mitteleuropäische Gebirgspflanze.

2
4
3
1
5
6

Blüten weiß, Blütenblätter 5 oder mehr

Hahnenfußgewächse *(Ranunculaceae)*

❶ Busch-Windröschen *Anemone nemorosa*

✻ März–Apr. ↕ 10–25 cm ▼ Laub- und Nadelwälder, Bergwiesen, Obstgärten

B. zu 3, fast quirlständig, gestielt, bis zum Grund 3-teilig, 3–6 cm lang, Abschnitte tief 2–3-spaltig und grob gezähnt; Blüten einzeln, 2–4 cm breit, Blütenb. 6–8, weiß oder außen rosa, kahl. Giftig! ▲ Verbreitet. Fast ganz Europa.

❷ Alpen-Anemone *Pulsatilla alpina*

✻ Juni–Aug. ↕ 15–45 cm ▼ Bergwiesen, steinige Matten, kalkhaltiger Boden, etwa 1500–2800 m

Stängelb. quirlständig, doppelt 3-teilig, mit gesägten Zipfeln, behaart; Blüten einzeln, 4–5 cm breit, lang gestielt; Blütenb. 6, eiförmig, innen weiß, außen oft violett überlaufen, behaart; Griffel sich zur Fruchtreife bis auf 5 cm verlängernd, dient als Flugorgan zur Verbreitung der Samen. ▲ Zerstreut. Gebirge Mittel- und Südeuropas.

❸ Großes Windröschen *Anemone sylvestris*

✻ Apr.–Juni ↕ 15–40 cm ▼ Waldränder, Böschungen, Hohlwege, Kiefernwälder; wärmeliebend

Grundb. und Stängelb. rundlich, handförmig 5-teilig, 4–10 cm breit, locker behaart, Abschnitte grob gezähnt; Blüten meist 1, 4–7 cm breit; Blütenb. 5–6, weiß, außen seidenhaarig. Giftig! ▲ Selten. Mitteleuropa, nördlich bis Nordrussland, Sibirien, südlich bis Nordspanien, Südalpen, Gebirge der Balkanhalbinsel.

❹ Dreiblättriges Windröschen *Anemone trifolia*

✻ Mai–Juni ↕ 10–30 cm ▼ Laubmischwälder, Waldränder, Bergwiesen, bis 1800 m

Stängel kahl bis schwach behaart; Stängelb. 3-teilig, ihre Abschnitte eiförmig-lanzettlich, zugespitzt, scharf gesägt; Blüten weiß, 2–4 cm breit, einzeln; Blütenb. meist 6, weiß, außen kahl. ▲ Zerstreut bis selten. Südeuropäische Gebirgspflanze, Süd- und Südostalpen.

❺ Monte-Baldo-Windröschen *Anemone baldensis*

✻ Juni–Aug. ↕ 5–15 cm ▼ Geröll und steinige Matten, Kalkfelsspalten,1800–2800 m

Stängel 1-blütig, flaumig behaart; Grundb. lang gestielt, 3-zählig gefiedert, B.abschnitte keilförmig, gezähnt; Blüten weiß, bis 4 cm breit, mit 8–10 unterseits behaarten, rötlichen Blütenb. ▲ Zerstreut. Hauptsächlich südliche Alpengebiete, Pyrenäen.

❻ Frühlings-Anemone, Frühlings-Kuhschelle *Pulsatilla vernalis*

✻ Apr.–Juni ↕ 5–15 cm ▼ Silikatmagerrasen, lichte Kiefernwälder, Zwergstrauchheiden, Ebene bis 3600 m

Pflanze zur Reife bis 35 cm hoch, dicht bronzefarben behaart; B. überwinternd, lederig, gefiedert, mit ungleich 2–5-spaltigen Fiedern; Stängel filzig behaart, mit stark zerschlitztem, dicht behaartem Hochb.quirl und 1 nickenden, später aufrechten, 3–6 cm breiten Blüte; Blütenb. meist 6, innen weiß oder blasslila, außen violett, rosarot oder bläulich und seidenhaarig; Griffel zur Reife 3–4 cm lang, zottig. ▲ Zerstreut. Nordeuropa, Dänemark, Norddeutschland, Gebirge Mittel- und Südeuropas.

1
2
3
4
5
6

Hahnenfußgewächse *(Ranunculaceae)*

❶ Alpen-Hahnenfuß *Ranunculus alpestris*

✱ Mai–Sept. ↕ 5–15 cm ▼ Feinschutt, Schneetälchen, feuchte Felsspalten, etwa 1500–2700 m

Grundb. lang gestielt, 3–5-lappig, Zipfel grob gekerbt, glänzend, dunkelgrün; St.b. fehlend oder schmallinealisch; Blüten 20–25 mm breit, zu 1–2, weiß; Kronb. schwach ausgerandet. Giftig! ▲ Häufig. Gebirge Mittel- und Südeuropas, gelegentlich bis in die Täler.

❷ Seguiers Hahnenfuß *Ranunculus seguierii*

✱ Juni–Juli ↕ 8–15 cm ▼ Kalkfelsspalten, feuchter Gesteinsschutt, 1800–2400 m

St. und B. anfangs weißhaarig, später kahl; St. 1–3-blütig; B. dunkelgrün, handförmig 3–5-teilig, mit verkehrt-eiförmigen Zipfeln; Blüten bis 2,5 cm groß, weiß; Kronb. 5, breit-eiförmig; Früchtchen kugelig, netznervig, mit hakig gebogenem Schnabel. Giftig! ▲ Zerstreut bis selten. Südalpen, Apennin.

❸ Pyrenäen-Hahnenfuß *Ranunculus pyrenaeus*

✱ Mai–Juli ↕ 5–15 cm ▼ Auf schwach basischen bis mäßig sauren, oft vernässten Weiden, 1700–2800 m

B. grasartig, lanzettlich, kahl bläulich grün, parallelnervig; St. mit 2–5 mm breiten B. und reinweißen Blüten mit kahlem Kelch. Giftig! ▲ Zerstreut bis selten. Zentralalpen, Süd- und Westalpen, Gebirge Spaniens, Pyrenäen, Korsika.

❹ Eisenhutblättriger Hahnenfuß *Ranunculus aconitifolius*

✱ Mai–Juli ↕ 20–60 cm ▼ Bergwälder, Bäche, Quellen, Hochstaudenfluren, in den Alpen bis 2600 m

Grundb. 3–7-teilig, lang gestielt, Abschnitte breit-eiförmig, ungleich gesägt, der Mittellappen kurz gestielt; St.b. sitzend; Blüten weiß, 1–2 cm breit; Blütenstiele behaart, 1–3-mal so lang wie das Tragb; St. mit gespreizten Ästen. Giftig! ▲ Zerstreut. Gebirge Mittel- und Südeuropas. – Ähnlich ist der **Platanenblättrige Hahnenfuß**, *R. platanifolius*, aber Blütenstiele kahl, 4–5-mal so lang wie das Tragb.; Abschnitte der B. meist am Grund verbunden. Feuchte Bergwälder, Hochstaudenfluren. ▲ Zerstreut. Alpen und Vorland, europäische Gebirgspflanze.

❺ Flutender Hahnenfuß *Ranunculus fluitans*

✱ Juni–Aug. ↕ 50–600 cm ▼ Bäche, Flüsse, mit meist schnell strömendem, sauerstoffreichem Wasser

Pfl. im Wasser flutend; Schwimmb. fehlend; Wasserb. fein zerteilt, 5–20 cm lang, mit parallel vorgestreckten, fadenförmigen Zipfeln, diese außerhalb des Wassers pinselartig zusammenfallend; Blüten 1–2 cm breit, weiß. Giftig! ▲ Ziemlich häufig. Südschweden, Mitteleuropa, südlich bis Südfrankreich, Norditalien.

❻ Wasser-Hahnenfuß *Ranunculus aquatilis*

✱ Mai–Aug. ↕ 10–200 cm ▼ Nährstoffreiche, stehende oder langsam fließende Gewässer

Schwimmb. rundlich, meist auf $^2/_3$ 3–5-lappig, Abschnitte noch eingeschnitten; Wasserb. bis 5 cm lang, mehrfach 3-teilig, zuletzt gabelig; Zipfel im Wasser ausgebreitet, außerhalb des Wassers pinselartig zusammenfallend; Blüten 1–2 cm breit, weiß. Giftig! ▲ Zerstreut. Europa. – Sehr ähnlich ist noch der **Schild-Hahnenfuß**, *R. peltatus*, aber Schwimmb. nur bis etwa zur Mitte 3-teilig, Abschnitte grob gekerbt; Blüten 2–3 cm breit. ▲ Zerstreut. Europa.

❼ Spreizender Hahnenfuß *Ranunculus circinatus*

✱ Mai–Aug. ↕ 50–200 cm ▼ Nährstoffreiche Gewässer, Seerosenbestände

Zipfel der Wasserb. starr, auch außerhalb des Wassers nicht zusammenfallend; Zipfel in 1 Ebene, am Grund 3-teilig, dann mehrfach gabelig; Schwimmb. fehlend; Kronb. weiß, sich überlappend, 6–10 mm lang. Giftig! ▲ Zerstreut. Fast ganz Europa.

1
2
3
4
5
6
7

Hahnenfußgewächse *(Ranunculaceae)*

❶ Gletscher-Hahnenfuß *Ranunculus glacialis*

✻ Juli–Aug. ↕ 5–15 cm ▼ Silikatschutt, Moränen, etwa 2000–4200 m

Pfl. aufrecht oder aufsteigend; Grundb. gestielt, fleischig, dunkelgrün, bis zum Grund 3-teilig, Abschnitte 3- bis vielspaltig; St.b. sitzend, handförmig 3–5-spaltig; Blüten 20–30 mm breit; Kronb. weiß oder rosa, außen meist dunkler, nach der Blüte bleibend; Kelchb. außen stark dunkelbraun behaart. Giftig! ▲ Zerstreut. Arktis, Skandinavien, Alpen, Sierra Nevada, Pyrenäen, Karpaten.

Dickblattgewächse *(Crassulaceae)*

❷ Weißer Mauerpfeffer *Sedum album*

✻ Juni–Juli ↕ 8–20 cm ▼ Felsköpfe, Mauern

Pfl. lockerrasig, mit aufrechten blühenden und kriechenden nichtblühenden St.; B. grün oder rötlich, walzig, beiderseits gewölbt; Blütenstand meist kahl; Kronb. 3–5 mm lang, stumpf, weiß, außen oft rosa. ▲ Häufig. Südskandinavien, Mittel- und Südeuropa.

❸ Buckel-Mauerpfeffer *Sedum dasyphyllum*

✻ Juni–Aug. ↕ 3–10 cm ▼ Sonnige Felsspalten, Mauern, Felsschutt, in den Alpen bis 2000 m

Pfl. kahl, mit blaugrünen, oben flachen, unten stark gewölbten, kurz-elliptischen, 3–6 mm langen B.; Blütenstand drüsenhaarig; Kronb. 3–4 mm lang, weiß, unterseits oft mit purpurnem Mittelstreifen. ▲ Zerstreut bis selten. Mittel- und Südeuropa.

❹ Englische Fetthenne *Sedum anglicum*

✻ Juni–Sept. ↕ 5–15 cm ▼ Küstenfelsen

Pfl. graugrün, oft rötlich überlaufen, mit aufrechten blühenden und kriechenden nichtblühenden St.; B. stielrund, 3–5 mm lang, am Grund gespornt; Kronb. 3–5 mm lang, zugespitzt, rosa oder weiß. ▲ Zerstreut. Westeuropa, Südskandinavien.

❺ Felsen-Nabelkraut *Umbilicus pendulinus*

✻ Mai–Aug. ↕ 10–40 cm ▼ Felsspalten, schattige Mauern

Pfl. kahl, mit knollig verdickter Wurzel; B. fleischig, rundlich, 2–6 cm breit, gekerbt; B.stiel etwa in der Mitte der B.spreite angeheftet; Blüten röhrenförmig, weiß oder gelblich, selten rötlich; Kronb. 7–10 mm lang, zu ¾ verwachsen. ▲ Zerstreut bis selten. Süd- und Westeuropa, Westalpen, nördlich bis Schottland.

Steinbrechgewächse *(Saxifragaceae)*

❻ Moos-Steinbrech *Saxifraga bryoides*

✻ Juli–Aug. ↕ 3–10 cm ▼ Feuchter Ruhschutt, lockere Rasen, Moränen, nur auf Silikat- oder kalkarmem Gestein, 1500–4200 m

Pfl. mit dichten, flachen Kriechpolstern; B. lineal-lanzettlich, gekrümmt, grannig zugespitzt und dornig bewimpert, kaum länger als die kugeligen Achselknospen; St. bis 10 cm hoch, 1-blütig; Kronb. 4–6 mm lang, weißlich, am Grund gelb; Kelchb. eiförmig, stachelspitz. ▲ Verbreitet. Alpen (fehlt in den nordöstlichen Kalkalpen), Ostpyrenäen, Auvergne, Sudeten, Karpaten, Balkanhalbinsel.

2

3

5

1

4

6

Steinbrechgewächse *(Saxifragaceae)*

❶ Rundblättriger Steinbrech *Saxifraga rotundifolia*

✻ Juni–Sept. ↕ 20–70 cm ▼ Bergmischwälder, Hochstaudengebüsch, Bachufer, in den Alpen bis über 2200 m

B. lang gestielt, hellgrün, rundlich, grob gekerbt; Blüten in lockeren Rispen, weiß, am Grund rot punktiert. ▲ Verbreitet. Gebirge Mittel- und Südeuropas.

❷ Krusten-Steinbrech *Saxifraga crustata*

✻ Juni–Aug. ↕ 12–30 cm ▼ Kalkfelsen, kalkreiche, steinige Böden, Felsschutt, 600–2800 m

Pfl. mit vielen nichtblühenden B.rosetten; B. linealisch, 1–5 cm lang und 2–3 mm breit, ganzrandig oder undeutlich gekerbt, an der Spitze nach außen gebogen, oft stark von Kalk inkrustiert; St. drüsig behaart; Blütenstand traubig-rispig; Blüten weiß. ▲ Zerstreut. Südöstliche Kalkalpen, Balkan.

❸ Bursers Steinbrech *Saxifraga burseriana*

✻ März–Juni ↕ 3–8 cm ▼ Kalk- und Dolomitfelsspalten, Felsbänder, 1600–2500 m

Pfl. dichte, feste, halbkugelige Polster bildend; B. 6–12 mm lang, pfriemlich, starr, 3-kantig, graugrün; St. 1-blütig, rot, drüsig; Kronb. rundlich, weiß, rötlich geadert. ▲ Zerstreut bis selten. Nordöstliche und südöstliche Kalkalpen.

❹ Piemonteser Steinbrech *Saxifraga pedemontana*

✻ Juni–Aug. ↕ 5–20 cm ▼ Felsspalten, Felsschutt, auf Silikatgestein, 1500–2800 m

Polsterbildende Rosettenpfl. mit keilförmigen, fächerig geteilten, etwas fleischigen, dicht drüsigen Grundb.; St.b. wenige, spatelig, vorne 3–7-spaltig; Blütenstand 3–10-blütig, rispenartig, dicht gedrängt; Kronb. weiß, 3-nervig, 10–15 mm lang; Kelchb. drüsig behaart, halb so lang wie die Kronb. ▲ Ziemlich selten. Seealpen, Cottische und Grajische Alpen.

❺ Astmoos-Steinbrech *Saxifraga hypnoides*

✻ Mai–Juni ↕ 10–30 cm ▼ Silikatfelsspalten, Mauern

Pfl. lockerrasig; Rosettenb. lang gestielt, etwas fleischig, in 3–9 linealische, stachelspitze Zipfel zerteilt; St. bogig aufsteigend, mit 3–12 Blüten; Kronb. weiß, 3-nervig, 2-mal so lang wie die spitzen, drüsenhaarigen Kelchb.; nichtblühende Triebe mit Brutknospen in den B.achseln; oft gepflanzt und verwildert. ▲ Westeuropa, Gebirge Mittel- und Südfrankreichs, östlich bis zur Provence und den Vogesen.

❻ Keilblättriger Steinbrech *Saxifraga cuneifolia*

✻ Juni–Aug. ↕ 10–20 cm ▼ Schattige Bergwälder, feuchte Felsen; kalkmeidend; 400–2000 m

B. (6a) in grundständiger Rosette, verkehrt-eiförmig, keilförmig in den Stiel verschmälert, mit gelblichem Knorpelrand, vorne mit stumpfen Zähnen; St. drüsenhaarig; Blüten weiß, meist ohne rote Punkte. ▲ Zerstreut bis selten. Alpen (in den bayerischen Alpen fehlend), nordspanische Gebirge, Pyrenäen, Apennin, Karpaten.

❼ Finger-Steinbrech *Saxifraga tridactylitis*

✻ Apr.–Juni ↕ 3–10 (15) cm ▼ Lückige Trockenrasen, Sandfelder, Mauern

Pfl. zierlich, dicht kurzhaarig-drüsig; Grundb. rosettig, spatelig oder schwach 3-lappig, zur Blütezeit meist verwelkt; St. meist rötlich; St.b. 3–5-spaltig; Kronb. 2–4 mm lang, weiß. ▲ Zerstreut. Fast ganz Europa, im Norden seltener.

1
2
3
4
5
6
6a
7

Steinbrechgewächse *(Saxifragaceae)*

❶ Blaugrüner Steinbrech *Saxifraga caesia*

✻ Juni–Sept. ↕ 2–10 cm ▼ Kalkfelsen, Steinrasen, etwa 1600–3000 m, im Geröll der Alpenflüsse tiefer steigend

Pflanze kompakte Kugelpolster bildend; B. blaugrün, 3–6 mm lang, bogig zurückgekrümmt, oberseits mit 5–9 Kalkdrüsen; Stängel mit 2–6 weißen Blüten. ▲ Verbreitet. Gebirge Mittel- und Südeuropas.

❷ Trauben-Steinbrech *Saxifraga paniculata (S. aizoon)*

✻ Mai–Aug. ↕ 10–40 cm ▼ Kalkfelsspalten, steinige Rasen, in den Alpen 1300–3400 m

B. zungenförmig, 3–5 cm lang, am Rand mit Kalkgrübchen; Blüten weiß, oft punktiert, in reichblütigen Rispen. ▲ Verbreitet. Gebirge Europas.

❸ Knöllchen-Steinbrech *Saxifraga granulata*

✻ März–Mai ↕ 15–40 cm ▼ Wege, Dämme, Kiesdächer, lückige Trockenrasen

Pflanze 1-jährig, am Grund mit unterirdischen Knöllchen; Grundb. rosettig, rundlich-nierenförmig, tief gekerbt, zur Blütezeit vertrocknet; Stängel verzweigt, drüsenhaarig; Blütenstand eine lockere Rispe; Kronb. 10–15 mm lang, weiß. ▲ Verbreitet. Fast ganz Europa.

❹ Mannsschild-Steinbrech *Saxifraga androsacea*

✻ Mai–Aug. ↕ 2–10 cm ▼ Schneetälchen, feuchter Kalkschutt, kalkreiche bis schwach saure, durchfeuchtete Böden, 1400–3200 m

Pflanze lockerrasig; B. lanzettlich-spatelig, ganzrandig oder vorne 3–5-zähnig, am Rand drüsenhaarig; Stängel fast b.los, 1–3-blütig, mit langen Drüsenhaaren; Kronb. weiß, rundlich oder ausgerandet, 2-mal so lang wie der drüsenhaarige Kelch. ▲ Verbreitet. Alpen, Pyrenäen, Karpaten, Altai, Ostsibirien.

❺ Sternblütiger Steinbrech *Saxifraga stellaris*

✻ Juni–Aug. ↕ 4–15 cm ▼ Flache Quellbäche, überrieselte Felsen, in den Alpen bis 3000 m

B. in Rosetten, verkehrt-eiförmig, keilig, vorne grob gezähnt, fleischig, glänzend; Blütenstand 3–15-blütig; Kronb. 5 (selten 6), 2–3 mm lang, weiß, mit 2 gelben Punkten. ▲ Verbreitet. Arktis, Gebirge Europas.

❻ Furchen-Steinbrech *Saxifraga exarata*

✻ Juni–Aug. ↕ 3–12 cm ▼ Felsschutt, Felsspalten, Pionierrasen auf Urgestein oder Kalkschiefer, 1800–3600 m

Dunkelgrüne, drüsig-klebrige Polsterrasen; Grundb. 3–7-spaltig, gefurcht; Stängelb. linealisch; Blüten zu 4–10, gelblich weiß; Kronb. doppelt so breit wie die Kelchb. ▲ Verbreitet. Südwest- und Westalpen, ostwärts bis zum Brenner, Apennin, Balkanhalbinsel, Kaukasus.

❼ Blattloser Steinbrech *Saxifraga aphylla*

✻ Juli–Sept. ↕ 3–8 cm ▼ Auf Kalkfels und Felsschutt mit langer Schneebedeckung, 1500–3000 m

Pflanze lockerrasig; Stängel meist 1-blütig; B. am Grund der Stängel rosettig gehäuft, 3–5-spaltig, seltener ungeteilt; Kronb. linealisch, spitz, 2–2,5 mm lang, höchstens halb so breit wie die Kelchb. ▲ Verbreitet. Alpen.

4
7
3
6
2
1
5

Steinbrechgewächse *(Saxifragaceae)*

❶ Rauer Steinbrech *Saxifraga aspera*

✻ Juli–Aug. ↕ 5–20 cm ▼ Vor allem in der Nadelholzstufe an schattigen Felsen, Sturzblöcken und Ruhschutt, 1000–2500 m

Pfl. ähnlich dem Moos-Steinbrech (s. S. 54), aber Wuchs lockerrasig, mit vielen verlängerten Kriechsprossen; Grundb. gerade, viel länger als die Achselknospen, lineal-lanzettlich, starr, zugespitzt, entfernt stachelig bewimpert; Blütenst. mehrblütig, mit abstehenden, 5–20 mm langen B.; Blüten gelblich weiß. ▲ Zerstreut. Zentralalpen, Apennin, Pyrenäen.

❷ Schnee-Steinbrech *Saxifraga nivalis*

✻ Juli–Aug. ↕ 5–20 cm ▼ Silikatfelsschutt

Pfl. mit grundständiger B.rosette; B. 15–35 mm lang, verkehrt-eiförmig bis spatelig, in den kurzen, breit geflügelten Stiel verschmälert, stumpf gezähnt, fleischig, unterseits meist rot; St. b.los, oberseits drüsig; Blütenstand dicht, fast kopfig; Blüten 5–10 mm breit; Kronb. weiß, seltener rosa, etwas länger als die Kelchb.; Eiszeitrelikt. ▲ Sudeten, Gebirge Großbritanniens, Nordeuropa.

Rosengewächse *(Rosaceae)*

❸ Mädesüß *Filipendula ulmaria*

✻ Juni–Juli ↕ 50–150 cm ▼ Nass- und Moorwiesen, Gräben, Ufer, Auenwälder, Bachläufe

Pfl. mit großen, gefiederten B.; Fiederb. eiförmig, 4–6 cm lang, doppelt gesägt, oberseits dunkelgrün, unterseits hellgrün oder weißfilzig; Endfieder meist 3-teilig; Blüten in dichten, reichblütigen Bllütenständen; Kronb. 5–6, rundlich bis eiförmig, 2–5 mm lang, gelblich weiß. ▲ Häufig. Europa.

❹ Knollen-Spierstaude *Filipendula vulgaris (F. hexapetala)*

✻ Mai–Juli ↕ 30–80 cm ▼ Kalkmagerrasen, Waldränder, lichte Eichen- und Kiefernwälder

Pfl. mit knollig verdickter Wurzel; B. gefiedert, jederseits mit 10–40 länglichen, 1–2 cm langen, grob und doppelt gezähnten oder fiederspaltigen Fiederb.; Blütenstand vielblütig, rispig; Kronb. meist 6, oval, 5–10 mm lang, weiß bis blassrosa. ▲ Zerstreut. Fast ganz Europa, nördlich bis Südskandinavien.

❺ Silberwurz *Dryas octopetala*

✻ Mai–Aug. ↕ 2–10 cm ▼ Kalkschutt, Kalkmagerrasen, lichte Föhrenwälder, etwa 800–2500 m, im Flusskies oft herabgeschwemmt

Pfl. spalierartig, reich verzweigt; B. oval, stumpf gekerbt, gestielt, 1–3 cm lang, oberseits dunkelgrün, unterseits weißfilzig; Blüten einzeln, 2–3 cm breit, lang gestielt; Kronb. 7–9, weiß; Kelchb. 7–9, braunfilzig. ▲ Häufig. Nordeuropa, Alpen, Pyrenäen, Karpaten, Apennin, Gebirge der Balkanhalbinsel, Kaukasus.

❻ Weißes Fingerkraut *Potentilla alba*

✻ Apr.–Juni ↕ 5–20 cm ▼ Waldränder, lichte Eichen- und Eichen-Kiefernwälder trockener und warmer Gebiete

B. 5-zählig gefingert, oberseits grün, unterseits silberweiß, seidenhaarig; Fiederb. lanzettlich, 3–6 cm lang, jederseits mit 1–4 kleinen Zähnen; St. behaart, 1–5-blütig; Kronb. 5, weiß, herzförmig, ausgerandet, wenig länger als die Kelchb.; Staubfäden kahl. ▲ Ziemlich selten. Mittel- und Osteuropa.

1
2
5
3
4
6

Rosengewächse *(Rosaceae)*

❶ Stängel-Fingerkraut *Potentilla caulescens*

✻ Juli–Sept. ↕ 10–30 cm ▼ Kalkfelsspalten, oft unter überhängenden Felsen, etwa 900–2400 m

Pfl. behaart; Grundb. 5-zählig, 2–4 cm lang, jederseits mit 2–5 Zähnen, am Rand seidig bewimpert; B.stiel 5–15 cm lang; Blüten 15–20 mm breit, in dichten Blütenständen; Kronb. 5, weiß, die Kelchb. kaum überragend. ▲ Verbreitet. Gebirge Mittel- und Südeuropas.

❷ Clusius, Ostalpen-Fingerkraut *Potentilla clusiana*

✻ Juni–Aug. ↕ 5–10 cm Kalkfelsen, auch Kalkschutt, 1400–2400 m

St. aufsteigend, angedrückt behaart, 1–3-blütig; B. 5-zählig gefingert, am Rand lang bewimpert, mit 3–5 vorwärtsgerichteten Zähnen; Blüten weiß, 2 cm breit; Kronb. ausgerandet, viel länger als die lanzettlichen, außen rötlichen Kelchb.; Staubfäden kahl. ▲ Zerstreut. Ostalpen, Dinarisches Gebirge, Albanien.

❸ Schmalkronblättriges Fingerkraut *Potentilla grammopetala*

✻ Juli–Aug. ↕ 10–30 cm ▼ Sonnige Silikatfelsen, 1800–2500 m

Pfl. dichtfilzig und drüsig-klebrig; B. weichhaarig; Grundb. 3-teilig, viel kürzer als der St.; Kronb. gelblich weiß, sehr schmal, kaum so lang wie die schmal-lanzettlichen, abstehend behaarten Kelchb. ▲ Ziemlich selten. Südwestalpen.

❹ Schnee-Fingerkraut, Westalpen-Fingerkraut *Potentilla nivalis*

✻ Mai–Juli ↕ 10–30 cm ▼ Auf Kalkfels, 1500–2700 m

St. lang seidig behaart und kurz drüsenhaarig: Grundb. meist 7-teilig; B.fiedern verkehrt-eiförmig, an der Spitze mit wenigen Zähnen; Kronb. weiß, kürzer als die Kelchb.; Außenkelch länger als die Kelchb. ▲ Ziemlich selten. Südwestalpen.

❺ Valdieri-Fingerkraut *Potentilla valderia*

✻ Juli–Aug. ↕ 20–40 cm ▼ Auf Silikat und Kalk, 1200–2400 m

Grundb. meist 7-teilig; B.fiedern schmal, verkehrt-eiförmig, vorne abgerundet, gezähnt, oben grün oder grau, unten graufilzig: Kronb. weißlich, etwa 7 mm lang, kürzer als die ei-lanzettlichen Kelchb., diese etwas länger als die schmal-lanzettlichen Außenkelchb.; Staubb. fädig-zottig. ▲ Ziemlich selten. Französische und italienische Seealpen.

❻ Felsen-Fingerkraut *Potentilla rupestris*

✻ Mai–Juli ↕ 30–50 cm ▼ Sonnige, lichte Eichen- und Kiefernwälder, Mauern; wärmeliebend

Grundständige B. gefiedert, lang gestielt; Fiederb. oval, 1–3 cm lang, gezähnt, obere B. 3-zählig; Blüten 5-zählig, 1–2 cm breit; Kronb. weiß, oval, 1–2-mal so lang wie die lanzettlichen Kelchb.; Staubfäden kahl; Früchtchen kahl. ▲ Selten. Mittel- und Südeuropa.

❼ Erdbeer-Fingerkraut *Potentilla sterilis*

✻ März–Mai ↕ 5–10 cm ▼ Gebüsche, krautreiche Laubwälder, Waldränder, Grasraine

Pfl. mit langen, an der Spitze B.rosetten bildenden Ausläufern; Grundb. 3-zählig, erdbeerartig, jedes B.chen jederseits mit 4–6 Zähnen, oberseits locker, unterseits dicht behaart; B.stiele abstehend behaart; Blüten 10–15 mm breit; Kronb. weiß, nicht übereinandergreifend; Staubfäden kahl, nach oben dünner werdend. ▲ Verbreitet. Mitteleuropa, nördlich bis Schottland, Südskandinavien, südlich bis Mittelspanien, Norditalien, Slowenien.

1
2
3
4
5
6
7

Rosengewächse *(Rosaceae)*

❶ Wald-Erdbeere *Fragaria vesca*

✱ Mai–Juni ↕ 5–20 cm ▼ Waldränder, Kahlschläge, Waldlichtungen

Pfl. mit langen Ausläufern; B. 3-zählig, B.chen eiförmig, sitzend, gesägt, locker behaart, unterseits seidenhaarig; Blüten 1–1,5 cm breit; Kronb. 5, weiß; Kelchb. zur Fruchtzeit waagrecht abstehend oder zurückgeschlagen (vgl. Knack-Erdbeeren), beim Pflücken der reifen, roten, weichen Beere zurückbleibend. ▲ Häufig. Europa.

❷ Hügel-Erdbeere, Knack-Erdbeere *Fragaria viridis*

✱ Mai–Juni ↕ 5–15 cm ▼ Halbtrockenrasen, lichte Eichen- und Kiefernwälder

B. 3-zählig, gezähnt, mittleres B.chen gestielt, die seitlichen sitzend, oberseits grün, locker behaart, unterseits dicht silbrig behaart; B.stiele und St. abstehend behaart; Blüten gelblich weiß; Kelchb. der Beere angedrückt, wird beim Pflücken der reifen, gelblichen, seltener roten Beere mit abgerissen (nicht bei der Wald-Erdbeere mit abstehenden Kelchb.). ▲ Zerstreut. Hauptsächlich Mittel- und Südeuropa, nördlich bis Südskandinavien.

❸ Himbeere *Rubus idaeus*

✱ Mai–Juni ↕ 60–120 cm ▼ Waldlichtungen, Schläge, Auen, Schluchten

St. 2-jährig, verholzend, mit roten Stacheln; B. mit 5 oder 7 gezähnten, hellgrünen, unterseits weißfilzigen Fiederb.; Kronb. weiß, 5 mm lang; Kelchb. nach der Blütezeit zurückgebogen; Frucht rot, kahl, der Fruchtboden bleibend. ▲ Häufig. Europa.

❹ Bereifte Brombeere, Kratzbeere *Rubus caesius*

✱ Mai–Juni ↕ 30–80 cm ▼ Auwälder, Waldränder, Ufer

St. bläulich bereift, stachelig; B. 3-zählig, grob und ungleich gezähnt; Blüten 1,5–2 cm breit; Kronb. 5, weiß; Kelchb. graufilzig; Frucht blau bereift, aus 5–20 großen Früchtchen bestehend. ▲ Häufig. Fast ganz Europa.

❺ Echte Brombeere *Rubus fruticosus*

✱ Mai–Aug. ↕ 50–200 cm ▼ Wälder, Hecken, Kahlschläge, Heiden

St. bogig oder kriechend bis aufrecht oder nickend, stachelig; Form der Stacheln je nach Kleinart sehr unterschiedlich; B. 3–5-zählig gefiedert, oft wintergrün, B.chen eiförmig, spitz, gesägt, sitzend bis unterschiedlich lang gestielt; Nebenb. fädlich; Frucht schwarz, glänzend, aus 20–50 kleinen Früchtchen bestehend, mit dem Blütenboden abgehend. (Formenreiche Sammelart mit zahlreichen Kleinarten) ▲ Häufig. Fast ganz Europa.

❻ Steinbeere *Rubus saxatilis*

✱ Mai–Juni ↕ 10–30 cm ▼ Mischwälder, Gebüsche, in den Alpen bis 2000 m

Pfl. 1-jährig, nicht verholzend, mit feinen Stacheln; B. 3-zählig, lang gestielt, beiderseits grün, grob doppelt gezähnt; Blüten zu 3–10; Kronb. weiß, 5 mm lang; Frucht hellrot (mit Johannisbeerengeschmack). ▲ Zerstreut. Europa, im Süden in den Gebirgen.

❼ Moltebeere *Rubus chamaemorus*

✱ Mai–Juni ↕ 5–20 cm ▼ Hoch- und Übergangsmoore

Pfl. 2-häusig, mit unterirdisch kriechenden Trieben; B. herz-nierenförmig, mit 5–7 rundlichen, gezähnten Lappen und seichten Buchten; Nebenb. eiförmig, papierartig; St. stachellos; Blüten einzeln, endständig, weiß, 2 cm breit; Kronb. 5 oder zu mehreren, viel länger als die kurz-drüsenhaarigen Kelchb.; Frucht hellrot bis orange, essbar. ▲ Selten. Nordwestdeutschland, sonst hauptsächlich Nordeuropa.

3
4
2
6
5
1
7

Blüten weiß, Blütenblätter 5 oder mehr

Spindelbaumgewächse *(Celastraceae* incl. *Parnassiaceae)*

❶ Sumpf-Herzblatt *Parnassia palustris*

✻ Juli–Sept. ↕ 10–30 cm ▼ Flach- u. Quellmoore, Alpen auf wasserzügigen Schutthängen, bis über 2500 m

Grundständige B. herzförmig, lang gestielt; Stängelb. 1, stängelumfassend; Stängel 1-blütig; Blüten 1–3 cm breit; weiß. Geschützt! ▲ Zerstreut. Europa, im Süden nur in den Gebirgen.

Sauerkleegewächse *(Oxalidaceae)*

❷ Wald-Sauerklee *Oxalis acetosella*

✻ Apr.–Mai ↕ 5–12 cm ▼ Nadel- und Laubmischwälder, Zwergstrauchgesellschaften, in den Alpen bis über 2000 m

B. 3-zählig; Blüten einzeln, an langen Stielen; Kronb. 5, weiß, seltener rosa oder bläulich, purpurn geadert, 10–15 mm lang; Kelchb. länglich-eiförmig. ▲ Häufig. Europa, im Süden nur in den Gebirgen.

Sandelgewächse *(Santalaceae)*

❸ Berg-Leinblatt *Thesium bavarum*

✻ Juni–Sept. ↕ 20–60 cm ▼ Sonnige Waldränder, Kiefernwälder, Halbtrockenrasen

Pflanze ohne Ausläufer; B. breit-lanzettlich, 2–7 mm breit, 3–5-nervig, bläulich grün; Blüten meist 5-teilig, weiß, mit je 1 größerem und 2 kleineren Tragb.; Blütenb. zur Fruchtzeit bis auf den Grund eingerollt. ▲ Selten. Mittel- und Südosteuropa.

❹ Wiesen-Leinblatt, Pyrenäen-Leinblatt *Thesium pyrenaicum*

✻ Juni–Juli ↕ 10–40 cm ▼ Saure Magerrasen, Halbtrockenrasen

B. schwach 3-nervig; Blütenstand allseitswendig; Blüten 5-zählig, nach dem Verblühen nur an der Spitze eingerollt; jede Blüten mit 3 kleinen Hochb.; Äste zur Fruchtzeit fast waagrecht abstehend. ▲ Zerstreut bis selten. Mittel- und Südeuropa.

❺ Geschnäbeltes Leinblatt *Thesium rostratum*

✻ Mai–Juli ↕ 20–30 cm ▼ Steinige Böden, lichte, kalkreiche Kiefernwälder

Stängel mit einem blütenlosen B.schopf endend; B. sehr schmal-lanzettlich, 1-nervig; Blütenstand traubig; jede Blüten nur mit 1 Hochb., 5-zählig, weiß; Blütenhülle zur Fruchtzeit etwa 2-mal so lang wie die Frucht, diese dadurch geschnäbelt. ▲ Zerstreut bis selten. Alpen und Vorland, Süddeutschland.

1
2
3
4
5

Leingewächse *(Linaceae)*

❶ Wiesen-Lein, Purgier-Lein *Linum catharticum*

✻ Juni–Juli ↕ 5–30 cm ▼ Kalkmagerrasen, Moorwiesen

Pflanze aufrecht, gabelästig; B. gegenständig, ei-lanzettlich, 1 cm lang, sehr fein gezähnt; Blütenknospen hängend; Kelchb. 4–5, 2–3 mm lang, am Rand drüsenhaarig, 1-nervig; Kronb. 4–5, 3–6 mm lang, weiß, am Grund gelb. ▲ Häufig. Europa, im Süden nur in den Gebirgen.

Zistrosengewächse *(Cistaceae)*

❷ Apenninen-Sonnenröschen *Helianthemum apenninum*

✻ Mai–Juli ↕ 10–30 cm ▼ Kalktrockenrasen, Kalkfelsfluren, trockene Föhrenwälder

Stängel aufsteigend bis aufrecht, anliegend filzig behaart; B. linealisch bis ei-lanzettlich, am Rand zurückgerollt, beiderseits weiß- bis graufilzig; Nebenb. pfriemlich bis fädlich; Kronb. weiß, am Grund zitronengelb, 8–15 mm lang; äußere Kelchb. lineal-lanzettlich, innere Kelchb. eiförmig, kurzfilzig. ▲ Selten. Mittel- und Südeuropa.

Sonnentaugewächse *(Droseraceae)*

❸ Rundblättriger Sonnentau *Drosera rotundifolia*

✻ Juli–Aug. ↕ 5–15 cm ▼ Hoch- und Zwischenmoore

B. in Rosetten, kreisrund, mit langen, klebrigen Drüsenhaaren; B.stiel 15–50 mm lang behaart; Kronb. 5, 4–6 mm lang, weiß. ▲ Zerstreut. Nord- und Mitteleuropa, südlich bis Mittelspanien, Italien, Korsika, Balkanhalbinsel.

❹ Langblättriger Sonnentau *Drosera anglica*

✻ Juni–Aug. ↕ 8–20 cm ▼ Hoch- und Übergangsmoore

B. länglich-keilförmig, 4–8-mal so lang wie breit, 1–4 cm lang; Blütentriebe in der Mitte der B.rosette entspringend, aufrecht. ▲ Zerstreut bis selten. Nord- und Mitteleuropa, Alpen, Pyrenäen, Karpaten. – Ähnlich ist der **Mittlere Sonnentau**, *Drosera intermedia*, aber B. nur 2–4-mal so lang wie breit, 7–10 mm lang; Blütentriebe bogig aufsteigend. Hochmoorschlenken, Zwischenmoore. ▲ Zerstreut bis selten. Nord- und Mitteleuropa.

Heidekrautgewächse *(Ericaceae* incl. *Monotropaceae, Pyrolaceae* und *Empetraceae)*

❺ Vierkantige Moorheide *Cassiope tetragona*

✻ Juli–Aug. ↕ 10–30 cm ▼ Heiden, Tundra

Zwergstrauch; B. dicht, dachziegelig, 4-zeilig angeordnet, stumpf, 3–5 mm lang, unterseits mit tiefer Längsfurche; Blüten einzeln, b.achselständig; Krone glockig, 5–7 mm lang, weiß, mit rosafarbenen Zipfeln oder reinweiß; Blütenstiele kahl; Frucht eine Kapsel. ▲ Hauptsächlich Gebirge Nordeuropas, Arktis.

1

2

3

4

5

Nelkengewächse *(Caryophyllaceae)*

❶ Frühlings-Miere *Minuartia verna*

✻ Mai–Sept. ↕ 5–15 cm ▼ Felsschutt, lückige Rasen; kalkliebend; etwa 1500–3200 m

Pfl. dichtrasig, mit vielen nichtblühenden, dicht beblätterten Sprossen; B. linealisch, undeutlich 3-nervig, kahl; Blütenstiele und Kelch drüsig behaart; Kelchb. 3-nervig, wenig kürzer als die eiförmigen, weißen Kronb.; Staubb. 10, rot; Griffel 3. ▲ Verbreitet. Alpen, Arktis, Kaukasus, in den Gebirgen südlich bis Sizilien, Kreta und Nordafrika.

❷ Österreichische Miere *Minuartia austriaca*

✻ Juni–Aug. ↕ 10–20 cm ▼ Kalkfelsspalten und Schuttfluren, 1400–2200 m

Pfl. lockerrasig, aufrecht, meist 2-blütig, mit linealischen, fein zugespitzten, 1–2 cm langen, unterseits 3-nervigen B.; Blütenstiele stark verlängert; Kronb. 2-mal so lang wie der Kelch; Kelchb. spitz, 4–6 mm lang, krautig, nur am Grund schmal-hautrandig, 3-nervig. ▲ Zerstreut. Ostalpen.

❸ Lärchenblättrige Miere *Minuartia laricifolia*

✻ Juni–Aug. ↕ 8–20 cm ▼ Sonnige, steinige Hänge, Felsschutt, Felsen; kalkmeidend; 600–2000 m

Pfl. lockerrasig, mit vielen dicht beblätterten, nichtblühenden Sprossen; B. linealisch-pfriemlich, 8–12 mm lang und 0,5 mm breit, meist sichelförmig gekrümmt; Kronb. weiß, 8–12 mm lang; Kelchb. eiförmig-stumpf, 5–7 mm lang, krautig, schmal-hautrandig. ▲ Zerstreut. Südwestalpen, ostwärts bis zu den Stubaier- und Sarntaler Alpen, Gebirge Zentralspaniens, Pyrenäen, Apennin.

❹ Quendel-Sandkraut *Arenaria serpyllifolia*

✻ Mai–Sept. ↕ 5–30 cm ▼ Äcker, Mauern, Trockenrasen

Pfl. graugrün; B. eiförmig, spitz, 5–8 mm breit, am Rand bewimpert, sitzend, nur die untersten gestielt; Blüten 5–7 mm breit, weiß; Kronb. nicht ausgerandet, kürzer als die Kelchb. ▲ Verbreitet. Europa.

❺ Zweiblütiges Sandkraut *Arenaria biflora*

✻ Juli–Sept. ↕ 5–20 cm ▼ Schneetälchen, Feinschutt; kalkmeidend; 1700–3100 m

St. niederliegend, kriechend, an den Knoten oft wurzelnd; B. breit-eiförmig bis rundlich, stumpf, am Grund in einen breiten, gewimperten Stiel verschmälert; Blüten einzeln oder zu 2, weiß; Kronb. eiförmig, wenig länger als die Kelchb.; Fruchtknoten kugelig, mit 3 Griffeln. ▲ Zerstreut. Alpen, Ostpyrenäen, Ostkarpaten, Gebirge der Balkanhalbinsel. – Ähnlich ist das **Wimper-Sandkraut**, *A. ciliata*, aber B. breit-lanzettlich bis ei-länglich, spitz, am Rand bis über die Mitte lang gewimpert; Kronb. fast doppelt so lang wie die Kelchb. Steinige Matten, 1800–3100 m. ▲ Zerstreut. Hochgebirge Europas.

❻ Knotiges Mastkraut *Sagina nodosa*

✻ Juni–Aug. ↕ 5–15 cm ▼ Wege, Moorwiesen

St. niederliegend, aus einer grundständigen B.rosette entspringend, an den Knoten verdickt; obere St.b. 1–2 mm lang, mit b.achselständigen Kurztrieben; untere St.b. 5–15 mm lang; Kelchb. und Kronb. 5; die Kronb. weiß, 3–5 mm lang, doppelt so lang wie die Kelchb. ▲ Zerstreut bis selten. Hauptsächlich Nord- und Mitteleuropa.

❼ Salzmiere *Honkenya peploides*

✻ Juni–Juli ↕ 5–25 cm ▼ Feuchter Dünensand, Spülsäume an Küsten

Pfl. mit kriechenden, an den Knoten wurzelnden St.; B. fleischig, sitzend, oval, dicht stehend, 4-zeilig, gelbgrün, 5–20 mm lang; Blüten 1-geschlechtig, weiß; 6–10 mm breit. ▲ Zerstreut. Nord-, Mittel- und Westeuropa.

7
4
6
3
1
2
5

Nelkengewächse *(Caryophyllaceae)*

❶ Acker-Spergel *Spergula arvensis*

✻ Juni–Okt. ↕ 10–50 cm ▼ Kalkarme Äcker, sandige Wegraine, Waldschläge

B. linealisch, 2–3 cm lang, unterseits mit Längsfurche, quirlig angeordnet; Stängel zerstreut drüsenhaarig; Blüten 5–8 mm breit, in lockeren, gabelig verzweigten Blütenständen; Kronb. 5, ungeteilt, stumpflich, weiß, 2–4 mm lang, fast so lang wie die drüsenhaarigen Kelchb.; Samen mit schmalem Hautrand. ▲ Häufig. Europa.

❷ Frühlings-Spergel *Spergula morisonii (S. vernalis)*

✻ Apr.–Juni ↕ 5–25 cm ▼ Sandtrockenrasen, trockene Kiefernwälder; kalkmeidend

B. schmal-linealisch, 1–2 cm lang, unterseits nicht gefurcht (wie beim Acker-Spergel); Kronb. breit-eiförmig, stumpflich, sich berührend; Staubb. 10; Samen mit breitem Hautrand. ▲ Zerstreut. Mittel- und Südeuropa.

❸ Vogelmiere *Stellaria media*

✻ März–Okt. ↕ 5–30 cm ▼ Äcker, Gärten, Weinberge, Ufer

Pflanze rasenbildend; Stängel niederliegend, 1-reihig behaart, rund; B. eiförmig, spitz; Kronb. tief 2-teilig, weiß, so lang wie oder kürzer als die Kelchb.; Griffel 3. ▲ Häufig. Europa.

❹ Große Sternmiere *Stellaria holostea*

✻ Juni–Aug. ↕ 10–30 cm ▼ Krautreiche Mischwälder, Gebüsche

Stängel 4-kantig, unten kahl, oben zerstreut behaart; B. steif, schmal-lanzettlich, sitzend; Kronb. bis zur Mitte 2-spaltig, weiß, doppelt so lang wie die 6–8 mm langen Kelchb. ▲ Häufig. Fast ganz Europa, nördlich bis Südskandinavien.

❺ Moor-Sternmiere *Stellaria alsine*

✻ Juni–Juli ↕ 10–30 cm ▼ Quellfluren, Waldwege

Pflanze niederliegend, lockerrasig; B. blaugrün, länglich eiförmig, spitz, fast sitzend, 1–2 cm lang, am Grund bewimpert; Kronb. 1–3 mm lang, weiß, bis zum Grund geteilt, kürzer als die Kelchb. ▲ Verbreitet. Europa, im Süden nur in den Gebirgen.

❻ Hain-Sternmiere *Stellaria nemorum*

✻ Mai–Juli ↕ 20–50 cm ▼ Krautreiche Mischwälder, Auen, Bergwälder, Hochstaudenfluren, in den Alpen bis 2200 m

Pflanze mit weit kriechenden Ausläufern; Stängel stielrund, oberwärts drüsig-weichhaarig; B. gegenständig, herz-eiförmig, spitz, am Rand gewimpert, die unteren gestielt; Blüten 5-zählig; Kelchb. 4–6 mm lang, Kronb. doppelt so lang, fast bis zum Grund 2-teilig, weiß. ▲ Häufig. Europa.

❼ Gras-Sternmiere *Stellaria graminea*

✻ Apr.–Juni ↕ 10–50 cm ▼ Flachmoorwiesen, Magerweiden, Wegränder

Stängel schlaff; B. lineal-lanzettlich, grasgrün, 2–4 cm lang; Kronb. 3–5 mm lang, weiß, fast bis zum Grund geteilt, so lang wie die 3-nervigen Kelchb.; Griffel 3; Fruchtkapsel 6-klappig. ▲ Verbreitet. Europa.

1
2
3
4
5
6
7

Nelkengewächse *(Caryophyllaceae)*

❶ Dolden-Spurre *Holosteum umbellatum*

✻ März–Mai ↕ 5–25 cm ▼ Äcker, Brachland, sandige Böden

Pflanze bläulich grün; B. eiförmig, spitz, in grundständiger Rosette und am Stängel gegenständig sitzend; Blütenstand doldig; Blütenstiele zuletzt zurückgeschlagen; Kronb. weiß, 4–6 mm lang, vorn gezähnt. ▲ Verbreitet. Mittel- und Südeuropa.

❷ Acker-Hornkraut *Cerastium arvense*

✻ Apr.–Juli ↕ 15–30 cm ▼ Wege, Dünen

Pflanze lockerrasig, behaart; B. länglich-lanzettlich, in den Achseln oft mit B.büscheln; Hochb. an der Spitze breit-hautrandig; Kronb. 11–15 mm lang, tief 2-teilig, weiß; Kelch und Blütenstiele drüsig; Griffel 5. ▲ Ziemlich häufig. Fast ganz Europa.

❸ Gewöhnliches Hornkraut *Cerastium holosteoides (C. caespitosum)*

✻ Apr.–Okt. ↕ 10–40 cm ▼ Wiesen, Weiden, Wegränder, Äcker

Pflanze dicht abstehend behaart; B. ei-länglich, dunkel grüngrau, 1–3 cm lang; Kronb. weiß, 2-lappig, etwa so lang wie die hautrandigen, 4–6 mm langen Kelchb. ▲ Häufig. Europa.

❹ Alpenhornkraut *Cerastium alpinum*

✻ Juli–Sept. ↕ 5–20 cm ▼ Saure oder kalkarme Böden, lückige Rasen, Felsschutt, Felsspalten, 2000–3000 m

Pflanze mit vielen niederliegenden nichtblühenden und aufsteigenden blühenden, wollig behaarten, graugrünen Trieben; B. elliptisch, beiderseits behaart; Blüten 1,5–2 cm breit; Blütenstiele abstehend behaart; Kronb. weiß, doppelt so lang wie die zottig behaarten, trockenhäutig berandeten Kelchb. ▲ Verbreitet. Alpen, Pyrenäen, Karpaten, Arktis.

❺ Breitblättriges Hornkraut *Cerastium latifolium*

✻ Juli–Aug. ↕ 5–12 cm ▼ Felsspalten, Gesteinsschutt, nur auf Kalk und Dolomit, 1600–3500 m

Pflanze lockerrasig; B. eiförmig, zugespitzt, dicht mit kurzen Borst- und Drüsenhaaren besetzt; Blüten weiß, 25–35 mm breit; Kronb. 5, 2-spaltig; Staubb. 10; Griffel 5. ▲ Verbreitet. Alpen (westlich des Inns).

❻ Dreigriffeliges Hornkraut *Cerastium cerastoides*

✻ Juli–Sept. ↕ 5–15 cm ▼ Schneetälchen, feuchte, mäßig saure Böden, 1700–3000 m

Pflanze lockerrasig; Stängel niederliegend bis aufsteigend, mit Haarleiste, 1–3-blütig; B. kahl, länglich-lanzettlich, die oberen eiförmig bis rundlich; Kronb. 5–8 mm lang, tief 2-spaltig, 2-mal so lang wie der Kelch; Griffel 3 (6a). ▲ Zerstreut. Alpen, Arktis, Hochgebirge Europas, Kleinasien, Kaukasus, Himalaja.

❼ Wassermiere, Wasserdarm *Myosoton aquaticum (Malachium aquaticum)*

✻ Juni–Sept. ↕ 20–60 cm ▼ Gräben, feuchte Lehm- und Schlammböden, Auen

Pflanze liegend oder klimmend; Stängel 4-kantig; B. gegenständig, ei-lanzettlich, spitz, mit herzförmigem Grund sitzend, 3–8 cm lang; Kronb. 5, weiß, fast bis zum Grund 2-teilig, 7–10 mm lang; Griffel 5 (*Stellaria* hat 3 Griffel); Fruchtkapsel 5-klappig aufspringend. ▲ Häufig. Fast ganz Europa.

6
6a
5
2
4
3
1
7

Nelkengewächse *(Caryophyllaceae)*

❶ Dreinervige Nabelmiere *Moehringia trinerva*

✻ Mai–Juli ↕ 10–30 cm ▼ Laub- und Nadelmischwälder, Waldschläge, Waldwege, Gebüsche

Pfl. aufsteigend; St. einzeln, nicht rasig, kurz behaart; B. eiförmig-spitz, meist 3-nervig, kurz behaart, die unteren gestielt, die oberen fast sitzend; Blüten 5–6 mm breit, weiß, einzeln, b.achselständig oder zu mehreren am Ende der Zweige, Kronb. 5, kürzer als der Kelch; Kelchb. 5, breit-hautrandig, 3-nervig, kurzhaarig. ▲ Verbreitet. Fast ganz Europa, im Süden nur in den Gebirgen.

❷ Bewimperte Nabelmiere *Moehringia ciliata*

✻ Mai–Aug. ↕ 3–8 cm ▼ Kalk- oder Dolomitschutt, Schneetälchen, lückige Pionierrasen, 1500–3000 m

Pfl. mit langen, kriechenden Trieben und aufsteigenden, 1–3-blütigen Blütenst.; B. schmal-linealisch, dicklich, am Grund meist bewimpert; Kronb. weiß, abgerundet, etwas länger als die eiförmig-lanzettlichen, stumpfen, 1–3-nervigen Kelchb.; Staubb. 10; Griffel 3. ▲ Verbreitet. Alpen, Ostpyrenäen, nordwestliche Balkanhalbinsel.

❸ Taubenkropf, Hühnerbiss *Cucubalus baccifer*

✻ Juli–Sept. ↕ 50–150 cm ▼ Auenwälder, Gebüsche, nähstoffreiche Schlickböden in Flusstälern

Pfl. stark ästig, klimmend, kurz behaart; B. eiförmig-spitz, kurz gestielt; Blüten in lockeren Blütenständen, mit ungleich 5-zähnigem, glockig aufgeblasenem Kelch und tief 2-teiligen, grünlich weißen Kronb.; Griffel 3; Frucht eine 6–8 mm lange, schwarze Scheinbeere. ▲ Ziemlich selten. Mittel- und Südeuropa, nördlich bis Südengland.

❹ Kriechendes Gipskraut *Gypsophila repens*

✻ Juni–Okt. ↕ 5–20 cm ▼ Kalkschutthalden, etwa 1000–2800 m, im Kies der Alpenflüsse tiefer

Pfl. bläulich bereift; B. lanzettlich, etwas fleischig, 1–3 cm lang; Blütenstand rispig; Blüten 5-zählig; Kronb. 6–10 mm lang, weiß oder rosa. ▲ Verbreitet. Gebirge Mittel- und Südeuropas.

❺ Vierzähniger Strahlensame *Silene pusilla (Heliosperma quadridentatum)*

✻ Juni–Sept. ↕ 5–20 cm ▼ Feuchter Kalkfelsschutt,1000–2500 m, im Kies der Alpenflüsse auch tiefer

Pfl. lockerrasig; St. gabelig verzweigt, oben wie die Blütenstiele klebrig; B. linealisch, am Grund schwach bewimpert; Kronb. weiß, vorne 4-zähnig. ▲ Verbreitet. Alpen, Pyrenäen, Jura, Korsika, Apennin, Balkanhalbinsel, Karpaten.

❻ Gemeines Leimkraut, Taubenkropf-Leimkraut *Silene vulgaris (S. cucubalus, S. inflata)*

✻ Mai–Sept. ↕ 10–50 cm ▼ Wege, Böschungen, Steinbrüche, Gebüschsäume, Magerrasen, in den Alpen bis 2500 m

B. eiförmig-lanzettlich bis breit-eiförmig (sehr variabel), blaugrün, meist kahl; Blütenstand rispig; Kelch kugelig aufgeblasen, stark netzaderig, 20-nervig; Kronb. tief 2-teilig, weiß. (Formenreiche Sammelart mit vielen Kleinarten) ▲ Häufig. Europa.

❼ Felsen-Leimkraut *Silene rupestris*

✻ Juli–Aug. ↕ 10–25 cm ▼ Felsspalten, Felsschutt, trockene, steinige, Hänge; kalkmeidend; 1000–3000 m, gelegentlich auch tiefer

Pfl. kahl; B. ei-lanzettlich, spitz, sitzend, bläulich grün; Blütenstand gabelig verzweigt, mit lang gestielten, weißen, seltener rosaroten Blüten; Kronb. ausgerandet, 2-mal so lang wie die blassgrünen Kelchb.; Kelch 4–10 mm lang, 10-nervig. ▲ Verbreitet bis zerstreut. Gebirge Europas, in Deutschland nur im Allgäu.

2
5
3
7
6
1
4

Nelkengewächse *(Caryophyllaceae)*

❶ Weiße Lichtnelke *Silene alba (Melandrium album)*

✻ Juni–Sept. ↕ 30–100 cm ▼ Wege, Schutt, Äcker, Gebüschsäume

Pflanze oben kurzhaarig-drüsig; B. breit-lanzettlich; Blüten 1-geschlechtig, 2–3 cm breit, erst nachmittags sich öffnend; Kelchröhre 18–25 mm lang; Kronb. tief 2-teilig, weiß, mit Nebenkrone; Griffel 5; Zähne der Fruchtkapsel aufrecht. ▲ Ziemlich häufig. Europa.

❷ Nickendes Leimkraut *Silene nutans*

✻ Mai–Aug. ↕ 30–60 cm ▼ Kalkmagerrasen, Felsen, lichte Eichenwälder

Pflanze mit nichtblühender B.rosette; untere B. spatelig, obere lanzettlich; Blütenstand locker, vielblütig, 1-seitswendig, nickend; Kelch drüsenhaarig, 10-nervig, Kelchzähne so lang wie die Kelchröhre; Kronb. 5, tief 2-teilig, weiß, mit 1–3 mm langer Nebenkrone. ▲ Ziemlich häufig. Fast ganz Europa.

Immergrüngewächse *(Apocynaceae* incl. *Aslepiadaceae)*

❸ Weiße Schwalbenwurz *Vincetoxicum hirundinaria (V. officinale)*

✻ Mai–Aug. ↕ 30–120 cm ▼ Eichen- und Kiefernwälder, sonnige Gebüsche, warme Steinschuttfluren

Stängel hohl, flaumig; B. länglich, herz-eiförmig, 8–12 cm lang, dunkel- bis blaugrün; Blütenstand zusammengesetzt, Blüten in den Teilblütenständen knäuelig gehäuft, 5-zählig, radiär; Krone trichterförmig, weiß bis gelbgrün, 4–7 mm breit, mit kleiner Nebenkrone. Fruchtknoten oberständig, mit den 5 Staubb. zu einem Säulchen verwachsen. Giftig! ▲ Zerstreut. Hauptsächlich Mittel- und Südeuropa.

Primelgewächse *(Primulaceae)*

❹ Europäischer Siebenstern *Trientalis europaea*

✻ Mai–Juli ↕ 5–20 cm ▼ Fichtenwälder, Birkenmoore, bodensaure Laubwälder, Heiden, Magerrasen; kalkmeidend

B. lanzettlich, ganzrandig, 2–4 cm lang, am Ende des Stängels quirlartig gehäuft; Blüten einzeln, b.achselständig, lang gestielt; Krone weiß, 10–15 mm breit, flach ausgebreitet, fast bis zum Grund in 7 spitze Zipfel zerteilt; Kelch 4–6 mm lang, mit 7 lanzettlichen Zipfeln. ▲ Ziemlich selten. Nord- und Mitteleuropa.

❺ Salzbunge *Samolus valerandi*

✻ Mai–Juni ↕ 10–50 cm ▼ Salzreiche Schlickböden, Küsten, Teichböden

Pflanze mit grundständiger B.rosette; obere B. wechselständig, verkehrt-eiförmig, ganzrandig, 1–8 cm lang; Blüten winzig, 2–3 mm breit; Krone glockig, weiß, mit 5 gerundeten Zipfeln. ▲ An den Küsten verbreitet, sonst selten. Fast ganz Europa.

❶

❹

❸

❷

❺

Primelgewächse *(Primulaceae)*

❶ Milchweißer Mannsschild *Androsace lactea*

✻ Mai–Juli ↕ 5–15 cm ▼ Kalkfelsbänder, steinige Matten, etwa 1600–2200 m

Rosettenpflanze, lockerrasig; B. linealisch, zugespitzt, 1–2 cm lang, spärlich bewimpert; Blüten in 2–6-blütiger Dolde; Krone 8 mm breit, weiß, mit gelbem Schlund; Kronzipfel ausgerandet. ▲ Zerstreut. Gebirge Mittel- und Südeuropas (östlich).

❷ Zwerg-Mannsschild *Androsace chamaejasme*

✻ Juni–Aug. ↕ 2–6 cm ▼ Kalkreiche Magerrasen, Felsschutt, windexponierte Grate, 1500–3000 m

Pflanze lockerrasig; B. in Rosetten, lanzettlich, am Rand gewimpert, auf der Fläche kahl, 5–15 mm lang und 3–4 mm breit; Stängel und Blütenstand langhaarig-zottig; Krone weiß oder rötlich, im Schlund gelb. ▲ Verbreitet. Hauptsächlich Nordalpen, Pyrenäen, Karpaten, Arktis.

❸ Zottiger Mannsschild *Androsace villosa*

✻ Juni–Juli ↕ 3–6 cm ▼ Kalkreiche Mager- und Pionierrasen, Felsschutt, 1600–2300 m

Pflanze mit halbkugeligen B.rosetten; B. schmal-lanzettlich, 4–8 mm lang und 2–3 mm breit, mit 1–2 mm langen Seidenhaaren; Blüten weiß oder rötlich, mit gelbem Schlund, sitzend oder kurz gestielt, in mehrblütiger Dolde. ▲ Zerstreut. West- und Südostalpen, Spanien, Pyrenäen, Jura, Apennin, Karpaten, Balkan.

❹ Schweizer Mannsschild *Androsace helvetica*

✻ Mai–Juli ↕ 2–5 cm ▼ Kalk- und Dolomitfelsspalten, 1600–3500 m

Pflanze sehr dichte, halbkugelige, graue Polster bildend; B. 2–4 mm lang, schmal-eiförmig, dicht dachziegelig gestellt; Blüten einzeln, fast sitzend, weiß, mit gelbem Schlund. ▲ Zerstreut. Alpen.

❺ Vandellis Mannsschild, Vielblütiger Mannsschild *Androsace vandelii*

✻ Juli–Aug. ↕ 2–4 cm ▼ Silikatfelsspalten, 1900–3000 m

Pflanze dicht polsterförmig, silber glänzend weißfilzig; B. schmal-spatelig, 3–6 mm lang, sternhaarig, dicht dachziegelig gestellt; Blüten 2–6 mm lang gestielt, weiß, im Schlund gelb. ▲ Ziemlich selten. Alpen.

❻ Wasserfeder *Hottonia palustris*

✻ Mai–Juni ↕ 20–50 cm ▼ Mäßig nährstoffreiche, flache, stehende Gewässer, über torfigen Schlammböden, Altwässer, Gräben, Moorseen, oft mit Wasserschlauch (*Utricularia*) und Arten der Schwimmblattgesellschaften

Wasserpflanze; B. untergetaucht, kammartig bis auf den Mittelnerv fiederteilig, in Rosetten; Blütenschaft aufrecht, über dem Wasser; Blüten weiß oder rötlich, innen am Grund gelb. ▲ Selten. Fast ganz Europa, nördlich bis Südskandinavien.

5
3
1
2
6
4

Fieberkleegewächse *(Menyanthaceae)*

❶ Fieberklee, Bitterklee *Menyanthes trifoliata*

✻ Apr.–Mai ↕ 15–30 cm ▼ Flach- und Quellmoore, Moorschlenken

Pflanze mit dickem, lang kriechendem Rhizom; B. 3-zählig; Blüten weiß oder rötlich, bärtig, in aufrechter Traube; Heilpflanze. ▲ Zerstreut bis selten. Nord- und Mitteleuropa, Gebirge Südeuropas.

Geißblattgewächse *(Caprifoliaceae* incl. *Linnaeaceae, Dipsacaceae* und *Valerianaceae)*

❷ Felsen-Baldrian *Valeriana saxatilis*

✻ Juni–Aug. ↕ 5–30 cm ▼ Kalkfelsspalten, Schutt, von den Tallagen bis 2800 m

Stängel b.los oder mit 1 B.paar; Grundb. elliptisch bis lanzettlich, in einen langen Stiel verschmälert, 3–5-nervig; Blütenstand zusammengesetzt, armblütig, die unteren Äste oft herabgerückt; Krone weiß, 2–4 mm lang. ▲ Verbreitet. Alpen, Nordapennin, Balkanhalbinsel, Karpaten

❸ Ostalpen-Baldrian *Valeriana elongata*

✻ Juni–Aug. ↕ 5–25 cm ▼ Kalkfelsspalten, Felsschutt, 1600–2400 m

Stängel gefurcht, kahl; Rosettenb. lang gestielt, eiförmig, ganzrandig; Stängelb. fast sitzend, eiförmig oder fast 3-eckig, grob gezähnt; Blüten in achselständigen Trugdolden; Krone bräunlich bis grünlich, 2–3 mm lang. ▲ Zerstreut bis selten. Endemit der Ostalpen (Totes Gebirge ostwärts, Bozen, Osttirol, Julische und Steiner Alpen).

❹ Echter Feldsalat, Rapünzchen *Valerianella locusta*

✻ Apr.–Juni ↕ 10–20 cm ▼ Äcker, Wege

B. länglich, untere spatelig, 2–7 cm lang, obere lanzettlich, spitz; Blütenstand endständig, gabelig verzweigt; Krone 5-zipfelig, bläulich weiß, 2 mm breit; Frucht abgeflacht, rundlich, kurz zugespitzt, glatt; als Salatpflanze angebaut. ▲ Ziemlich häufig. Europa.

❺ Moosglöckchen *Linnaea borealis*

✻ Juni–Aug. ↕ 5–15 cm ▼ Nadelwälder, über Moospolster kriechend, in den Alpen bis 2400 m

Stängel fadenförmig, bis 2 m lang; B. wintergrün, rundlich, 7–12 mm lang, unterseits blaugrün; Blüten zu 1–2 auf langen Stielen, glockig, 7–10 mm lang, mit 5 breiten Zipfeln, weiß oder rosa. ▲ Selten. Nordeuropa, Norddeutschland, Alpen, Sudeten, Karpaten, Kaukasus.

4
5
2
1
3

Blüten weiß, Blütenblätter 5 oder mehr

Borretschgewächse (*Boraginaceae*)

❶ Acker-Steinsame *Lithospermum arvense*

✻ Apr.–Juni ↕ 10–50 cm ▼ Getreidefelder

Pfl. rauhaarig; B. verkehrt-eiförmig bis lanzettlich, 1-nervig, 3–5 cm lang; St. locker beblättert; Krone 3–4 mm breit, trichterförmig, schmutzig weiß; Nüsschen braun, warzig. ▲ Verbreitet. Europa.

❷ Echter Steinsame *Lithosperum officinale*

✻ Mai–Juli ↕ 30–100 cm ▼ Sommerwarme Auenwälder, lichte Laubwälder

St. reich verzweigt, dicht beblättert; B. lanzettlich, 4–8 cm lang, sitzend, unterseits mit deutlichen Fiedernerven; Krone weiß oder gelblich, 6–8 mm breit; Kronröhre 4–5 mm lang, im Kronschlund mit 5 behaarten Falten; Heilpfl. ▲ Zerstreut. Europa.

Windengewächse (*Convolvulaceae* incl. *Cuscutaceae*)

❸ Zaunwinde *Calystegia sepium (Convolvulus sepium)*

✻ Juni–Sept. ↕ 1–3 m ▼ Unkrautfluren, Ufer, Weiden- und Erlengebüsch

Pfl. windend; B. tief herzförmig, 8–15 cm lang; Blüten einzeln, b.achselständig, lang gestielt; Krone trichterförmig, weiß, 3–5 cm lang und breit; Kelch von 2 herzförmigen Vorb. eingeschlossen; Narbenlappen flach. ▲ Verbreitet. Europa.

Nachtschattengewächse (*Solanaceae*)

❹ Schwarzer Nachtschatten *Solanum nigrum*

✻ Juni–Okt. ↕ 10–60 cm ▼ Schuttplätze, Gärten, Äcker

B. eiförmig oder 3-eckig, buchtig gezähnt, seltener ganzrandig, gestielt; Krone flach ausgebreitet, 5-teilig, weiß, 6–10 mm breit; Kelchzipfel durch spitze Buchten getrennt; Staubbeutel länger als die Staubfäden; Beeren schwarz, selten grünlich gelb, 6–10 mm breit. Giftig! ▲ Verbreitet. Europa.

❺ Stechapfel *Datura stramonium*

✻ Juni–Okt. ↕ 20–100 cm ▼ Schutt, Wege, Gärten; wärmeliebend

B. eiförmig, spitz, buchtig gezähnt, 10–20 cm lang; Blüten einzeln, b.achselständig; Krone trichterförmig, mit 5 spitzen Zipfeln, 6–8 cm lang, weiß, selten violett; Frucht eiförmig, stachelig, grün, 5–7 cm lang. Sehr giftig! ▲ Ziemlich selten. Europa.

Kürbisgewächse (*Cucurbitaceae*)

❻ Weiße Zaunrübe *Bryonia alba*

✻ Juni–Juli ↕ 2–3 m ▼ Zäune, Wege, Gebüschsäume

Rankende Pfl., 1-häusig; Ranken spiralfederartig; B. in 5 3-eckige, scharf gezähnte Lappen geteilt; Blüten mit Fruchtknoten und Staubb.; Narbe kahl; Krone grünlich weiß, etwa 1 cm breit; reife Beeren schwarz. Giftig! ▲ Ziemlich selten. Mittel- und Südeuropa.

1

2

3

4

5

6

Heidekrautgewächse *(Ericaceae* incl. *Monotropaceae, Pyrolaceae* und *Empetraceae)*

❶ Sumpf-Porst *Ledum palustre*

✻ Mai–Juli ↕ 50–150 cm ▼ Kalkfreie Kiefernmoore, Hoch- und Übergangsmoore

Stark duftend; B. immergrün, lederig, linealisch, etwa 3 cm lang, 3 mm breit, unterseits wie die jungen Zweige rostfilzig; Blüten weiß, in Dolden; Kronb. 5, frei; Fruchtknoten unterständig; Heilpfl. Giftig! ▲ Selten. Hauptsächlich Norddeutschland und nördliches Europa.

❷ Rundblättriges Wintergrün *Pyrola rotundifolia*

✻ Juni–Juli ↕ 15–30 cm ▼ Nadelwälder, saure Buchen- und Eichenwälder, Birkenmoore

St. unten stumpfkantig, meist grün, selten rot; B. rundlich-eiförmig; Blüten zu 8–15 in aufrechter, allseitswendiger Traube; Krone weiß, offen, glockig; Kelchzipfel lanzettlich, spitz, abstehend; Griffel s-förmig gebogen, länger als die Krone. ▲ Ziemlich selten. Nord- und Mitteleuropa.

❸ Grünblütiges Wintergrün *Pyrola chlorantha*

✻ Juni–Juli ↕ 10–30 cm ▼ Lichte Nadelwälder

St. unten scharfkantig, meist rot; B. (3a) grundständig, rundlich-spatelig, vorne oft ausgerandet; B.stiele länger als die 1–2 cm lange B.spreite; Blütenstand 3–7-blütig; Krone offen, glockig, grünlich weiß; Kelchzipfel (3b) eiförmig, 3-eckig, kurz zugespitzt, der Krone angedrückt; Griffel s-förmig gebogen. ▲ Zerstreut bis selten.Fast ganz Europa.

❹ Kleines Wintergrün *Pyrola minor*

✻ Juni–Juli ↕ 10–20 cm ▼ Nadelwälder, saure Eichen- und Buchenwälder, Birkenmoore

B. rundlich-eiförmig; Blüten kugelig, geschlossen, zu 5–20 in allseitswendiger Traube; Griffel kürzer als die Blüten, nicht verdickt; Kelchzipfel der Krone angedrückt. ▲ Zerstreut. Nord- und Mitteleuropa, südlich bis Mittelitalien.

❺ Nickendes Wintergrün *Orthilia secunda (Pyrola secunda)*

✻ Juni–Juli ↕ 5–25 cm ▼ Nadelwälder, bodensaure Laubmischwälder

B. im unteren Drittel des St. (nicht in einer grundständigen Rosette), eiförmig, spitz; Blüten in 1-seitswendiger, reichblütiger, 5–15 cm langer Traube, grünlich weiß, glockig bis fast kugelig; Kronb. 3–4 mm lang; Heilpfl. ▲ Zerstreut bis selten. Fast ganz Europa.

❻ Moosauge, Einblütiges Wintergrün *Moneses uniflora (Pyrola uniflora)*

✻ Mai–Juli ↕ 5–10 cm ▼ Nadelwälder, bodensaure Eichenwälder

B. in grundständiger Rosette, rundlich-spatelig, bis 2 cm lang, mit fein gezähntem Rand; Blüten einzeln, weiß, 2 cm breit; Kronb. flach ausgebreitet; Griffel gerade, mit dicker Narbenscheibe, länger als die Krone; Staubfäden (6a) s-förmig gekrümmt ▲ Zerstreut. Nord- und Mitteleuropa, südlich bis Pyrenäen, Korsika, Bulgarien, Kaukasus.

❼ Winterlieb *Chimaphila umbellata (Pyrola umbellata)*

✻ Juni–Aug. ↕ 5–20 cm ▼ Trockene Kiefernwälder, sandige Böden

B. lederig, ei-lanzettlich, 3–5 cm lang, scharf gesägt; Blüten zu 3–7 in Schirmtrauben, nickend; Kronb. 5–6 mm lang, zusammenneigend, weiß bis hellrosa; Griffel kurz, dick, mit schildförmiger Narbe. ▲ Selten. Mittel- und Nordeuropa.

4
1
3b
7
3a
2
5
6a
6

Knabenkrautgewächse oder Orchideen *(Orchidaceae)*

❶ Langblättriges Waldvöglein, Schwertblättriges Waldvöglein
Cephalanthera longifolia

✻ Mai–Juni ↕ 20–50 cm ▼ Lichte Eichen- und Buchenwälder, Kiefernmischwälder, Gebüsche; wärmeliebend

Stängel kahl; B. lanzettlich, gefaltet, 2-zeilig, bis 10 cm lang; Blütenstand 10–20-blütig; Blütenb. reinweiß, spitz, 10–15 mm lang; Blüten mindestens 10-mal so lang wie breit; mittlere und obere Tragb. kürzer als der kahle Fruchtknoten. ▲ Ziemlich selten. Mittel- und Südeuropa, nördlich bis Südskandinavien.

❷ Weißes Waldvöglein, Bleiches Waldvöglein
Cephalanthera damasonium (C. alba)

✻ Mai–Juni ↕ 20–50 cm ▼ Buchen- und Buchen-Tannenwälder, seltener Eichen- und Föhrenwälder

B. eiförmig, spitz, bis 10 cm lang, nicht gefaltet, mit 5–10 Nerven; Blütenstand 3–8-blütig; Blütenb. gelblich weiß, stumpf, 15–20 mm lang; Blüten höchstens 4-mal so lang wie breit; Tragb. länger als der halbe Fruchtknoten; Lippe innen rötlich gelb. ▲ Zerstreut. Mittel- und Südeuropa, nördlich bis England.

❸ Sumpf-Stendelwurz, Sumpfwurz *Epipactis palustris*

✻ Juni–Aug. ↕ 20–50 cm ▼ Flachmoore, Moorwiesen

B. länglich-lanzettlich, 1–2 cm breit; äußere 3 Blütenb. 10–12 mm lang, bräunlich, innere 2 Blütenb. kürzer, weiß; Lippe 10–12 mm lang, mit einem rundlichen, am Rand wellig gekerbten, weißen oder rosa geaderten Vorderglied; Blütentraube 8–15-blütig. ▲ Ziemlich selten. Fast ganz Europa, nördlich bis Südskandinavien.

❹ Weiße Waldhyazinthe, Kuckucksstendel *Platanthera bifolia*

✻ Mai–Juli ↕ 20–40 cm ▼ Lichte Laub- und Nadelwälder, besonders Föhrenwälder, Waldränder, Magerrasen, Feuchtwiesen

B. meist 2, nahe dem Stängelgrund, eiförmig, 5–15 cm lang, 2–5 cm breit; obere Stängelb. klein, lanzettlich; Blütentraube locker, 5–15 cm lang; Blüten weiß, stark duftend, 11–18 mm breit, äußere 3 Blütenb. lanzettlich, abstehend, innere 2 Blütenb. kürzer und schmäler, aufwärts gerichtet; Lippe bandförmig, 6–10 mm lang; Staubbeutelfächer parallel; Sporn fädlich, spitz, 15–22 mm lang. ▲ Zerstreut. Europa.

❺ Grünliche Waldhyazinthe, Berg-Waldhyazinthe *Platanthera chlorantha*

✻ Mai–Juni ↕ 20–50 cm ▼ Nadelmischwälder, quellige, moorige Wiesen

Sehr ähnlich der Weißen Waldhyazinthe, aber Blüten grünlich weiß, geruchlos, Staubbeutelfächer nicht parallel, nach unten auseinander spreizend; Lippe 10–16 mm lang; Sporn keulig, stumpf, 20–40 mm lang ▲ Ziemlich selten. Fast ganz Europa.

❻ Weißzüngel *Pseudorchis albida (Leucorchis albida)*

✻ Juni–Aug. ↕ 10–30 cm ▼ Saure, kalkfreie Magerrasen

Blüten länglich bis verkehrt-eiförmig; Blütenähre dicht, 3–6 cm lang; Blüten weiß bis gelblich weiß, schwach duftend; Blütenhüllb. klein, 3–4 mm lang, zusammenneigend; Lippe 3-teilig; Sporn walzlich, ½-mal so lang wie der Fruchtknoten. ▲ Ziemlich selten. Hauptsächlich Gebirge Europas.

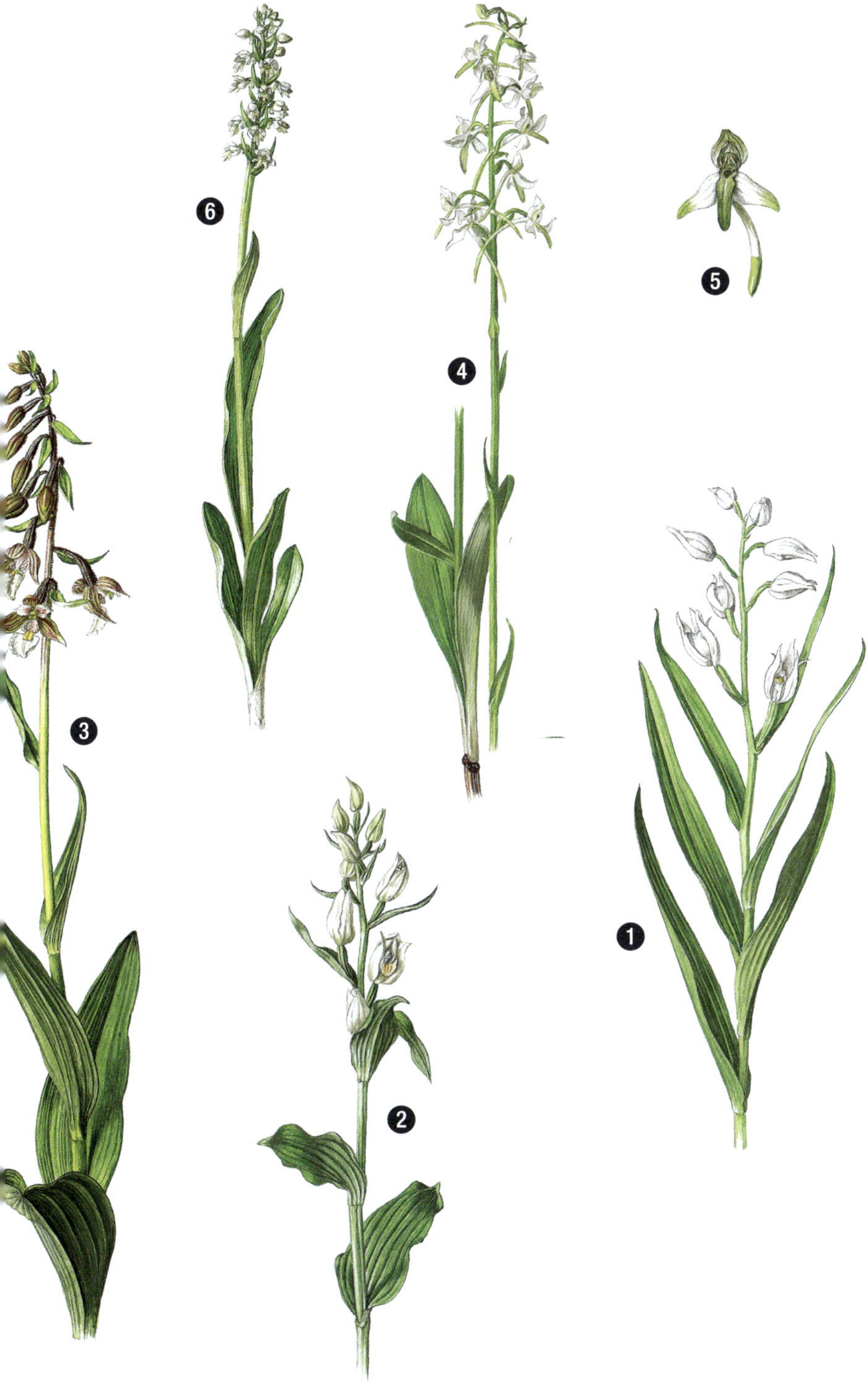
6
4
5
3
1
2

Mohngewächse *(Papaveraceae)*

❶ Hohler Lerchensporn *Corydalis cava*

✻ März–Mai ↕ 15–30 cm ▼ Laubwälder, Auenwälder, Obstgärten, Gebüsche

Pflanze mit kugeliger, hohler Knolle; B. doppelt 3-zählig, blaugrün; Blüten 15–25 mm lang, in 6–20-blütigen, aufrechten Trauben, purpurn oder weiß; Tragb. der Blüten eiförmig, ganzrandig. ▲ Zerstreut. Hauptsächlich Mitteleuropa, nördlich bis Südschweden.

Schmetterlingsblütengewächse (*Fabaceae* oder *Papilionaceae)*

❷ Schweden-Klee *Trifolium hybridum*

✻ Mai–Sept. ↕ 20–40 cm ▼ Fett- und Nasswiesen, Wegränder

Pflanze aufsteigend, nicht an den Knoten wurzelnd; B. 3-zählig, B.chen fein gezähnt, Nebenb. krautig; Blütenköpfe kugelig oder eiförmig; Stiele der Einzelblüten 2–3-mal so lang wie die 5-nervige Kelchröhre; Krone weiß bis rötlich; Kulturpflanze. ▲ Verbreitet. Fast ganz Europa.

❸ Berg-Klee *Trifolium montanum*

✻ Mai–Juli ↕ 15–40 cm ▼ Kalkmagerrasen, Waldränder

Pflanze aufrecht oder aufsteigend, dicht behaart; B. 3-zählig, B.chen fein gezähnt, unterseits weichhaarig; Blütenstand kugelig bis eiförmig, 1–2 cm lang; Blüten kurz gestielt; Kelchröhre 10-nervig, behaart, mit schmalen, gleich langen Zähnen; Krone 7–10 mm lang, weiß. ▲ Zerstreut. Europa, nördlich bis Südskandinavien, im Süden in den Gebirgen.

❹ Rasiger Klee, Thals Klee *Trifolium thalii*

✻ Juli–Aug. ↕ 5–15 cm ▼ Almweiden, alpine Rasen, 1400–3000 m

Pflanze niederliegend; B. 3-zählig, B.chen verkehrt-eiförmig, bis 2 cm lang, fein gezähnt; Blütenköpfe bis 2 cm breit; Kelch 10-nervig; Krone weiß, später rötlich bis bräunlich. ▲ Verbreitet. Alpen, Pyrenäen, Jura, Apennin.

❺ Weiß-Klee *Trifolium repens*

✻ Mai–Sept. ↕ 15–45 cm ▼ Fettweiden, Wiesen, Parkrasen, Wegränder, Äcker

Pflanze kriechend, an den Knoten wurzelnd; B. 3-zählig, B.chen eiförmig, fein gezähnt, kahl; Nebenb. trockenhäutig; Blütenköpfe kugelig, einzeln; Einzelblüten gestielt, nach dem Verblühen hängend; Kelch 10-nervig; Krone 7–12 mm lang, weiß, später bräunlich. ▲ Häufig. Europa.

❻ Weißer Steinklee *Melilotus albus*

✻ Juni–Sept. ↕ 30–120 cm ▼ Unkrautfluren, Bahngelände

Blüten weiß, 4–5 mm lang; Blütentraube 4–6 cm lang, 40–80-blütig; Fruchthülse 3–5 mm lang, kahl, netznervig, runzelig, zur Reife schwarz. ▲ Verbreitet. Fast ganz Europa.

1
2
5
6
4
3

Schmetterlingsblütengewächse (*Fabaceae* oder *Papilionaceae*)

❶ Gratlinse, Gletscherlinse *Astragalus frigidus*

✻ Juli–Aug. ↕ 20–40 cm ▼ Magerrasen, Grate, Felsbänder, mäßig kalkhaltige bis schwach saure Böden 1500–2700 m

St. aufrecht, bläulich grün, kahl, am Grund mit braunen, häutigen Niederb.; B. mit 7–11 kahlen, blassgrünen, unterseits bläulichen, eiförmigen Fiederb. und großen, bleichen Nebenb.; Blütentraube lang gestielt, aus 5–20 gelblich weißen Blüten; Fruchthülse schwach aufgeblasen, bis 35 mm lang, rauhaarig. ▲ Zerstreut. Alpen, Karpaten, Tatra, Altai, Arktis.

❷ Südlicher Tragant *Astragalus australis*

✻ Juni–Aug. ↕ 10–20 cm ▼ Steinrasen, Magerwiesen; kalkliebend; 1800–3000 m

Pfl. niederliegend bis aufsteigend; B. mit 9–17 schmal-elliptischen, hellgrünen Fiederb.; Blüten in gedrungenen, 1-seitswendigen, 8–16-blütigen, lang gestielten Trauben; Blütenstiele und Kelch anliegend schwärzlich behaart; Krone gelblich weiß, mit violetter Schiffchenspitze (manchmal auch Fahne violett überlaufen); Flügel vorne ausgerandet bis tief 2-lappig, länger als das Schiffchen; Hülse aufgeblasen, kahl, im Kelch gestielt. ▲ Ziemlich selten. Alpen (in Deutschland nur in den Allgäuer Alpen), Pyrenäen, Apennin, Karpaten.

❸ Alpen-Spitzkiel *Oxytropis campestris*

✻ Juli–Aug. ↕ 5–15 cm ▼ Steinige Matten, Berggrate

B. unpaarig gefiedert, beiderseits behaart, graugrün, mit 10–12 ei-lanzettlichen Fiederpaaren; Blüten zu 10–18 in kopfigen, lang gestielten Trauben; Kelch mit langen weißen und kurzen schwarzen Haaren besetzt; Krone gelblich weiß, Schiffchen lang zugespitzt, oft beiderseits mit violettem Fleck. ▲ Ziemlich selten. Alpen, Apennin, Karpaten, Pyrenäen, Gebirge der Balkanhalbinsel, Schottland, Skandinavien.

❹ Deutscher Backenklee *Dorycnium germanicum*

✻ Juli–Aug. ↕ 15–30 cm ▼ Lichte Kieferntrockenwälder, Kalkmagerrasen

Pfl. am Grund verholzt; B. 3–5-fach gefingert; B.chen 2–4 mm breit, anliegend seidig behaart; Blütenköpfe 6–14-blütig; Blütenstiele 1–2 mm lang, kürzer als die Kelchröhre; Krone 5–7 mm lang, weiß, mit violetter Schiffchenspitze; Flügel mit taschenförmiger Längsfalte; Hülsen eiförmig, 3–5 mm lang. ▲ Selten. Alpenvorland, Ostalpen, Südosteuropa.

Sommerwurzgewächse (*Orobanchaceae*)

❺ Gewöhnlicher Augentrost *Euphrasia officinalis*

✻ Mai–Okt. ↕ 5–25 cm ▼ Magere Wiesen, Moorwiesen, Trockenrasen

Pfl. oben meist drüsenhaarig, B. eiförmig, jederseits mit 3–6 spitzen Zähnen; Blüten einzeln in den Achseln der oberen B.; Krone 8–14 mm lang, weiß, manchmal mit violetter Oberlippe und gelbem Fleck auf der Unterlippe. (Sammelart mit zahlreichen Kleinarten) ▲ Häufig. Fast ganz Europa.

❻ Salzburger Augentrost *Euphrasia salisburgensis*

✻ Juni–Sept. ↕ 5–20 cm ▼ Kalkreiche Matten, Felsschutt, Felsen, bis etwa 3000 m

Pfl. fast kahl, nicht drüsenhaarig; B. lanzettlich, mit keilförmigem Grund sitzend, 2–5-mal so lang wie breit, jederseits mit 2–4 grannenartigen Zähnen; obere B. fiederschnittig; Krone 6–8 mm, weißlich, bläulich oder gelb. ▲ Verbreitet. Alpen und Vorland.

5
6
1
3
2
4

Lippenblütengewächse (*Labiatae* oder *Lamiaceae*)

❶ Ufer-Wolfstrapp, Wolfsfuß *Lycopus europaeus*

✻ Juli–Aug. ↕ 20–80 cm ▼ Ufer, Gräben, Erlenbruchwälder

B. lanzettlich, tief und grob gezähnt, untere B. fiederteilig; Blüten quirlartig in den B.achseln der oberen B.paare sitzend; Kelchzähne 5, steif, langspitzig; Krone 4–6 mm lang, weiß. ▲ Ziemlich häufig. Europa.

❷ Immenblatt, Waldmelisse *Melittis melissophyllum*

✻ Mai–Juli ↕ 20–60 cm ▼ Lichte, warme Eichen-, Hainbuchen-, Linden- oder Buchenmischwälder, Gebüsche

Pflanze dicht weichhaarig; B. eiförmig, grob gekerbt, 3–9 cm lang; Blüten 2–4 cm lang, zu 1–3 in den Achseln der oberen B.; Kelch glockig, 10-nervig; Krone 2-lippig, rosa oder weiß, mit rotvioletten Flecken auf der Unterlippe, diese 3-teilig, mit breitem, ausgerandetem Mittelzipfel; Staubb. 4. ▲ Ziemlich selten. Mittel- und Südeuropa.

❸ Weiße Taubnessel *Lamium album*

✻ Apr.–Okt. ↕ 20–50 cm ▼ Wege, Zäune, Mauern, Viehläger, Hecken; Stickstoffzeiger

Pflanze behaart; B. lang zugespitzt, brennnesselartig, scharf gesägt, 3–7 cm lang; Blüten in Scheinquirlen; Krone 20–25 mm lang, weiß, 2-lippig; Oberlippe helmartig; Kronröhre aufwärts gebogen, innen mit schrägem Haarring. ▲ Häufig. Europa.

❹ Basilienkraut *Ocimum basilicum*

✻ Juni–Sept. ↕ 20–40 cm ▼ Äcker, Schutt- und Kiesplätze, Wege

Pflanze kahl, aromatisch riechend; B. eiförmig bis lanzettlich, gestielt, ganzrandig oder gezähnt, 3–5 cm lang; Blüten kurz gestielt, in 6-blütigen, übereinanderstehenden Scheinquirlen; Krone weiß oder rötlich, 10–15 mm lang; Oberlippe stumpf 4-kantig; Unterlippe ungeteilt; Staubb. auf der Kronunterlippe liegend; Kelch 2-lippig, mit ungeteilter Oberlippe und tief 4-spaltiger Unterlippe; Gewürz- und Heilpflanze. ▲ Selten verwildert. Herkunft Vorderindien.

❺ Gewöhnliche Katzenminze *Nepeta cataria*

✻ Juni–Sept. ↕ 40–100 cm ▼ Unkrautgesellschaften, Wege, Mauern

Pflanze aufrecht, dicht kurzhaarig, herb zitronenartig riechend; Blüten 3-eckig herzförmig, grob gezähnt, lang gestielt, unterseits graufilzig; Blüten in vielblütigen, quirlartigen, oben dicht übereinanderstehenden Teilblütenständen; Krone 2-lippig, weiß oder rötlich, 1 cm lang; Kelch 6–8 mm lang, oft violett überlaufen, mit 5 ungleichen, schmal-lanzettlichen Zähnen. ▲ Selten. Fast ganz Europa.

❻ Gewöhnlicher Andorn *Marrubium vulgare*

✻ Juni–Aug. ↕ 20–60 cm ▼ Wegränder, Schutt

Stängel aufrecht, weißfilzig behaart; B. breit-eiförmig, gestielt, grob unregelmäßig gezähnt, sternhaarig, graugrün filzig; Blüten meist weiß, in reichblütigen, entfernt stehenden Scheinquirlen; Krone 6–7 mm lang, außen sternhaarig, 2-lippig, Oberlippe 2-, Unterlippe 3-teilig; Kelch dicht behaart, mit 10 zur Fruchtzeit an der Spitze hakig gekrümmten Zähnen. ▲ Zerstreut. Mittel- und Südeuropa, nördlich bis Südengland und Südskandinavien.

6
4
3
1
2
5

Blüten weiß, spiegelsymmetrisch

Kreuzblumengewächse *(Polygalaceae)*

❶ Zwergbuchs *Polygala chamaebuxus*

✻ Apr.–Juni ↕ 10–20 cm ▼ Kalkmagerrasen, Zwergstrauchgesellschaften, trockene Kiefernwälder

Pflanze niederliegend bis aufsteigend, unten verholzt; B. lederig, immergrün, unterseits hellgrün; Blüten 13–15 mm lang, schmetterlingsförmig, zu 1–2 in den Achseln der oberen B., gelb, oft rot überlaufen; Kelchb. gefärbt, kronblattartig, die 2 inneren (Flügel) groß, 10–15 mm lang; Kronb. 5, das untere (Schiffchen) groß, mit fransigem Anhängsel. ▲ Zerstreut. Gebirge Mittel- und Südeuropas.

Wegerichgewächse *(Plantaginaceae* incl. *Callitrichaceae, Hippuridaceae, Veronicaceae, Globulariaceae)*

❷ Gottes-Gnadenkraut *Gratiola officinalis*

✻ Juni–Aug. ↕ 15–40 cm ▼ Kalkarme Moor- und Sumpfwiesen

Pflanze kahl, hellgrün; B. kreuzgegenständig, eiförmig bis ei-lanzettlich, 3–5 cm lang, entfernt gesägt, drüsig punktiert; Blütenstiele kürzer als die Tragb.; Krone 12–18 mm lang, weiß, rötlich geadert; Kronröhre gelblich, innen bärtig; Arzneipflanze. Giftig! ▲ Zerstreut bis selten. Mittel- und Südeuropa, in Deutschland Bodensee und entlang der großen Flüsse Rhein, Donau, Weser, Aller, Elbe.

Wasserschlauchgewächse *(Lentibulariaceae)*

❸ Alpen-Fettkraut *Pinguicula alpina*

✻ Mai–Juli ↕ 5–15 cm ▼ Quell- und Flachmoore, feuchte, bemooste Felsen, von der Ebene bis 2700 m

B. in grundständiger Rosette, 3–6 cm lang, mit Kleb- und Verdauungsdrüsen; Blüten weiß, mit kurzem, kegelförmigem Sporn; Unterlippe mit 2 gelben Flecken. ▲ Zerstreut bis selten. Hauptsächlich Alpen und Vorland, Pyrenäen, Skandinavien.

Glockenblumengewächse *(Campanulaceae)*

❹ Wasser-Lobelie *Lobelia dortmanna*

✻ Juli–Aug. ↕ 40–70 cm ▼ Sandige, flache Ufer, nährstoffarme, kalkarme Seen, Wassertiefe bis zu 30 cm

B. untergetaucht, linealisch, fast stielrund, in grundständiger Rosette; Blüten zu 3–8 in einer lockeren Traube, 1–2 cm lang, weißlich, mit bläulicher Kronröhre; Krone 2-lippig, die beiden oberen Zipfel meist nach oben geschlagen. ▲ Selten. Nordwestdeutschland, Nordwesteuropa.

1
2
3
4

Aronstabgewächse *(Araceae* incl. *Lemnaceae)*

❶ Sumpf-Calla, Schlangenwurz *Calla palustris*

✻ Mai–Sept. ↕ 15–30 cm ▼ Großseggengesellschaften, Moorschlenken, Erlenbruch

Pflanze kriechend; B. herzförmig, lang gestielt; Blütenscheide eiförmig, 3–7 cm lang, außen grünlich, innen weiß; Blütenkolben 2–4 cm lang, bis zur Spitze mit Blüten besetzt; Beeren rot. Giftig! Geschützt! ▲ Selten. Nord- und Mitteleuropa.

Rosengewächse *(Rosaceae)*

❷ Wald-Geißbart *Aruncus dioicus (A. vulgaris, A. sylvestris)*

✻ Apr.–Juli ↕ 80–150 cm ▼ Schluchtwälder, Gebirgsbäche, Hochstaudenfluren

Pflanze 1-geschlechtig, 2-häusig; B. 2–3-fach 3-zählig; Fiederb. eiförmig, scharf doppelt gesägt; Blütenstand rispig, bis 50 cm lang; Blüten klein, 2–4 mm breit, ♂ Blüten gelblich weiß, mit über 20 Staubb., ♀ Blüten reinweiß, sehr zahlreich; Kronb. und Kelchb. 5. Giftig! ▲ Zerstreut. Gebirge Mitteleuropas, Alpen, Pyrenäen, Apennin, Gebirge der Balkanhalbinsel.

Wegerichgewächse *(Plantaginaceae* incl. *Callitrichaceae, Hippuridaceae, Veronicaceae, Globulariaceae)*

❸ Mittlerer Wegerich *Plantago media*

✻ Mai–Juli ↕ 20–40 cm ▼ Halbtrockenrasen, magere Wiesen und Weiden

B. in grundständiger, meist dem Boden anliegender Rosette, breit-eiförmig, in den kurzen, breiten Stiel verschmälert, anfangs dicht kurzhaarig; Blütenähre walzig, 2–6 cm lang, viel kürzer als der Stängel (beim Breit-Wegerich, s. S. 436, Ähre länger als der Stängel); Blüten wohlriechend; Krone 4 mm lang, mit weißen Kronzipfeln; Staubb. meist lila. ▲ Verbreitet. Fast ganz Europa, im Süden selten.

Glockenblumengewächse *(Campanulaceae)*

❹ Ährige Teufelskralle *Phyteuma spicatum*

✻ Mai–Juli ↕ 20–60 cm ▼ Krautreiche Wälder, Bergwiesen

Grundb. lang gestielt, ei-herzförmig, 1–2-mal so lang wie breit, doppelt gesägt; Stängelb. etwas schmäler, die unteren gestielt, die oberen sitzend; Blüten in 4–10 cm langer, walziger Ähre; Krone gelblich weiß, 1 cm lang; Kronb. an der Spitze verwachsen. ▲ Verbreitet. Fast ganz Europa.

4
3
2
1

Hahnenfußgewächse *(Ranunculaceae)*

❶ Christophskraut *Actaea spicata*

✻ Mai–Juni ↕ 30–60 cm ▼ Laubmischwälder, Schluchtwälder

Grundb. fehlend; Stängelb. lang gestielt, doppelt 3-zählig bis gefiedert, mit ovalen, unregelmäßig und grob gezähnten Abschnitten; B.spreite 20–30 cm lang; Blüten weiß, klein, 4-teilig, in vielblütigen Trauben; Frucht eine grüne, später schwarze Beere. Giftig! ▲ Zerstreut. Fast ganz Europa, hauptsächlich in den Gebirgen.

Knöterichgewächse *(Polygonaceae)*

❷ Ampfer-Knöterich *Polygonum lapathifolium*

✻ Juli–Jan. ↕ 20–80 cm ▼ Ufer, Gräben, Äcker, Schlammböden

Pflanze meist aufrecht; B. ei-lanzettlich, im unteren Drittel am breitesten; B.stiel weit unter der Mitte der B.scheiden abgehend; B.scheide locker, kahl oder spinnwebig; Blüten in dichter, gebogener Scheinähre; Ährenstiele und Blütenb. drüsig; Blüten rosa oder weiß. (Sammelart mit mehreren Kleinarten) ▲ Häufig. Europa.

❸ Floh-Knöterich *Polygonum persicaria*

✻ Juli–Okt. ↕ 10–80 cm ▼ Äcker, Schutt, Schlammböden

Pflanze ähnlich dem Ampfer-Knöterich, aber B.scheiden eng anliegend, kurz behaart, am oberen Rand lang bewimpert; B. glänzend; Ährenstiele und Blüten drüsenlos; Blüten rosa oder weiß. ▲ Häufig. Europa.

❹ Knöllchen-Knöterich *Polygonum viviparum*

✻ Juni–Aug. ↕ 10–25 cm ▼ Bergwiesen, Matten, etwa 1000–3000 m

B. kahl, oben dunkelgrün, unten blaugrün, Rand umgerollt; Blüten in langer Scheinähre; im unteren Teil Brutknöllchen, die nach dem Abfallen einwurzeln. ▲ Verbreitet. Nordeuropa, Gebirge Mittel- und Südeuropas.

❺ Stauden-Knöterich *Fallopia japonica (Reynoutria japonica)*

✻ Aug.–Sept. ↕ 100–200 cm ▼ Wegränder, Schutt, Gebüschsäume, Wälder

Wuchernde Pflanze; Stängel hohl, blaugrün bis rötlich; B. breit-eiförmig, plötzlich lang zugespitzt, bis 12 cm; Blüten weiß, 5-zählig, in den Achseln der oberen B. ▲ Herkunft Zentralasien, in Mitteleuropa eingebürgert und verwildert.

1
5
3
4
2

Korbblütengewächse (*Compositae* oder *Asteraceae*)

❶ Edelweiß *Leontopodium alpinum*

✻ Juli–Sept. ↕ 5–10 cm ▼ Felsbänder, kalkreiche, sonnige Steinrasen, etwa 1700–3400 m

Pflanze dicht wollig-filzig; B. lanzettlich, gegen den Grund allmählich verschmälert, filzig; Blütenstand aus 5–10 halbkugeligen, 5–6 mm breiten, gelblichen, doldenartig gehäuften Blütenköpfen bestehend, sternförmig umgeben von 5–15 stark weißfilzigen Hochb., die die Scheinblüte bilden. ▲ Zerstreut bis selten. Gebirge Mittel- und Südeuropas.

❷ Weiße Pestwurz *Petasites albus*

✻ März–Mai ↕ 15–60 cm ▼ Krautreiche Laubmischwälder, Schluchtwälder, Ufer

Pflanze zur Blütezeit 15–30 cm, zur Fruchtzeit bis 60 cm; Grundb. nach der Blüte erscheinend; Stängel nur mit bleichen Schuppenb.; B. rundlich-herzförmig, 20–40 cm breit, unregelmäßig doppelt gezähnt, mit stachelspitzigen Zähnen, unterseits graufilzig, mit engmaschigem Nervennetz; B.stiel oberseits flach gefurcht, markig (beim Huflattich, s. S. 204, oben rinnig); Blütenköpfe in dichten Trauben; Blüten weißlich. ▲ Zerstreut. Fast ganz Europa, hauptsächlich in den Gebirgen.

❸ Kanadisches Berufkraut *Erigeron canadensis (Conyza canadensis)*

✻ Juli–Jan. ↕ 30–100 cm ▼ Schuttplätze

B. lanzettlich, ganzrandig oder fein gezähnt, 2–5 cm lang, behaart; Blütenköpfe 3–5 mm breit, in dichter Rispe; Zungenblüten kaum länger als die Röhrenblüten; Hüllb. linealisch, fast kahl. ▲ Häufig. Fast ganz Europa (ursprünglich Nordamerika).

❹ Acker-Hundskamille *Anthemis arvensis*

✻ Mai–Okt. ↕ 10–50 cm ▼ Getreidefelder, Wege

Pflanze aromatisch riechend; B. 2–3-fach fiederteilig, kahl oder schwach behaart; Blütenköpfe 2–3 cm breit, mit weißen Strahlenblüten und gelben Scheibenblüten; Blütenkopfboden kegelförmig, mit Spreub., diese allmählich in eine Stachelspitze verschmälert; Frucht stumpf 4-kantig und gefurcht. ▲ Ziemlich häufig. Europa.

❺ Österreichische Hundskamille *Anthemis austriaca*

✻ Juli–Sept. ↕ 30–50 cm ▼ Äcker, Wege, Flussufer, sommerwarme, trockene, kalkhaltige Plätze

B. kammförmig-fiederspaltig; Blütenkopfboden halbkugelig; Spreub. mit aufgesetzter Stachelspitze; Blütenköpfe 2–4 cm breit; Frucht abgeflacht 4-kantig. ▲ Selten. Mittel- und Südosteuropa.

❻ Kleinblütiges Knopfkraut, Franzosenkraut *Galinsoga parviflora*

✻ Mai–Okt. ↕ 20–70 cm ▼ Äcker, Gärten, Schutt

Pflanze oberwärts spärlich anliegend behaart; B. eiförmig, spitz, fein gezähnt, gegenständig; Blütenköpfe 3–5 mm lang und breit, mit meist 5 kurzen, weißen Strahlenblüten und gelben Scheibenblüten; Spreub. nach vorne verbreitert, meist 3-spaltig. ▲ Häufig. Europa.

❼ Silberdistel *Carlina acaulis*

✻ Juli–Sept. ↕ 10–30 cm ▼ Sonnige Magerrasen, lichte Wälder

Pflanze mit dicker Pfahlwurzel und sehr kurzem Stängel, meist 1-köpfig; B. rosettig gehäuft, ganz oder nahe bis auf den Mittelnerv fiederspaltig, dornig (bei ssp. *simplex* B. kraus, stark gegliedert, mit pfriemlichen, 2–6 mm breiten Fiedern; bei ssp. *acaulis* B. flach, wenig gegliedert, mit eiförmigen, 6–14 mm breiten Fiedern); Blütenköpfe 4–7 cm breit; innere Hüllb. silberweiß, 3–4 cm lang; nur mit Röhrenblüten, diese weißlich oder rosa; Pappus 10–15 mm lang. ▲ Gebirge Mittel- und Südeuropas.

1
2
3
4
5
6
7

Korbblütengewächse *(Compositae* oder *Asteraceae)*

❶ Wiesen-Schafgarbe *Achillea millefolium*

✻ Juni–Okt. ↕ 15–50 cm ▼ Wiesen, Weiden, Halbtrockenrasen, Äcker

Pflanze aromatisch duftend; B. länglich, bis auf den Mittelnerv 2–3-fach fiederteilig, 2–3 cm breit; Blütenköpfe 3–6 mm breit, in doldenartigen Blütenständen; randliche Blüten zungenförmig, zu 3–5, kürzer als die Hülle, weiß oder rötlich; Hüllb. braun berandet. ▲ Häufig. Europa.

❷ Sumpf-Schafgarbe *Achillea ptarmica*

✻ Juli–Sept. ↕ 20–100 cm ▼ Nasswiesen, Gräben, Ufer

B. schmal-lanzettlich, ungeteilt, fein gezähnt, meist kahl, glänzend; Blütenköpfe 12–17 mm breit, zu 5–30 am Stängel; Zungenblüten 8–13, weiß, ausgebreitet, 4–6 mm lang; Hüllb. filzig behaart, mit Hautrand. ▲ Zerstreut. Südskandinavien, Mitteleuropa, südlich bis Nordspanien, Norditalien.

❸ Schwarze Schafgarbe *Achillea atrata*

✻ Juli–Sept. ↕ 10–25 cm ▼ Feuchter Felsschutt, lang schneebedeckte, kalkreiche Böden, 1700–4200 m

Stängel aufrecht oder aufsteigend, weichhaarig; B.1-fach fiederschnittig, mit 2–3-spaltigen, spitzen Fiedern; Blütenstand eine 3–12-köpfige Doldentraube; Blütenköpfe 12–18 mm breit; Zungenblüten 7–12, weiß; Röhrenblüten gelblich weiß; Hüllb. grün, schwarz berandet. ▲ Verbreitet. Alpen.

❹ Bittere Schafgarbe, Steinraute *Achillea clavenae*

✻ Juli–Sept. ↕ 10–30 cm ▼ Felsschutt, Felsspalten, steinige Rasen, stets auf Kalk, 1500–2500 m

Pflanze seidig weißfilzig; untere B. lang gestielt, tief fiederspaltig, mit gezähnten bis fiederspaltigen Abschnitten; Stängelb. sitzend, 1-fach fiederschnittig; Blütenköpfchen zu 5–30 in einer Trugdolde; Hüllb. breit-schwarzrandig; Zungenblüten 5–9, weiß, mit 3-zähniger Spitze; Scheibenblüten schmutzig weiß. ▲ Verbreitet. Kalkalpen (östlich), Gebirge Süd- und Mitteleuropas.

❺ Großblättrige Schafgarbe *Achillea macrophylla*

✻ Juli–Sept. ↕ 50–100 cm ▼ Hochstaudenfluren, Grauerlenwälder, Grünerlengebüsch, 1200–1900 m

Stängel aufrecht, reichlich beblättert; B. im Umriss eiförmig, gefiedert, mit lanzettlich zugespitzten, grob gezähnten oder scharf doppelt gesägten Abschnitten (5a); Blütenköpfe 10–18 mm breit, zu 10–30 in dichten Schirmrispen (5b); Zungenblüten weiß, 5(–8), etwa so lang wie die Hülle. ▲ Zerstreut. Alpen, Apennin.

❻ Zwerg-Schafgarbe *Achillea nana*

✻ Juli–Sept. ↕ 5–15 cm ▼ Felsschutt, Felsspalten, Moränen, kalkarme und kalkfreie Böden, 1700–3800 m

Pflanze wollig-zottig behaart, intensiv riechend (Moschusgeruch); B. fiederteilig, Fiedern 3–5-spaltig; Blütenköpfe 10 mm breit; Blüten schmutzig weiß; Hüllb. zottig, schwarzhäutig berandet. ▲ Zerstreut. Von den Seealpen bis ins Ortlergebiet, Apennin.

1
2
3
5b
4
6
5a

Korbblütengewächse *(Compositae* oder *Asteraceae)*

❶ Echte Kamille *Matricaria chamomilla (Chamomilla recutita)*

✻ Mai–Juli ↕ 15–40 cm ▼ Getreidefelder, Wege, Schutt

Pfl. aromatisch riechend, B. 2–3-fach fiederteilig, mit schmal-linealischen Zipfeln; Blütenköpfe lang gestielt, 10–25 mm breit, mit weißen, bald herabgeschlagenen Strahlenblüten und gelben, 5-zähnigen Scheibenblüten; Kopfboden kegelförmig, hohl; Heilpfl. ▲ Ziemlich häufig, heute aber seltener werdend. Europa.

❷ Geruchlose Kamille *Tripleurospermum inodorum (Matricaria inodora)*

✻ Juni–Okt. ↕ 10–50 cm ▼ Schutt, Wege, Äcker, Dünen

Pfl. geruchlos; B. 2–3-fach fiederteilig; Blütenköpfe 2–4 cm breit, mit 12–30 weißen Strahlenblüten und gelben Scheibenblüten; Kopfboden halbkugelig, markig, ohne Spreub. ▲ Häufig. Europa.

❸ Gewöhnliche Wucherblume, Margerite *Leucanthemum vulgare (Chrysanthemum leucanthemum)*

✻ Juni–Okt. ↕ 20–50 cm ▼ Wiesen, Weiden, Wegränder, Äcker

B. länglich-lanzettlich, grob gesägt, die unteren gestielt, die oberen sitzend; St.b. kleiner; St. 1-fach oder verzweigt; Blütenköpfe 3–6 cm breit; Hüllb. schwarz oder braun berandet. (Formenreich, mit vielen Kleinarten) ▲ Häufig. Fast ganz Europa.

❹ Schwarzrandige Wucherblume *Leucanthemum atratum (Chrysanthemum atratum)*

✻ Juli–Sept. ↕ 10–30 cm ▼ Kalkschutt, etwa 1500–2800 m

B. etwas fleischig, kahl, dunkelgrün, scharf gesägt-gezähnt; Blütenköpfe 3–5 cm breit; Hüllb. schwarz berandet. ▲ Verbreitet. Ostalpen.

❺ Alpen-Wucherblume *Leucanthemopsis alpina (Chrysanthemum alpinum)*

✻ Juli–Sept. ↕ 5–15 cm ▼ Kalkfreier Feinschutt, Schneetälchen, Moränen, 1800–2800 m

Pfl. rasenbildend, mit Blütenst. und nichtblühenden B.büscheln; grundständige B. kammförmig-fiederspaltig; St.b. linealisch, ganzrandig; Zungenblüten weiß, Röhrenblüten goldgelb; Hüllb. der Blütenköpfe mit breitem, schwarzbraunem Rand. ▲ Verbreitet. Alpen, Pyrenäen, Karpaten, Apennin, Illyrien.

❻ Mutterkraut *Tanacetum parthenium*

✻ Mai–Aug. ↕ 30–80 cm ▼ Wegränder, Schutt

Pfl. stark duftend; B. zart, fiederteilig, mit 3–9 eiförmigen, fiederspaltigen oder gesägten Fiedern; Blütenköpfe 1,5–2 cm breit, in doldenartigen Trauben oder Rispen; Strahlenblüten kurz, verkehrt-eiförmig, weiß; Scheibenblüten gelb; Frucht 10-kantig; Zierpfl. ▲ Zerstreut. Ursprünglich Südosteuropa, heute fast ganz Europa.

❼ Straußblütige Wucherblume *Tanacetum corymbosum (Chrysanthemum corymbosum)*

✻ Juni–Aug. ↕ 50–100 cm ▼ Lichte Laubwälder und Waldränder, Gebüsche; wärmeliebend

B. mit 7–15 ei-länglichen, nochmals fiederteiligen Fiedern mit linealischen, gezähnten Zipfeln; Blütenköpfe 1–2 cm breit, zu 6–20 in Schirmrispen; Zungenblüten schmal-linealisch, 1–2 cm lang, weiß; Röhrenblüten gelb. ▲ Zerstreut. Mittel- und Südeuropa.

3
4
5
6
1
2
7

Korbblütengewächse *(Compositae* oder *Asteraceae)*

❶ Gewöhnliches Katzenpfötchen *Antennaria dioica*

✻ Mai–Juni ↕ 5–20 cm ▼ Silikatmagerrasen, Heiden, Kiefernwälder

Pflanze mit oberirdischen Ausläufern und grundständiger B.rosette; untere B. oval, obere spatelig, 1-nervig, unterseits weißfilzig; Blütenköpfe 5–8 mm breit, zu 3–12 (1a); Hüllb. der ♂ Köpfe weiß, die der ♀ rosa. ▲ Ziemlich häufig. Europa, im Süden nur in den Gebirgen.

❷ Karpaten-Katzenpfötchen *Antennaria carpatica*

✻ Juni–Aug. ↕ 5–15 cm ▼ Magere, kalkarme Steinrasen, 1500–3200 m

Pflanze ohne Ausläufer; B. lanzettlich, schwach 3-nervig, beiderseits graufilzig; Blütenköpfe (2a) zu 2–6 am Ende des St. kopfig gehäuft, 3–7 mm breit, mit mehrreihig angeordneten Hüllb., Anhängsel der Hüllb. braun, mit hellerem Rand. ▲ In den Kalkalpen selten, in den Zentralalpen zerstreut. Alpen, Riesengebirge, Pyrenäen, Karpaten.

❸ Gänseblümchen, Maßliebchen *Bellis perennis*

✻ fast ganzjährig ↕ 5–15 cm ▼ Wiesen und Weiden

Stängel anliegend behaart, b.los, 1-köpfig; B. in grundständiger Rosette, spatelig, stumpf gezähnt; Blütenkopf 1–3 cm breit; randliche Blüten zungenförmig, meist 1-reihig, weiß oder rosa, innere Blüten röhrenförmig, 2-geschlechtig, gelb. ▲ Häufig. Fast ganz Europa.

❹ Alpen-Maßliebchen *Bellidiastrum michelii (Aster bellidiastrum)*

✻ Mai–Sept. ↕ 10–25 cm ▼ Quellfluren, schattige, feuchte Felsen, steinige Rasen, in den Alpen bis 2600 m

Pflanze einem großen Gänseblümchen ähnlich; B. in Rosetten, spatelig, grob gezähnt; Blütenköpfe einzeln, endständig; Schaft flaumig behaart; Zungenblüten weiß, manchmal rötlich; Scheibenblüten gelb. ▲ Verbreitet bis zerstreut. Alpen und Vorland, Gebirge Mittel- und Südeuropas.

Doldengewächse *(Umbelliferae* oder *Apiaceae)*

❺ Wald-Sanikel *Sanicula europaea*

✻ Mai–Juni ↕ 20–50 cm ▼ Laubwälder mit Eiche und Buche, Nadelmischwälder

Grundständige B. immergrün, lang gestielt, 5–8 cm breit, 5-eckig, bis zum Grund handförmig 5-teilig, Abschnitte grob gezähnt (5a); Stängelb. kleiner, fast sitzend; Blüten (5b) in einer endständigen Dolde; Döldchen kopfig, mit sitzenden und gestielten Blüten; Hüllchenb. 4–8; Krone weiß oder gelblich, 3 mm breit; Frucht kugelig, dicht mit Stacheln besetzt, 4–5 mm breit. ▲ Ziemlich häufig. Fast ganz Europa.

❻ Acker-Haftdolde *Caucalis platycarpus (C. lappula)*

✻ Mai–Juli ↕ 10–30 cm ▼ Getreidefelder, Brachland; wärmeliebend; auf Kalk

Pflanze sparrig verzweigt, meist borstig behaart; B. 2–3-fach gefiedert; Dolden 3–5-strahlig; Hüllb. 0–2, Hüllchenb. 3–5, kaum hautrandig; Kronb. weiß, tief 2-lappig; Frucht 6–12 mm lang, mit 4 Stachelreihen. ▲ Selten. Mittel- und Südeuropa.

3

2a

2

1a

1

6

5b

5a

4

Doldengewächse *(Umbelliferae* oder *Apiaceae)*

❶ Große Sterndolde *Astrantia major*

✻ Juni–Aug. ↕ 30–100 cm ▼ Schlucht- und Auenwälder, Gebüsche, Nadelmischwälder, Bergwiesen, Hochstaudenfluren, in den Alpen bis über 2000 m

Pfl. oben gabelig verzweigt; grundständige B. lang gestielt, im Umriss 5–7-eckig, 10–20 cm breit, tief handförmig, 5–7-teilig, Abschnitte nochmals 2–3-teilig und grob gezähnt, die seitlichen teilweise verwachsen; St.b. ähnlich, kleiner; Blüten lang gestielt, in 1-facher, kopfiger Dolde, sternförmig umgeben von auffälligen, weißen oder rötlichen Hüllb., diese 11–30 mm lang, derb; Krone meist rötlich; Kelchzähne ei-lanzettlich, stachelspitz. ▲ Verbreitet. Gebirge Mittel- und Südeuropas.

❷ Kleine Sterndolde *Astrantia minor*

✻ Juni–Aug. ↕ 15–40 cm ▼ Kalkfreie, steinige Matten, Zwergstrauchheiden, 1400–2700 m

Grundb. lang gestielt, handförmig gefiedert, mit 5–9 schmal-lanzettlichen, vorne tief gesägten B.chen; Blüten weiß, in 1-fachen, etwa 1 cm breiten Dolden; Hüllb. zugespitzt, weiß, außen oft rötlich. ▲ Verbreitet. Alpen (in Bayern und Österreich fehlend), Pyrenäen, Zentralmassiv.

❸ Krainer Sterndolde *Astrantia carniolica*

✻ Juli–Aug. ↕ 30–70 cm ▼ Lichte Laubwälder, Hochstaudenfluren, Bachränder, auf Kalk, 800–2000 m

B. teilig, B.abschnitte nur etwa bis zur Hälfte der B.spreite geteilt, Abschnitte breit-eiförmig, sich gegenseitig berührend; Hüllb. weiß bis grünlich, 4–10 mm lang. ▲ Zerstreut. Südalpen.

❹ Bayerische Sterndolde *Astrantia bavarica*

✻ Juni–Aug. ↕ 20–50 cm ▼ Steinige Rasen, Latschengebüsch; kalkliebend; 900–2300 m

B. 5-teilig, die mittleren Abschnitte fast bis zum Grund geteilt, schmal-lanzettlich; Hüllb. oft schneeweiß, linealisch, 8–15 mm lang, die Dolde deutlich überragend. ▲ Zerstreut. Bayerische Alpen, Nordtirol, Südostalpen.

❺ Alpen-Mutterwurz *Ligusticum mutellina*

✻ Juni–Aug. ↕ 10–50 cm ▼ Bergwiesen, Hochstaudenfluren, bis 2800 m

Pfl. aromatisch riechend; B. 2–3-fach gefiedert, mit häutigen B.scheiden; Dolden 7–10-strahlig; Hüllchen 3- bis mehrblättrig; Blüten weiß, rosa bis purpurn. ▲ Verbreitet. Gebirge Mittel- und Südeuropas.

❻ Wiesen-Kerbel *Anthriscus sylvestris*

✻ Apr.–Juni ↕ 60–150 cm ▼ Fettwiesen, Wegraine, Hecken, Waldränder, Auenwälder

Pfl. mehrjährig; B. 2–3-fach gefiedert, Fiederb.chen lanzettlich, zugespitzt; Blütendolde 8–15-strahlig; Hüllb. fehlend; Hüllchenb. 4–8, breit-lanzettlich, plötzlich lang zugespitzt, am Rand gewimpert, 2–5 mm lang; Blüten weiß, gleich groß; Frucht 6–10 mm lang, etwas kürzer als ihr Stiel. ▲ Häufig. Europa.

5
6
2
4
1
3

Doldengewächse *(Umbelliferae* oder *Apiaceae)*

❶ Rüben-Kälberkropf, Kerbelrübe *Chaerophyllum bulbosum*

✻ Juni–Aug. ↕ 80–180 cm ▼ Flussufer, Gräben, lichte Auenwälder

Pfl. 1–2-jährig, mit knolliger oder rübenartig verdickter Wurzel; St. oberwärts kahl, oft bereift, unten steifhaarig, rot gefleckt, an den Knoten verdickt; B. 3–4-fach gefiedert, mit schmal-lanzettlichen, spitzen Fiedern; Dolde 5–12-strahlig; Hüllb. fehlend; Hüllchenb. 4–8, meist kahl, unterschiedlich lang; Kronb. weiß, kahl; Frucht 4–6 mm lang. ▲ Zerstreut. Mittel-, Ost- und Südosteuropa.

❷ Rauhaariger Kälberkropf *Chaerophyllum hirsutum*

✻ Mai–Juni ↕ 50–100 cm ▼ Bergwälder, Auen, Ufer, Hochstaudenfluren

B. 2–3-fach gefiedert, behaart; die beiden untersten Fiederabschnitte fast so groß wie das übrige B., Abschnitte nochmals in unregelmäßige, grob gezähnte Fiedern zerteilt; oberste B.scheiden 10–60 mm lang; Dolde 10–20-strahlig; Hüllb. fehlend; Hüllchenb. 5–10, lanzettlich, mit bärtigem, bewimpertem Rand; Kronb. bewimpert, weiß oder rosa; Frucht 8–12 mm lang. ▲ In Gebirgen Mitteleuropas häufig, in Norddeutschland selten.

❸ Berg-Kälberkropf *Chaerophyllum villarsii*

✻ Mai–Aug. ↕ 50–100 cm ▼ Bergwiesen, Erlengebüsch, Hochstaudenfluren, lichte Bergwälder

Pfl. sehr ähnlich Rauhaarigem Kälberkropf, aber die beiden untersten Fiederabschnitte viel kleiner als das übrige B.; Abschnitte feiner und regelmäßiger zerteilt; Fiedern bis fast zum Mittelnerv zerteilt; oberste B.scheiden 3–10 mm lang. ▲ Verbreitet. Gebirge Mittel- und Südeuropas.

❹ Große Bibernelle *Pimpinella major*

✻ Juni–Sept. ↕ 40–100 cm ▼ Wiesen, Staudenfluren

B. 1-fach gefiedert, glänzend, jederseits mit 2–4 eiförmigen, 1–4 cm langen, grob gezähnten Fiederb. und schwach 3-lappiger, gezähnter Endfieder; St. kantig gefurcht; Blütendolde 10–15-strahlig; Hülle und Hüllchen fehlend; Krone 2–3 mm breit, weiß oder rosa; Griffel nach dem Abblühen länger als die junge Frucht. ▲ Häufig. Europa, nördlich bis Südskandinavien, südlich bis Nordspanien, Kalabrien.

❺ Kleine Bibernelle *Pimpinella saxifraga*

✻ Juli–Sept. ↕ 15–50 cm ▼ Silikatmagerrasen, trockene Kiefernwälder, Heiden

Pfl. ähnlich der Großen Bibernelle, aber St. fein gerillt, oben fast b.los; Fiedern der Grundb. eiförmig, stumpf, 10–15 mm lang, matt; Fiedern der Stängelb. linealisch; Krone weiß oder rosa; Griffel nach dem Abblühen kürzer als die Frucht; früher Arzneipfl. ▲ Verbreitet. Fast ganz Europa.

❻ Gefleckter Schierling *Conium maculatum*

✻ Juni–Sept. ↕ 50–200 cm ▼ Gräben, Schuttplätze, Wegränder

Pfl. unangenehm riechend; St. stielrund, fein gerieft, blaugrün, unten meist rot gefleckt; B. 2–3-fach fiederteilig, oberseits dunkelgrün, unterseits graugrün, Abschnitte länglich-lanzettlich, grob gezähnt; Dolde 8–15-strahlig; Hüllb. zurückgeschlagen; Frucht rundlich, 3 mm lang, mit welligen Rippen. Sehr giftig! ▲ Zerstreut. Südskandinavien, Mittel- und Südeuropa.

❼ Geißfuß, Giersch *Aegopodium podagraria*

✻ Juni–Aug. ↕ 50–100 cm ▼ Auen- und Schluchtwälder, Waldränder, Ufer, Gärten

Pfl. mit langen unterirdischen Ausläufern; Grundb. doppelt 3-zählig; Fiederb. ei-länglich, 5–10 cm lang, gezähnt; B.stiel 3-kantig, markig (wie beim Wald-Engelwurz, s. S. 116, B.stiel hohl); Dolde 15–25-strahlig; Hüllb. und Hüllchenb. fehlend; Krone weiß; Frucht ei-länglich, 3 mm lang, kümmelähnlich. ▲ Häufig. Fast ganz Europa.

3
1
6
5
2
7
4

Doldengewächse *(Umbelliferae* oder *Apiaceae)*

❶ Wilde Möhre *Daucus carota*

✻ Juni–Sept. ↕ 30–100 cm ▼ Magerrasen, Wege, Steinbrüche

Wurzel dick, weiß, nach Möhren riechend; B. 2–3-fach gefiedert, behaart; Dolden zur Blütezeit flach oder gewölbt, zur Reife in der Mitte eingesenkt, nestförmig; Hüllb. 3- oder fiederteilig, bewimpert; Hüllchenb. meist 1-fach; randliche Blüten weiß, strahlig vergrößert, mittlere Blüten meist verkümmert und dunkelrot. ▲ Häufig. Europa.

❷ Wiesen-Kümmel *Carum carvi*

✻ Apr.–Juni ↕ 30–80 cm ▼ Wiesen und Weiden, besonders im Gebirge, Wegränder

B. 2–3-fach gefiedert, mit schmal-linealischen, 1 mm breiten spitzen Fiederb.chen, am B.grund mit herabgerückten, nebenb.artigen Fiedern; B.scheiden häutig berandet; Blütendolde 8–16-strahlig; Hüllb. 0, Hüllchenb. 0–2; Krone weiß oder rosa, 2–3 mm breit; Frucht eiförmig, 3–4 mm lang. ▲ Verbreitet. Fast ganz Europa.

❸ Faserschirm *Trinia glauca*

✻ Apr.–Mai ↕ 20–80 cm ▼ Sonnige Trockenrasen, Dünen, steinige Hänge

Pflanze am Grund reich verzweigt, 2-häusig; ♂ Pflanze kleiner als die ♀, am Grund mit Faserschopf; B. blaugrün, 2–4-fach gefiedert, mit fädlichen bis schmal-linealischen Zipfeln, oberste B. mit aufgeblasener B.scheide und wenigen Fiederzipfeln; Blütendöldchen zahlreich; Kronb. der ♂ Blüten mit schmalem, grünem, die der ♀ Blüten mit breitem, rötlichem Mittelstreifen. ▲ Selten. Mittel- und Südeuropa.

❹ Sumpf-Haarstrang *Peucedanum palustre*

✻ Juli–Aug. ↕ 80–150 cm ▼ Moore, Sümpfe, Erlenbrüche

Stängel röhrig, kantig gefurcht; B. 2–3-fach gefiedert, Zipfel lineal-lanzettlich, 1–2 mm breit; B.stiel hohl, mit Milchsaft; Dolde 15–30-strahlig; Hüllb. und Hüllchenb. breit-hautrandig; Frucht eiförmig, 3–5 mm lang. ▲ Zerstreut. Mitteleuropa, südlich bis Norditalien, Südfrankreich. – Der **Echte** oder **Arznei-Haarstrang**, *P. officinale*, hat mehrfach 3-zählige B. mit linealischen, bis 10 cm langen und 1–3 mm breiten Fiedern; Blüten gelb oder gelblich; Pflanze 60–200 cm. Halbtrockenrasen der Stromtäler, wechseltrockene Auenwiesen. ▲ Zerstreut bis selten. Mittel- und Südeuropa.

❺ Berg-Haarstrang *Peucedanum oreoselinum*

✻ Juli–Aug. ↕ 30–100 cm ▼ Halbtrockenrasen, Sandtrockenrasen, Magerwiesen

Stängel stielrund, fein gerillt, markig; B. 2–3-fach gefiedert, mit länglich-lanzettlichen Zipfeln; B.achse bei jedem Fiederansatz knickig abwärts gebogen; B.stiel markig, ohne Milchsaft; Hüllb. und Hüllchenb. zahlreich, hautrandig; Krone weiß; Frucht eiförmig, 4,5–5,5 mm lang. ▲ Zerstreut. Mittel- und Südeuropa, nördlich bis Südschweden.

❻ Hirschwurz *Peucedanum cervaria*

✻ Juli–Sept. ↕ 50–100 cm ▼ Magerwiesen, Halbtrockenrasen, lichte, trockene Wälder

Stängel stielrund, fein gerillt, am Grund mit Faserschopf; B. derb, unterseits netz-aderig, 2–3-fach gefiedert, mit eiförmigen, scharf gesägten Fiedern; B.achse nicht knickig, daher Fiederäste und Fiedern in einer Ebene; Hüllb. zurückgeschlagen; Krone weiß; Frucht eiförmig, 4–6 mm lang. ▲ Verbreitet bis zerstreut. Mittel- und Südeuropa.

5
5a
6
3
4
1
2

Doldengewächse *(Umbelliferae* oder *Apiaceae)*

❶ Meisterwurz *Peucedanum ostruthium (Imperatoria ostruthium)*

✳ Juli–Aug. ↕ 50–100 cm ▼ Subalpine Hochstaudenfluren, Gebirgswiesen, Grünerlengebüsch

Pfl. mit Ausläufern; St. rund, hohl; B. doppelt 3-zählig, 10–30 cm lang; B.abschnitte breit-eiförmig, 2–7 cm breit, gesägt oder eingeschnitten, unterseits blassgrün; B.scheiden bauchig; Hüllb. 0–1; Dolde 20–50-strahlig; Hüllchenb. wenig, fädlich; Krone weiß bis rosa; Frucht rundlich, 4–6 mm, mit breiten Seitenrippen; früher im Gebirge als Gewürz- und Arzneipfl. angebaut und verwildert. ▲ Verbreitet. Hauptsächlich Alpen und mitteleuropäische Mittelgebirge.

❷ Wald-Engelwurz *Angelica sylvestris*

✳ Juli–Sept. ↕ 80–200 cm ▼ Ufer, Auenwälder, Nasswiesen

St. stielrund, oft bereift; B. 2-fach gefiedert, dunkelgrün; Fiederb. eiförmig bis breit-lanzettlich, 6–12 cm lang, fein gesägt; B.scheiden groß, bauchig aufgeblasen; B.stiele oberseits rinnig, im Querschnitt mit halbmondförmiger Höhlung; Dolde 20–40-strahlig, Doldenstrahlen flaumig-zottig; Hüllb. 0–3; Hüllchenb. viele; Kronb. weiß oder rötlich, anfangs grünlich; Frucht oval, 4–6 mm lang. ▲ Verbreitet. Europa. – Ähnlich ist die **Echte Engelwurz**, *A. archangelica*, aber B.stiele stielrund; B. hellgrün, stark riechend; Fiederb. teilweise fiederschnittig; Doldenstrahlen nur oberwärts flaumig-zottig; Blüten grünlich. Flussufer, Gräben, Weidengebüsch, Stromtalpfl. ▲ Zerstreut bis selten. Europa.

❸ Gewöhnliche Sichelmöhre *Falcaria vulgaris*

✳ Juli–Sept. ↕ 30–80 cm ▼ Weg- und Ackerränder, Brachland, sonnige Gebüschränder; auf Kalk

Pfl. blaugrün, reich verzweigt; B. doppelt 3-zählig, mit scharf gesägten, linealischen, 10–15 mm breiten, leicht sichelförmigen Abschnitten; Dolden 10–20-strahlig; Hüllb. und Hüllchenb. zahlreich, lanzettlich; Blüten weiß; Frucht ei-länglich, 3–4 mm lang. ▲ Zerstreut. Mittel- und Südeuropa, vereinzelt bis Südschweden.

❹ Breitblättriges Laserkraut *Laserpitium latifolium*

✳ Juli–Aug. ↕ 50–150 cm ▼ Lichte, trockene Wälder, Gebüsche, Hochstaudenfluren, steinige Rasen, in den Alpen bis über 2000 m

Pfl. am Grund mit großem Faserschopf; St. stielrund, fein gerillt, kahl, bis 2 cm breit; B. sehr groß, bis 1 m lang, 1–2-fach 3-zählig, blaugrün, kahl; Fiederb. breit-eiförmig, gesägt, 3–15 cm lang, gestielt; Dolde 20–40-strahlig; Hüllb. hautrandig; Hüllchenb. fädlich, kaum hautrandig; Krone weiß. ▲ Zerstreut. Fast ganz Europa.

❺ Berg-Laserkraut *Laserpitium siler*

✳ Juni–Aug. ↕ 30–120 cm ▼ Eichen- und Kiefernwälder, sonnige Gebüsche; wärmeliebend

Pfl. würzig riechend, am Grund mit starkem Faserschopf; St. fein gerillt; B. 2–4-fach gefiedert, bis 1 m lang, blaugrün; Fiederb. lineal-lanzettlich, ganzrandig, kahl, 1–5 cm lang, mit hellem Knorpelrand; Dolde bis 25 cm breit, 20–40-strahlig; Hüllb. derb, lanzettlich, Hüllchenb. ei-lanzettlich, breit-hautrandig; Krone weiß; Frucht 5–12 mm lang. ▲ Zerstreut bis selten. Alpen und Vorland, Jura, nordspanische Gebirge, Pyrenäen, Apennin, Gebirge der Balkanhalbinsel.

❻ Bärwurz *Meum athamanticum*

✳ Mai–Juni ↕ 15–50 cm ▼ Silikatmagerrasen und -weiden, Bergwiesen; kalkmeidend

Pfl. stark würzig riechend, am Grund mit braunem Faserschopf, mit dickem Rhizom; B. 2–4-fach gefiedert, mit haarfeinen, 2–6 mm langen, fein zugespitzten Zipfeln; St. kantig gerieft; Blütendolde 5–15-strahlig; Hüllb. 0–6; Hüllchenb. allseitswendig, zu mehreren; Blüten weiß, blassgelb oder rosa; Frucht 6–8 mm lang und 3–4 mm breit, kaum abgeflacht, mit stark hervortretenden Rippen; Arznei- und Gemüsepfl. ▲ Zerstreut. Hauptsächlich Gebirge Europas.

3
5
2
4
1
6

Doldengewächse *(Umbelliferae* oder *Apiaceae)*

❶ Wiesen-Bärenklau *Heracleum sphondyleum*

✻ Juni–Sept. ↕ 80–150 cm ▼ Fettwiesen, Ufer, Gräben, Auenwälder, Hochstaudenfluren

Stängel (1a) 5–20 mm dick, steifborstig, kantig gefurcht; Grundb. im Umriss rundlich oder eiförmig, 20–50 cm lang, fiederteilig oder gefiedert, mit großen, breit-eiförmigen bis lanzettlichen, tief gelappten oder grob gezähnten Abschnitten; Dolde (1) 15–30-strahlig; Hüllb. 0–3; Krone weiß oder grüngelb, äußere Blüten mit sehr ungleich langen Kronb.; Frucht 7–11 mm lang, oval, abgeflacht, am Rand geflügelt. ▲ Häufig. Europa.

❷ Riesen-Bärenklau, Herkulesstaude *Heracleum mantegazzianum*

✻ Juli–Sept. ↕ 2–4 m ▼ Feuchte Wiesen, Wegränder, Auen, Flussufer

Stängel am Grund bis 10 cm dick, meist purpurn gefleckt; Blütendolden bis 50 cm breit, mit 50–100 Doldenstrahlen; Blüten weiß; Frucht eiförmig, 10–14 mm lang; B. (2a) tief fiederteilig, mit grob gezähnten, scharf zugespitzten Lappen, unterseits kurzhaarig; untere B. mit Stiel bis 3 m lang; die Pflanze verursacht durch Photosensibilisierung starke Hautreizungen. ▲ Aus dem Kaukasus um 1900 eingebürgert und in weiten Teilen Europas verwildert.

❸ Süßdolde *Myrrhis odorata*

✻ Juni–Juli ↕ 60–120 cm ▼ Hochstaudenfluren, Waldschläge; kalkliebend; 800–2000 m

Pflanze nach Anis duftend; B. im Umriss 3-eckig, 20–40 cm lang und fast so breit, 2–4-fach fiederteilig; Hüllb. fehlend, Hüllchenb. 5–7, lanzettlich, weißhäutig; Blüten weiß; Frucht länglich, 2–2,5 cm lang, zur Reife glänzend braun bis schwärzlich, mit 5 scharfen, borstig behaarten Kanten; als Gewürz-, Gemüse- und Volksmedizinpflanze angebaut und verwildert. ▲ Zerstreut bis selten. Ursprünglich Westalpen und südliche Kalkalpen, Pyrenäen, Apennin.

❹ Österreichischer Rippensame *Pleurospermum austriacum*

✻ Juni–Aug. ↕ 60–150 cm ▼ Auenwälder, Waldränder, Flussufer, Hochstaudenfluren, in den Alpen bis über 2000 m

Stängel röhrig, 2–3 cm breit, gefurcht; B. dunkelgrün, glänzend, 2–3-fach gefiedert, Fiedern ungleich grob gesägt und eingeschnitten; Dolde 12–20-strahlig, bis 25 cm breit; Hüllb. fiederspaltig, groß; Hüllchenb. lanzettlich; Blüten weiß; Kronb. bis 3 mm lang, nicht ausgerandet; Frucht 6–10 mm lang, mit flügelartigen Rippen. ▲ Zerstreut. Hauptsächlich Alpen und Vorland, Jura, Rhön, Riesengebirge, nördlich bis Südschweden, südlich bis Dalmatien, Bulgarien, Rumänien.

❺ Venuskamm *Scandix pecten-veneris*

✻ Mai–Juli ↕ 10–40 cm ▼ Getreidefelder, Brachen, Schutt

Pflanze zerstreut borstig behaart; B. (5a) 2–3-fach gefiedert, mit schmalen, linealischen, spitzen Zipfeln; Dolde 1–3-strahlig; Hülle fehlend; Hüllchenb. 5, gezähnt oder eingeschnitten; Döldchen (5b) etwa 10-blütig; Kronb. weiß; Frucht (5c) mit Schnabel 3–8 cm lang, Schnabel 3–6-mal so lang wie der samentragende Teil. ▲ Selten. Süd- und Mitteleuropa, nördlich bis Südschweden.

5b
5c
4
5a
3
1
1a
2
2a

Doldengewächse *(Umbelliferae* oder *Apiaceae)*

❶ Wasserschierling *Cicuta virosa*

✻ Juli–Sept. ↕ 60–120 cm ▼ Ufer, Gräben, Altwasser

Pflanze mit dickem, durch Querwände gekammertem Wurzelstock; B. 2–3-fach gefiedert, Fiedern schmal-lanzettlich, scharf gezähnt, bis 8 cm lang; Dolde 15–25-strahlig; Hüllb. 0–2; Hüllchenb. zahlreich, zuletzt zurückgeschlagen. Giftig! ▲ Zerstreut. Nord- und Mitteleuropa, südlich bis Poebene.

❷ Gewöhnlicher Wasserfenchel, Rosskümmel, Rebendolde *Oenanthe aquatica*

✻ Juni–Aug. ↕ 30–120 cm ▼ Gräben, Tümpel, Altwasser, Sümpfe

Pflanze mit dickem, schwammigem Rhizom und dünnen, büscheligen Wurzelfasern; B. 2–3-fach gefiedert, Fiedern ei-lanzettlich, 4–6 mm lang; untergetauchte B. selten, mit haarfeinen Zipfeln; Dolden kurz gestielt, B. gegenständig, 8–15-strahlig; Hüllb. meist fehlend; Hüllchenb. zahlreich; Frucht etwa 4 mm lang. Giftig! ▲ Zerstreut. Fast ganz Europa.

❸ Röhriger Wasserfenchel *Oenanthe fistulosa*

✻ Juni–Juli ↕ 30–60 cm ▼ Ufer, Gräben, Sümpfe

Pflanze mit Ausläufern; Stängel und B.stiele röhrig, hohl; untere B. doppelt, obere B. 1-fach fiederteilig, mit linealischen, oft 3-spaltigen Fiedern; B.spreite viel kürzer als der B.stiel; Dolden endständig, 2–5-strahlig; Hüllb. 0–2; Randblüten der Döldchen lang gestielt und etwas größer, mittlere Blüten fast ungestielt; Frucht stumpf-kantig, 3–4 mm lang. Giftig! ▲ Zerstreut. Südskandinavien, Mittel- und Südeuropa (westlich).

❹ Wiesen-Wasserfenchel *Oenanthe lachenalii*

✻ Juli–Sept. ↕ 40–60 cm ▼ Salzwiesen, Großseggenbestände, Sumpfwiesen

Stängel und B.stiele markig, nicht hohl; untere B. (4a) doppelt-fiederteilig, mit keilförmigen Abschnitten; obere B. 1-fach gefiedert, mit lineal-lanzettlichen, 4 cm langen und 12 mm breiten Zipfeln; Dolden (4b) 5–12-strahlig, end- oder achselständig; Hülle 4–6-blättrig; Hüllchb. so lang wie die Blütenstiele; Kronb. bis zur Mitte 2-spaltig. ▲ Selten. Mittel- und Südeuropa, vor allem küstennahe Gebiete, Oberrheingebiet.

❺ Steppenfenchel *Seseli annuum*

✻ Juli–Sept. ↕ 10–60 cm ▼ Halbtrockenrasen, Kalkmagerrasen

Pflanze kahl, nur unter der Dolde flaumig behaart; Stängel oft violett überlaufen; B. 2–3-fach fiederteilig, B.zipfel 1 mm breit; Dolde 6–8 cm breit, mit 15–30-kantigen Doldenstrahlen; Hüllchenb. frei, mit breitem Hautrand; Blüten weiß oder rosa; Frucht ei-länglich, 1–2,5 mm lang, mit scharfen Kanten. ▲ Zerstreut bis selten. Mittel- und Südeuropa.

❻ Heilwurz *Seseli libanotis (Libanotis montana)*

✻ Juli–Aug. ↕ 60–120 cm ▼ Trockengebüsche, Halbtrockenrasen, grasige Felshänge

Pflanze reich verzweigt, kahl; Stängel kantig gefurcht; B. 1–2-fach gefiedert; Fiedern eiförmig-lanzettlich, am Grund keilförmig verschmälert, unterste Fiedern nahe der B.spindel sich kreuzend; Blütenstiele und Döldchenstiele abstehend bewimpert; Krone weiß; Frucht etwa 4 mm lang, dicht abstehend behaart. ▲ Zerstreut. Mittel- und Südeuropa, nördlich bis Südostengland und Südnorwegen.

4b
4a
2
5
1
3
6

Doldengewächse *(Umbelliferae* oder *Apiaceae)*

❶ Großblütige Strahlendolde *Orlaya grandiflora*

✻ Juni–Aug. ↕ 10–30 cm ▼ Getreidefelder, Brachland, Trockenrasen, auf Kalk

Stängel kahl, kantig gefurcht; B. 2–3-fach gefiedert, mit linealischen, fein zugespitzten Zipfeln; Dolde 5–12-strahlig; Hüllb. 5–8, lanzettlich, Hüllchenb. meist 5, breit-hautrandig; die nach außen gerichteten Kronb. der Randblüten 10–15 mm lang, 7–8-mal so lang wie die übrigen Kronb.; Frucht 6–8 mm lang, mit 2–3 Stachelreihen. ▲ Selten. Mittel-, Süd- und Südosteuropa.

❷ Aufrechte Berle, Wassersellerie *Sium erectum (Berula erecta)*

✻ Juli–Aug. ↕ 30–80 cm ▼ Bäche, Gräben, Teiche

Pflanze mit Ausläufern; Stängel stielrund, gestreift; B. 1-fach gefiedert, Fiedern ungleich, untere eiförmig, obere lanzettlich, grob gesägt, Endfieder oft 3-teilig; Blütendolde b.gegenständig; Frucht rundlich, 2 mm lang. Giftig! ▲ Verbreitet. Fast ganz Europa.

❸ Breitblättriger Merk *Sium latifolium*

✻ Juli–Aug. ↕ 60–120 cm ▼ Gräben, Ufer, nährstoffreiche Gewässer

Pflanze ohne Ausläufer; Stängel kantig gefurcht; Stängelb. 1-fach gefiedert; Abschnitte ei-lanzettlich, fein scharf gesägt, 3–6 cm lang; untergetauchte B. doppelt-fiederteilig, mit linealischen Zipfeln; Blütendolde endständig, 15–25-strahlig; Frucht ei-länglich, 4 mm lang. Giftig! ▲ Ziemlich selten. Südskandinavien, Mittel- und Südeuropa.

❹ Gemeiner Klettenkerbel *Torilis japonica (T. anthriscus)*

✻ Juni–Aug. ↕ 30–120 cm ▼ Unkrautgesellschaften, Waldwege, Kahlschläge

Pflanze anliegend borstig behaart; B. 2-fach gefiedert, mit zugespitzten Fiedern; Dolden lang gestielt, 4–12-strahlig; Hülle 5–12-blättrig; Blüten weiß; Frucht 2–3 mm lang, mit rauen, schwach gebogenen Stacheln besetzt. ▲ Häufig. Fast ganz Europa.

❺ Acker-Klettenkerbel *Torilis arvense*

✻ Juli–Aug. ↕ 30–90 cm ▼ Äcker, Weinberge, Wegränder, Brachen; wärmeliebend

Pflanze ähnlich Gemeinem Klettenkerbel, aber durch stärkere Behaarung matt graugrün; Hülle der Dolde fehlend (5a) oder 1–2-blättrig; Blüten weiß bis rosa; Frucht (5b) mit geraden, vorne hakigen Stacheln besetzt. ▲ Zerstreut. Mittel- und Südeuropa.

❻ Gewöhnliche Augenwurz *Athamanta cretensis*

✻ Mai–Aug ↕ 10–40 cm ▼ Sonnige Kalkfelsen, Schuttfluren, 600–2600 m

Pflanze grauhaarig; Stängel fein gerillt, meist zu mehreren; B. meist grundständig, mehrfach fiederteilig, mit linealischen, 3–10 mm langen und 1 mm breiten Fiedern; Dolde 5–15-strahlig; Hüllb. 3–5, eines davon meist b.artig und doppelt-fiederteilig; Kronb. weiß; Frucht schmal-eiförmig, 5–7 mm lang, dicht kurzhaarig. ▲ Verbreitet bis zerstreut. Kalkgebirge Mittel- und Südeuropas.

❼ Kriechende Sellerie *Apium repens*

✻ Juli–Sept. ↕ 10–20 cm ▼ Ufer, Gräben, zeitweise überschwemmte Flächen

Stängel kriechend, an den Knoten wurzelnd; B. 1-fach fiederteilig, mit rundlich-eiförmigen, ungleich gesägten Fiedern; Doldenstiele 2–5 cm lang; Hülle 3–6-blättrig. ▲ Selten. Mitteleuropa. – Ähnlich ist die **Knotenblütige Sellerie**, *A. nodiflorum*, aber Pfl. 30–60 cm; Stängel niederliegend, nur am Grund wurzelnd; B.fiedern eiförmig bis lanzettlich, gleichmäßig gekerbt; Hülle 1–2-blättrig. Gräben, Schlammböden. ▲ Selten. Mittel- und Südeuropa.

5a
5b
3
5
4
7
1
6
2

Blüten gelb, Blütenblätter 4 oder weniger

Mohngewächse *(Papaveraceae)*

❶ Gelber Hornmohn *Glaucium flavum*

✻ Juni–Juli ↕ 20–80 cm ▼ Küsten, Schutt, trockene Stellen

Pflanze blaugrün, bereift, mit orange-gelbem Michsaft; B. fiederteilig, 6–10 cm lang; Kronb. 4, gelb, 2–3 cm lang; Kelchb. 2, weichborstig, abfallend; Frucht eine 2–12 cm lange, gebogene, raue Schote. Giftig! ▲ Im Küstengebiet Süd- und Westeuropas verbreitet, sonst selten. Nördlich bis Südschweden.

❷ Bündner Alpenmohn *Papaver rhaeticum*

✻ Juli–Aug. ↕ 5–15 cm ▼ Kalkschutt, Felsbänder, etwa 1500–3000 m

B. blaugrün, in grundständiger Rosette, 1–2-fach fiederteilig; Abschnitte eiförmig, stumpf, 2–6 mm breit, zu 2–4 Paaren; Blüten goldgelb, 4–5 cm breit; Kronb. 4; Narbenstrahlen 5–7; Staubb. zahlreich. ▲ Zerstreut. Südwest- und Ostalpen, Ostpyrenäen.

❸ Schöllkraut *Chelidonium majus*

✻ Mai–Sept. ↕ 30–70 cm ▼ Unkrautfluren, Wald- und Wegränder, Mauern

Pflanze mit gelbem Milchsaft; B. fiederteilig, unterseits blaugrün, mit ovalen, stumpf gezähnten Abschnitten; Blüten 1–2 cm breit, gelb, in 2–8-blütigen Dolden; Kelchb. 2; Narbe 2-lappig; Frucht eine 2–5 cm lange Schote. Giftig! ▲ Verbreitet. Südskandinavien, Mittel- und Südeuropa.

Kreuzblütengewächse *(Cruciferae* oder *Brassicaceae)*

❹ Weg-Rauke *Sisymbrium officinale*

✻ Mai–Aug. ↕ 30–60 cm ▼ Wege, Schutt, Dämme, Ufer

Untere B. tief bis fast auf den Mittelnerv fiederteilig, Abschnitte 3-eckig bis eiförmig, gezähnt, obere B. ungeteilt oder mit nur 2 seitlichen Lappen; Blüten gelb, 3–6 mm breit; Schoten linealisch, zugespitzt, 1–2 cm lang, dem Stängel angedrückt. ▲ Häufig. Europa.

❺ Acker-Schöterich *Erysimum cheiranthoides*

✻ Mai–Aug. ↕ 20–50 cm ▼ Äcker, Wege, Schutt, feuchte Ruderalstellen

B. lanzettlich, ganzrandig oder entfernt gezähnt, mit 2–4-strahligen Haaren; Blüten gelb, 5–8 mm breit; Blütenstiele 2–3-mal länger als der etwa 2 mm lange Kelch; Kronb. 2–5 mm lang; Schoten 2–3 cm lang, deren Stiele ⅓–½ so lang. ▲ Zerstreut. Fast ganz Europa.

❻ Sophienkraut *Descurainia sophia (Sisymbrium sophia)*

✻ Mai–Sept. ↕ 20–80 cm ▼ Sandböden, Wege, Schutt, Mauern

Pflanze im oberen Teil verzweigt; B. graugrün, 2–3-fach gefiedert, mit linealischen, unter 1 mm breiten Zipfeln; Kronb. hellgelb, 2 mm lang, so lang wie oder kürzer als die Kelchb.; Schoten 15–25 mm lang. ▲ Zerstreut. Fast ganz Europa (östlich).

4
5
6
3
2
1

Kreuzblütengewächse *(Cruciferae* oder *Brassicaceae)*

❶ Schmalblättriger Doppelsame *Diplotaxis tenuifolia*

✻ Mai–Aug. ↕ 30–80 cm ▼ Unkrautgesellschaften

Pflanze am Grund verholzend; Stängel reich beblättert; B. tief fiederteilig, mit schmalen, schräg nach vorne gerichteten Abschnitten, kahl, etwas blaugrün, beim Zerreiben mit scharfem Geruch; Kronb. gelb, 8–14 mm lang; Blütenstiele 2–3-mal so lang wie die Blüten; Schoten 2–6 cm lang, an ebenso langen Stielen; Samen in jedem Fach 2-reihig. ▲ Zerstreut. Mittel- und Südeuropa.

❷ Raps, Kohlrübe *Brassica napus*

✻ Apr.–Sept. ↕ 60–120 cm ▼ An Wegen und Schuttplätzen

Alle B. blaugrün, bereift, fast kahl, halb stängelumfassend, fiederteilig, mit jederseits 1–4 ovalen Seitenabschnitten und viel größerem Endabschnitt; Kronb. gelb, 10–14 mm lang, doppelt so lang wie die Kelchb.; Blütenstiele wenig länger als die Blüten; Schote linealisch, 5–10 mm lang, Schotenwand 1-nervig; Öl-, Gemüse- und Futterpflanze, verwildert. ▲ Fast ganz Europa. – Ähnlich sind noch: – Der **Rübenkohl** oder **Rübsen**, *B. rapa*, aber Rosettenb. grasgrün, Stängelb. etwas blaugrün, alle B. stängelumfassend, meist stark behaart; offene Blüten die Blütenknospen überragend; Kronb. 7–11 mm lang; Kelchb. waagrecht abstehend; seit der jüngeren Steinzeit als Öl-, Gemüse- und Futterpflanze angebaut und verwildert. ▲ Fast ganz Europa. – Der **Schwarze Senf**, *B. nigra*, hat gestielte, fiederteilige B. mit unregelmäßig gezähnten Abschnitten; obere B. ungeteilt; Kronb. 6–9 mm lang, gelb; Schoten 4-kantig, 1–2 cm lang, mit 2–3 mm langem Schnabel, an 2–3 mm langen Stielen, dem Stängel dicht angedrückt; seit der Römerzeit als Senflieferant angebaut. Schutt, Ufer, feuchte Äcker. ▲ Häufig.

❸ Französische Hundsrauke *Erucastrum gallicum*

✻ Mai–Okt. ↕ 20–60 cm ▼ Äcker, Brachland, Ufer

B. (3a) fiederteilig, Endabschnitt kaum größer als die seitlichen Abschnitte; untere Blüten mit kleinen Hochb.; Kronb. 6–8 mm lang, blassgelb, grünlich geadert; Kelchb. aufrecht, 3–5 mm lang, Schoten länglich, 2–4 cm lang, mit kegelförmigem Schnabel, deren Stiele 4–10 mm lang. ▲ Zerstreut. Mitteleuropa.

❹ Orientalische Zackenschote *Bunias orientalis*

✻ Mai–Aug. ↕ 30–120 cm ▼ Wege, Schutt, Dämme, Ufer

Pflanze oben reichästig; Rosettenb. länglich, buchtig-fiederspaltig; Stängelb. lanzettlich, fiederlappig bis unregelmäßig grob gezähnt; Blüten goldgelb, in dichter, reichblütiger Traube; Kronb. 5–6 mm lang; Schötchen (4a) schief-eiförmig, 6–10 mm lang, mit unregelmäßigen Höckern. ▲ Zerstreut. Ost- und Südosteuropa, in Mitteleuropa eingeschleppt. – Ähnlich ist die **Echte** oder **Senfblättrige Zackenschote**, *B. erucago*, aber Rosettenb. und untere Stängelb. leierförmig, schrotsägeförmig-fiederspaltig, Kronb. 8–13 mm lang, hellgelb; reife Schötchen 10–12 mm lang, elliptisch, 4-kantig, an den Kanten zackig geflügelt. Schuttplätze, Weg, Äcker. ▲ Zerstreut bis selten. Mittelmeergebiet, in Mitteleuropa eingeschleppt.

1
2
3
3a
4
4a

Kreuzblütengewächse *(Cruciferae* oder *Brassicaceae)*

❶ Acker-Senf *Sinapis arvensis*

✻ Juni–Okt. ↕ 30–60 cm ▼ Äcker, Brachland

B. buchtig gezähnt; Kronb. schwefelgelb, 8–12 mm lang; Kelchb. 5–6 mm lang, fast waagrecht abstehend; Schoten 2–4 cm lang und 2–3 mm breit, fast kahl, mit 10–15 mm langem Schnabel; Schotenwand 3–5-nervig; Samen schwarz. ▲ Häufig. Fast ganz Europa.

❷ Acker-Rettich, Hederich *Raphanus raphanistrum*

✻ Mai–Sept. ↕ 30–80 cm ▼ Äcker, Getreidefelder, Schutt

Pfl. rauhaarig, 1-jährig; untere B. mit schmalen Fiederlappen und großem Endlappen, obere B. ungeteilt; Blüten (2a) 2–3 cm breit, weiß oder blassgelb, meist violett geadert, Kelchb. aufrecht; Schoten 2–10 cm lang, perlschnurartig gegliedert, mit langem, samenlosem Schnabel. ▲ Häufig. Europa.

❸ Wilde Sumpfkresse *Rorippa silvestris*

✻ Juni–Sept. ↕ 15–60 cm ▼ Ufer, Wege, feuchte Äcker und Ruderalstellen

Pfl. mit Ausläufern, kahl; B. gefiedert, jederseits mit 3–7 gezähnten oder nochmals fiederteiligen Abschnitten; Blüten 4–6 mm breit, goldgelb; Schoten schmal-linealisch, 8–20 mm lang. ▲ Ziemlich häufig. Europa.

❹ Gewöhnliche Sumpfkresse *Rorippa palustris (R. islandica)*

✻ Juni–Sept. ↕ 15–50 cm ▼ Ufer, Gräben, feuchte Äcker und Wege, Altwasser

B. gefiedert, jederseits mit 3–7 schmal-ovalen, unregelmäßig gezähnten Fiederb. und größerer Endfieder; Kronb. hellgelb, etwa so lang wie die Kelchb.; Schoten 5–12 mm lang, gedunsen, so lang wie ihre Stiele; Pionierpfl. ▲ Ziemlich häufig. Fast ganz Europa.

❺ Echtes Barbarakraut *Barbarea vulgaris*

✻ Mai–Juli ↕ 30–90 cm ▼ Wege, Dämme, Ufer, Kiesbänke, Flussauen

Untere B. gestielt, gefiedert, jederseits mit 2–5 ei-länglichen Fiedern und großer, rundlicher Endfieder, obere B. sitzend, tief gezähnt; Blüten gelb, 7–9 mm breit; Kronb. doppelt so lang wie die Kelchb.; Schoten 15–25 mm lang, auf dünnen, 4–6 mm langen Stielen. ▲ Häufig. Europa.

❻ Runzeliger Rapsdotter *Rapistrum rugosum*

✻ Juni–Okt. ↕ 25–60 cm ▼ Lehmige Äcker

Pfl. 1-jährig, mit kleiner Pfahlwurzel; untere B. geigenförmig-fiederlappig, mit gezähntem, rundlichem Endlappen, obere B. ungeteilt; Blüten zitronengelb; Schoten 2-gliedrig, anfangs borstig behaart, 5–10 mm lang, oberes Glied kugelig, plötzlich in den dünnen Griffel zusammengezogen, dieser so lang wie das obere Glied, unteres Glied schmäler, walzenförmig. ▲ Zerstreut.

❼ Färber-Waid *Isatis tinctoria*

✻ Mai–Juni ↕ 50–120 cm ▼ Wege, Dämme, Steinbrüche, Kalkmagerrasen; wärmeliebend

Pfl. oberwärts blaugrün, bereift; untere St.b. gestielt, lanzettlich, obere St.b. pfeilförmig st.umfassend; Blüten gelb, 3–6 mm breit, in dichten verzweigten Blütenständen; Schötchen hängend, flach, keilförmig, geflügelt, zur Reife schwarz, 10–25 mm lang, 3–7 mm breit. ▲ Zerstreut. Fast ganz Europa.

5
6
4
3
2
2a
1
7

Kreuzblütengewächse *(Cruciferae* oder *Brassicaceae)*

❶ Kelch-Steinkraut *Alyssum alyssoides (A. calycinum)*

✻ Apr.–Sept. ↕ 5–20 cm ▼ Kalkmagerrasen, Steinbrüche, sandige Brachen

Pfl. 1-jährig; B. länglich-eiförmig, in den kurzen Stiel verschmälert, 2 cm lang, beiderseits durch Sternhaare grau; Kelchb. 1,5–2,5 mm lang, sternhaarig; Kronb. 2–4 mm lang, gelb, nach dem Verblühen weiß; Schötchen fast kreisrund, 3–6 mm groß, flach behaart, 4-samig. ▲ Zerstreut. Hauptsächlich Mittel- und Südeuropa.

❷ Berg-Steinkraut *Alyssum montanum*

✻ März–Mai ↕ 10–20 cm ▼ Sonnige, meist kalkreiche Trockenrasen, Felsfluren

Pfl. am Grund verholzend; B. schmal-lanzettlich, bis 2 cm lang, sternhaarig; Krone goldgelb, 4–6 mm lang; Blütenstand anfangs doldentraubig; Schötchen 4–6 mm lang, fast kreisrund, behaart. Geschützt! ▲ Ziemlich selten. Mittel- und Südeuropa.

❸ Alpen-Steinkraut *Alyssum alpestre*

✻ Juli–Aug. ↕ 5–15 cm ▼ Silikatfelsspalten, Steinschutt, 2500–3100 m

Pfl. mit vielen nichtblühenden Rosetten; B. dicht sternhaarig, oberseits graugrün, unterseits gelblich weiß, lanzettlich bis spatelig; Kronb. 4, gelb, 3–4 mm lang; Schötchen ungleich elliptisch, dicht sternhaarig, 4–5 mm lang. ▲ Selten. Westalpen. – Ähnlich ist die **Karawanken-Steinkresse**, *A. ovirense*, aber Grundb. fast kreisrund, plötzlich in den Stiel verschmälert; Kronb. gelb, 6–7 mm lang; Schötchen 7–9 mm lang. Felsspalten, Felsschutt, nur auf Kalk. ▲ Ost- und Südostalpen bis Montenegro.

❹ Felsen-Steinkresse, Steinkraut *Aurinia saxatilis (Alyssum saxatile)*

✻ Apr.–Mai ↕ 15–50 cm ▼ Sonnige Felsfluren

Untere B. (4a) rosettig gehäuft, verkehrt-eiförmig bis lanzettlich, 4–12 cm lang, ganzrandig oder entfernt gezähnt, durch Sternhaare grau; Blütenstand (4b) rispig, reich verzweigt; Kronb. (4c) 3–5 mm lang, goldgelb; Schötchen 4–6 mm lang, kahl; in Steingärten oft kultiviert und verwildert. ▲ Selten. Südliches Mitteleuropa, Südeuropa (östlich).

❺ Immergrünes Felsenblümchen *Draba aizoides*

✻ Apr.–Aug. ↕ 5–10 cm ▼ Kalkfels, Ruhschutt, Steinrasen, etwa 1600–3400 m

B. schmal-lanzettlich, 1–2 cm lang, von steifen Borsthaaren kammförmig gewimpert, in kugeligen Rosetten; St. b.los; Blüten in 3–18-blütiger Doldentraube; Kronb. 4, gelb, 4–6 mm lang; Schötchen schmal-elliptisch, 6–10 mm lang, auf 5–15 mm langen Stielen; Griffel 1,5–3 mm lang. ▲ Verbreitet. Gebirge Mittel- und Südeuropas.

❻ Hoppes Felsenblümchen *Draba hoppeana*

✻ Juli–Aug. ↕ 2–4 cm ▼ Auf Kalkschieferschutt, Schneetälchen, 2200–3500 m

Pfl. dichtrasige Polster, kugelige Rosetten bildend; B. lineal-lanzettlich, gekielt, am Rand gewimpert; Blütenstand kopfig, 1–5-blütig; Kronb. gelb, 3–4 mm lang; Schötchen schmal-eiförmig, an 2–4 mm langen Stielen; Griffel 0,5–1,2 mm lang. ▲ Selten. Südalpen und südliche Zentralalpen.

3
5
6
2
1
4b
4c
4a

Kreuzblütengewächse *(Cruciferae* oder *Brassicaceae)*

❶ Weiße Zahnwurz, Quirlblättrige Zahnwurz *Cardamine enneaphyllos (Dentaria enneaphyllos)*

✻ Apr.–Mai ↕ 20–30 cm ▼ Buchen- und Buchen-Tannenwälder

Stängelb. zu 3, fast quirlständig, kurzgestielt, mit 3 gesägten Fiederb.; Krone gelblich weiß, 1–1,5 cm breit Frucht eine Schote. ▲ Selten. Gebirge Mittel- und Südeuropas (östlich).

❷ Ackerkohl *Conringia orientalis*

✻ Mai–Juli ↕ 10–50 cm ▼ Äcker, Brachland, Schutt

Pflanze kahl; B. blaugrün, wechselständig, eiförmig-elliptisch, ganzrandig, stängelumfassend; Blüten gelblich oder grünlich weiß, 15–20 mm breit; Schote 6–10 cm lang, 4-kantig, aufrecht abstehend, deren Stiele etwa $^{1}/_{5}$ so lang. ▲ Selten. Mittel- und Sudosteuropa.

❸ Brillenschötchen *Biscutella laevigata*

✻ Mai–Aug. ↕ 15–30 cm ▼ Steinschutt, Trockenrasen, felsige Hänge, Flusskies der Alpenflüsse, Quellmoore

Rosettenb. keilförmig, länglich, in den B.stiel verschmälert, ganzrandig oder gezähnt, steifhaarig oder kahl; Blüten 4-zählig; Kelchb. gelbgrün; Kronb. gelb, 4–8 mm lang; Schötchen brillenförmig. Formenreiche Art. Geschützt! ▲ Zerstreut. Mittel- und Südeuropa.

❹ Saat-Leindotter *Camelina sativa*

✻ Mai–Juni ↕ 30–90 cm ▼ Getreidefelder, Äcker, trockene Ruderalstellen

Pflanze kahl, oben verzweigt, 1-jährig; B. lanzettlich, meist ganzrandig, pfeilförmig stängelumfassend; Kronb. 4–5 mm lang, gelb; Schötchen birnenförmig, 7–8 mm lang, Fruchtklappen mit deutlichem Mittelnerv. ▲ Seit der Bronzezeit kultiviert, heute selten geworden. Fast ganz Europa.

❺ Finkensame, Ackernüsschen *Neslia paniculata*

✻ Mai–Juli ↕ 15–80 cm ▼ Getreidefelder

Pflanze rauhaarig; untere Stängelb. lanzettlich, gestielt, obere mit pfeilförmigem Grund stängelumfassend; Blüten goldgelb, 4–5 mm breit; Schötchen kugelig, 2–3 mm breit, grobnetzig, deren Stiele 3–5-mal so lang. ▲ Zerstreut. Fast ganz Europa.

1
5
2
4
3

Dickblattgewächse *(Crassulaceae)*

❶ Rosenwurz *Rhodiola rosea (Sedum roseum)*

✻ Juni–Aug. ↕ 10–35 cm ▼ Silikatfelsspalten, steinige, kalkarme Rasengesellschaften

Grundachsen mit rosenartigem Duft; Stängel aufrecht, dickfleischig, mit wechselständigen, flachen, lanzettlichen, bläulich grünen, vorne gezähnten B.; Blüten in dichten Trugdolden; ♂ und ♀ Blüten auf verschiedenen Pflanzen, ♂ Blüten mit 8 Staubb. und 4 gelblichen oder rötlichen Kronb., ♀ Blüten mit verkümmerten Kronb. ▲ Selten. Schwarzwald, Vogesen, Alpen, Pyrenäen, Apennin, Gebirge der Balkanhalbinsel, Nordeuropa.

Rosengewächse *(Rosaceae)*

❷ Blutwurz *Potentilla erecta*

✻ Juni–Aug. ↕ 15–30 cm ▼ Moorwiesen, Heiden, Magerrasen, lichte Wälder

Pflanze kriechend, niederliegend bis aufsteigend, nie wurzelnd, mit verdicktem, innen rötlichem Rhizom (2a); B. mit 3 keilförmigen, grob gezähnten Fiederb. und großen, fingerig gelappten Nebenb., dadurch B. scheinbar mehrzählig; Stängelb. sitzend oder nur 5 mm lang gestielt; Blüten lang gestielt, meist mit 4 gelben, ei-herzförmigen, 4–5 mm langen Kronb.; Heilpflanze. ▲ Häufig. Europa.

Rötegewächse *(Rubiaceae)*

❸ Echtes Labkraut *Galium verum*

✻ Juni–Sept. ↕ 20–70 cm ▼ Kalkmagerrasen, Wegränder, Föhrenwälder, auch Moorwiesen

Stängel oben mit 4 erhabenen Linien; B. zu 6–12 quirlig, linealisch, 1 mm breit, 1-nervig, am Rand umgerollt, unterseits weichhaarig; Blüten in vielblütigen, dichten, rispenartigen, kaum unterbrochenen Blütenständen; Krone 4-teilig, gelb, 2–4 mm breit, mit 4 spitzen Zipfeln. ▲ Häufig. Europa.

❹ Gewimpertes Kreuzlabkraut *Cruciata laevipes (Galium cruciata)*

✻ Apr.–Juni ↕ 10–50 cm ▼ Auenwälder, Hecken, Zäune, Unkrautgesellschaften

Stängel und Blütenstand abstehend behaart; B. eiförmig, 3-nervig, 1–2 cm lang, behaart, zu 4 im Quirl, gelblich grün; Blüten (4a) in b.achselständigen Quirlen; Krone 2–3 mm breit, gelb; Blütenstiele behaart. ▲ Ziemlich häufig. Fast ganz Europa.

❺ Kahles Kreuzlabkraut *Cruciata glabra (Galium vernum)*

✻ Apr.–Juni ↕ 10–30 cm ▼ Gebüsche, Waldsäume, Wiesenränder

Pflanze ähnlich Gewimpertem Kreuzlabkraut, aber B., St. und Blütenstiele kahl, ohne abstehende Haare. ▲ Selten. Mittel- und Südeuropa.

1
2
2a
3
4
4a
5

Liliengewächse *(Liliaceae)*

❶ Südliche Tulpe, Wild-Tulpe *Tulipa sylvestris*

✻ Apr.–Juni ↕ 20–40 cm ▼ Weinberge, Obstgärten

B. gewöhnlich 2, linealisch, 1 cm breit; Blüten glockig, 2–3 cm lang; Blütenb. schmal-lanzettlich, zugespitzt, reingelb (bei ssp. *australis* Blütenb. außen rot überlaufen); alte Zierpfl., oft verwildert; ssp. *australis*: Gebirgswiesen, lichte Bergwälder, Felsbänder. ▲ Zerstreut. Westalpen, Apennin, Gebirge Südwesteuropas.

❷ Wald-Gelbstern *Gagea lutea (G. sylvatica)*

✻ Apr.–Mai ↕ 10–30 cm ▼ Auenwälder, Laubwälder, Gebüsche, Obstgärten

Pfl. nur mit 1 Zwiebel, Nebenzwiebeln fehlend; mit 1 grundständigen B., 6–12 mm breit; Blütenstand doldenartig; Blütenb. frei, sternförmig abstehend, gelb. ▲ Verbreitet. Fast ganz Europa.

Narzissengewächse *(Amaryllidaceae* incl. *Alliaceae)*

❸ Ross-Lauch *Allium oleraceum*

✻ Juli–Aug. ↕ 30–70 cm ▼ Wegböschungen, Weinbergsmauern, Trockenrasen

B. flach, rinnig, 5 mm breit, nicht röhrenförmig, unterseits meist rau; Blütendolde mit sitzenden, rötlichen Brutzwiebeln; Blütenstiele sehr unterschiedlich lang, etwa 2–6-mal so lang wie die rötlichen oder grünlich weißen Blüten; Staubfäden ohne seitliche Zähne; Staubb. die Blütenb. kaum überragend; Hüllb. länger als der Blütenstand. ▲ Zerstreut. Europa.

❹ Allermannsharnisch, Siegwurz *Allium victorialis*

✻ Juli–Aug. ↕ 30–60 cm ▼ Alpine Matten, Hochstaudenfluren, Latschengebüsch, 800–3000 m

Zwiebelpfl.; St. unten stielrund, oben kantig, mit 2–3 kurz gestielten, länglich-elliptischen, anfangs längsfaltigen, 2–5 cm breiten B.; Blüten gelblich weiß oder grünlich, in kugeligen Köpfen mit 2 häutigen Hüllb.; Staubb. länger als die 4–6 mm langen Blütenb. ▲ In den Alpen verbreitet, sonst zerstreut bis selten. Alpen, Schwarzwald, Vogesen, Riesengebirge, Pyrenäen, Karpaten, Balkanhalbinsel, Kaukasus.

❺ Gelblichweißer Lauch *Allium ericetorum (A. ochroleucum)*

✻ Juli–Aug. ↕ 10–40 cm ▼ Steinige Rasen, grasdurchsetzte Felshänge, 500–2000 m

St. stielrund; B. flach, linealisch, 2–5 mm breit; Blütenstand (5) kugelig; Blütenb. (5a) 4–5 mm lang, gelblich weiß; Staubb. braun, doppelt so lang wie die Blütenb. ▲ Zerstreut bis selten. Südliche Kalkalpen (östlich), Apennin, Karpaten.

❻ Gelbe Narzisse *Narcissus pseudonarcissus*

✻ März–Apr. ↕ 15–40 cm ▼ Kalkarme Bergwiesen, Borstgrasmatten

Alle B. grundständig, linealisch, 7–15 mm breit, fleischig; Blütenstand meist 1-blütig; Blüten 5–10 cm breit; Blütenb. 6, unten zu einer 5–15 mm langen Röhre verwachsen, freie Abschnitte abstehend, hellgelb; Nebenkrone becherförmig, 3–5 cm breit, mit krausem Rand, dottergelb; Zierpfl. und mancherorts verwildert. Giftig! ▲ Selten. Westeuropa, östlich bis Eifel, Hunsrück, Vogesen, Bodenseegebiet, Meran.

2
1
6
3
4
5
5a

Hahnenfußgewächse *(Ranunculaceae)*

❶ Sumpf-Dotterblume *Caltha palustris*

✻ Apr.–Juni ↕ 15–40 cm ▼ Sumpfwiesen, Ufer, Gräben, Auenwälder, in den Alpen bis über 2400 m

St. hohl, mehrblütig; B. herz- bis nierenförmig, gekerbt, dunkelgrün, glänzend, bis 15 cm breit; Blütenb. 5, innen glänzend, leuchtend gelb. Giftig! ▲ Verbreitet, aber durch Entwässerungen mancherorts gefährdet. Europa.

❷ Trollblume *Trollius europaeus*

✻ Mai–Juli ↕ 30–60 cm ▼ Sumpfwiesen, Flachmoore, Bachränder, Bergwiesen, in den Alpen bis 2400 m

B. handförmig geteilt, deren Abschnitte 3-teilig, mit ungleichen Zipfeln; Blüten zu 1–3, kugelförmig, 3–5 cm breit; Blütenhüllb. 10–15, gelb. Giftig! ▲ Zerstreut. Nord- und Mitteleuropa, Gebirge Südeuropas.

❸ Winterling *Eranthis hyemalis*

✻ Febr.–März ↕ 5–15 cm ▼ Feuchte Laubwälder Südosteuropas, in Mitteleuropa in Gärten, Parkanlagen, Weinbergen, Gebüsche

Grundb. meist erst nach der Blütezeit erscheinend, rundlich, bis zum Grund 5–7-teilig, Abschnitte 2–3-lappig; Blütenst. rotbraun, mit einem B.quirl unter der gelben, 2–3 cm breiten Blüte; Früchtchen bis 15 mm lang. Giftig! ▲ Zerstreut. Ursprünglich Süd- und Südosteuropa.

❹ Schwefel-Anemone *Pulsatilla alpina* ssp. *apiifolia*

✻ Juni–Aug. ↕ 20–50 cm ▼ Kalkarme oder saure Böden, Matten, steinige Magerrasen, Zwergstrauchheiden, etwa 1500–2800 m

Pfl. ähnlich der Alpen-Anemone (s. S. 50), aber Blüten schwefelgelb; Griffel zur Fruchtzeit verlängert. Geschützt! ▲ Zerstreut. Gebirge Mittel- und Südeuropas.

❺ Gelbes Windröschen *Anemone ranunculoides*

✻ Apr.–Mai ↕ 10–20 cm ▼ Auenwälder, feuchte Laubmischwälder

Grundb. zur Blütezeit noch fehlend; St.b. 3, fast quirlständig, kurz gestielt oder fast sitzend, 4–8 cm lang, bis zum Grund 3-teilig, Abschnitte grob gezähnt oder eingeschnitten; Blüten 2 cm breit, meist zu 2; Blütenb. 5, gelb, außen behaart; Früchtchen dicht borstig-kurzhaarig. Giftig! ▲ Ziemlich selten. Fast ganz Europa, nördlich bis Südskandinavien, südlich bis Nordspanien, Mittelitalien, Albanien.

❻ Frühlings-Adonisröschen *Adonis vernalis*

✻ Apr.–Mai ↕ 10–40 cm ▼ Trockenrasen, Steppen, Kiefernwälder

B. fast ungestielt, mehrfach fiederteilig, dicht stehend, mit schmal-linealischen, 1 mm breiten Zipfeln; Blüten einzeln, endständig, 4–8 cm breit; Kronb. 10–20, gold-gelb; Kelchb. 5, halb so lang wie die Kronb., diesen angedrückt; Staubb. gelb; Früchtchen fast kugelig, 4–5 mm lang, mit seitlichem, hakenförmigem Schnabel. Giftig! ▲ Selten. Mittel-, Süd- und Osteuropa.

3
5
2
4
6
1

Hahnenfußgewächse *(Ranunculaceae)*

❶ Brennender Hahnenfuß *Ranunculus flammula*

✲ Juni–Okt. ↕ 10–50 cm ▼ Sumpfwiesen, Gräben, Schlammböden

Untere B. elliptisch, obere lanzettlich, sitzend, bis 10 cm lang; Stängel niederliegend bis aufsteigend, nur an den unteren Knoten wurzelnd (beim Ufer-Hahnenfuß, *R. reptans*, Stängel an allen Knoten wurzelnd); Blüten 8–15 mm breit, gelb; Erstbesiedler. Giftig! ▲ Verbreitet. Fast ganz Europa.

❷ Zungen-Hahnenfuß *Ranunculus lingua*

✲ Juni–Aug. ↕ 50–150 cm ▼ Ufer, Gräben, flache Gewässer, auf schlammigem Boden, Röhrichte

Alle B. ungeteilt, ganzrandig oder schwach gezähnt, lanzettlich, bis 25 cm lang; Stängel dick, hohl, aufrecht; Blüten 3–4 cm breit, gelb. Giftig! ▲ Selten. Fast ganz Europa.

❸ Kriechender Hahnenfuß *Ranunculus repens*

✲ Mai–Aug. ↕ 10–40 mm ▼ Äcker, Brachland, Ufer, Wiesen, Auenwälder

Pflanze mit langen, an den Knoten wurzelnden Ausläufern; Grundb. 3-teilig, mittlerer Abschnitt lang gestielt, alle Abschnitte 3-spaltig, gezähnt; Blüten 2–3 cm breit, dottergelb; Blütenstiele gefurcht; Schnabel der Früchtchen kurz, gerade. Giftig! ▲ Häufig. Europa.

❹ Ufer-Hahnenfuß *Ranunculus reptans*

✲ Juni–Aug. ↕ 5–30 cm ▼ Zeitweise überschwemmte Ufer, Flutmulden

Stängel fadenförmig, kriechend, an allen Knoten wurzelnd; B. lineal-lanzettlich bis spatelig, gestielt, 1–5 cm lang; Blüten einzeln, 5–10 mm breit. Giftig! ▲ Ziemlich selten. Nord- und Mitteleuropa.

❺ Gift-Hahnenfuß *Ranunculus sceleratus*

✲ Juni–Okt. ↕ 20–60 cm ▼ Gräben, Teichufer, Schlammböden.

Pflanze kahl; Stängel hohl, gerieft; B. dicklich, glänzend, 3–5-teilig; Blüten 5–10 mm breit, blassgelb; Kelchb. zurückgeschlagen; Früchtchen kahl, 1 mm lang, in walzigen, 6–10 mm langen Köpfen. Giftig! ▲ Zerstreut. Europa.

❻ Hain-Hahnenfuß, Wald-Hahnenfuß *Ranunculus nemorosus*

✲ Mai–Juli ↕ 20–80 cm ▼ Laubmischwälder, Bergwiesen, Trockenrasen

Pflanze mit dunkelgrünen, im Umriss 5-eckigen, bis fast zum Grund 3-teiligen Grundb.; B.abschnitte keilförmig, gelappt und gezähnt; Blütenstiele stark gefurcht, locker behaart; Blütenstand vielblütig; Blüten leuchtend gelb; Kronb. 15–20 mm lang; Früchtchen mit 1,5 mm langem, an der Spitze eingerolltem Schnabel. (Sammelart mit mehreren Kleinarten) Giftig! ▲ Verbreitet. Mittel- und Südeuropa, nördlich bis Dänemark, in Großbritannien und Skandinavien eingeführt.

❼ Vielblütiger Hahnenfuß *Ranunculus polyanthemos*

✲ Mai–Juli ↕ 30–60 cm ▼ Lichte Eichenwälder, Waldränder, sonniges Gebüsch

Pflanze ähnlich dem Hain-Hahnenfuß, aber mit 5-teiligen Grundb.; B.abschnitte tief eingeschnitten, mit linealischen bis lineal-lanzettlichen, gezähnten Zipfeln; Blütenstiele schwach gefurcht, angedrückt behaart; Kronb. gelb, 7–14 mm lang; Früchtchen mit 0,5 mm langem, schwach gebogenem, nicht eingerolltem Schnabel. Giftig! ▲ Zerstreut bis selten. Mittel- und Nordeuropa.

4
7
5
6
2
1
3

Hahnenfußgewächse *(Ranunculaceae)*

❶ Scharfer Hahnenfuß *Ranunculus acris*

✻ Mai–Sept. ↕ 30–100 cm ▼ Wiesen, Weiden, Wegränder

Pflanze anliegend behaart oder kahl; Grundb. 3–5-teilig, die Abschnitte nochmals tief in lineal-lanzettliche Zipfel zerteilt; Blütenstiele rund (nicht gefurcht); Blüten 5-zählig, 2–3 cm breit; Kelchb. den Kronb. anliegend; Früchtchen mit kurzem Schnabel. Giftig! ▲ Häufig. Europa.

❷ Wolliger Hahnenfuß *Ranunculus lanuginosus*

✻ Mai–Juli ↕ 30–70 cm ▼ Mischwälder, Auen- und Schluchtwälder

Pflanze abstehend dicht behaart; grundständige B. handförmig geteilt, Abschnitte mit breit-eiförmigen, gesägten Zipfeln; Blütenstiele rund, nicht gefurcht; Blüten orangegelb, 2–2,5 cm breit; Früchtchen mit hakig gebogenem bis eingerolltem Schnabel; Fruchtboden kahl. Giftig! ▲ Zerstreut. Mittel- und Südeuropa (östlich).

❸ Gold-Hahnenfuß *Ranunculus auricomus*

✻ Apr.–Juni ↕ 15–50 cm ▼ Laubmischwälder, Auenwälder, Wiesen

Stängelb. und Grundb. sehr verschieden; Grundb. im Umriss rundlich bis nierenförmig, kahl, glänzend, fast ungeteilt bis tief 5-teilig eingeschnitten, mit breit-keilförmigen, gelappten Abschnitten; Stängelb. bis zum Grund in lanzettliche Abschnitte zerteilt; Blüten gelb, 1–3 cm breit; Blütenstiele rund, nicht gefurcht; Früchtchen behaart; Fruchtboden kahl oder behaart. (Sammelart mit fast unzähligen Kleinarten; diese haben oft ein sehr kleines Verbreitungsgebiet.) Giftig! ▲ Verbreitet. Fast ganz Europa.

❹ Knolliger Hahnenfuß *Ranunculus bulbosus*

✻ Mai–Juli ↕ 10–40 cm ▼ Kalkmagerrasen, magere Wiesen, Böschungen

Pflanze meist abstehend behaart; Stängel am Grund knollig verdickt; Grundb. 3-teilig, Abschnitte bis zur Mitte nochmals 3-teilig und gesägt; Blüten 2–3 cm breit, gelb; Kelchb. zurückgeschlagen, lang behaart; Blütenstiele gefurcht; Früchtchen mit kurzem, gekrümmtem Schnabel. Giftig! ▲ Ziemlich häufig. Europa.

❺ Acker-Hahnenfuß *Ranunculus arvensis*

✻ Mai–Juli ↕ 20–60 cm ▼ Lehmige, tonige Getreideäcker

Pflanze 1-jährig; B. stark zerteilt, mit 3-spaltigen, linealischen oder lanzettlichen Abschnitten; Blüten hellgelb, 4–12 mm breit; Kelchb. aufgerichtet; Früchtchen zu 3–8, je 5–6 mm lang, auffällig stachelig, mit kantigem Rand und gekrümmtem Schnabel. Giftig! ▲ Zerstreut bis selten. Europa.

❻ Berg-Hahnenfuß *Ranunculus montanus*

✻ Apr.–Aug. ↕ 5–30 cm ▼ Bergwiesen und -weiden, auch lichte Wälder, etwa 1000–3000 m, auch im Alpenvorland an feuchten Stellen

Pflanze vielgestaltig; Stängel aufrecht, 1–3-blütig; Grundb. gestielt, glänzend, 3–5-teilig, mit verkehrt-eiförmigen, gezähnten, dunkelgrünen Abschnitten; obere Stängelb. sitzend, mit linealischen Abschnitten; Blüten goldgelb, 12–25 mm breit; Früchtchen seitlich flach gedrückt, mit kurzem, gekrümmtem Schnabel. Giftig! ▲ Häufig. Alpen, Schwarzwald, Jura, Karpaten.

6
2
4
3
5
1

Blüten gelb, Blütenblätter 5 oder mehr

Hahnenfußgewächse *(Ranunculaceae)*

❶ Hahnenkamm-Hahnenfuß, Bastard-Hahnenfuß *Ranunculus hybridus*

✻ Juni–Aug. ↕ 10–15 cm ▼ Felsschutt, Felsspalten, steinige Rasen, kalkreiche Böden, 1600–2400 m

B. derb, blaugrün, unterseits deutlich geadert; grundständige B. und unterstes Stängelb. lang gestielt, nierenförmig, vorne 3–5-lappig eingeschnitten; obere Stängelb. linealisch; Blüten 1–3, gelb, 1–2 cm breit; Früchtchen 3–4 mm lang, fast kugelig, mit kurzem, gebogenem Schnabel. Giftig! ▲ Zerstreut. Nördliche und südliche Kalkalpen.

❷ Schildblatt-Hahnenfuß, Gift-Hahnenfuß *Ranunculus thora*

✻ Mai–Aug. ↕ 10–30 cm ▼ Steinige Matten, kalkreicher Felsschutt, Felsbänder, lichte Latschenbestände, 1400–2500 m, selten tiefer

B. kahl, blaugrün, beiderseits deutlich geadert; unteres Stängelb. rundlich-nierenförmig, vorne kerbig gesägt, 6–8 cm breit; obere Stängelb. schmal-lanzettlich, 3-lappig; Blüten gelb, 1–2 cm breit; Früchtchen fast kugelig, aufgeblasen, 3–4 mm lang, mit kurzem, gebogenem Schnabel. Giftig! ▲ Zerstreut. Hauptsächlich Südalpen, Pyrenäen, Jura, Karpaten, Illyrien, Balkanhalbinsel.

❸ Scharbockskraut *Ranunculus ficaria (Ficaria verna)*

✻ März–Mai ↕ 5–20 cm ▼ Auenwälder, Mischwälder, Obstgärten, Hecken

Pflanze niederliegend, oft an den Knoten wurzelnd; B. rundlich-herzförmig, entfernt stumpf gezähnt, stark glänzend; Blüten gelb, 2–3 cm breit; Blütenb. 3, kelchb.artig; Nektarb. 8–12, kronb.artig, ei-länglich, gelb. Giftig! ▲ Verbreitet. Europa.

Dickblattgewächse *(Crassulaceae)*

❹ Rosenwurz *Rhodiola rosea (Sedum roseum)*

✻ Juni–Aug. ↕ 10–35 cm ▼ Silikatfelsspalten, steinige, kalkarme Rasengesellschaften

Grundachsen mit rosenartigem Duft; Stängel aufrecht, dickfleischig, mit wechselständigen, flachen, lanzettlichen, bläulich grünen, vorne gezähnten B.; Blüten in dichten Trugdolden; ♂ und ♀ Blüten auf verschiedenen Pflanzen, ♂ Blüten mit 8 Staubb. und 4 gelblichen oder rötlichen Kronb., ♀ Blüten mit verkümmerten Kronb. ▲ Selten. Schwarzwald, Vogesen, Alpen, Pyrenäen, Apennin, Gebirge der Balkanhalbinsel, Nordeuropa.

❺ Felsen-Mauerpfeffer *Sedum rupestre (S. reflexum)*

✻ Juni–Aug. ↕ 15–35 cm ▼ Sandtrockenrasen, Mauern, Felsspalten

Am Grund verholzt, bogig aufsteigend, nichtblühende Triebe dicht beblättert; B. stielrund, 1–2 cm lang, stachelspitz, am Grund gespornt; blühende Triebe locker beblättert; Blütenstand doldenartig; Kronb. 6–7 mm lang, zitronengelb; Kelchb. 3–4 mm lang, kahl. ▲ Zerstreut. Fast ganz Europa.

❻ Einjähriger Mauerpfeffer *Sedum annuum*

✻ Juni–Juli ↕ 5–15 cm ▼ Felsköpfe, Mauern, Steinschutt

Pflanze 2-jährig, kahl, nur mit blühenden Stängeln; B. linealisch, halb stielrund, am Grund kurz gespornt, locker stehend; Blüten 5-zählig, gelb, in ährenartigen Blütenständen; Kronb. 2-mal so lang wie die Kelchb., gekielt, spitz; Pionierpflanze. ▲ Selten. Hauptsächlich Gebirge Europas.

5
6
4
3
1
2

Dickblattgewächse *(Crassulaceae)*

❶ Scharfer Mauerpfeffer, Fetthenne *Sedum acre*

✻ Juni–Juli ↕ 5–15 cm ▼ Sandtrockenrasen, Felsbänder, Mauern, trockene Kiefernwälder

Pflanze reich verzweigt, bogig aufsteigend, rasenbildend; B. dick, eiförmig, am Grund abgerundet, ohne Sporn, 4 mm lang und 3 mm breit, stumpf, in 6 Längsreihen, meist scharf schmeckend; Kronb. 6–7 mm lang, fein zugespitzt, goldgelb. Giftig! ▲ Verbreitet. Europa.

❷ Alpen-Mauerpfeffer *Sedum alpestre*

✻ Juni–Aug. ↕ 2–8 cm ▼ Kalkarme Böden, Schneetälchen, Silikatschutt, 1200–3000 m

Pflanze lockerrasig, mit vielen dicht beblätterten Trieben; B. fleischig, eiförmig bis linealisch, 3–6 mm lang, 2 mm dick, manchmal rotbräunlich überlaufen; Blüten zu 2–5, hellgelb, manchmal rot gefleckt, 5–8 mm breit; Kronb. eiförmig, stumpf. ▲ Verbreitet. Alpen, Pyrenäen, Vogesen, Apennin, Karpaten, Korsika, Sardinien.

❸ Milder Mauerpfeffer *Sedum sexangulare*

✻ Juni–Aug. ↕ 5–15 cm ▼ Felsfluren, Sandtrockenrasen, Mauern

Pflanze rasenbildend; B. stielrund, stumpf, am Grund gespornt, in 6 Längsreihen, nie scharf schmeckend; Kronb. gelb, spitz, 4–5 mm lang. ▲ Verbreitet. Fast ganz Europa.

Steinbrechgewächse *(Saxifragaceae)*

❹ Fetthennen-Steinbrech *Saxifraga aizoides*

✻ Juni–Aug. ↕ 3–15 cm ▼ Quellfluren, überrieselter Fels und Schutt, in den Alpen über 3000 m

B. fleischig, linealisch, stachelspitz, am Rand kurz bewimpert; Blüten zu 5–12, zitronengelb bis dunkelorange. ▲ Verbreitet. Nordeuropa, Alpen, Pyrenäen, Karpaten.

❺ Moschus-Steinbrech *Saxifraga moschata*

✻ Juli–Aug. ↕ 2–10 cm ▼ Felsspalten, Schutt, kalkreiche bis schwach saure Böden, 1400–4000 m

Dichtrasige Polsterpflanze; Rosettenb. linealisch, ungeteilt oder 3–5-spaltig; Stängel mit 2–5 gelblichen oder cremefarbenen Blüten; Kronb. schmal-eiförmig, 3–4 mm lang, etwa so breit wie die Kelchb. ▲ Verbreitet. Alpen, Pyrenäen, Auvergne, Sudeten, Karpaten, Apennin, Ilyrien, Balkanhalbinsel, Kaukasus.

❻ Kies-Steinbrech *Saxifraga mutata*

✻ Juni–Juli ↕ 15–30 cm ▼ Bachufer, feuchter Kies, überrieselte Nagelfluh- und Molassefelsen

Pflanze mit großer B.rosette; B. zungenförmig, 3–5 cm lang, fast ganzrandig; Stängel reichblütig; Blüten rötlich gelb. ▲ Ziemlich selten. Alpen und Vorland.

1
2
3
4
5
6

Blüten gelb, Blütenblätter 5 oder mehr

Steinbrechgewächse *(Saxifragaceae)*

❶ Fettkraut-Steinbrech, Mauerpfeffer-Steinbrech *Saxifraga sedoides*

✻ Juni–Sept. ↕ 2–5 cm ▼ Nur auf Kalk und Dolomit, feuchter Felsschutt mit langer Schneebedeckung, 1600–2800 m

Pfl. lockerrasige Polster bildend; B. hellgrün, lanzettlich, stachelspitzig, wie der St. drüsenhaarig; Blüten zu 1–4, blass grüngelb bis gelb; Kronb. kürzer und schmäler als die Kelchb. ▲ Zerstreut bis selten. Ostalpen, Ostpyrenäen, Apennin.

Rosengewächse *(Rosaceae)*

❷ Echte Nelkenwurz *Geum urbanum*

✻ Mai–Sept. ↕ 30–60 cm ▼ Laubmischwälder, Gebüsche, Mauern, schattige Zäune

Grundb. lang gestielt, gefiedert, mit großer Endfieder, alle Fiederb. grob gezähnt und eingeschnitten; Nebenb. groß, b.artig; St. mehrblütig; Blüten 5-zählig, aufrecht, ausgebreitet, 1–2 cm breit; Kronb. gelb, so lang wie die inneren Kelchb.; Griffel hakig gekrümmt, unten kahl, oben federig. ▲ Verbreitet. Fast ganz Europa.

❸ Kriechende Nelkenwurz, Gletscher-Petersbart *Geum reptans*

✻ Juli–Aug. ↕ 5–15 cm ▼ Feuchter Silikatschutt, Gletschermoränen, etwa 1500–3400 m

Pfl. mit langen, oberirdischen Ausläufern; B. gefiedert, Endfieder wenig größer (im Gegensatz zum Berg-Nelkenwurz) als die eingeschnittenen Seitenfiedern; Blüten 3–5 cm breit, 6–8-zählig, gelb; Kelch rotbraun, behaart; Griffel zur Reife zu einem federig behaarten Flugorgan auswachsend. ▲ Verbreitet. Gebirge Mittel- und Südeuropas.

❹ Berg-Nelkenwurz *Geum montanum*

✻ Mai–Aug. ↕ 10–35 cm ▼ Saure Magerrasen, Zwergstrauchheiden, 1600–3500 m

Rosettenpfl., ohne Ausläufer; Grundb. leierförmig, unterbrochen gefiedert, Endfieder viel größer als die Seitenfiedern; St. 1-blütig; Kelchb. eiförmig, unterseits dicht behaart, doppelt so lang wie der Außenkelch; Krone gelb, 2–4 cm breit; Griffel zottig behaart; Fruchtstand perückenartig. ▲ Verbreitet. Alpen, Pyrenäen, Zentralmassiv, Jura, Sudeten, Karpaten, Korsika, Apennin, Balkanhalbinsel.

❺ Gewöhnlicher Odermennig, Kleiner Odermennig *Agrimonia eupatoria*

✻ Juli–Sept. ↕ 30–100 cm ▼ Hecken, Waldränder, Magerrasen, Halbtrockenrasen

St. oben meist verzweigt, dicht rauhaarig, mit sitzenden Drüsen; B. gegenständig, 10–15 cm lang, unterseits weißfilzig, mit 5–9 großen, grob gezähnten Fiederpaaren und großer Endfieder, dazwischen mit kleinen Fiederb.; Blüten 5-zählig; Kronb. gelb, kaum ausgerandet; Kelchbecher gefurcht, mit abstehenden, zur Reife harten Stacheln. ▲ Verbreitet. Fast ganz Europa.

❻ Kriechendes Fingerkraut *Potentilla reptans*

✻ Juni–Aug. ↕ 10–20 cm ▼ Wegränder, Böschungen, Äcker, Schutt, Hecken

Pfl. mit bis 1 m langen, kriechenden, an den Knoten wurzelnden St.; B. lang gestielt, 5–7-zählig gefingert, Fiedern grob gesägt; Blüten in den B.achseln einzeln stehend, goldgelb, 1–2 cm breit; Kronb. 5, ausgerandet. ▲ Häufig. Europa.

6
4
1
5
2
3

Rosengewächse *(Rosaceae)*

❶ Gänse-Fingerkraut *Potentilla anserina*

✻ Mai–Juli ↕ 10–30 cm ▼ Wege, Ufer, Schutt, Dünen, Brachland

Pflanze mit bis 80 cm langen, oft rötlichen Ausläufern, an den Knoten wurzelnd; B. gefiedert, oberseits grün, unterseits silberhaarig, 5–25 cm lang, mit 6–10 ei-länglichen, größeren Fiederpaaren und abwechselnd kleineren Fiederpaaren; Fiedern grob gezähnt; Blüten einzeln, lang gestielt, gelb, 2–3 cm breit; Kronb. 5, rundlich. ▲ Häufig. Fast ganz Europa.

❷ Gold-Fingerkraut *Potentilla aurea*

✻ Juni–Aug. ↕ 5–20 cm ▼ Steinrasen, Silikatmagerrasen, Weiden, etwa 1100–3000 m

Grundb. 5-zählig, glänzend, vorne scharf gezähnt; Nebenb. lanzettlich; Stängelb. 3-zählig; Blüten goldgelb. ▲ Verbreitet. Gebirge Mittel- und Südeuropas.

❸ Silber-Fingerkraut *Potentilla argentea*

✻ Juni–Aug. ↕ 10–40 cm ▼ Silikatmagerrasen, Sandboden, Wege, Dämme

Pflanze aufrecht oder niederliegend; B. (3b) 5–7-zählig gefingert, unterseits weißfilzig (3a); Fiederb. am Rand umgerollt, grob tief gezähnt; Blütenstand rispig; Blüten 1–1,5 cm breit, Kronb. gelb, gestutzt oder ausgerandet, wenig länger als die lanzettlichen Kelchb. ▲ Ziemlich häufig. Fast ganz Europa.

❹ Aufrechtes Fingerkraut, Hohes Fingerkraut *Potentilla recta*

✻ Juni–Juli ↕ 30–70 cm ▼ Magerrasen, Wege, Kiesgruben, Sandtrockenrasen

Pflanze aufrecht, oben verzweigt; Grundb. 5–7-zählig, beiderseits grün, oft lang behaart, tief gesägt, an 5–20 cm langen Stielen; Stängel und B.stiele mit langen, weichen und kurzen, borstigen Haaren; Blüten 20–25 mm lang. ▲ Zerstreut bis selten. Mitteleuropa, Südosteuropa.

❺ Englisches Fingerkraut *Potentilla anglica*

✻ Juni–Aug. ↕ 15–30 cm ▼ Waldwege, feuchte Wälder, Sumpfwiesen

Stängel niederliegend, an den Knoten oft wurzelnd; Grundb. 3–5-zählig, deren B.chen jederseits mit 4–6 Zähnen; Stängelb. 1–2 cm lang gestielt, Nebenb. meist ganzrandig; Blüten 4(–5)-zählig, gelb; Kronb. 5–7 mm lang; Bastardart aus *P. erecta* und *P. reptans*; ähnlich ist die Blutwurz (s. S. 134). ▲ Selten. Mittel- und Nordeuropa.

❻ Zwerg-Fingerkraut *Potentilla brauneana*

✻ Juli–Aug. ↕ 2–5 cm ▼ Schneetälchen, lang schneebedeckte Rasen, feuchter, kalkreicher Feinschutt, 1200–2800 m

Stängel niederliegend, dünn, meist 1-blütig; B. kurz gestielt, 3-zählig, oberseits kahl; B.chen 5–10 mm lang, gezähnt; Blüten 7–10 mm breit, gelb; Kronb. seicht ausgerandet. ▲ Zerstreut bis selten. Alpen, Pyrenäen, Balkanhalbinsel.

5
6
3b
3a
2
4
3
1

Rosengewächse *(Rosaceae)*

❶ Frühlings-Fingerkraut *Potentilla neumanniana (P. tabernaemontani, P. verna)*

✻ Apr.–Juni ↕ 5–15 cm ▼ Sandige Trockenrasen, trockene Kiefernwälder, Felshänge

Pflanze mit blütenlosen Rosettentrieben, daher lockere Polster bildend; B. 5–7-zählig gefingert, beiderseits grün, behaart; Nebenb. der Grundb. linealisch, die der Stängelb. ei-lanzettlich; Blüten gelb, 1–2 cm breit; Griffel nach oben keulig verdickt. ▲ Verbreitet. Mitteleuropa, nördlich bis Südskandinavien, südlich bis Südfrankreich.

❷ Sand-Fingerkraut *Potentilla cinerea (P. incana, P. arenaria)*

✻ März–Mai ↕ 5–15 cm ▼ Trockenrasen, Magerwiesen, Felssteppen

Pflanze graugrün, dichtrasig; B. meist 5-zählig (2a), vor allem unterseits dicht filzig-sternhaarig, graugrün (2b); Sternhaare mit 10–30 Strahlen (2c: vergrößertes graufilziges B.chen); Blüten gelb. ▲ Zerstreut. Mittel- und Osteuropa.

❸ Schneeweißes Fingerkraut *Potentilla nivea*

✻ Juli–Aug. ↕ 5–20 cm ▼ Lückige Rasen, Felsbänder und Schutt, auf Kalk oder schwach sauren Böden, 2000–3000 m

B.stiele und B.unterseite weißfilzig; B. 3-zählig, mit ovalen, gekerbt-gesägten, 10–15 mm langen Fiedern; Kelchb. ei-lanzettlich, so lang wie oder wenig länger als die lineal-lanzettlichen Außenkelchb.; Kronb. gelb, etwas länger als die Kelchb. ▲ Ziemlich selten. Westalpen, in den Ostalpen bis zu den Hohen Tauern, Skandinavien, Kaukasus.

❹ Großblütiges Fingerkraut *Potentilla grandiflora*

✻ Juni–Juli ↕ 10–40 cm ▼ Magerrasen, Felsschutt, kalkarme oder saure Böden, 1000–3000 m

Stängel aufsteigend bis aufrecht, locker behaart; B. 3-zählig (4a), Teilb. 2–4 cm lang, beiderseits grün; Blüten 2–3 cm breit, gelb, Kronb. doppelt so lang wie die Kelchb. ▲ Zerstreut. Zentral- und Südalpen, Pyrenäen.

❺ Strauch-Fingerkraut *Potentilla fruticosa*

✻ Juni–Aug. ↕ 20–100 cm ▼ Feuchte Felsstandorte, Ufer

Niedriger Strauch; B. 5–7-zählig gefiedert, Fiederb. mit eingerolltem Rand, 1–2 cm lang, länglich-eiförmig, ganzrandig, unterseits dicht seidenhaarig; Kronb. 5, goldgelb, rundlich, 10–12 mm lang; Rinde braunrot, in Fetzen sich ablösend; Zierstrauch und gelegentlich verwildert. ▲ Zerstreut. Nordeuropa, südeuropäische Gebirge.

Johanniskrautgewächse *(Hypericaceae)*

❻ Sumpf-Johanniskraut *Hypericum elodes*

✻ Aug.–Sept. ↕ 10–30 cm ▼ Nasse, torfige Böden, nährstoffarme Heidetümpel

Pflanze behaart, niederliegend bis aufsteigend; Stängel stielrund; B. rundlich-eiförmig, sitzend, rauhaarig, durchscheinend punktiert; Kronb. zitronengelb, 3–4-mal so lang wie die Kelchb., Letztere eiförmig, am Rand rotdrüsig gefranst. ▲ Selten. Westliches Mitteleuropa und Westeuropa, nördlich bis Irland und Schottland.

2c
2a
2b
1
6
3
4
5
4a

Johanniskrautgewächse *(Hypericaceae)*

❶ Echtes Johanniskraut *Hypericum perforatum*

✻ Juli–Aug. ↕ 30–60 cm ▼ Magerrasen, Brachland, sonnige Waldränder

Stängel 2-kantig, markig; B. ei-länglich, dicht durchscheinend punktiert; Blüten 5-zählig; Kelchb. lanzettlich, spitz, 4–5 mm lang, länger als der Fruchtknoten; Kronb. goldgelb, 10–15 mm lang. ▲ Verbreitet. Europa.

❷ Geflügeltes Johanniskraut *Hypericum tetrapterum*

✻ Juni–Aug. ↕ 30–60 cm ▼ Nasse, zeitweise überflutete Ufer, Gräben, in Röhricht- und Seggenbeständen

Stängel deutlich 4-kantig geflügelt (2a); B. breit-elliptisch, halb stängelumfassend, dicht durchscheinend punktiert; Kelchb. schmal-lanzettlich, zugespitzt (2b); Kronb. hellgelb. ▲ Verbreitet. Europa.

❸ Geflecktes Johanniskraut *Hypericum maculatum*

✻ Juni–Aug. ↕ 20–60 cm ▼ Silikatmagerrasen, Moorwiesen; kalkmeidend

Stängel schwach 4-kantig; B. breit-eiförmig, am Grund abgerundet, kaum oder nicht durchscheinend punktiert; Kelchb. elliptisch, stumpf oder mit gezähnter Spitze; Kronb. goldgelb. ▲ Verbreitet. Europa.

❹ Schönes Johanniskraut *Hypericum pulchrum*

✻ Juli–Sept. ↕ 30–60 cm ▼ Laubwälder, Waldränder, Heiden; kalkmeidend

Pflanze am Grund verholzt; B. herzförmig, fast 3-eckig, stumpflich, sitzend, 1–2 cm lang, am Rand nicht drüsig punktiert; Blüten goldgelb; Kelchb. stumpflich, am Rand mit sitzenden oder kurz gestielten, schwarzen Drüsen; Kronb. oft rot überlaufen, am Rand schwarzdrüsig. ▲ Verbreitet. Mitteleuropa, Südskandinavien.

❺ Liegendes Johanniskraut *Hypericum humifusum*

✻ Juni–Okt. ↕ 5–15 cm ▼ Feuchte Äcker, Wege, Waldschläge, Ufer

Pflanze kahl; Stängel fadenförmig, kriechend, fast 2-kantig; B. eiförmig, 10–15 mm lang, unterseits am Rand mit schwarzen, sitzenden Drüsen; Kronb. 4–8 mm lang, gelb, am Rand mit schwarzen Drüsen; Kelchb. ungleich groß, länglich, ganzrandig; Staubb. 15–20. ▲ Verbreitet. Südskandinavien, Mittel- und Südeuropa.

❻ Rauhaariges Johanniskraut *Hypericum hirsutum*

✻ Juni–Aug. ↕ 40–100 cm ▼ Laubmischwälder, Waldwege, Ufer

Stängel stielrund, wie die B. dicht behaart; B. eiförmig, 2–6 cm lang; Blüten gelb; Kelchb. und Kronb. am Rand mit schwarzen, gestielten Drüsen. ▲ Verbreitet. Europa.

4
5
6
1
2
2b
3
2a

Blüten gelb, Blütenblätter 5 oder mehr

Johanniskrautgewächse *(Hypericaceae)*

❶ Berg-Johanniskraut *Hypericum montanum*

✱ Juni–Aug. ↕ 30–80 cm ▼ Lichte Laubwälder, sonnige Gebüsche

Pfl. aufrecht; St. stielrund; B. ei-länglich, 2–8 cm lang, am Rand drüsig punktiert, halb stängelumfassend sitzend; Blütenstand kopfig; Blüten blassgelb; Kelchb. spitz, schwarzdrüsig gewimpert. ▲ Zerstreut. Fast ganz Europa.

Wolfsmilchgewächse *(Euphorbiaceae)*

❷ Zypressen-Wolfsmilch *Euphorbia cyparissias*

✱ Apr.–Juni ↕ 15–35 cm ▼ Magerrasen, Wege, Böschungen

B. wechselständig, schmal-linealisch, 2–3 mm breit, hellgrün; nichtblühende Triebe dicht beblättert, tannenwedelartig; Scheindolde 9–15-strahlig; Hochb.hülle der Einzelblütenstände hellgelb, später rot, nicht verwachsen; Drüsen des Blütenbechers halbmondförmig, 2-hörnig, gelb (2a); Frucht warzig, dadurch fein punktiert; oft von Rostpilzen befallen (Zwischenwirt des Erbsenrostes, *Uromyces pisi*). Giftig! ▲ Häufig. Europa.

❸ Mandelblättrige Wolfsmilch *Euphorbia amygdaloides*

✱ Apr.–Mai ↕ 30–60 cm ▼ Krautreiche Laubwälder

Pfl. mit vielen nichtblühenden, dicht beblätterten St., diese verholzen und treiben im nächsten Jahr blühende St.; B. wechselständig, ei-lanzettlich, 3–6 cm lang, wintergrün, unter dem Blütenstand gedrängt stehend; Blütenstand reichästig; Drüsen des Hüllbechers halbmondförmig; die beiden Hochb. der Einzelblütenstände zu einem rundlichen B. verwachsen; Fruchtkapsel kahl, fein punktiert, 3-furchig. Giftig! ▲ Zerstreut. Mittel- und Südeuropa.

❹ Warzen-Wolfsmilch *Euphorbia verrucosa (E. brittingeri)*

✱ Mai–Juni ↕ 20–50 cm ▼ Kalkmagerrasen, sonnige Böschungen

Pfl. bogig aufsteigend; B. wechselständig, oval, sitzend, fein gezähnt, hellgrün; Scheindolde meist 5-strahlig; Hochb.hülle der Einzelblütenstände oval, nicht verwachsen, kurz gestielt; Drüsen des Blütenbechers oval, gelb; Frucht 3–4 mm lang, mit halbkugeligen oder zylindrischen Warzen (4a). Giftig! ▲ Zerstreut. Mittel und Südeuropa.

❺ Süße Wolfsmilch *Euphorbia dulcis*

✱ Apr.–Juni ↕ 20–50 cm ▼ Krautreiche Laubwälder, Nadelmischwälder

B. wechselständig, länglich-eiförmig, in den kurzen Stiel verschmälert, oberseits dunkelgrün, unterseits blaugrün; Blütenstand meist 5-strahlig; Drüsen des Hüllbechers (5a) rundlich-oval, anfangs gelbgrün, später rotbraun; Hochb. des Einzelblütenstandes nicht verwachsen; Fruchtkapsel mit halbkugeligen Warzen. Giftig! ▲ Zerstreut. Mitteleuropa, südlich bis Nordspanien, Mittelitalien, Balkanhalbinsel.

❻ Steppen-Wolfsmilch *Euphorbia seguieriana*

✱ Apr.–Juni ↕ 15–30 cm ▼ Trockenrasen, Kalksanddünen, Steppenrasen

Pfl. mit dickem, verholztem, oft waagrecht verlaufendem Rhizom; B. wechselständig, lanzettlich, 4–6 mm breit, stachelspitz, blaugrün; Scheindolde 8–15-strahlig, Strahlen nochmals 1–2-mal gabelig verzweigt; Drüsen des Blütenbechers oval, gelb; Frucht glatt, kahl, 3 mm lang. Giftig! ▲ Selten. Mittel- und Südeuropa.

1
2
2a
3
4
4a
5
5a
6

Nachtkerzengewächse *(Onagraceae* oder *Oenotheraceae)*

❶ Gewöhnliche Nachtkerze *Oenothera biennis*

✻ Juni–Aug. ↕ 50–100 cm ▼ Sandige, kiesige Plätze, Dämme, Steinbrüche, Sandtrockenrasen

Pflanze aufrecht, meist unverzweigt; B. ei-lanzettlich, 8–15 cm lang, gesägt oder ganzrandig; Blütenstand aufrecht; Blüten tellerförmig; Kronb. 3–6 cm lang, gelb; Blütenröhre 2–5 cm lang. (Formenreiche Sammelart mit mehreren Kleinarten) ▲ Verbreitet. Ursprünglich Nordamerika, heute fast ganz Europa.

Zistrosengewächse *(Cistaceae)*

❷ Zwerg-Sonnenröschen *Fumana procumbens*

✻ Juni–Okt. ↕ 5–20 cm ▼ Kalktrockenrasen, steinige Hänge; wärmeliebend

Pflanze niederliegend, am Grund verholzt; B. nadelförmig, 2–12 mm lang; Blüten meist einzeln in den Achseln von Tragb., 15–20 mm breit; Kronb. 5, gelb, ungleich groß. ▲ Selten. Mittel- und Südeuropa.

❸ Gewöhnliches Sonnenröschen *Helianthemum nummularium*

✻ Juni–Sept. ↕ 10–30 cm ▼ Kalkmagerrasen, trockene Kiefernwälder, Felsbänder, Steinrasen, in den Alpen bis 2800 m

B. lederig, eiförmig, Rand nach unten umgerollt, unterseits graufilzig; Nebenb. lanzettlich, länger als die B. stiele; Blüten 15–25 mm breit, gelb; Kronb. 6–12 mm lang (bei den kleinblütigen Unterarten) oder 10–18 mm lang (bei den großblütigen Unterarten). ▲ Ziemlich häufig. Mittel- und Südeuropa.

❹ Alpen-Sonnenröschen *Helianthemum alpestre*

✻ Juni–Aug ↕ 3–15 cm ▼ Kalkreiche Geröllhalden, Felsbänder, steinige Matten, 1000–3000 m

Pflanze niederliegend bis aufsteigend; B. lanzettlich bis verkehrt-eiförmig, 1–2 cm lang, beiderseits grün; Nebenb. fehlen; Blüten leuchtend gelb. ▲ Verbreitet. Alpen, Pyrenäen, Apennin, Karpaten, nördliche Balkanhalbinsel.

❺ Graues Sonnenröschen *Helianthemum canum*

✻ Mai–Juni ↕ 10–20 cm ▼ Kalktrockenrasen, sonnige Föhrenwälder, Felsköpfe, Ebenen bis etwa 1200 m

Stängel niederliegend bis aufsteigend, dicht weiß- oder graufilzig; B. 1–2 cm lang, eiförmig-lanzettlich, oberseits graugrün, unterseits weißfilzig; Nebenb. fehlend; Kronb. leuchtend gelb, 4–10 mm lang; äußere Kelchb. schmal-lanzettlich, etwas kürzer als die eiförmigen bis breit-lanzettlichen inneren Kelchb. ▲ Zerstreut bis selten. Mittel- und Südeuropa.

1
4
3
2
5

Primelgewächse *(Primulaceae)*

❶ Gewöhnlicher Gilbweiderich *Lysimachia vulgaris*

✻ Juni–Aug. ↕ 50–150 cm ▼ Quellen, Gräben, Ufer, Streuwiesen, Erlenbruch- und Auenwälder

Stängel rundlich, zottig; B. gegenständig oder zu 3 quirlständig, ei-lanzettlich, bis 14 cm lang, drüsig punktiert; Blüten in kurzen, gestielten Trauben oder Rispen; Kronb. oval, 7–12 mm lang, gelb; Kronzipfel am Rand kahl; Kelchzipfel rötlich berandet. ▲ Verbreitet. Europa.

❷ Pfennigkraut *Lysimachia nummularia*

✻ Mai–Aug. ↕ 10–50 cm ▼ Auenwälder, Ufer, Gräben, feuchte Wiesen und Weiden

Pflanze niederliegend, weit kriechend; B. gegenständig, rundlich oder elliptisch, stumpf; Blüten in den Achseln der mittleren B., gelb, 1–2 cm breit; Kelchzipfel herzförmig. ▲ Verbreitet. Fast ganz Europa, im Mittelmeerraum fehlend.

❸ Hain-Gilbweiderich *Lysimachia nemorum*

✻ Mai–Aug. ↕ 10–30 cm ▼ Feuchte Laubmischwälder, Waldwege, quellige Waldstellen

Pflanze niederliegend bis aufsteigend; Stängel am unteren Teil wurzelnd; B. gegenständig, eiförmig, zugespitzt, 2–3 cm lang, kurz gestielt; Blüten einzeln in den Achseln der oberen B., 10–15 mm breit, gelb; Kelchzipfel pfriemlich. ▲ Zerstreut. Fast ganz Europa.

❹ Gewöhnliche Schlüsselblume, Wald-Primel *Primula elatior*

✻ März–Mai ↕ 10–20 cm ▼ Krautreiche Laubwälder, Auen, Bergwiesen

B. grundständig, 10–20 cm lang, allmählich in den geflügelten Stiel verschmälert, unregelmäßig gezähnt; Blüten in vielblütiger, 1-seitswendiger Dolde; Kelch 8–13 mm lang, eng anliegend, schlank, mit lanzettlichen Kelchzähnen; Krone hellgelb, mit flachem Saum. ▲ Häufig. Mitteleuropa.

❺ Frühlings-Schlüsselblume, Wiesen-Schlüsselblume *Primula veris (P. officinalis)*

✻ Apr.–Juni ↕ 10–20 cm ▼ Waldränder, Eichenwälder, Kalkmagerrasen

B. spreite vom geflügelten Stiel scharf abgesetzt; Kelch bauchig, glockig, mit eiförmigen Kelchzähnen; Krone dottergelb, mit roten Schlundflecken. ▲ Verbreitet. Mitteleuropa.

❻ Aurikel *Primula auricula*

✻ Apr.–Juli ↕ 5–30 cm ▼ Kalkfelsspalten, Felsbänder, Steinrasen, selten Flachmoore, etwa 1500–2500 m

B. dick, fleischig, grau-grün, mehlig bestäubt, 5–12 cm lang; Blüten 8–15 mm breit, gelb, zu 4–12 in 1-seitswendiger Dolde. ▲ Verbreitet. Gebirge Mittel- und Südeuropas.

2
5
4
6
3
1

Primelgewächse *(Primulaceae)*

❶ Stängellose Schlüsselblume *Primula acaulis (P. vulgaris)*

✻ März–Mai ↕ 8–15 cm ▼ Krautreiche Laubwälder, Buchen-Tannenwälder

B. grundständig, runzelig, verkehrt-eiförmig, allmählich in den geflügelten, kurzen Stiel verschmälert, zur Blütezeit 4–6 cm lang, später sich verlängernd; Blütenschaft sehr kurz, mit 2–15, bis 10 cm lang gestielten Blüten; Blütenstiele und Kanten des Kelches zottig behaart; Krone 2,5–3,5 cm breit, hellgelb, am Grund mit orangefarbenen Flecken. ▲ Zerstreut bis selten, in Nordwestdeutschland etwas häufiger. Alpen bis etwa 1200 m und Vorland, westliches Europa, Mittelmeergebiet, östlich bis zu den Karpaten.

❷ Gold-Primel *Androsace vitaliana (Vitaliana primuliflora)*

✻ Mai–Aug. ↕ 5–15 cm ▼ Kalkarme oder saure Böden, Felsspalten, Felsschutt, steinige Matten, 1700–3100 m

Pfl. rasenbildend, mit niederliegenden St.; B. rosettenartig gehäuft, linealisch, unterseits und am Rand sternhaarig; Blüten leuchtend gelb, breit, einzeln, kurz gestielt, in den Achseln der obersten Rosettenb.; Krone bis 2 mm, mit langer Röhre und eiförmigen Kronlappen. ▲ Zerstreut. Westalpen, Südtirol bis Oberösterreich, Pyrenäen, Abruzzen.

Braunwurzgewächse *(Scrophulariaceae)*

❸ Schwarze Königskerze *Verbascum nigrum*

✻ Juni–Aug. ↕ 50–150 cm ▼ Schutt, Dämme, Waldschläge

St. oben kantig; untere B. am Grund herzförmig, lang gestielt, alle B. oberseits fast kahl, unterseits graufilzig; Blütenstand verlängert, selten ästig; Blüten in ährig angeordneten Knäueln; Krone 12–22 mm breit, gelb, am Grund purpurn gefleckt; Staubfäden violettwollig. ▲ Ziemlich selten. Fast ganz Europa.

❹ Kleinblütige Königskerze *Verbascum thapsus*

✻ Juli–Sept. ↕ 20–150 cm ▼ Schutt, Dämme, Ufer, Waldlichtungen

B. ei-länglich, filzig behaart, bis 40 cm lang, am St. herablaufend, dieser dadurch geflügelt; Blüten kurz gestielt, in ährigen Knäueln; Krone weit-trichterförmig, 15–22 mm breit, hellgelb; die 3 oberen Staubfäden weißwollig, die unteren 2 kahl. ▲ Ziemlich häufig. Europa.

❺ Großblütige Königskerze *Verbascum densiflorum (V. thapsiforme)*

✻ Juli–Sept. ↕ 30–200 cm ▼ Sonnige Unkrautfluren, Waldschläge, Wegränder

Pfl. ähnlich der Kleinblütigen Königskerze; B. gelbgrün, wollig behaart, gekerbt, langspitzig, am St. herablaufend; Blütenstand unten kurz verzweigt; Krone flach, 30–35 mm breit, hellgelb. ▲ Zerstreut. Mittel- und Südeuropa.

Sauerkleegewächse *(Oxalidaceae)*

❻ Steifer Sauerklee *Oxalis fontana (O. europaea, O. stricta)*

✻ Juni–Sept. ↕ 10–30 cm ▼ Äcker, Gärten, Wege

Pfl. aufrecht; B. 3-zählig, kleeb.artig, gegen- oder quirlständig; Blüten hellgelb, 8–10 mm breit, zu 1–6 in lang gestielten, achselständigen, doldenähnlichen Blütenständen; Kronb. vorne abgerundet; Blütenstiele nach dem Verblühen aufrecht. ▲ Häufig. Europa.

2
5
1
3
4
6

Nelkengewächse *(Caryophyllaceae)*

❶ Zwerg-Miere *Minuartia sedoides*

✻ Juni–Sept. ↕ 2–8 cm ▼ Felspalten, Felsschutt, oft kalkarme Böden, 1800–3000 m

Polsterpflanze mit derben, am Rand knorpelig verdickten, lanzettlichen, dachziegelig angeordneten, 1-nervigen B.; Blüten (1a) einzeln, endständig, kurz gestielt; Kelchb. 5, eiförmig, stumpf, hellgrün; Kronb. klein, fädlich, grünlich, kürzer als die Kelchb., häufig auch fehlend; Staubb. 10; Griffel 3. ▲ Verbreitet. Alpen, Karpaten, Gebirge der Balkanhalbinsel.

Borretschgewächse *(Boraginaceae)*

❷ Knoten-Beinwell *Symphytum tuberosum*

✻ Apr.–Mai ↕ 25–50 cm ▼ Krautreiche Laubwälder, Auenwälder

Pflanze mit unregelmäßig knollig verdicktem Rhizom, ohne Ausläufer; Stängel 1-fach oder nur oben ästig; B. ei-länglich, 3–12 cm lang, allmählich in den Stiel verschmälert, kaum herablaufend (im Gegensatz zum Gemeinen Beinwell, s. S. 350); Blüten 15–20 mm lang, blassgelb; Schlundschuppen die Kronzipfel nicht überragend. ▲ Zerstreut bis selten. Süddeutschland, Alpen und Vorland, Südeuropa.

❸ Kleine Wachsblume *Cerinthe minor*

✻ Mai–Juli ↕ 15–60 cm ▼ Weg- und Ackerränder, Dämme, Brachland

Pflanze blaugrün; Grundb. oft weiß gefleckt, obere Stängelb. stängelumfassend, spatelig; Blütenstand mit großen, krautigen Tragb.; Krone 5-spaltig, fast bis zur Mitte in lanzettliche Zipfel geteilt, gelb, oft rot gefleckt. ▲ Ziemlich selten. Mittel- und Südosteuropa.

❹ Alpen-Wachsblume *Cerinthe glabra*

✻ Mai–Aug. ↕ 30–50 cm ▼ Kalkreiche, steinige Hochstaudenfluren, Lägerfluren, Grünerlengebüsch, bis über 2000 m

Pflanze dicht beblättert; B. blaugrün, bereift; Grundb. schmal verkehrt-eiförmig, in den B.stiel verschmälert; Stängelb. mit herz- oder pfeilförmigem Grund sitzend; B. nie gefleckt; Krone gelb, mit dunkelroten Flecken, bis 15 mm lang, 5-zähnig, Zähne eiförmig, stumpf, an der Spitze zurückgekrümmt. ▲ Zerstreut bis selten. Alpen, Gebirgspflanze Mittel- und Südeuropas.

❺ Schweizer-Lotwurz *Onosma helvetica*

✻ Mai–Juli ↕ 20–50 cm ▼ Trockenrasen, Felsensteppen, lichte Föhrenwälder

B. lineal-lanzettlich, mit 1–4 mm langen Borsthaaren auf scheibenförmigen Höckern, dazu 5–10 sternförmig angeordnete seitliche Borstenhaare; Blüten in Achseln von Tragb.; Kelch zylindrisch, tief 5-teilig; Krone 15–25 mm lang, gelb. (Artenreiche Gattung mit sehr ähnlichen Arten) ▲ Selten. Südalpen, Apennin, Südosteuropa. – Ähnlich ist die **Sand-Lotwurz**, *O. arenaria*; Krone 12–18 mm lang; Höcker der Borstenhaare mit zusätzlich höchstens 5 sehr kurzen, seitlichen Borstenhaaren. Sandtrockenrasen. ▲ Sehr selten. Mainzer Becken, Niederösterreich, Burgenland, Süd- und Südosteuropa.

4
3
2
5
1a
1

Blüten gelb, Blütenblätter 5 oder mehr

Enziangewächse *(Gentianaceae)*

❶ Durchwachsener Bitterling, Bitterenzian *Blackstonia perfoliata*

✻ Juni–Aug. ↕ 10–40 cm ▼ Kalkmagerrasen, Zwergbinsengesellschaften

Pflanze aufrecht, bläulich bereift; Stängel oben 4-kantig; B. gegenständig, 3-eckig eiförmig, paarweise am Grund verwachsen; Blüten 6–8-teilig; Kelch fast bis zum Grund geteilt, kürzer als die Krone; Krone gelb, mit kurzer, glockiger Röhre und 6–8 ausgebreiteten Zipfeln. ▲ Selten. Mittel- und Südeuropa, nördlich bis Irland, England (westlich).

❷ Gelber Enzian *Gentiana lutea*

✻ Juli–Aug. ↕ 40–140 cm ▼ Matten, Geröllfluren, meist auf Kalk, etwa 1000–2500 m

Stängel mit gegenständigen, elliptischen, bläulich grünen, von starken Bogennerven durchzogenen B.; Blüten zu 3–10, kurz gestielt, in den Achseln schalenförmiger Hochb.; Krone radförmig, bis zum Grund 5–6-teilig, goldgelb. ▲ Zerstreut. Gebirge Mittel- und Südeuropas.

❸ Punktierter Enzian *Gentiana punctata*

✻ Juli–Aug. ↕ 20–60 cm ▼ Magerrasen, Geröllfluren; kalkmeidend; 1400–3000 m

Stängel im oberen Teil metallisch glänzend; B. eiförmig, länglich, zugespitzt; Blüten meist zu mehreren in den B.achseln, blassgelb, meist dunkelviolett punktiert; Kelch mit 5–8 ungleichen Zähnen. ▲ Zerstreut. Gebirge Mittel- und Südeuropas.

Glockenblumengewächse *(Campanulaceae)*

❹ Strauß-Glockenblume *Campanula thyrsoides*

✻ Juli–Sept. ↕ 10–40 cm ▼ Sonnige Matten, Bergwiesen, etwa 1500–2600 m

Pflanze aufrecht, dicht beblättert, rauhaarig; B. lanzettlich, gegen den Grund verschmälert; Blüten zahlreich, in einer dichten, kolbenförmigen, 10–30 cm lange Ähre; obere und mittlere Tragb. der Einzelblüten kaum so lange wie die Blüte; Krone trichterförmig bis glockig, 15–25 mm lang, gelblich, behaart. ▲ Zerstreut. Gebirge Mittel- und Südeuropas. – Sehr ähnlich ist die **Krainer Strauß-Glockenblume** *(C. thyrsoides* subsp. *carniolica)*, aber Blütenstand 30–60 cm lang; obere und mittlere Tragb. doppelt so lang wie die Blüte. Feldschutt, Föhrenwälder. ▲ Zerstreut. Südostalpen.

Fieberkleegewächse *(Menyanthaceae)*

❺ Seekanne *Nymphoides peltata*

✻ Juli–Aug. ↕ 80–140 cm ▼ Stehende oder langsam fließende, nährstoffreiche Gewässer mit etwa 50–150 cm Wassertiefe, meist in tieferen, sommerwarmen Lagen

Stängel flutend; B. rundlich-herzförmig, wie kleine Seerosenb.; Blüten gelb, 3–5 cm breit, innen bärtig, lang gestielt, über die Wasseroberfläche ragend. ▲ Ziemlich selten. Mittel- und Südeuropa.

4

1

5

2

3

Osterluzeigewächse *(Aristolochiaceae)*

❶ Gewöhnliche Osterluzei *Aristolochia clematitis*

✻ Mai–Juni ↕ 30–70 cm ▼ Weinberge, Gebüschsäume, feuchte Wälder; wärmeliebend

Stängel unverzweigt, hin- und hergebogen; B. ei-herzförmig, hellgrün, 6–10 cm lang; Blüten zu 2–8 in B.achseln, mit gebogener, am Grund bauchiger Röhre, gelblich; Staubb. 6, Heilpflanze. Giftig! ▲ Ziemlich selten. Mittel- und Südeuropa.

Knabenkrautgewächse oder Orchideen *(Orchidaceae)*

❷ Glanzorchis, Glanzstendel *Liparis loeselii*

✻ Juni–Juli ↕ 6–20 cm ▼ Kalkhaltige Flach- und Zwischenmoore, Quellsümpfe

Pflanze gelbgrün, mit 1–3 grundständigen, fettig glänzenden, lanzettlichen B. und 3–7 gelbgrünen, kleinen Blüten; Lippe 4–5 mm lang, elliptisch, rinnig gefaltet, am Rand klein gekerbt. ▲ Selten. Nord- und Mitteleuropa, südlich bis Pyrenäen, Apennin und nördliche Balkanhalbinsel.

❸ Kleingriffel, Einblatt *Malaxis monophyllos (Microstylis monophlos)*

✻ Juni–Juli ↕ 8–30 cm ▼ Auenwälder, Waldbäche, moorige, schattige Wiesen

Pflanze mit meist 1 grundständigen, ei-länglichen, 4–6 cm langen B. und vielblütiger, lockerer Traube; Blüten klein, grünlich gelb (3a); Tragb. lanzettlich, spitz; äußere 3 Blütenb. lanzettlich, die beiden seitlichen linealisch; Lippe eiförmig, plötzlich schmal zugespitzt, nach oben gestellt. ▲ Selten. Nord- und Mitteleuropa, vor allem Alpen und Vorland, Schwarzwald.

❹ Zwerg-Knabenkraut, Zwergstendel *Chamorchis alpina*

✻ Juli–Aug. ↕ 6–12 cm ▼ Kalkhaltige, steinige, windexponierte Rasen, 1600–2700 m

B. grundständig, grasartig, rinnig, fleischig, ganzrandig; Stängel blaßgrün; Blüten unscheinbar, grünlich gelb, oft rotbraun überlaufen, ohne Sporn, in lockerer, 5–10-blütiger Ähre; Lippe herabhängend, schwach 3-lappig, mit großem Mittellappen; Tragb. linealisch, spitz, länger als die Blüten. ▲ Zerstreut. Alpen, Karpaten, Hohe Tatra, Skandinavien.

❺ Blasses Knabenkraut *Orchis pallens*

✻ Apr.–Mai ↕ 15–40 cm ▼ Lichte Laubwälder, Gebüsche, Halbtrockenrasen

B. breit-eiförmig, stumpf, bis 4 cm breit, glänzend; Blütenstand dichtblütig, eiförmig, kurz; Tragb. häutig, 1-nervig; Blüten blassgelb; äußere Blütenb. abstehend oder zurückgeschlagen, innere zusammenneigend; Lippe seicht 3-lappig. ▲ Selten. Süddeutschland, Thüringen, Alpen und Vorland, Wiener Becken, Siebenbürgen, Südeuropa.

❻ Frauenschuh *Cypripedium calceolus*

✻ Mai–Juli ↕ 15–50 cm ▼ Lichte, gras- und krautreiche Laub- und Nadelwälder, Gebüsche, kalkhaltige Böden, in den Alpen bis etwa 1600 m, selten höher

B. eiförmig bis länglich, 6–12 cm lang, stängelumfassend, hellgrün, am Rand und auf den Nerven fein behaart; Blüten zu 1–2, auffällig, groß; Blütenb. rotbraun, lanzettlich, die beiden unteren auf 4/5 verwachsen; Lippe pantoffel- oder schuhförmig, gelb und dunkel geadert und gefleckt, 3–4 cm lang und bis 3 cm breit; Staubb. 2 (übrige Gattungen nur mit 1 Staubb.). ▲ Selten, vielerorts ausgerottet. Hauptsächlich Nord- und Mitteleuropa, im Mittelmeerraum fehlend.

1
2
3
3a
4
5
6

Grasbaumgewächse *(Xanthorrhoeaceae* incl. *Asphodelaceae)*

❶ Gelber Affodill *Asphodeline lutea*

✻ Apr.–Mai ↕ 60–100 cm ▼ Trockene Wiesen, Felshänge

Pflanze ähnlich Weißem Affodill (s. S. 44); Stängel bis oben beblättert; B. linealisch, stachelspitz, dicht gestellt, im Querschnitt 3-eckig; Blüten gelb, 2–3 cm lang, in dichter, 10–15 cm langer Traube; Blütenb. mit grünem Mittelnerv, etwas ungleich, das untere Blütenb. länger und schmäler; Tragb. eiförmig, spitz, länger als die Blütenstiele; Frucht kugelig, 10–15 mm lang; Zierpflanze. ▲ Süd- und Südwesteuropa.

Schwertliliengewächse *(Iridaceae)*

❷ Zwerg-Schwertlilie *Iris pumila*

✻ Apr.–Mai ↕ 5–15 cm ▼ Trockenrasen, Felssteppen

B. schwertförmig, graugrün, stachelspitz, 1–2 cm breit; Stängel niederliegend, 1-blütig; Blütenb. 6, die äußeren 3 zurückgeschlagen und oberseits durch einen Längsstreifen dichter Haare bärtig; Blüten violett, seltener hellblau, weiß oder gelb. ▲ Hauptsächlich Osteuropa; Niederösterreich (Wachau, Wiener Becken), Mähren.

❸ Bunte Schwertlilie *Iris variegata*

✻ Mai–Juni ↕ 20–40 cm ▼ Trockene Wiesen, Mauern, Felsbänder

B. 1–3 cm breit, etwa so lang wie der Stängel; Blüten 4–6 cm lang, zu 2–4; Tragb. zur Blütenzeit grün; äußere Blütenb. gelb und rotviolett geadert, zurückgeschlagen, innere Blütenb. aufrecht, innen bärtig, reingelb; Zierpflanze, gelegentlich verwildert. ▲ Selten. Süddeutschland, Südosteuropa.

❹ Wasser-Schwertlilie *Iris pseudacorus*

✻ Mai–Juni ↕ 50–100 cm ▼ Sümpfe, Ufer, Gräben, Altwasser, Verlandungsgesellschaften

Pflanze mit dickem Rhizom; B. schwertförmig, 1–3 cm breit, kürzer als der runde, mehrblütige Stängel; Blüten gelb; äußere 3 Blütenb. 4–8 cm lang, eiförmig, innere 3 Blütenb. linealisch, viel kürzer, die Narben nicht überragend; Fruchtkapsel stumpf 3-kantig, 4–5 cm lang. ▲ Verbreitet. Fast ganz Europa.

Heidekrautgewächse *(Ericaceae* incl. *Monotropaceae, Pyrolaceae* und *Empetraceae)*

❺ Fichtenspargel *Monotropa hypopitys*

✻ Juni–Juli ↕ 10–20 cm ▼ Nadelwälder, auch Eichen- und Buchenwälder

Pflanze auf Wurzeln von Holzpflanzen parasitierend, braun oder gelblich, ohne B.grün; B.schuppen 1–2 cm lang, bleichgelb; Blüten 4–5-zählig, glockig, sitzend, zu 8–15 in dichter Traube. ▲ Zerstreut. Fast ganz Europa.

1
3
4
5
2

Mohngewächse *(Papaveraceae)*

❶ Gelber Lerchensporn *Pseudofumaria lutea (Corydalis lutea)*

✻ Mai-Sept. ↕ 15-30 cm ▼ Mauerspalten, Felsen, Geröll

Pflanze reich verzweigt, dicht beblättert; B. 2–3-fach gefiedert, Fiedern oval; Blüten gelb, 1–2 cm lang, in 5–15-blütigen Trauben, mit Sporn; Kelchb. 4–6 mm lang, gezähnt; Zierpflanze. ▲ Südalpen, sonst verwildert.

Veilchengewächse *(Violaceae)*

❷ Wildes Stiefmütterchen *Viola tricolor*

✻ Mai–Okt. ↕ 10–40 cm ▼ Brachland, Wege

Pflanze sehr variabel; B. herzförmig, gesägt; Nebenb. gefingert, mit lanzettlichen Mittellappen; Krone länger als der Kelch, blauviolett und gelb; Sporn fast 2-mal so lang wie die Kelchanhängsel. ▲ Verbreitet. Fast ganz Europa.

❸ Acker-Stiefmütterchen *Viola arvensis*

✻ Apr.–Okt. ↕ 5–20 cm ▼ Äcker, Schutt

Nebenb. mit ei-lanzettlichen gesägten Mittellappen; Krone cremefarben und meist noch etwas violett, etwa so lang wie der Kelch; Sporn etwa so lang wie die Kelchanhängsel. ▲ Häufig. Europa.

❹ Gelbes Veilchen *Viola biflora*

✻ Mai–Aug. ↕ 8–12 cm ▼ Feuchtes Geröll, schattige Stellen, bis 3000 m

Stängel mit 2 breiten nierenförmigen, gekerbten B. und 1–2 gelben Blüten. ▲ Verbreitet. Gebirge Mittel- und Südeuropas.

Springkrautgewächse *(Balsaminaceae)*

❺ Echtes Springkraut, Rühr-mich-nicht-an *Impatiens noli-tangere*

✻ Juli–Aug. ↕ 30–80 cm ▼ Auen, Schluchtwälder

B. wechselständig, eiförmig, stumpf gezähnt, 3–10 cm lang; Blüten zu 1–4, 2–3 cm lang, mit gekrümmtem Sporn, goldgelb; Fruchtkapsel 2–3 cm lang, zur Reife aufspringend. ▲ Häufig. Fast ganz Europa, südlich bis Mittelitalien.

❻ Kleinblütiges Springkraut *Impatiens parviflora*

✻ Juni–Sept. ↕ 30–60 cm ▼ Hecken, nährstoffreiche Laubwälder, Gärten

B. eiförmig, zugespitzt, scharf gezähnt; Blüten 8–10 mm lang, in 4–10-blütiger Traube, hellgelb, mit geradem Sporn; Fruchtkapsel keulenförmig, 15–20 mm lang, zur Reife aufspringend. ▲ Häufig. Ursprünglich Asien, etwa seit 1840 aus botanischen Gärten verwildert.

3
2
4
1
6
5

Schmetterlingsblütengewächse *(Fabaceae* oder *Papilionaceae)*

❶ Stechginster *Ulex europaeus*

✻ Apr.–Juni ↕ 100–150 cm ▼ Brachland, Waldränder, Wege, Heiden, kalkarme, sandige Böden mit wintermildem Klima

Strauch mit vielen, verzweigten Dornen; Zweige sparrig abstehend, stark dornig, abstehend behaart; B. dornenähnlich, stechend, pfriemlich, 5–10 mm lang; Blüten in den Achseln von B.dornen; Krone gelb, 15–20 mm lang, viel länger als der abstehend dicht behaarte Kelch; Hülse 15–20 mm lang, dicht behaart. ▲ Westeuropa, Schottland, Südskandinavien, in Mitteleuropa nur in geschützten Lagen und meist gepflanzt und verwildert.

❷ Färber-Ginster *Genista tinctoria*

✻ Juni–Aug. ↕ 30–60 cm ▼ Magerrasen, Wald-, Wegränder, lichte Eichenwälder

Pfl. aufrecht, dornenlos; B. lanzettlich, 1–4 cm lang, am Grund mit 2 kleinen, schmal-lanzettlichen Nebenb.; Blüten in endständigen Trauben, gelb; Krone 8–16 mm lang, kahl; Hülse 2–3 cm lang, kahl. ▲ Ziemlich häufig. Mittel- und Südeuropa, nördlich bis Südschweden.

❸ Deutscher Ginster *Genista germanica*

✻ Mai–Juni ↕ 20–50 cm ▼ Heiden, Waldränder

Ältere Zweige b.los, dornig, junge Zweige dornenlos, beblättert, aufrecht, abstehend behaart, mit endständigen, reichblütigen Blütentrauben; B. 1-fach, lanzettlich, 1–1,5 cm lang, grasgrün, ohne Nebenb.; Kelch behaart; Krone 7–11 mm lang, Fahne kahl, kürzer als das kurz behaarte Schiffchen; Hülsen 7–12 mm lang, behaart. ▲ Zerstreut. Mittel- und Osteuropa, nördlich bis Südschweden, südlich bis Norditalien.

❹ Kugel-Ginster, Ruten-Ginster *Genista radiata*

✻ Mai–Aug. ↕ 30–80 cm ▼ Trockene Felshänge, lichte Wälder, auf Kalk, bis etwa 2000 m

Sparriger Zwergstrauch; Zweige rutenförmig, dornenlos; B. 3-zählig, gegenständig; B.chen 15–20 mm lang, unterseits anliegend behaart; lanzettlich, bald abfallend; Blüten gelb, in 4–12-blütigen, endständigen Köpfen; Kelch dicht behaart, glockig, tief 2-lippig, mit 2-spaltiger Oberlippe und 3-spaltiger Unterlippe; Krone 12–15 mm lang; Hülse 1–1,5 cm lang. ▲ Zerstreut. Südalpen, Apennin, Balkanhalbinsel, Karpaten.

❺ Flügel-Ginster *Chamaespartium sagittale (Genista sagittalis)*

✻ Mai–Juni ↕ 10–30 cm ▼ Magerrasen, Wald- und Wegränder, felsige Hänge

Pfl. mit kriechenden, verholzten St. und aufsteigenden, meist 1-fachen, jungen Zweigen; St. und Zweige breit geflügelt, abstehend behaart; B. klein, hinfällig; Blüten in kurzen, dichten Trauben; Kelch abstehend behaart, mit 2-teiliger Oberlippe und 3-teiliger Unterlippe; Krone 10–15 mm lang, gelb. ▲ Verbreitet. Mittel- und Südeuropa.

❻ Alpen-Goldregen *Laburnum alpinum*

✻ Mai–Juli ↕ 3–5 m ▼ Felsen, lichte Bergwälder, vorwiegend auf Silikat, bis 1900 m

Kleiner Baum oder Strauch; B. 3, lang gestielt, kahl oder etwas abstehend behaart; B.chen lanzettlich; Blüten gelb, duftend, 15 mm lang, zu 20–40 an langen, schmalen, hängenden, dichtblühenden Trauben; Blütenstiel und Kelch zerstreut abstehend behaart; Hülse kahl, an der Bauchnaht mit 1–2 mm breiten Flügeln, 4–5 cm lang. Giftig! ▲ Zerstreut bis selten. Südalpen, südlicher Jura, Apennin, Balkanhalbinsel, Karpaten. – Sehr ähnlich ist der **Gewöhnliche Goldregen**, *L. anagyroides*, aber Zweige kurz-grauhaarig; B.unterseite anliegend behaart; Hülse an der Bachnaht ohne Flügel, aber oben mit verdicktem oberen Rand; häufig als Zierpfl. kultiviert und verwildert. Giftig! Lichte Wälder, vorwiegend auf Kalk, bis 2000 m. ▲ Zerstreut. Südalpen.

3

6

5

2

1

4

Schmetterlingsblütengewächse *(Fabaceae* oder *Papilionaceae)*

❶ Regensburger Zwergginster, Geißklee *Chamaecytisus ratis-bonensis (Cytisus ratisbonensis)*

✻ Mai–Juni ↕ 10–30 cm ▼ Trockenrasen, Waldsäume, lichte, trockene Kiefernwälder, auf Kalk

Äste liegend, vorne aufsteigend, angedrückt seidenhaarig; B. 3-zählig, gestielt; Blüten meist zu 2, b.achselständig, kurz gestielt; Kelch röhrenförmig, 2-mal so lang wie breit; Krone 1–2 cm lang, goldgelb, Fahne rotbraun. ▲ Ziemlich selten. Mittel- und Südeuropa (östlich).

❷ Rauhaar-Zwergginster *Chamaecytisus hirsutus (Cytisus hirsutus)*

✻ Apr.–Juni ↕ 30–100 cm ▼ Trockene Wiesen, lichte Wälder, Geröll, Felsen, bis 1900 m

Zwergstrauch mit niederliegenden bis aufsteigenden Zweigen, diese bis ins 2. Jahr zottig behaart, dann kahl; B. 3-zählig, B.chen 1–3 cm lang, elliptisch, stumpf; Blüten gelb, kurz gestielt, zu 1–4 an seitenständigen Kurztrieben; Hülse 3–4 cm lang, zottig behaart. ▲ Zerstreut. Hauptsächlich Süd- und Südostalpen, Pyrenäen, Apennin, Karpaten.

❸ Schwärzender Geißklee *Cytisus nigricans (Lembotropis nigricans)*

✻ Juni–Aug. ↕ 50–150 cm ▼ Lichte Wälder, sonnige Waldränder; wärmeliebend

Pfl. beim Trocknen schwarz werdend; Zweige anliegend kurzhaarig, rutenförmig; B. 3-zählig, oberseits kahl, unterseits behaart; Blüten in endständigen, reichblütigen, b.losen Trauben; Krone 10–12 mm lang, gelb; Blütenstiele 1–2-mal so lang wie der glockige, kurze Kelch; Hülsen 2–3 cm lang. ▲ Selten. Süddeutschland, Südalpen, Osteuropa.

❹ Besenginster *Cytisus scoparius (Sarothamnus scoparius)*

✻ Mai–Juni ↕ 50–200 cm ▼ Waldränder, Kahlschläge, bodensaure Eichenwälder, Heiden; kalkmeidend

Zwergstrauch mit aufrechten, verzweigten St. und rutenförmigen, 4–5-kantigen, grünen Zweigen; untere B. 3-zählig, obere B. 1-fach, lanzettlich, 5–20 mm lang; Blüten zu 1–2, b.achselständig; Kelch kahl; Krone 20–25 cm lang; Griffel spiralig eingerollt; Hülse 3–5 cm lang, behaart. ▲ Häufig. Südskandinavien, Mittel- und Südeuropa (westlich).

❺ Ardoinos Geißklee *Cytisus ardoini*

✻ Mai–Juni ↕ 20–60 cm ▼ Steinige, sonnige Rasen, auf Kalk, 800–1500 m

Zwergstrauch mit 8–10-kantigen Zweigen; B. 3-zählig, B.chen schmal, länglich bis verkehrt-eiförmig, oberseits dicht angedrückt behaart, unterseits zerstreut behaart; Kelch kurz-glockig; Krone gelb, kahl, mit stark gekrümmtem, stumpfem Schiffchen und fast kreisrunder Fahne; Hülse abstehend wollig behaart. ▲ Zerstreut bis selten. Französische Seealpen.

❻ Meergrüner Geißklee *Cytisus sessilifolius*

✻ Apr.–Juli ↕ 60–120 cm ▼ Trockene, warme Hänge, bis 1700 m

Kahler Zwergstrauch; B. sitzend, nur die unteren kurz gestielt, 3-zählig, B.chen fast kreisrund, 6–8 mm breit, kurz bespitzt; Blüten zu 2–8 in kurzen, b.losen, endständigen Trauben; Krone goldgelb), Fahne rundlich, Schiffchen geschnäbelt, stark gekrümmt. ▲ Zerstreut. Südalpen, Pyrenäen, westliches Mittelmeergebiet.

❼ Gelbe Hauhechel *Ononis natrix*

✻ Mai–Juli ↕ 15–60 cm ▼ Trockenrasen, kalkhaltige Magerrasen

Pfl. dornenlos, mit klebrigen Drüsenhaaren; B.chen (7a) länglich-elliptisch, 1–2 cm lang; Blüten (7b) einzeln in den B.achseln; Krone 10–20 mm lang, gelb, Flügel und Schiffchen oft rot gestreift. ▲ Ziemlich selten. Kaiserstuhl, Lothringen, Savoyen, Südschweiz, Südtirol, Mittelmeergebiet, Dalmatien.

2

7b

7a

6

3

1

4

5

Schmetterlingsblütengewächse *(Fabaceae* oder *Papilionaceae)*

❶ Gewöhnlicher Wundklee *Anthyllis vulneraria*

✻ Mai–Aug. ↕ 15–30 cm ▼ Kalkmagerrasen, Wege

Pfl. mit Pfahlwurzel; St. wenig verzweigt, kurz anliegend behaart; B. beiderseits behaart, St.b. und Grundb. mit vergrößerter Endfieder und 3–5 Paar elliptische Fiederb.; Blütenstand ähnlich wie **Alpen-Wundklee**; Krone leuchtend gelb, 1–2 cm lang; sehr formenreich. ▲ Verbreitet. Europa. – Der **Strand-Wundklee**, ssp. *maritima*, hat 8–11 mm langen Kelch, orangerote Krone, dicht seidig behaarten St.; B. oberseits kahl, unterseits grau seidenhaarig bis filzig; St.b. mit 3–5 Paar lineal-lanzettlichen Fiederb. ▲ Sanddünen der Nord- und Ostsee.

❷ Alpen-Wundklee *Anthyllis vulneraria* ssp. *alpestris*

✻ Mai–Aug. ↕ 5–20 cm ▼ Wiesen, Felsbänder, kalkreiche Schutthalden, 800–3000 m

Grundb. meist ungeteilt, elliptisch, kahl, fleischig, oft nur aus einem großen, elliptischen Endb.chen bestehend; St.b. gefiedert; Krone weißlich bis goldgelb; Kelch groß, bauchig, zottig weißgrau behaart. ▲ Häufig. Alpen, Kantabrisches Gebirge, Jura, Karpaten, Balkan.

❸ Kicher-Tragant *Astragalus cicer*

✻ Juni–Aug. ↕ 20–60 cm ▼ Gebüsche, Waldränder; kalkhaltige Böden; wärmeliebend

St. und B. anliegend behaart; B. mit 17–25 länglich-lanzettlichen Fiederb.; Blüten zu 8–25 in dichten Trauben; Krone 12–16 mm lang, hellgelb; Hülsen aufgeblasen, rauhaarig. ▲ Ziemlich selten. Mittel- und Südeuropa.

❹ Stängelloser Tragant *Astragalus exscapus*

✻ Juni–Juli ↕ 3–8 cm ▼ Trockenrasen, Felsensteppen, auf Kalk oder Gips

Pfl. zottig behaart, (fast) st.los; B. und Blütenstand grundständig; B. mit 25–39 eiförmigen, gerundeten oder ausgerandeten, dicht behaarten Fiederb.; Blüten zu 3–9; Krone 20–25 mm lang, gelb; Hülse eiförmig. ▲ Selten. Thüringen, Zentral- und Südalpen, Ost- und Südeuropa.

❺ Bärenschote, Süßer Tragant *Astragalus glycyphyllos*

✻ Juni–Juli ↕ 50–150 cm ▼ Waldränder, Gebüsche, steinige Hänge

St. und B. kahl; B. mit 11 oder 13 eiförmigen, 2–5 cm langen Fiederb.; Blüten zu 8–30; Krone 13–15 mm lang, gelbgrün; Hülsen kahl, linealisch, schwach gebogen. ▲ Verbreitet. Südskandinavien, Mitteleuropa, in Südeuropa selten.

❻ Alpen-Blasenschote, Nickender Tragant *Astragalus penduliflorus*

✻ Juli–Aug. ↕ 30–50 cm ▼ Steinrasen, Matten, Felsschutt, lichte Bergwälder, auf kalkarmen Böden, 1300–2500 m

St. stark verzweigt, rauhaarig; B. frischgrün, mit 14–30, zerstreut kurzhaarigen, 3–6 mm breiten Fiederb.; Nebenb. lanzettlich, bis 1 cm lang; Blüte (6b) lebhaft gelb, nickend, in kurz gestielten Trauben; Fahne etwa so lang wie Flügel und Schiffchen; Hülse (6a) stark aufgeblasen. ▲ Zerstreut bis selten. Alpen, Pyrenäen, Karpaten.

❼ Hufeisenklee *Hippocrepis comosa*

✻ Mai–Juli ↕ 5–20 cm ▼ Sonnige Kalkmagerrasen, Wege, Steinbrüche, lichte Kiefernwälder

B. lang gestielt, mit 5–15 ovalen bis schmal-lanzettlichen Fiederb.; Dolde 4–10-blütig; Krone gelb, 8–12 mm lang; Hülse 1–3 cm lang, abstehend oder etwas hängend, mit hufeisenförmigen Gliedern. ▲ Ziemlich häufig. Mittel- und Südeuropa.

3
6a
5
6b
7
1
2
4

Schmetterlingsblütengewächse *(Fabaceae* oder *Papilionaceae)*

❶ Gewöhnlicher Hornklee *Lotus corniculatus*

✻ Mai–Aug. ↕ 5–30 cm ▼ Wiesen, Weiden, Magerrasen, Steinbrüche

Pfl. bogig aufsteigend; St. markig oder engröhrig; B. mit 5 ovalen Fiederb., das untere B.chenpaar dicht am St., von den übrigen 3 B.chen entfernt; Blüten 6–14 mm lang, in 3–8-blütigen, kopfigen Dolden, gelb; Schiffchen mit rechtwinkeligem Knie, Schiffchenspitze oft rötlich. ▲ Verbreitet. Europa.

❷ Spargelschote *Lotus maritimus (L. siliquosus, Tetragonolobus maritimus)*

✻ Mai–Juni ↕ 10–25 cm ▼ Kalkmagerrasen, lichte Kiefernwälder, Moorwiesen; salzertragend

Pfl. niederliegend; B. mit 5 graugrünen, etwas fleischigen B.chen, das untere Paar dicht am St. und etwas kleiner; Blüten zu 1 oder 2 in den B.achseln, lang gestielt, blassgelb, 2–3 cm lang; Hülse 4-kantig oder 4-flügelig, 4–5 cm lang und 3 mm breit. ▲ Zerstreut. Mittel- und Südeuropa, nördlich vereinzelt bis Südskandinavien.

❸ Kleiner Vogelfuß *Ornithopus perpusillus*

✻ Mai–Juni ↕ 5–30 cm ▼ Sandfelder, Dünen, Brachländer; kalkmeidend

Pfl. niederliegend; B. gefiedert, mit 15–27 2–5 mm langen Fiederb.; Blüten 3–4 mm lang, in 3–7-blütigen Dolden oder Köpfen; Krone weiß, mit gelblichem Schiffchen und rotgeaderter Fahne; Frucht 1–2 cm lang, gebogen, aus 4–7 zur Reife zerfallenden Gliedern bestehend; Fruchtstand vogelfußartig. ▲ Ziemlich selten. Mittel- und Westeuropa, nördlich bis Irland, Schottland.

❹ Strauchige Kronwicke *Hippocrepis emerus (Coronilla emerus)*

✻ Apr.–Mai ↕ 50–200 cm ▼ Sonnige Gebüsche, lichte Eichen- und Kiefernmischwälder, felsige Hänge; wärmeliebend

St. aufrecht, holzig; Zweige grün, kantig; B. kurz gestielt, mit 5–9 ovalen, 1–2 cm langen, vorne abgerundeten oder ausgerandeten Fiederb.; Blüten zu 2–3; Krone gelb, 16–22 mm lang, Fahne oft rot gestreift; Kelch kurz, 1/3 so lang wie die Krone, mit kurzen 3-eckigen Kelchzähnen; Hülse 5–10 cm lang, schmal-walzlich, fast stielrund. ▲ Selten. Vereinzelt bis Südskandinavien, Süddeutschland, Österreich, Föhntäler der Nordalpen, Zentral- und Südalpen, Südeuropa.

❺ Berg-Kronwicke *Coronilla coronata (C. montana)*

✻ Mai–Juli ↕ 30–50 cm ▼ Lichte Wälder, Gebüsche, sonnige, trockene Hänge, kalkhaltige Böden; wärmeliebend

Pfl. aufrecht; B. unpaarig gefiedert, mit 7–13 ovalen, unterseits blaugrünen, etwas fleischigen Fiederb.; unterstes B.chenpaar am Grund des B.st.; Nebenb. fädlich, bald abfallend, die unteren verwachsen, die oberen frei; Blüten in 12–20-blütigen Dolden; Krone gelb, 7–10 mm lang; Hülsen eingeschnürt, 2–3 cm lang, Glieder mit 4 stumpfen Kanten. ▲ Selten. Mittel- und Südeuropa (östlich), hauptsächlich Gebirge.

❻ Scheiden-Kronwicke *Coronilla vaginalis*

✻ Mai–Juli ↕ 5–10 cm ▼ Trockene Kalkhänge, Trocken- und Halbtrockenrasen, trockene Föhrenwälder, in den Alpen und Voralpen bis 2200 m

Pfl. niederliegend bis bogig aufsteigend; B. (6a) mit breit-elliptischen bis fast kreisrunden, 3–10 mm langen und 2–8 mm breiten, bläulich grünen Fiederb.; unterstes B.chenpaar vom Grund entfernt; Nebenb. (6b) in eine 2-spitzige, b.gegenständige Scheide verwachsen; Blütendolde (6c) 4–10-blütig, gelb; Fruchthülse zwischen den 3–8 Gliedern eingeschnürt. ▲ Zerstreut, in Mitteldeutschland ziemlich selten. Gebirge Mittel- und Südeuropas.

3
1
6a
6b
6c
5
4
2

Schmetterlingsblütengewächse *(Fabaceae* oder *Papilionaceae)*

❶ Zottiger Spitzkiel *Oxytropis pilosa*

✻ Juni–Juli ↕ 10–30 cm ▼ Sonnige Steppenrasen, Felsenhänge, lichte Föhrenwälder

Pflanze abstehend zottig behaart; B. mit 19–27 lanzettlichen, kahlen oder unterseits anliegend behaarten, 5–20 mm langen Fiederb.; Blüten zu 5–25 in aufrechten Trauben; Kelchzähne fast so lang wie die Kelchröhre; Krone 10–12 mm lang, hellgelb, Schiffchen mit aufgesetzter Spitze; Hülsen linealisch, kurzhaarig. Geschützt! ▲ Selten. Süddeutschland, Thüringen, Südschweden, Alpen, Apennin, Osteuropa.

❷ Blasenstrauch *Colutea arborescens*

✻ Juni–Aug. ↕ 2–5 m ▼ Eichenwälder, Gebüsche, sonnige Waldränder

B. unpaarig gefiedert, Fiedern verkehrt-eiförmig, vorne ausgerandet, 1–3 cm lang; Blüten zu 3–6, gelb, 15–25 mm lang; Kelch glockig, mit 5 ungleichen Zähnen; Hülsen (2a) bauchig aufgeblasen, 6–8 cm lang, 3 cm dick. ▲ Selten. Süddeutschland, Niederösterreich, Südeuropa.

❸ Wiesen-Platterbse *Lathyrus pratensis*

✻ Juni–Aug. ↕ 30–100 cm ▼ Fettwiesen, Moorwiesen, Ufer, Waldränder

B. mit 2 länglich-lanzettlichen, parallelnervigen Fiederb. und Endranke; Nebenb. fast so groß wie die Fiederb.; Stängel kantig; Blüten 10–15 mm lang, gelb, in 3–10-blütigen Trauben. ▲ Verbreitet. Fast ganz Europa.

❹ Großblütige Wicke *Vicia grandiflora*

✻ Mai–Juni ↕ 30–60 cm ▼ Schutt, Wegränder, Äcker; wärmeliebend

Stängel stielrund; B. mit geteilter Ranke und jederseits 3–7 Fiederb.; Blütenstand kurz gestielt, meist 2-blütig; Krone 25–30 mm lang, hellgelb, Fahne und Schiffchen gelegentlich violett oder grünlich überlaufen; Kelchzähne fast gleich lang, kürzer als die Kelchröhre; Hülse flach, linealisch, anfangs kurz behaart, später kahl, 3,5–5 cm lang und 6–8 mm breit; in Deutschland eingeschleppt. ▲ Zerstreut. Südosteuropa.

❺ Gelbe Wicke *Vicia lutea*

✻ Juni–Juli ↕ 30–60 cm ▼ Äcker, Wegränder, Schutt; wärmeliebend

Pflanze ähnlich Großblütiger Wicke, aber Kelchzähne ungleich lang, die oberen kürzer, die unteren 2–3-mal so lang wie die oberen; Blüten meist einzeln, sehr kurz gestielt, zitronengelb; Stängel gerillt; Hülse mit langen, auf Knötchen sitzenden Haaren. ▲ Selten. Mittelmeergebiet, in Mitteleuropa eingeschleppt.

❻ Ranken-Platterbse *Lathyrus aphaca*

✻ Mai–Juli ↕ 10–30 cm ▼ Kalkarme Getreidefelder; wärmeliebend

Stängel aufsteigend oder kletternd, ungeflügelt; B. in eine Ranke umgewandelt, mit 2 (gegenständigen) großen, laubb.artigen, 1–4 cm langen Nebenb.; Blüten zu 1–2, gelb, 10–15 mm lang; Kelch kahl; Frucht 2–3 cm lang, kahl. Samen giftig! ▲ Zerstreut. Mittel- und Südeuropa.

❼ Gewöhnlicher Steinklee *Melilotus officinalis*

✻ Juni–Sept. ↕ 30–100 cm ▼ Sonnige Unkrautfluren, Dünen, Steinbrüche, Schutt

Pflanze ähnlich Weißem Steinklee (s. S. 90); B. 3-zählig; Blüten gelb, 5–7 mm lang, in lockeren, 4–10 cm langen Trauben; Frucht 3–4 mm lang, kahl, mit Querrunzeln, zur Reife braun. ▲ Häufig. Europa.

6
4
3
5
7
2
2a
1

Lippenblütengewächse *(Labiatae* oder *Lamiaceae)*

❶ Wald-Gamander *Teucrium scorodonia*

✻ Juli–Sept. ↕ 30–60 cm ▼ Bodensaure, lichte Eichen- und Kiefernwälder, Heiden, Waldränder

Pflanze unangenehm riechend; B. gestielt, eiförmig, am Grund herzförmig, netzrunzelig, stumpf und unregelmäßig gezähnt, 3–7 cm lang; Blüten gelblich, 10–14 mm lang, in lockerer, schlanker Ähre; Kelch 4–6 mm lang, 2-lippig, Oberlippe 1-fach, Unterlippe 4-zähnig. ▲ Verbreitet. Mitteleuropa, nördlich bis Südskandinavien, südlich bis Südfrankreich, Oberitalien, Kroatien (westlich).

❷ Berg-Gamander *Teucrium montanum*

✻ Juni–Sept. ↕ 5–35 cm ▼ Sonnige Kalkmagerrasen, Fels- und Schuttfluren, bis 2000 m

Pflanze niederliegend, aromatisch riechend; B. schmal-lanzettlich, 5–20 mm lang, ganzrandig, immergrün, lederig, unterseits dicht weißfilzig; Blüten am Ende der Zweige kopfig gehäuft, weißlich oder hellgelb; Kelch fast regelmäßig 5-zähnig; Krone nur mit 5-teiliger Unterlippe. ▲ Zerstreut. Alpen Jura, Gebirge Mittel- und Südeuropas, Karpaten.

❸ Gelber Günsel *Ajuga chamaepitys*

✻ Mai–Sept. ↕ 5–15 cm ▼ Getreidefelder, Weinberge, Brachland; wärmeliebend

Pflanze behaart; B. dicht stehend, 1–3 cm lang, 3-teilig, mit linealischen Zipfeln, obere B. ungeteilt; Blüten einzeln, kurz gestielt, b.achselständig; Krone 7–15 mm lang, gelb, mit sehr kurzer Oberlippe und 3-teiliger, bräunlich gezeichneter Unterlippe. ▲ Selten. Süddeutschland, Südeuropa.

❹ Bunter Hohlzahn *Galeopsis speciosa*

✻ Juni–Okt. ↕ 30–80 cm ▼ Wege, Äcker, Waldschläge

Stängel unter den verdickten Knoten steifhaarig; Krone 25–40 mm lang, hellgelb, Mittellappen oder Kronunterlippe violett; Kronröhre die Kelchzähne weit überragend. ▲ Zerstreut. Fast ganz Europa.

❺ Aufrechter Ziest *Stachys recta*

✻ Juni–Okt. ↕ 20–60 cm ▼ Kalkmagerrasen, sonnige Waldränder, lichte Kiefern- und Eichenwälder

B. eiförmig-lanzettlich, rauhaarig, untere gestielt, obere sitzend; Blütenquirl 6–10-blütig; Kelchzähne 3-eckig, mit kahler Stachelspitze. ▲ Zerstreut. Mittel- und Südeuropa.

❻ Fuchsschwanz-Ziest *Stachys alopecuros*

✻ Juni–Sept. ↕ 30–50 cm ▼ Steinige Matten, Felsschutt, Latschengebüsch, hauptsächlich auf Kalk und Dolomit, 1000–2000 m

Pflanze abstehend behaart; Rosettenb.(6a) herz- bis eiförmig, grob gezähnt, lang gestielt; Stängel mit 1–2 entfernt stehenden B.paaren; Blüten (6b) in dichten, ährenförmigen Blütenständen; Krone weißlich gelb, außen behaart, bis 15 mm lang, mit flacher, schmaler Oberlippe und herabgeschlagener, 3-lappiger Unterlippe; Kelch 8–10 mm lang, behaart, mit 5 3-eckigen Zähnen. ▲ Zerstreut. Alpen, Pyrenäen, Cevennen, Apennin, nordgriechische Gebirge.

4
3
2
1
6b
6a
5

Lippenblütengewächse *(Labiatae* oder *Lamiaceae)*

❶ Klebriger Salbei *Salvia glutinosa*

✻ Juli–Okt. ↕ 50–120 cm ▼ Laubwälder, Bergmischwälder, Kahlschläge, Hochstaudenfluren

Pfl. drüsenhaarig, klebrig; B. lang gestielt, Spreite am Grund spießförmig, grob gezähnt, 8–15 cm lang; Blütenstand aus vielen quirlartigen, 4–6-blütigen Teilblütenständen; Blüten 3–10 mm lang gestielt, hellgelb, rotbraun punktiert, 3–5 cm lang; Staubb. 2; Kelch eng-glockig, klebrig-drüsig behaart. ▲ Zerstreut. Gebirge Mittel- und Südeuropas.

❷ Goldnessel *Lamium galeobdolon (Lamiastrum galebdolon, Galeobdolon luteum)*

✻ Apr.–Juli ↕ 20–50 cm ▼ Laub- und Nadelwälder

Pfl. mit oberirdischen Ausläufern; B. ei-lanzettlich, spitz, gezähnt, 3–8 cm lang; Blüten zu mehreren in den Achseln der oberen B.; Krone 15–25 mm lang, gelb, Unterlippe mit roten Flecken; bei ssp. *galeobdolon* ist der St.grund nur an den Kanten behaart, die obersten B. eiförmig, gekerbt und die Blütenhalbquirle 2–3-blütig; bei ssp. *montanum* ist der St.grund ringsum behaart, die obersten B. lanzettlich und scharf gezähnt und die Blütenhalbquirle 4–8-blütig. ▲ Verbreitet. Fast ganz Europa.

❸ Karlszepter *Pedicularis sceptrum-carolinum*

✻ Juni–Aug. ↕ 30–100 cm ▼ Moorwiesen, Flachmoore

Stattlichste Art der Gattung; B. 10–30 cm lang, bis auf den Mittelnerv fiederteilig; Blütenstand locker, lang; Krone hellgelb, 3 cm lang; Unterlippe rot gerandet, Oberlippe sichelförmig. ▲ Selten. Nord- und Mitteleuropa.

❹ Knolliges Läusekraut *Pedicularis tuberosa*

✻ Juni–Aug. ↕ 10–25 cm ▼ Kalkarme Böden, saure Magerrasen, 1200–2600 m

Pfl. flaumig behaart; Grundb. 5–15 cm lang und 1–2 cm breit, stark fiederteilig, Abschnitte nochmals tief gezähnt; B.stiele langhaarig; Krone blassgelb, mit linealischem, abwärts gebogenem Schnabel; Kelch zottig behaart. ▲ Verbreitet. Zentral- und Südalpen (in den nördlichen Kalkalpen fehlend), Pyrenäen. – Eine weitere gelbblühende Art kalkreicher Rasen und Staudenfluren ist das **Gelbe Läusekraut**, *P. foliosa*, mit doppelt gefiederten, bis 20 cm langen und bis 8 cm breiten B.; Blütenähre von großen, gefiederten Tragb. durchsetzt. ▲ Hauptsächlich nördliche Kalkalpen, selten in den Zentral- und Südalpen.

❺ Buntes Läusekraut *Pedicularis oederi*

✻ Juni–Aug. ↕ 5–20 cm ▼ Steinige Rasen, meist auf Kalk, 1500–2500 m

Pfl. ähnlich Knolligem Läusekraut, aber Kronoberlippe ungeschnäbelt, mit stumpfer Spitze; Grundb. (5a) kahl, kürzer als der St., lanzettlich, fiederschnittig, mit tief gekerbt gezähnten Abschnitten; St.b. meist fehlend; Tragb. kürzer als die Blüten; Krone 15–20 mm lang, kahl, gelb, an der Oberlippe mit 2 dunkelroten Flecken. ▲ Ziemlich selten. Alpen (in Deutschland nur Ammergauer und Schlierseer Berge), Gebirge Europas.

Sommerwurzgewächse *(Orobanchaceae)*

❻ Alpenrachen *Tozzia alpina*

✻ Juni–Aug. ↕ 10–50 cm ▼ Hochstaudenfluren, Grünerlengebüsch, bis 2200 m

St. 4-kantig, an den Kanten behaart; B. eiförmig, sitzend, kahl, fettig glänzend, am Grund meist schwach gesägt oder gekerbt; Krone 8–10 mm lang, goldgelb, mit rot punktierter Unterlippe (6a). ▲ Verbreitet. Alpen, Schweizer Jura, Pyrenäen, Karpaten.

4
5a
5
3
1
6
6a
2

Sommerwurzgewächse *(Orobanchaceae)*

❶ Kleiner Klappertopf *Rhinanthus minor*

✱ Mai–Aug. ↕ 15–40 cm ▼ Magere Wiesen, Flachmoore

Pfl. kaum behaart; B. lanzettlich, kahl; Tragb. grün, 3-eckig, spitz; Kelch kahl, grün, oft bräunlich überlaufen; Krone 13–15 mm lang, dunkelgelb, mit gerader Röhre, diese kürzer als der Kelch; Zahn der Oberlippe breiter als lang, 0,5–1 mm lang, gerundet, weißlich. ▲ Ziemlich häufig. Fast ganz Europa.

❷ Zottiger Klappertopf *Rhinanthus alectorolophus*

✱ Mai–Juli ↕ 10–60 cm ▼ Fettwiesen, Halbtrockenrasen, Getreidefelder

St. 1-fach oder verzweigt, oben zottig behaart; St.b. oval bis ei-lanzettlich, scharf gesägt, kurzhaarig, gegenständig; Blüten einzeln in den Achseln bleichgrüner, zottig behaarter Tragb., diese mit gleichmäßigen spitzen,1–3 mm langen Zähnen, ohne Grannenspitze; Krone 18–23 mm lang, flaumig behaart, mit geschlossenem Schlund; Zahn der Oberlippe länger als breit, blauviolett, 1–2 mm lang. ▲ Verbreitet. Hauptsächlich Mitteleuropa.

❸ Grannen-Klappertopf *Rhinanthus glacialis (Rh. aristatus)*

✱ Juni–Sept. ↕ 20–50 cm ▼ Mager- und Halbtrockenrasen, trockene Bergwiesen, Felsschutt

St. zerstreut anliegend behaart; B. schmal-lanzettlich, kerbig gesägt; Tragb. (3a) mit grannenartig zugespitzten, 4–8 mm langen Zähnen; Kelch kahl oder nur am Rand bewimpert; Krone gelb, 15–18 mm lang; Kronröhre kurz, stark aufwärts gebogen; Kronunterlippe abgespreizt, daher Kronschlund offen (3b). ▲ Verbreitet. Alpen und Vorland, Jura, Schwäbische Alb, Fränkische Schweiz, Vogesen, Schwarzwald, Rhön, Harz.

❹ Wiesen-Wachtelweizen *Melampyrum pratense*

✱ Mai–Sept. ↕ 10–50 cm ▼ Lichte Wälder, Waldränder, Moore, Heiden

St. 4-kantig; B. lanzettlich, 3–6 cm lang; Blütenstand 1-seitswendig; Krone 15–20 mm lang, mit langer, gerader Röhre, gelblich weiß; Blüten fast waagrecht; Kelchzähne lanzettlich-pfriemlich, kürzer als die halbe Kronröhre; Tragb.am Grund (4a) jederseits mit 1–3 pfriemlichen Zähnen. ▲ Verbreitet. Fast ganz Europa.

❺ Wald-Wachtelweizen *Melampyrum sylvaticum*

✱ Mai–Aug. ↕ 15–35 cm ▼ Nadelwälder, bodensaure Standorte, bis 2000 m

Pfl. ähnlich dem Wiesen-Wachtelweizen, aber Krone goldgelb, 6–8 mm lang, mit kurzer, trichterförmiger, gekrümmter Röhre; Kelchzähne 3-eckig lanzettlich, abspreizend, etwa so lang wie die Kronröhre; Tragb. (5) am Grund ohne Zähne. ▲ Verbreitet. Mittel- und Nordeuropa, Alpen.

❻ Hain-Wachtelweizen *Melampyrum nemorosum*

✱ Juni–Sept. ↕ 10–50 cm ▼ Laubwälder

St. 4-kantig, auf 2 Seiten kurzhaarig; B. lanzettlich; Tragb. breit-herzförmig bis spießförmig, jederseits mit 1–5 mm langen Zähnen, blauviolett; Blütenstand 1-seitswendig; Krone goldgelb, später orange, mit rotbrauner Kronröhre; Kelch wollig-zottig. ▲ Selten. Hauptsächlich Gebirge Mitteleuropas, Nordeuropa, südlich bis Pyrenäen, Südalpen, Dalmatien, Bulgarien.

❼ Zwerg-Augentrost *Euphrasia minima*

✱ Juli–Aug. ↕ 2–10 cm ▼ Almweiden, Zwergstrauchbestände, kalkarme Böden, 1400–3000 m

Pfl. aufrecht, meist unverzweigt; B. eiförmig, mit breitem Grund sitzend, jederseits mit 3–7, nicht begrannten Zähnen, am Rand und unterseits zerstreut behaart; Krone 4–7 mm lang, mit gelber Unterlippe und hellvioletter, rötlicher, weißer oder gelber Unterlippe; Kelch 4-spaltig, 3–5 mm lang, mit spitzen Zähnen. ▲ Verbreitet. Alpen, Gebirge Mittel- und Südeuropas.

1
2
3b
3a
6
4
5
7
4a

Wegerichgewächse *(Plantaginaceae)*

❶ Gewöhnliches Leinkraut *Linaria vulgaris*

✻ Juni–Okt. ↕ 20–60 cm ▼ Sonnige Unkrautfluren, Bahndämme, Steinbrüche

Pflanze dicht beblättert; B. wechselständig, linealisch bis lanzettlich, graugrün, 3–8 cm lang, B.rand umgerollt; Blütenstand reichblütig, mit 20–40 Blüten; Krone schwefelgelb, 25–30 mm lang, mit orangefarbenem Schlund, 15–30 mm lang; Sporn gerade, 10–13 mm lang, kürzer als die Unterlippe. ▲ Verbreitet. Europa.

❷ Italienisches Leinkraut *Linaria angustissima*

✻ Juni–Aug. ↕ 20–50 cm ▼ Trockene, steinige Böden, Felssteppen, Getreideäcker

B. (2a) schmal-linealisch, blaugrün, B.rand flach; Krone zitronengelb, 15–22 mm lang, mit orangerotem Schlund; Sporn so lang wie die Unterlippe (2b). ▲ Selten. Hauptsächlich Südalpen (dort bis 1700 m), Tirol (Mühlau), Pyrenäen. Gelegentlich eingebürgert.

❸ Großblütiger Fingerhut *Digitalis grandiflora (D. ambigua)*

✻ Juni–Aug. ↕ 60–120 cm ▼ Laubwälder, Kahlschläge, sonnige Waldränder, Geröllhalden, in den Alpen bis etwa 1600 m

B. länglich-lanzettlich, unterseits steifhaarig; Krone glockig-bauchig, 3–4 cm lang, hellgelb, innen braun gezeichnet. Giftig! ▲ Zerstreut. Mitteleuropa, südlich bis Südalpen, Nordgriechenland, Kaukasus.

❹ Gelbes Mänderle, Gelber Ehrenpreis *Paederota lutea*

✻ Juni–Aug. ↕ 10–30 cm ▼ Kalk- und Dolomitfelsen, 1000–2500 m

Stängel aufrecht bis überhängend; B. gegenständig, sitzend, mattgrün, eiförmig, bis 7 cm lang, scharf gesägt, zerstreut behaart: Blüten in endständigen, meist überhängenden Trauben; Krone zitronengelb, 2-lippig, 10–15 mm lang. ▲ Verbreitet. Südostalpen.

❺ Echtes Tännelkraut *Kickxia elatine*

✻ Juli–Okt. ↕ 10–40 cm ▼ Getreidefelder

Pflanze 1-jährig, drüsig-weichhaarig; fadenförmiger Stängel; B. spieß- bis pfeilförmig; Krone 5–7 mm lang (ohne Sporn), hellgelb, mit geradem, etwa ebenso langem Sporn; Kronoberlippe innen violett. ▲ Ziemlich selten. Mittel- und Südeuropa, Südskandinavien.

5
2a
2b
1
4
3

Hahnenfußgewächse *(Ranunculaceae)*

❶ Gelber Eisenhut, Wolfs-Eisenhut *Aconitum lycoctonum*

✱ Juni–Aug. ↕ 50–150 cm ▼ Schlucht- und Auenwälder, feuchte Laubmischwälder, Hochstaudenfluren, in den Alpen bis 2400 m

Pfl. ähnlich Blauem Eisenhut (s. S. 360); B. handförmig 5–7-teilig, mit breiten Abschnitten; Blüten (1a) gelb oder weißlich, mit hohem, schlankem Helm, in 1-facher oder ästiger Traube. Giftig! ▲ Gebirge Mittel- und Südeuropas.

Resedengewächse *(Resedaceae)*

❷ Wilde Resede *Reseda lutea*

✱ Juni–Sept. ↕ 20–50 cm ▼ Wege, Dämme, Schutt, Steinbrüche

B. 1–2-fach fiederteilig; Blüten hellgelb, geruchlos; Kronb. 6, die oberen 2 länger, 4–5 mm lang. ▲ Häufig. Mittel- und Südeuropa. – Ähnlich ist die **Färber-Resede**, *R. luteola*, Pfl. 40–120 cm, B. linealisch, ungeteilt; Krone 4-teilig, blassgelb. Wege, Schutt. ▲ Verbreitet. Fast ganz Europa.

Gauklerblumengewächse *(Phrymaceae)*

❸ Gelbe Gauklerblume *Mimulus guttatus*

✱ Juni–Sept. ↕ 25–60 cm ▼ Wiesengräben, zeitweise überflutete Ufer, Quellen

St. aufrecht oder aufsteigend, verzweigt, oben zerstreut drüsenhaarig; B. unregelmäßig grob gesägt, untere gestielt, obere sitzend; Blütenkrone 25–40 mm lang, gelb, im Schlund und Unterlippe meist rot gefleckt; Kelch 15–20 mm lang, drüsig behaart. ▲ Zerstreut. Mitteleuropa, Heimat westliches Nordamerika.

Wasserschlauchgewächse *(Lentibulariaceae)*

❹ Gewöhnlicher Wasserschlauch *Utricularia vulgaris*

✱ Juni–Aug. ↕ 10–200 cm ▼ Stehende oder langsam fließende, meist nährstoffreiche Gewässer, Gräben

Pfl. meist frei schwimmend, untergetaucht, nur Blüten über dem Wasser; B. 2–8 cm lang, mehrfach in haarförmige Abschnitte zerteilt, daran 1–4 mm große Fangbläschen oder Schläuche zum Einfangen von Plankton (zusätzliche Ernährung); Blüten zu 3–15 in Trauben, leuchtend gelb, 13–20 mm lang. ▲ Zerstreut bis selten. Europa.

❺ Mittlerer Wasserschlauch *Utricularia intermedia*

✱ Juli–Aug. ↕ 10–20 cm ▼ Moorschlenken von Flach- und Übergangsmooren, auf Torfschlamm, in 10–50 cm Wassertiefe

Pfl. mit farblosen Schlammsprossen im Boden verankert und mit grünen, untergetauchten Wassersprossen; Fangblasen nur an den Schlammsprossen; B. der Wassersprosse im Umriss rundlich, 5–20 mm lang, mit bandförmigen, 0,5 mm breiten Zipfeln, diese auf jeder Seite mit 2–10 Wimperborsten und vorne mit aufgesetzter Spitze; Blüten (selten) mit walzlichem, 1 cm langem Sporn. ▲ Zerstreut. Mittel- und Nordeuropa, südlich bis Norditalien, Pyrenäen.

1

1a

3

2

5

4

Schmetterlingsblütengewächse *(Fabaceae* oder *Papilionaceae)*

❶ Zwerg-Schneckenklee *Medicago minima*

✻ Mai–Juni ↕ 5–25 cm ▼ Kalkmagerrasen, Sanddünen, Schafweiden, Wege

Pflanze niederliegend bis aufsteigend; B. 3-zählig, seidig behaart; Nebenb. ganzrandig oder mit kurzen Zähnen; Blüten 3–5 mm lang, gelb, in 3–8-blütigen Köpfchen; Hülsen schneckenförmig gerollt, stark dornig, mit 2–6 engen Windungen, 3–5 mm breit (ohne Dornen). ▲ Ziemlich selten. Mittel- und Südeuropa.

❷ Sichelklee *Medicago falcata*

✻ Juni–Sept. ↕ 20–50 cm ▼ Trockenrasen, Kalkmagerrasen, trockene Wald- und Wegränder

Pflanze niederliegend bis aufsteigend; B. 3-zählig, B.chen vorne in der Ausrandung stachelspitz; Blüten etwa 1 cm lang, in fast kugeligen Trauben; Fruchthülse (2a) sichelförmig, 8–15 mm lang. ▲ Zerstreut. Fast ganz Europa, nördlich bis Südskandinavien.

❸ Hopfenklee, Gelbklee *Medicago lupulina*

✻ Mai–Okt. ↕ 10–40 cm ▼ Wegränder, Äcker, Magerrasen, trockene Wiesen

B. 3-zählig, unterseits anliegend behaart; B.chen mit Spitzchen (im Gegensatz zum Kleinen Klee); Blütenköpfe 10–50-blütig; Blüten 3–5 mm lang; Hülse nierenförmig, ohne Stacheln, 2–3 mm lang. ▲ Verbreitet. Europa.

❹ Kleiner Klee, Faden-Klee *Trifolium dubium (T. minus)*

✻ Mai–Sept. ↕ 5–15 cm ▼ Wiesen, Weiden, Wegränder

Pflanze niederliegend; B. 3-zählig, bläulich grün, kahl, mittleres B.chen länger gestielt als die seitlichen, ohne Spitzchen (vgl. Hopfenklee); Nebenb. eiförmig-lanzettlich, Blütenköpfe 10–20-blütig, 6–8 mm breit; Krone gelb, 3–4 mm lang. ▲ Verbreitet. Fast ganz Europa.

❺ Feld-Klee *Trifolium campestre*

✻ Juni–Sept. ↕ 10–20 cm ▼ Kalkmagerrasen, Sandfelder, Wege

B. 3-zählig, mittleres B.chen länger gestielt als die seitlichen; Nebenb. eiförmig, am Grund verbreitert, kürzer als der B.stiel; Blütenköpfe dicht, 20–30-blütig, 7–10 mm lang; Blüten 5 mm lang, hellgelb, verblüht hellbraun. ▲ Ziemlich häufig. Europa.

❻ Gold-Klee *Trifolium aureum*

✻ Juni–Juli ↕ 20–40 cm ▼ Magerrasen, Wegränder, Böschungen, kalkarme Böden

Pflanze ähnlich dem Feld-Klee, aber mittleres B.chen wie die Seitenb.chen kurz gestielt bis sitzend; Nebenb. länglich-lanzettlich, am Grund verschmälert. ▲ Zerstreut. Fast ganz Europa.

❼ Braun-Klee *Trifolium badium*

✻ Juli–Aug. ↕ 10–25 cm ▼ Feuchter Felsschutt, Bergwiesen, Rasen, meist auf Kalk, 1200–3000 m

Stängel niederliegend oder aufsteigend, locker beblättert; B. 3-zählig, lang gestielt, kahl; B.chen elliptisch, gezähnt; Blütenköpfe dicht, reichblütig, anfangs halbkugelig, später kegelförmig, bis 2 cm lang; Einzelblüten kurz gestielt, goldgelb, verblüht kastanienbraun. ▲ Häufig. Alpen, Jura, Pyrenäen, Karpaten, Apennin.

1
2
2a
3
4
5
6
7

Schmetterlingsblütengewächse *(Fabaceae* oder *Papilionaceae)*

❶ Moor-Klee *Trifolium spadiceum*

✻ Juni–Aug. ↕ 10–30 cm ▼ Moorwiesen, Wege, Grabenränder, magere Bergwiesen

Pfl. aufrecht oder aufsteigend, obere St.b. fast gegenständig; B. 3-zählig, B.chen sitzend oder gleich kurz gestielt; Nebenb. länglich-lanzettlich; Blütenköpfe zuletzt walzig, 6–25 mm lang und 10–13 mm breit, gelb bis gelbbraun, von oben her schwarzbraun abblühend; Blütenstiel viel kürzer als die Kelchröhre; Krone 5–6 mm lang. ▲ Selten. Fast ganz Europa, hauptsächlich in den Gebirgen.

❷ Blassgelber Klee *Trifolium ochroleucon*

✻ Juni–Juli ↕ 20–40 cm ▼ Magerrasen, trockene Moorwiesen, Waldränder

Pfl. aufsteigend; B. und St. dicht behaart; B. 3-zählig; B.chen länglich-elliptisch, 1–3 cm lang; Nebenb. mit langer, ausgezogener Spitze; Blütenköpfe einzeln, kugelig oder eiförmig, 15–30 mm lang, kurz gestielt Kelchröhre 10-nervig, behaart; Kelchzähne ungleich; Krone 13–18 mm lang, gelblich weiß, blassgelb. ▲ Selten. Mittel- und Südeuropa, nördlich bis England, Südpolen und Südrussland.

❸ Hasen-Klee *Trifolium arvense*

✻ Juni–Sept. ↕ 5–30 cm ▼ Lückige Magerrasen, Sandfelder, Brachland

Pfl. aufrecht, dicht behaart; B. 3-zählig, B.chen länglich, graugrün, oft rötlich überlaufen; Blütenköpfe eiförmig bis walzlich, stark zottig; Kelch länger als die weißliche, dann rötliche Krone. ▲ Ziemlich häufig. Ursprünglich Südeuropa, heute in fast ganz Europa verbreitet.

Hahnenfußgewächse *(Ranunculaceae)*

❹ Kleine Wiesenraute *Thalictrum minus*

✻ Mai–Aug. ↕ 30–100 cm ▼ Lichte, trockene Wälder, Trockengebüsch, Trockenrasen an Waldrändern

B. am St. gleichmäßig verteilt, 3–4-fach gefiedert; Fiederb. rundlich oder rundlich-keilig, blaugrün, unterseits hellgrün; St. gefurcht; Blütenstand rispig, oft mit abstehenden Ästen; Blütenb. und Staubfäden gelblich, hängend; Früchtchen sitzend, spindelförmig, längs-gerippt. ▲ Ziemlich selten. Hauptsächlich Mittel- und Südeuropas. – Ähnlich ist die **Einfache Wiesenraute**, *T. simplex*, aber Fiederb. länglich, linealisch; Blüten und Staubb. grünlich, überhängend. Moorwiesen, Kalkmagerrasen. ▲ Europa.

❺ Glänzende Wiesenraute *Thalictrum lucidum*

✻ Juni–Juli ↕ 60–120 cm ▼ Auenwälder, Moorwiesen

B. 2-fach gefiedert; Fiederb. länglich, keilförmig oder linealisch, oberseits dunkelgrün, glänzend, meist ungeteilt; B. ohne Nebenb.; Blüten an den Enden der Rispenäste gedrängt; Blüten und Staubb. aufrecht, gelblich. ▲ Selten. Mitteleuropa (Mecklenburg, Ostpreußen, Thüringen, Donau- und Maingebiet, Alpen), Südosteuropa.

❻ Gelbe Wiesenraute *Thalictrum flavum*

✻ Juni–Juli ↕ 40–120 cm ▼ Flachmoore, feuchte Wiesen, Staudenfluren, Auengebüsch

St. aufrecht, kahl, kantig, gerillt; untere B. gestielt, obere sitzend, 2–3-fach gefiedert; Fiederb. rundlich, keilförmig, vorne 3–4-spaltig, oberseits dunkelgrün, unterseits hellgrün; B. mit häutigen Nebenb.; Blüten und Staubb. gelb, aufrecht. ▲ Zerstreut. Europa.

3
1
2
4
5
6

Doldengewächse *(Umbelliferae* oder *Apiaceae)*

❶ Gewöhnlicher Pastinak *Pastinaca sativa*

✻ Juni–Sept. ↕ 40–120 cm ▼ Unkrautfluren, Steinbrüche, Wege, Wiesen

St. glänzend, kantig gefurcht; B. gelbgrün, 1-fach gefiedert, mit ei-länglichen, gelappten oder grob gezähnten, etwa 5 cm langen Fiedern (1a); Blüten gelb; Hüllb. und Hüllchenb. meist fehlend; Dolde 5–15-strahlig; Frucht eiförmig, 5–8 mm lang, schmal geflügelt. Ssp. *urens* ist grau behaart, matt; Pfl. mit sparrigem Wuchs, bis 250 cm; St. rund; Blütendolde 5–7-strahlig. Ssp. *sylvestris* ist ebenfalls grau behaart, aber St. kantig gefurcht und Dolde 7–15-strahlig. ▲ Verbreitet. Ursprünglich Westasien, seit dem Altertum als Futter- und Heilpfl. angebaut, heute fast ganz Europa.

❷ Sichelblättriges Hasenohr *Bupleurum falcatum*

✻ Juni–Sept. ↕ 20–100 cm ▼ Gebüsche, lichte Eichen- und Kiefernwälder, Trockenrasen; wärmeliebend

Pfl. am Grund verholzt, mehrfach verzweigt; untere B. länglich-spatelig, mit sehr langen, kaum geflügelten Stielen, obere B. lanzettlich, 5–7-nervig; Hüllb. und Hüllchenb. schmal-lanzettlich, nicht verwachsen; Frucht 3–4 mm lang, braun. ▲ Zerstreut bis selten. Mitteleuropa, südlich bis Mittelspanien, Albanien.

❸ Langblättriges Hasenohr, Wald-Hasenohr *Bupleurum longifolium*

✻ Mai–Juni ↕ 30–100 cm ▼ Laubwälder mit Eiche, Hainbuche oder Buche, Gebüsche, Waldränder; wärmeliebend

B. ei-länglich oder breit-lanzettlich, netzaderig, bis 15 cm lang, die untersten allmählich in den geflügelten Stiel verschmälert, die oberen herzförmig st.umfassend; Blütendolde 4–8-strahlig; Hüllb. 3–4, rundlich, am Grund oft verwachsen, 3–7-nervig; Blüten rötlich-gelb bis braunrot; Hüllchenb. grüngelb bis braunrot; Früchte 4–5 mm lang, fast schwarz. ▲ Selten. Gebirge Mitteleuropas, Alpen und Vorland, Karpaten, Gebirge der Balkanhalbinsel.

❹ Rundblättriges Hasenohr *Bupleurum rotundifolium*

✻ Juni–Aug. ↕ 20–80 cm ▼ Kalkreiche Getreideäcker, Weinberge

St. kräftig; B. rundlich-eiförmig, mittlere und obere B. durchwachsen; Dolde 5–10-strahlig, Hülle fehlend; Hüllchenb. breit-eiförmig, zugespitzt, gelbgrün; Blüten weißlich-gelb. ▲ Selten. Mittel- und Südeuropa.

❺ Hahnenfuß-Hasenohr *Bupleurum ranunculoides*

✻ Juli–Aug. ↕ 10–50 cm ▼ Kalkreiche, steinige Matten, Felsbänder, sonnige Hänge, 1400–2800 m

Rosettenb. lanzettlich, lang zugespitzt; St.b. breiter, oft herzförmig, st.umfassend; Dolde 3–5-strahlig, mit 2–4 Hüllb.; Döldchen mit 5–7 breit-eiförmigen, gelbgrünen Hüllchenb.; Blüten dunkelgelb. ▲ Zerstreut bis selten. Alpen (in Bayern nur noch im Allgäu), Pyrenäen, Jura, Apennin, Karpaten, Illyrien, Alaska.

❻ Felsen-Hasenohr *Bupleurum petraeum*

✻ Juli–Aug. ↕ 20–40 cm ▼ Steinige Rasen, Felsspalten, Polsterseggenrasen, auf Kalk, 1600–2400 m

Pfl. am Grund mit zahlreichen abgestorbenen B.scheiden; St. unverzweigt, meist ohne B.; Grundb. rosettig, grasartig, schopfig, 2–5 mm breit und 10–30 cm lang; Dolde 5–15-strahlig; Hüllb. linealisch; Hüllchenb. 5–10, frei oder am Grund verwachsen; Blüten gelblich. ▲ Zerstreut. Südalpen.

❼ Meerfenchel *Crithmum maritimum*

✻ Juli–Sept. ↕ 15–50 cm ▼ Küstenfelsen

Pfl. kahl, blaugrün, reich verzweigt; St. gerieft; B. fleischig, 2–3-fach gefiedert, mit linealischen, spitzen Abschnitten; Dolde 8–20-strahlig; Hülle und Hüllchen vielblütig; Blüten gelblich oder grünlich weiß; Frucht eiförmig, mit vorspringenden Rippen. ▲ West- und Südeuropa.

1
1a
2
3
4
5
6
7

Doldengewächse *(Umbelliferae* oder *Apiaceae)*

❶ Echter Dill *Anethum graveolens*

✻ Juli–Sept. ↕ 50–120 cm ▼ Unkrautfluren; wärmeliebend

Pfl. kahl; St. stielrund; B. 2–4-fach fiederschnittig, mit linealischen, fast borstlichen Abschnitten; B.scheiden kurz; Dolde 15–40-strahlig; Hüllb. und Hüllchenb. fehlend; Kronb. gelb; Frucht linsenförmig, 4 mm lang; als Gewürzpfl. kultiviert, selten verwildert. ▲ Fast ganz Europa. – Ähnlich ist der **Fenchel**, *F. vulgare*, aber Pfl. blaugrün, Wurzelstock spindelförmig (Wildsippen) oder eine große Zwiebel bildend; B.scheiden lang; als Gewürzpfl. kultiviert, gelegentlich verwildert. ▲ Heimat Asien, eingebürgert in Mittel- und Südeuropa.

❷ Wiesen-Silau, Rossfenchel *Silaum silaus*

✻ Juni–Sept. ↕ 30–100 cm ▼ Moor-, Nass- und Fettwiesen

B. 3-fach gefiedert; Fiederb.chen schmal–lanzettlich, 1–3 mm breit, mit feiner Spitze; Dolde 5–10-strahlig; Hüllb. 0–3; Hüllchenb. viele, weißhäutig berandet; Krone gelbgrün, 2 mm breit; Frucht eiförmig, 4 mm lang, mit scharfkantigen, flügelartigen Rippen. ▲ Zerstreut. Hauptsächlich Mitteleuropa.

Steinbrechgewächse *(Saxifragaceae)*

❸ Wechselblättriges Milzkraut *Chrysosplenium alternifolium*

✻ März–Mai ↕ 5–20 cm ▼ Auenwälder, Schluchtwälder, Ufer

Pfl. rasenbildend, mit fadenförmigen Ausläufern; Grundb. rundlich-nierenförmig, 2–5 cm breit, gekerbt, lang gestielt; St.b. ähnlich, wechselständig; St. 3-kantig; Blütenstand doldenartig, mit gelblichen Hochb.; Blütenhülle (3a) 1-fach, 4-zählig, grünlich gelb, 5–6 mm breit; Staubb. 8. ▲ Ziemlich häufig. Fast ganz Europa, südlich bis Mittelitalien.

Primelgewächse *(Primulaceae)*

❹ Strauß-Gilbweiderich *Lysimachia thyrsiflora*

✻ Mai–Juni ↕ 30–60 cm ▼ An Ufern von Teichen oder langsam fließenden Gewässern, nasse, oft überschwemmte, torfige Böden

Pfl. aufrecht, B. lanzettlich, sitzend, kreuzweise gegenständig: Blüten in dichten, gestielten Trauben in den Achseln der mittleren St.b. stehend; Kronb. 5–6, schmal-lanzettlich, 4–5 mm lang, gelb, gegen die Spitze rot punktiert. ▲ Selten. Europa.

Geißblattgewächse *(Caprifoliaceae* incl. *Linnaeaceae, Dipsacaceae,* und *Valerianaceae)*

❺ Gelbe Scabiose *Scabiosa ochroleuca*

✻ Juli–Sept. ↕ 25–60 cm ▼ Trocken- und Halbtrockenrasen, Dämme

Pflanze ähnlich **Tauben-Skabiose** (s. S. 388); St. meist verzweigt; Grundb. verkehrt-eiförmig, gezähnt oder leierförmig-fiederteilig; St.b. 1–2-fach fiederteilig, mit 1–2 mm breiten Zipfeln; Blüten hellgelb, in 1,5–3,5 cm breiten Köpfen; Kelchborsten anfangs fuchsrot, 3–5 mm lang. ▲ In Ostdeutschland verbreitet, sonst zerstreut bis selten. Mittel- und Osteuropa.

2
3a
3
4
5
1

Korbblütengewächse *(Compositae* oder *Asteraceae)*

❶ Gewöhnliche Goldrute *Solidago virgaurea*

✱ Juli–Okt. ↕ 20–100 cm ▼ Krautreiche Laub- und Mischwälder, Heiden, Magerweiden

B. länglich-elliptisch, 3–4-mal so lang wie breit, meist gezähnt; Blütenköpfe 7–8 mm lang und 10–15 mm breit, in aufrechter, allseitswendiger Traube oder Rispe; Zungenblüten 6–12, länger als die linealischen, grünlich gelben, hautrandigen Hüllb. ▲ Verbreitet. Europa.

❷ Kanadische Goldrute *Solidago canadensis*

✱ Aug.–Sept. ↕ 100–200 cm ▼ Unkrautfluren, Auwälder

Mehrjährige Pflanze mit goldgelben, 5–6 mm langen Blütenköpfen in aufrechten, 1-seitswendigen Rispen; Rispenäste aufrecht abstehend; Stängel dicht abstehend kurzhaarig; Hülle 2–3 mm lang; B. 10–15 cm lang, lanzettlich, zugespitzt, vorne gezähnt. ▲ Herkunft Nordamerika, in fast ganz Europa eingebürgert.

❸ Riesen-Goldrute *Solidago gigantea*

✱ Aug.–Sept. ↕ 50–200 cm ▼ Auenwälder, Flussufer, Wegränder, Schuttplätze

Pflanze ähnlich der Kanadischen Goldrute, aber Stängel kahl; Zungenblüten deutlich länger als die Scheibenblüten; Hülle 3–4 mm lang; Rispenäste übergebogen abstehend; Zierpflanze. ▲ Häufig. Heimat Nordamerika.

❹ Rainfarn *Tanacetum vulgare (Chrysanthemum vulgare)*

✱ Juli–Sept. ↕ 60–120 cm ▼ Wege, Schutt, Dämme, Ufer

B. fiederteilig, 5–25 cm lang, Fiedern jederseits zu 8–12, lanzettlich, fiederschnittig gesägt; Blütenköpfe 7–12 mm breit, in Schirmrispen, goldgelb; Strahlenblüten fehlend; Hüllb. hellgrün, hautrandig, kahl. ▲ Häufig. Europa.

❺ Sand-Strohblume *Helichrysum arenarium*

✱ Juli–Aug. ↕ 10–30 cm ▼ Sandtrockenrasen, lichte Kiefernwälder, Wegränder, Dünen

Pflanze weißwollig; Rosettenb. spatelig, gestielt; Stängelb. linealisch, stumpf, sitzend, alle B. wollig behaart; Blütenköpfe 6–7 mm breit, kugelig, in dichter, endständiger Schirmtraube; Hüllb. glänzend goldgelb oder orange; Zungenblüten fehlend, Röhrenblüten gelblich. ▲ Zerstreut bis selten. Mittel- und Südeuropa.

❻ Gold-Aster *Galatella linosyris (Aster linosyris)*

✱ Aug.–Sept. ↕ 15–45 cm ▼ Sandtrockenrasen, Trocken- und Halbtrockenrasen, sonnige Hänge, Waldränder

B. linealisch, 1–2 mm breit, 1-nervig; Blütenköpfe 8–10 mm breit, in doldenartiger Traube; Zungenblüten fehlend, Röhrenblüten goldgelb; Pappus gelblich; Früchte 3 mm lang. ▲ Ziemlich selten. Mittel- und Südeuropa.

❼ Wermut, Absinth *Artemisia absinthium*

✱ Juli–Sept. ↕ 40–100 cm ▼ Wegränder, Mauern, Schafweiden, Felsen, in sommerwarmen und niederschlagsarmen Gebieten, in den Alpen bis 2000 m

Pflanze halbstrauchig, filzig behaart, stark aromatisch und bitter schmeckend; B. 2–3-fach fiederteilig, mit 2–3 mm breiten, beiderseits seidig-filzigen, stumpfen Zipfeln (7a); B.stiele am Grund nicht geöhrt; Blütenköpfe kugelig, 3–4 mm breit, gelb, kurz gestielt, nickend, in meist schmaler Rispe; Arznei- und Gewürzpflanze. ▲ Verbreitet bis zerstreut. Fast ganz Europa.

5
6
2
1
3
7a
4
7

Korbblütengewächse *(Compositae* oder *Asteraceae)*

❶ Weidenblättriges Ochsenauge *Buphthalmum salicifolium*

✻ Juni–Sept. ↕ 20–60 cm ▼ Kalkmagerrasen, Waldränder, lichte Eichen- und Kiefernwälder

B. ei-lanzettlich, seidenhaarig, ganzrandig oder fein gezähnt; Blütenköpfe 3–6 cm breit, einzeln, endständig; Blütenkopfboden mit lanzettlichen Spreub.; randliche Blüten zungenförmig, 2–3 mm breit, gelb, innere Blüten röhrenförmig, zahlreich; randständige Frucht geflügelt 3-kantig. ▲ Verbreitet. Gebirge Mittel- und Südeuropas.

❷ Färberkamille *Anthemis tinctoria*

✻ Juni–Sept. ↕ 20–50 cm ▼ Trockenrasen, Wegränder, Felssteppen

Pfl. aufrecht oder aufsteigend; B. gefiedert, mit kammförmig gesägten Fiederb., behaart; Blütenköpfe 2–5 cm breit; Blütenkopfboden halbkugelig, mit lanzettlichen, spitzen Spreub.; Randblüten zungenförmig, 8–15 mm lang, gelb, innere Blüten röhrenförmig; Hüllb. filzig, dachziegelig; Hülle halbkugelig; früher wurden die Blüten zum Färben verwendet. ▲ Zerstreut. Europa.

❸ Dreiteiliger Zweizahn *Bidens tripartita*

✻ Juli–Okt. ↕ 15–100 cm ▼ Teichränder, Gräben, nasse Äcker, stickstoffreiche Böden

St. braunrot, mit abstehenden, weit ausladenden Ästen; B. dunkelgrün, 3–7-teilig, Abschnitte ei-lanzettlich, grob gezähnt, spitz; Zähne gerade, vorwärts gerichtet; Blütenköpfe 1–2 cm breit, ohne oder mit gelben, zungenförmigen Randblüten; Röhrenblüten bräunlich; äußere Hüllb. 5–8, b.artig, innere Hüllb. gelbbraun; Frucht auf der Fläche glatt, am Rand von rückwärts gerichteten Haaren rau. ▲ Verbreitet. Fast ganz Europa.

❹ Nickender Zweizahn *Bidens cernua*

✻ Aug.–Okt. ↕ 10–100 cm ▼ Dorfteiche, Gräben, nährstoffreiche Schlammböden

Pfl. 1-jährig; B. ungeteilt, lanzettlich, grob gezähnt, sitzend; Blütenköpfe nickend, 2–4 cm breit, oft mit zungenförmigen Randb.; äußere Hüllb. 5–8, krautig, am Rand bewimpert, viel länger als die breit-eiförmigen, braun gestreiften inneren Hüllb.; Frucht flach, 4-kantig, mit hakigen Borsten. ▲ Ziemlich selten. Fast ganz Europa, nördlich bis Südskandinavien.

❺ Schwarzfrüchtiger Zweizahn *Bidens frondosus (B. melanocarpus)*

✻ Aug.–Sept. ↕ 30–100 cm ▼ Fluss- und Teichufer

Pfl. aufrecht, verzweigt, wie die B. oft purpurviolett überlaufen; B. lang gestielt, 3-zählig oder mit 1–2 Fiederpaaren; Fiedern spitz, grob gesägt, kurz gestielt; Blütenköpfe 1–2 cm breit, gelb; Frucht schwärzlich, mit 2 langen Grannen, auf der Fläche höckerig. ▲ Zerstreut. Mitteleuropa, heimat Nordamerika. – Ähnlich ist der **Strahlende Zweizahn**, *B. radiata*, aber B. kurz gestielt, gelbgrün, 3–7-zählig gefiedert; äußere Hüllb. 10–14, b.artig. Schlammböden. ▲ Selten. Mittel- und Nordosteuropa.

❻ Strahlenlose Kamille *Matricaria discoidea (Chamomilla suaveolens)*

✻ Mai–Aug. ↕ 5–30 cm ▼ Trittrasen, stickstoffreiche Unkrautfluren

Blütenköpfe kegelförmig, kurz gestielt, grünlich gelb, 5–8 mm breit, ohne Strahlenblüten, Scheibenblüten 4-zähnig. ▲ Häufig. Europa.

❼ Huflattich *Tussilago farfara*

✻ Febr.–Apr. ↕ 5–20 cm ▼ Wege, Kiesgruben, Äcker, Ufer, Erdanrisse

Blüten vor den B. erscheinend; Blütenschaft 1-köpfig, mit rötlichen Schuppen; Blütenkopf 2–3 cm breit, gelb; Hüllb. 1-reihig; B. grundständig, rundlich-herzförmig, 10–30 cm breit, schwärzlich gezähnt, unterseits graufilzig; B.stiel oben rinnig (im Gegensatz zur Weißen Pestwurz, s. S. 102). ▲ Häufig. Europa.

3
7
1
6
5
2
4

Korbblütengewächse *(Compositae* oder *Asteraceae)*

❶ Großes Flohkraut *Pulicaria dysenterica*

✻ Juli–Aug. ↕ 30–60 cm ▼ Moorwiesen, Gräben, Nassweiden

B. eiförmig, mit herzförmigem Grund st.umfassend, oft wellig, gezähnt, unterseits graufilzig, 3–8 cm lang; Blütenköpfe 15–30 mm breit; Zungenblüten gelb, ausgebreitet, 7–8 mm lang, viel länger als die Röhrenblüten und etwa 2-mal so lang wie die grüne, drüsenhaarige Hülle. ▲ Zerstreut. Mittel- und Südeuropa.

❷ Kleines Flohkraut *Pulicaria vulgaris*

✻ Juli–Sept. ↕ 10–30 cm ▼ Schlammufer, Gräben, Teichränder, Flutrasen

St. sparrig verzweigt; obere B. mit abgerundetem Grund sitzend; Blütenköpfe 7–10 mm breit, zahlreich; Zungenblüten 2 mm lang, kaum länger als die Röhrenblüten. ▲ Selten. Mittel- und Südeuropa, nördlich bis Südskandinavien.

❸ Rauer Alant *Inula hirta*

✻ Juni–Juli ↕ 15–45 cm ▼ Lichte Eichen- und Kiefernwälder, sonnige Hecken, Trockenrasen

St. abstehend behaart; B. eiförmig, beiderseits rauhaarig, hervortretend netznervig, mit abgerundetem Grund sitzend; Blütenköpfe 2–5 cm breit, zu 1–3; Zungenblüten 15–20 mm lang, gelb. ▲ Selten. Hauptsächlich Mittel- und Osteuropa.

❹ Weiden-Alant *Inula salicina*

✻ Juni–Okt. ↕ 25–80 cm ▼ Halbtrockenrasen, Moorwiesen, Waldränder

St. kahl; B. länglich-lanzettlich, mit herzförmigem Grund st.umfassend, kahl am Rand gewimpert, netznervig; Blütenköpfe 25–35 mm breit; Hüllb. lanzettlich, am Rand bewimpert, Spitze zurückgebogen; äußere Blüten zungenförmig, innere röhrenförmig, gelb. ▲ Zerstreut. Mittel- und Osteuropa, südlich bis Oberitalien.

❺ Wiesen-Alant *Inula britannica*

✻ Juli–Sept. ↕ 20–80 cm ▼ Feuchtwiesen, Ufer; salzertragend

Pfl. oben verzweigt; B. lanzettlich, unterseits wollig-zottig, die unteren in den kurzen Stiel verschmälert, die oberen mit herzförmigem Grund sitzend; Blütenköpfe 3–5 cm breit, gelb, einzeln oder in lockeren Doldenrispen; Zungenblüten viel länger als die Röhrenblüten; Hüllb. abstehend oder zurückgekrümmt. ▲ Ziemlich selten. Südskandinavien, Mitteleuropa, südlich bis Mittelitalien.

❻ Großblütige Gämswurz *Doronicum grandiflorum*

✻ Juli–Aug. ↕ 20–60 cm ▼ Kalkschutt, Felsbänder, steinige Matten, etwa 1500–3100 m

St. reichdrüsig, unten dicht beblättert; untere B. gestielt, breit-eiförmig, am Grund gestutzt oder herzförmig, grob buchtig gezähnt; obere B. herzförmig st.umfassend; Blütenköpfe meist 1, gelb, 4–7 cm breit; Früchte 2 mm lang, 10-rippig. ▲ Verbreitet. Gebirge Mittel- und Südeuropas.

❼ Gletscher-Gämswurz *Doronicum glaciale*

✻ Juli–Sept. ↕ 10–30 cm ▼ Kalk- und Silikatschutt, Schneeböden, 1600–3000 m

Grundb. allmählich in den Stiel verschmälert, am Rand mit steifen, mehrzelligen Haaren und kurzen Drüsenhaaren; Blütenköpfe 3–5 cm breit; Hüllb. mit 1-fachen Haaren und kurzen Drüsenhaaren. ▲ Zerstreut. Alpen. – Ähnlich ist die **Clusius Gämswurz**, *D. clusii*, aber B. am Rand mit dicken, abstehenden Haare und dazwischen dünnen, gekräuselten Haare. Schneeböden, kalkarmer Felsschutt, 2000–3000 m. ▲ Zerstreut. Zentral- und Südalpen (in den Nordalpen selten), Nordspanien, Karpaten.

2
1
5
4
6
7
3

Blüten gelb, dichte Blütenstände

Korbblütengewächse *(Compositae* oder *Asteraceae)*

❶ Wasser-Greiskraut *Senecio aquaticus*

✻ Juni–Aug. ↕ 15–60 cm ▼ Nass- und Moorwiesen, Gräben, Quellen

B. fiederteilig, gelbgrün, mit nach vorne gerichteten, schmalen Abschnitten und großem Endlappen; Grundb. oft ungeteilt; Blütenköpfe 2–3 cm breit, in doldenartiger Rispe, mit 1–3-blättriger, kurzer Außenhülle; Zungenblüten 10–12 mm lang, gelb. ▲ Häufig. Fast ganz Europa.

❷ Frühlings-Greiskraut *Senecio vernalis*

✻ Mai–Nov. ↕ 15–50 cm ▼ Äcker, Brachland, Wege

St. und B. spinnwebig-wollig; B. fiederschnittig, mit eiförmigen, gezähnten B.abschnitten, obere B. sitzend, am Grund breit geöhrt; Blütenköpfe 2–3 cm breit; Außenhülle an der Spitze kahl, fast bis zur Hälfte schwarz; Strahlenblüten 8–10 mm lang, gelb; Frucht dicht weißhaarig. ▲ Zerstreut. Mittel- und Südosteuropa.

❸ Klebriges Greiskraut *Senecio viscosus*

✻ Juni–Okt. ↕ 15–50 cm ▼ Brachland, Bahngelände, Waldschläge, steinige Böden; wärmeliebend

Pfl. unangenehm riechend, drüsenhaarig, klebrig; B. fiederteilig, zerstreut spinnwebig behaart und dicht drüsenhaarig; Blütenköpfe 8–12 mm breit, mit kurzen, zurückgerollten Strahlenblüten; Außenhüllb. halb so lang wie die inneren, drüsig behaarten Hüllb. ▲ Häufig. Südskandinavien, Mittel- und Südeuropa.

❹ Gemeines Greiskraut *Senecio vulgaris*

✻ Febr.–Nov. ↕ 10–30 cm ▼ Äcker, Schutt, Waldschläge

B. fiederteilig, meist kahl, mit länglichen, gezähnten, etwas fleischigen Lappen; Blütenköpfe 10 mm lang und 4–5 mm breit; Außenhüllb. 8–12, an der Spitze schwarz, etwa ¼ so lang wie die 21 grünen, kahlen, spitzen Hüllb.; Strahlenblüten meist fehlend. ▲ Häufig. Europa.

❺ Raukenblättriges Greiskraut *Senecio erucifolius*

✻ Aug.–Okt. ↕ 30–120 cm ▼ Kalkmagerrasen, Halbtrockenrasen, trockene Moorwiesen, Raine

B. im Umriss eiförmig, tief 1–2-fach fiederteilig, mit linealischen B.zipfeln; Blütenköpfe etwa 1,5 cm breit, in doldenartiger Rispe; Hülle meist glockig, dazu noch eine 4–6-blättrige, deutlich abstehende Außenhülle, diese halb so lang wie die Hülle; randliche Blüten zungenförmig, 6–8 mm lang, gelb; Frucht 1–2 mm lang, 6–8-rippig, Pappus 6 mm lang. ▲ Häufig. Europa, nördlich bis Südskandinavien.

❻ Jakobs-Greiskraut *Senecio jacobaea*

✻ Juni–Okt. ↕ 30–100 cm ▼ Wegraine, Gebüsche, Waldränder

Pfl. ähnlich Raukenblättrigem Greiskraut, aber B. mit breiteren Abschnitten und größerem Endlappen; Außenhülle 1–3-blättrig, anliegend, ¼ so lang wie die Hülle; Blütenköpfe 15–20 mm breit. Alle Teile der Pflanze enthalten stark giftige Pyrrolizidin-Alkaloide, die auch beim Trocknen und Silieren nicht abgebaut werden. Besonders empfindlich reagieren Pferde und auch Rinder, weniger Schafe und Ziegen. ▲ Verbreitet. Fast ganz Europa.

❼ Spreizblättriges Greiskraut *Senecio erraticus*

✻ Juli–Aug. ↕ 30–100 cm ▼ Unkrautgesellschaften, feuchte Wald- und Wegränder

Pfl. ähnlich Raukenblättrigem Greiskraut, aber Außenhülle sehr kurz, 1–2-blättrig; B. dunkelgrün, ungleich geteilt, mit großem Endlappen, Seitenzipfel der B. fast senkrecht abstehend; St. mit sparrig abstehenden Zweigen. ▲ Zerstreut. Mittel- und Südeuropa.

6a
6b
5
3
1
7
2
4

Korbblütengewächse *(Compositae* oder *Asteraceae)*

❶ Fuchs-Greiskraut *Senecio ovatus (S. fuchsii)*

✻ Juli–Aug. ↕ 60–150 cm ▼ Kahlschläge, krautreiche Mischwälder, in den Alpen bis über 2000 m

B. lanzettlich, die oberen über 5-mal so lang wie breit, fein gesägt, kahl, kurz gestielt oder mit verschmälertem Grund sitzend; Blütenköpfe 2–3 cm breit, in doldenartiger Rispe; Hülle meist 8-blättrig, walzlich; Zungenblüten 5, gelb. ▲ Häufig. Hauptsächlich Mitteleuropa.

❷ Alpen-Greiskraut *Senecio alpinus (S. cordatus)*

✻ Juli–Sept. ↕ 30–100 cm ▼ Hochstaudenfluren, Lägerfluren, Grünerlengebüsch, 500–2000 m

Grundb. und St.b. herzförmig, grob gezähnt, gestielt (2a); obere St.b. eiförmig bis lanzettlich, unterseits spinnwebig-wollig, graugrün; Blütenköpfe 3–4 cm breit; Zungenblüten 13–16, wie die Scheibenblüten goldgelb. ▲ Verbreitet. Alpen, Apennin.

❸ Berg-Greiskraut *Senecio subalpinus*

✻ Juli–Sept. ↕ 30–70 cm ▼ Hochstaudenfluren, Nassweiden, Waldquellen, 600–1800 m

Pfl. ähnlich dem Alpen-Greiskraut, aber Stiel der St.b. mit fiedrigen Zipfeln; B.spreite tief gezähnt, beiderseits grün; Blütenköpfe mit 21 hellgelben Zungenblüten. ▲ Zerstreut. Bayerischer Wald, Ostalpen, Karpaten.

❹ Krainer Greiskraut *Senecio incanus* ssp. *carniolicus*

✻ Juli–Sept. ↕ 5–15 cm ▼ Saure, kalkfreie Magerrasen, Zwergstrauchheiden, Moränengrus, 1800–3600 m

St. aufrecht oder aufsteigend, mehrköpfig; B. anfangs seidenhaarig, grau, später verkahlend und grün, verkehrt-eiförmig, eingeschnitten gekerbt oder fiederlappig; Blütenköpfe 1–2 cm breit, zu 3–15, mit trichterförmiger Hülle und dottergelben Scheiben- und Röhrenblüten. ▲ Verbreitet. Ostalpen, in den Nordalpen selten, Karpaten.

❺ Edelrautenblättriges Greiskraut, Eberrauten-Greiskraut *Senecio abrotanifolius*

✻ Juli–Sept. ↕ 15–40 cm ▼ Steinrasen, Latschen- und Zwergstrauchgebüsch, Felsschutt, 1000–2700 m
Pfl. am Grund schwach verholzt; B. kahl, dunkelgrün, die unteren doppelt, die oberen 1-fach fiederschnittig, mit linealischen, 1–2 mm breiten Zipfeln; Blütenköpfe zu 2–5, 2,5–4 cm breit; Zungenblüten orangegelb, mit bräunlichen Streifen. ▲ Zerstreut. Alpen (östlich), in Bayern nur Chiemgauer und Berchtesgadener Alpen, Ostschweiz, Österreich, nördliche Balkanhalbinsel. – Die subsp. *tiroliensis* auf Silikatgestein hat orangerote Blüten (5a).

❻ Sumpf-Greiskraut *Senecio paludosus*

✻ Juli–Sept. ↕ 60–200 cm ▼ Ufer, Gräben, Großseggenbestände, Röhrichte, Erlenbrüche

St. aufrecht, hohl, gerieft, bis zur Spitze beblättert; B. lineal-lanzettlich, sitzend, gesägt, 12–16 cm lang; Blütenköpfe 3–4 cm breit, zu 12–16 in Schirmrispen; Zungenblüten 10–15 mm lang, hellgelb; Außenhüllb. 7–12, kaum halb so lang wie die Hüllb. ▲ Zerstreut bis selten. Fast ganz Europa, im Mittelmeerraum fehlend.

❼ Kopf-Greiskraut *Tephroseris capitata (Senecio capitatus)*

✻ Juli–Aug. ↕ 20–40 cm ▼ Steinige Rasen, Alpenmatten, 1800–2500 m

Pfl. grau- bis weißfilzig, dicht beblättert; Grundb. rosettig, verkehrt-eiförmig, stumpf gezähnt; St.b. länglich, sitzend; Blütenköpfe 2–3 cm breit, kurz gestielt, zu 2–10 dicht gedrängt; Zungen- und Scheibenblüten orangegelb; Hülle schmal-glockig, mit 15–20 Hüllb., diese oft rotbraun. ▲ Selten. West- und Südalpen, Pyrenäen, Apennin, Balkanhalbinsel, Karpaten.

7
6
2
2a
3
1
5a
4
5

Korbblütengewächse *(Compositae* oder *Asteraceae)*

❶ Gämswurz-Greiskraut *Senecio doronicum*

✻ Juli–Aug. ↕ 20–50 cm ▼ Kalkhaltige Steinrasen, Matten, Zwergstrauchgebüsch, etwa 1600–3100 m

St. spinnwebig-wollig; B. lederig, derb, untere ei-länglich, gestielt, grob gezähnt, obere lanzettlich, sitzend; Blütenköpfe 3–6 cm breit, gelb, zu 1–5, meist lang gestielt; Hüllb. wollig, von einer Außenhülle umgeben; Früchte 5–6 mm lang, 10–12-rippig. ▲ Verbreitet. Gebirge Mittel- und Südeuropas.

❷ Spatelblättriges Greiskraut *Tephroseris helenitis (Senecio helenitis)*

✻ Mai–Juli ↕ 20–80 cm ▼ Feuchtwiesen, Moore

Pfl. spinnwebig behaart; Rosettenb. eiförmig bis spatelig, gekerbt gesägt, in den geflügelten B.stiel verschmälert; St.b. sitzend, B. vor allem unterseits dicht wollig-filzig; Blütenköpfe 2–3 cm breit, zu 3–12 in doldenartigen Blütenständen (2a); Zungenblüten 12–14, gelb; Hüllb. 8–12 mm lang, spinnwebig-wollig. ▲ Zerstreut. Hauptsächlich Mitteleuropa.

❸ Arnika, Bergwohlverleih *Arnica montana*

✻ Juni–Juli ↕ 20–50 cm ▼ Silikatmagerrasen, Moorwiesen, in den Alpen bis etwa 2500 m

Pfl. mit grundständiger, meist 4-blättriger Rosette; St.b. gegenständig, eiförmig, spitz; Blütenköpfe 1 (selten bis 5), 5–8 cm breit; randliche Blüten zungenförmig, 2–3 cm lang und 4–6 mm breit. ▲ Zerstreut. Hauptsächlich Gebirge Mitteleuropas, nördlich bis Südschweden, südlich bis Nordspanien, Pyrenäen.

❹ Gewöhnliches Bitterkraut *Picris hieracioides*

✻ Juli–Okt. ↕ 30–80 cm ▼ Wege, Dämme, Steinbrüche, Halbtrockenrasen; wärmeliebend

Pfl. sparrig verzweigt; St. reich beblättert; B. länglich-lanzettlich, buchtig gezähnt oder ganzrandig, die oberen halb st.umfassend sitzend; B. und St. steifborstig behaart; Blütenköpfe gelb, in lockerer, doldenartiger Rispe; Hüllb. der Blütenköpfe dachziegelartig angeordnet, die äußeren abstehend, mit steifborstigem Mittelstreifen; Früchte 3–5 mm lang, kurz geschnäbelt, querrunzelig und mit Längsrippen; Pappushaare gefiedert. (Formenreich) ▲ Verbreitet. Mittel- und Südeuropa, Südskandinavien.

❺ Natternkopf-Bitterkraut, Wurmlattich *Picris echioides*

✻ Juli–Sept. ↕ 30–60 cm ▼ Äcker, Gärten, Schutt; wärmeliebend

Pfl. 1-jährig, steifborstig behaart; untere B. verkehrt-eiförmig, in den schmal geflügelten Stiel verschmälert, die oberen B. herzförmig st.umfassend sitzend; äußere Hüllb. 3–5, vergrößert, herz-eiförmig, 4–7 mm breit, eine Außenhülle bildend; Frucht lang geschnäbelt, 6–9 mm lang, ohne Längsrippen; Arzneipfl. ▲ Selten. Südeuropa, in Mitteleuropa eingeschleppt.

❻ Filzige Schafgarbe *Achillea tomentosa*

✻ Mai–Juli ↕ 5–20 cm ▼ Trockenrasen, Felsensteppen, lichte Föhrenwälder

Pfl. dicht zottig, mit ausgebreiteten, nichtblühenden und mit aufrechten, unverzweigten, blühenden St.; B. im Umriss lanzettlich, bis zum Mittelnerv mehrfach fiederschnittig, fein zerteilt, dicht wollig behaart; Blütenköpfe winzig, in dichten Doldenrispen; Zungenblüten 4–6, goldgelb; Hüllb. stumpf, hellbraun berandet, weißwollig. ▲ Zerstreut bis verbreitet. Alpen (vor allem Wallis, Aostatal, Vintschgau), Pyrenäen, Südeuropa.

1
2
2a
6
3
4
5

Korbblütengewächse *(Compositae* oder *Asteraceae)*

❶ Mauerlattich *Lactuca muralis (Mycelis muralis)*

✻ Juli–Aug. ↕ 40–80 cm ▼ Krautreiche Laub- und Nadelwälder, Kahlschläge, schattige Mauern

St. hohl, oben rispig verzweigt; B. tief fiederteilig, mit eckigen Seitenfiedern und großen Endlappen, dunkelgrün, oft rot überlaufen; Blütenköpfe 5-blütig, in lockeren Rispen; Blüten blassgelb. ▲ Verbreitet. Fast ganz Europa.

❷ Gemeiner Löwenzahn, Wiesen-Löwenzahn *Taraxacum officinale*

✻ Apr.–Juli ↕ 10–40 cm ▼ Fettwiesen und -weiden, Wege, Äcker, Schutt

Pfl. mit langer Pfahlwurzel; B. rosettenständig, länglich, stark gelappt, fiederspaltig oder gezähnt, grasgrün; St. 1-köpfig, hohl, b.los; äußere Hüllb. der 3–6 cm breiten Blütenköpfe zurückgeschlagen, linealisch; Blüten gelb; Frucht lang geschnäbelt. ▲ Häufig. Europa.

❸ Herbst-Löwenzahn *Leontodon autumnalis*

✻ Juli–Sept. ↕ 10–40 cm ▼ Fettwiesen und -weiden, Parkrasen, Wegränder

St. verzweigt, mehrköpfig, unter den Köpfen verdickt, oberwärts mit vielen Schuppenb.; grundständige B. tief fiederteilig, mit schmal-lanzettlichen Abschnitten, kahl; Köpfe vor dem Aufblühen aufrecht; Hülle kahl bis dicht behaart; Blüten gelb; Früchte mit gelblich weißem Pappus. ▲ Verbreitet. Europa.

❹ Rauer Löwenzahn *Leontodon hispidus*

✻ Juni–Okt. ↕ 10–40 cm ▼ Fettwiesen und -weiden, Moor- und Nasswiesen, Steinschutt der Hochgebirge

St. 1-köpfig, unter dem Kopf oft verdickt, mit 0–2 Schuppenb.; grundständige B. buchtig gezähnt, kahl oder mit Gabelhaaren; Blütenköpfe 2–4 cm breit, vor dem Aufblühen nickend, nur mit Zungenblüten, gelb; Hülle borstig oder kahl; alle Früchte mit schmutzig weißem oder bräunlichem Pappus und gefiederten Pappushaaren. (Sehr formenreich) ▲ Verbreitet. Fast ganz Europa.

❺ Grauer Löwenzahn *Leontodon incanus*

✻ Mai–Juni ↕ 15–45 cm ▼ Halbtrockenrasen, trockene, lichte Föhrenwälder, Kalkfelsfluren, Ebene bis über 2000 m

Pfl. graufilzig; St. unverzweigt, b.los, 1-köpfig; B. länglich-lanzettlich oder entfernt klein gezähnt, dicht mit Sternhaaren besetzt; Hülle 13–17 mm lang; Blüten goldgelb, doppelt so lang wie die Hülle. ▲ Zerstreut. Süddeutsche Mittelgebirge, Alpen, Mähren, Karpaten, Illyrisches Gebirge.

❻ Kohldistel *Cirsium oleraceum*

✻ Juli–Sept. ↕ 50–150 cm ▼ Nasswiesen, Auenwälder, Bachufer, Staudenfluren, in den Alpen bis 2000 m

Pfl. weichdornig; St. entfernt beblättert; B. weich, kaum stechend, hellgrün, untere fiederteilig, obere ungeteilt, eiförmig, st.umfassend; Blütenköpfe zu mehreren gehäuft, von bleichen, breit-eiförmigen Hochb. umgeben; Blüten gelblich weiß; Hüllb. nicht klebrig. ▲ Verbreitet. Südskandinavien, Mitteleuropa, südlich bis Westalpen, Nordapennin, Bulgarien.

❼ Klebrige Kratzdistel *Cirsium erisithales*

✻ Juli–Sept. ↕ 50–150 cm ▼ Krautreiche Wälder, Waldränder, in den Alpen bis 2000 m

St. oben drüsig-flaumig, im oberen Drittel b.los; B. lanzettlich, tief fiederspaltig, mit lanzettlichen, feinborstlich gezähnten Lappen; untere B. gestielt, obere mit herzförmigem Grund st.umfassend (7a); Blütenköpfe gelblich weiß bis zitronengelb, meist einzeln, an der Spitze des St. überhängend (7b); Hüllb. dicht drüsig, klebrig, ganzrandig. ▲ Zerstreut bis selten. Hauptsächlich Gebirge Mitteleuropas, in Deutschland fehlend.

1
2
3
4
5
6
7a
7b

Korbblütengewächse *(Compositae* oder *Asteraceae)*

❶ Wiesen-Bocksbart *Tragopogon pratensis*

✻ Mai–Juli ↕ 30–70 cm ▼ Fettwiesen, Wegränder, Halbtrockenrasen

B. schmal-lanzettlich, lang zugespitzt, ganzrandig; Stiele unter den Blütenköpfen nicht oder kaum verdickt; Hüllb. meist 8, 2–3 cm lang, über dem Grund eingeschnürt; Blütenköpfe 3–5 cm breit, nur mit Zungenblüten, gelb; Frucht geschnäbelt, Pappushaare federig, ineinander verwebt. (Formenreich, mit mehreren Kleinarten) ▲ Verbreitet. Fast ganz Europa.

❷ Großer Bocksbart *Tragopogon dubius*

✻ Mai–Juli ↕ 20–60 cm ▼ Sonnige Unkrautgesellschaften, Trockenrasen

Pfl. meist unverzweigt, am Grund mit B.resten vorjähriger B.; B. schmal-lanzettlich, lang zugespitzt, ganzrandig; Stiel der Blütenköpfe oberwärts keulig verdickt, hohl; Blütenkopf 4–6 cm breit, hellgelb; Hüllb. über dem Grund nicht eingeschnürt; Frucht (mit Schnabel) 20–35 mm lang, 5-kantig. ▲ Selten. Mittel- und Südeuropa.

❸ Niedrige Schwarzwurzel *Scorzonera humilis*

✻ Mai–Juni ↕ 10–40 cm ▼ Kalkfreie Moorwiesen, Magerrasen, Heiden, Föhrenwälder

St. und Hülle wollig; B. lanzettlich, ganzrandig; St.b. fehlend oder schuppenförmig; St. unverzweigt, 1-köpfig; Blüten hellgelb, 2-mal so lang wie die Hülle; äußere Hüllb. halb so lang wie die inneren; Früchte 5–7 mm lang, braun behaart. ▲ Ziemlich selten. Südskandinavien, Mitteleuropa, im Süden nur in den Gebirgen.

❹ Österreichische Schwarzwurzel *Scorzonera austriaca*

✻ Apr.–Mai ↕ 5–30 cm ▼ Felssteppen, trockene Kiefernwälder, kalkhaltige Böden in warmen Lagen

Pfl. am Grund mit braunen Fasern vorjähriger B.; St. 1-köpfig; B. grundständig, lineal-lanzettlich, bläulich grün, kahl oder wollig-flaumig; Köpfe nur mit Zungenblüten, 3–4 cm lang, gelb (vgl. auch Niedrige Schwarzwurzel). ▲ Selten. Süddeutschland, Südeuropa, Trockentäler der Alpen (Rhône, Wallis, Aosta, Vintschgau).

❺ Gewöhnliches Ferkelkraut *Hypochaeris radicata*

✻ Mai–Aug. ↕ 20–60 cm ▼ Magerrasen, Trockenrasen, magere Weiden

Pfl. mit grundständiger B.rosette; B. tief gezähnt, kahl oder rauhaarig; St. blaugrün, 1-fach oder verzweigt, b.los oder mit schuppenförmigen B.; St. unter dem Blütenkopf wenig verdickt; Blütenköpfe 2–4 cm breit, gelb; Blütenboden mit Spreub.; Früchte lang geschnäbelt; Pappus gelblich weiß, 2-reihig, innere Pappushaare gefiedert, ineinander verwebt. ▲ Fast ganz Europa.

❻ Geflecktes Ferkelkraut *Hypochaeris maculata*

✻ Mai–Juli ↕ 30–70 cm ▼ Magerrasen, Halbtrockenrasen, Föhrenwälder

St. steifhaarig, mit 1–2 lanzettlichen St.b., unter dem Blütenkopf nur wenig verdickt; grundständige B. länglich, verkehrt-eiförmig, entfernt buchtig gezähnt oder fast ganzrandig, dunkelgrün, meist braunschwarz gefleckt, in großer, flacher Rosette; Blütenköpfe blassgelb, 4–5 cm breit, zu 1–3; Hüllb. schwärzlich grün, wollhaarig; Pappus 1-reihig, mit federigen Borsten. ▲ Zerstreut bis selten. Fast ganz Europa (östlich).

❼ Einköpfiges Ferkelkraut, Alpen-Ferkelkraut *Hypochoeris uniflora*

✻ Juli–Sept. ↕ 20–50 cm ▼ Magerrasen, Zwergstrauchheiden; kalkmeidend; 1000–2600 m

Pfl. steifhaarig; St. 1-köpfig, unter dem Blütenkopf auffallend verdickt (7a); B. (7b) meist rosettenständig, lanzettlich, meist gezähnt, nie gefleckt; Blütenköpfe einzeln, gelb, 4–7 cm breit; Hüllb. schwärzlich kraushaarig; äußere Hüllb. am Rand gefranst. ▲ Zerstreut. Allgäu, vorwiegend Zentral- und Südalpen, Sudeten, Karpaten.

1
2
3
4
5
6
7a
7b

Korbblütengewächse *(Compositae* oder *Asteraceae)*

❶ Rainkohl *Lapsana communis*

✻ Juni–Sept. ↕ 30–100 cm ▼ Äcker, Wegränder, Schutt

B. 3-eckig eiförmig, buchtig gezähnt, die unteren jederseits noch am geflügelten B.stiel mit 1–2 lanzettlichen Fiederabschnitten; Blütenköpfe hellgelb, 1–2 cm breit, mit 8–15 Einzelblüten; Hüllb. 2-reihig, die inneren viel länger als die äußeren; Früchte 3–5 mm lang, mit 20 Längsrippen, Pappus fehlend. ▲ Häufig. Fast ganz Europa.

❷ Acker-Gänsedistel *Sonchus arvensis*

✻ Juli–Okt. ↕ 50–150 cm ▼ Äcker, Ufer, Gräben, Dünen

St. 1-fach, erst an der Spitze doldig verzweigt, unten kahl, oben gelbdrüsig; B. kahl, lanzettlich, buchtig gezähnt oder fiederteilig; St.b. am Grund mit abgerundeten, angedrückten Öhrchen; Blütenköpfe 4–5 cm breit, gelb, in Schirmrispen; Hülle und Kopfstiele meist gelbdrüsig. ▲ Verbreitet. Europa.

❸ Raue Gänsedistel *Sonchus asper*

✻ Juni–Okt. ↕ 30–80 cm ▼ Äcker, Gärten, Schutt

St. ästig; B. derb, dunkelgrün, glänzend, oft ungeteilt, stachelig gezähnt, am Grund mit abgerundeten, anliegenden Öhrchen; Blütenköpfe sattgelb, in lockeren Rispen; Hülle fast kahl; Frucht mit 3 Längsrippen, zwischen den Rippen glatt. ▲ Verbreitet. Europa.

❹ Sumpf-Gänsedistel *Sonchus palustris*

✻ Juli–Sept. ↕ 120–300 cm ▼ Flussufer, Gräben, Feuchtwiesen

St. meist 1-fach, nicht verzweigt, hohl; St.b. (4b) lineal-lanzettlich, tief fiederspaltig bis ungeteilt, blaugrün, am Grund mit großen, zugespitzten, abstehenden Ohren sitzend; Blütenköpfe (4a) hellgelb, in dichter Rispe; Hülle und Köpfchenstiele mit anfangs gelben, später schwärzlichen Drüsenhaaren. ▲ Zerstreut bis selten. Mitteleuropa, vor allem an großen Stromtälern und Ostseeküste.

❺ Kohl-Gänsedistel *Sonchus oleraceus*

✻ Juni–Okt. ↕ 30–90 cm ▼ Unkrautfluren, Wegränder, Schutt

B. blaugrün, dünn, weich, borstlich gezähnt, fiederspaltig, mit 3-eckiger, großer Endfieder; untere B. gestielt, obere und mittlere B. mit herzförmigem Grund und abstehenden, meist zugespitzten Öhrchen sitzend; Blütenköpfe 2–2,5 cm breit; Hülle kahl oder anfangs flockig behaart; Früchte 3 mm lang, jederseits mit 3 Längsrippen, zwischen den Rippen querrunzelig. ▲ Verbreitet. Fast ganz Europa, ursprünglich Südeuropa.

❻ Stinkender Hainsalat *Aposeris foetida*

✻ Juni–Aug. ↕ 5–25 cm ▼ Bergmischwälder, besonders mit Buchen, Eichen-Hainbuchenwälder, in den Alpen bis über 2000 m

Pfl. stinkend; St. 1-fach, 1-köpfig, b.los; B. in grundständiger Rosette, fiederteilig, löwenzahnartig; Hüllb. 2-reihig; Blütenkopf 2–3 cm breit, nur mit Zungenblüten, gelb. ▲ Verbreitet. Alpen und Vorland, Gebirge Mittel- und Südeuropas.

❼ Sumpf-Pippau *Crepis paludosa*

✻ Juni–Aug. ↕ 40–80 cm ▼ Nasswiesen, Flachmoore, Auenwälder

Pfl. oben locker verzweigt; grundständige B. schmal-eiförmig bis lanzettlich, unregelmäßig buchtig gezähnt; St.b. herz- oder pfeilförmig st.umfassend, unterseits bläulich; Blütenköpfe gelb; Hülle drüsenhaarig; Früchte 5 mm lang, 10-rippig, nach oben wenig verschmälert; Pappus gelblich weiß, brüchig. ▲ Verbreitet. Fast ganz Europa.

3
5
7
1
4a
2
6
4b

Korbblütengewächse *(Compositae* oder *Asteraceae)*

❶ Golddistel *Carlina vulgaris*

✻ Juli–Sept. ↕ 15–40 cm ▼ Sonnige Magerrasen, Weg- und Waldränder, lichte Eichen- und Kiefernwälder

St. mehrköpfig; B. länglich-lanzettlich, buchtig dornig gezähnt, wellig; Blütenköpfe 2–3 cm breit; innere Hüllb. strohgelb. ▲ Verbreitet. Europa.

❷ Löwenzahn-Pippau, Blasen-Pippau *Crepis vesicaria (C. taraxacifolia, C. polymorpha)*

✻ Mai–Juni ↕ 20–50 cm ▼ Wege, Mauern, Böschungen, meist kalkhaltige Böden

St. beblättert, vielköpfig; B. buchtig gezähnt bis fiederspaltig, die unteren in den geflügelten Stiel verschmälert; Blütenköpfe aufrecht, in sparrigen, doldigen Blütenständen; Krone gelb, die randlichen Kronb. außen rötlich; Hülle kahl oder spärlich borstig, 8–12 mm lang; äußere Hüllb. breit-hautrandig; Frucht 10-rippig, allmählich in einen langen Schnabel verschmälert, insgesamt 6–8 mm lang. ▲ Zerstreut. Mittel- und Südeuropa (westlich).

❸ Dach-Pippau, Mauer-Pippau *Crepis tectorum*

✻ Mai–Juli ↕ 10–60 cm ▼ Brachland, Mauern, Wege, sommerwarme, trockene, steinige Böden

Pfl. 1-jährig, graugrün, mit weißlicher, dünner Pfahlwurzel; B. schmal-lanzettlich, ganzrandig oder entfernt fiederspaltig; St.b. mit pfeilförmigem Grund sitzend, obere B. am Rand umgerollt; Hülle der Blütenköpfe glockig, behaart; Blütenkopfboden kurz behaart; Krone gelb, 11–13 mm lang; Frucht 3–4 mm lang, 10-rippig, nach oben verschmälert, aber sonst ungeschnäbelt; Pappushaare weiß, weich, biegsam, ungefiedert. ▲ Zerstreut. Fast ganz Europa.

❹ Zweijähriger Pippau, Wiesen-Pippau *Crepis biennis*

✻ Mai–Juni ↕ 30–100 cm ▼ Fettwiesen, Wegränder

Pfl. 2-jährig; St. verzweigt, vielköpfig; B. länglich, buchtig gezähnt bis fiederteilig, untere in den Stiel verschmälert, obere sitzend oder st.umfassend; Blütenköpfe 20–35 mm breit, gelb; Hülle glockig, behaart, oft mit gelben oder schwarzen Drüsenhaaren; Früchte ungeschnäbelt, 4–6 mm lang, oben verschmälert, Pappus weiß. ▲ Verbreitet. Fast ganz Europa.

❺ Berg-Pippau *Crepis pontana (C. bocconi)*

✻ Juni–Aug. ↕ 20–60 cm ▼ Steinige Matten, Hochstaudenfluren; kalkliebend; 1200–2500 m

Pfl. flaumig behaart, mit aufrechtem, unterem Blütenkopf und deutlich verdicktem St.; St.b. länglich-elliptisch, entfernt gezähnt, mit abgerundetem Grund st.umfassend; Blütenkopf 4–6 cm breit, goldgelb; Hüllb. braungrün, zottig, mit Sternhaaren. ▲ Zerstreut. Alpen.

❻ Rhätischer Pippau, Mähnen-Pippau *Crepis rhaetica*

✻ Juli–Aug. ↕ 5–12 cm ▼ Felsschutt, Gesteinsfluren, auf Kalk und Schiefer, 1900–3000 m

St. 1-köpfig, dicht zottig, unter dem Blütenkopf verdickt; B. unterteilt, ganzrandig oder geschweift gezähnt; Blütenkopf 1–2 cm breit, goldgelb; Hülle dicht zottig; Hüllb. mit gelbgrünen, geschlängelten Haaren, ohne Sternhaare. ▲ Selten. Südliche Zentralalpen von Savoyen bis Tirol und Südtirol.

1
2
3
4
5
6

Korbblütengewächse *(Compositae* oder *Asteraceae)*

❶ Zwerg-Pippau *Crepis pygmaea*

✻ Juni–Aug. ↕ 5–15 cm ▼ Kalkfelsschutt, 1600–3000 m

Pflanze niederliegend bis bogig aufsteigend; Stängel meist verzweigt, bis oben beblättert; B. fiederspaltig, mit großem, eiförmigem Endabschnitt, unterseits oft violett überlaufen; B.stiel geflügelt, oft gezähnt oder mit 2–4 kleinen Lappen; Blüten gelb; Hülle 10–15 mm lang, graufilzig; Hüllb. in 2 Reihen, die äußeren kaum halb so lang wie die inneren. ▲ Selten. Südwest- und Südalpen, spanische Gebirge, Pyrenäen.

❷ Felsen-Pippau *Crepis jacquinii*

✻ Juli–Aug. ↕ 5–30 cm ▼ Kalk- und Dolomitfels, Felsschutt, Flussschotter, 800–3000 m

Stängel beblättert, mit 2–5 1-köpfigen Ästen; Stängelb. fiederteilig, mit langen, schmal-lanzettlichen Abschnitten; unterste B. lanzettlich, ganzrandig bis entfernt gezähnt; Blütenköpfe 2–3 cm breit, hellgelb; Hüllb. 2-reihig, mit abstehend schwarzen Haaren oder weißfilzig, mit wenigen schwarzen Haaren. (Formenreiche Art) ▲ Zerstreut bis selten. Ostalpen, Karpaten, Illyrisches Gebirge.

❸ Triglav-Pippau *Crepis tergluensis*

✻ Juli–Sept. ↕ 5–10 cm ▼ Kalk- und Dolomitfels, Felsschutt, 1800–2800 m

Stängel beblättert, aufrecht, unverzweigt, 1-köpfig, unten kahl, oben schwarzzottig, unter dem Blütenkopf verdickt; B. glänzend grün, buchtig-fiederspaltig, mit 3-eckigen Abschnitten; Blütenkopf 3–5 cm breit, gelb, mit dicht schwarzzottig behaarter Hülle. ▲ Zerstreut. Ostalpen.

❹ Schabenkraut-Pippau, Pyrenäen-Pippau *Crepis pyrenaica (C. blattarioides)*

✻ Juni–Aug. ↕ 30–70 cm ▼ Hochstaudenfluren, Bergwiesen, Grünerlengebüsch, vorwiegend auf Kalk, 800–2000 m

Stängel bis oben reich beblättert, oben verzweigt, mit 1-köpfigen Ästen; Stängelb.(4a) eiförmig-lanzettlich, gezähnt, mit pfeil- oder spießförmigem Grund stängelumfassend; Blütenkopf 3–4 cm breit, goldgelb; Hülle 12–18 mm lang, drüsenlos, aber mit schmutzig weißen bis dunklen langen Haaren und hellen Sternhaaren. ▲ Verbreitet. Alpen, Vogesen, Schwarzwald, spanische Gebirge, Pyrenäen, Karpaten, Balkanhalbinsel.

❺ Großköpfiger Pippau *Crepis conyzifolia (C. grandiflora)*

✻ Juli–Sept. ↕ 20–60 cm ▼ Bodensaure Magerweiden, Bergwiesen, Silikatmagerrasen, 600–2200 m

Pflanze drüsig weichhaarig; Stängel locker beblättert, mit 2–5 1-köpfigen Ästen; untere B. eiförmig-lanzettlich, gesägt; Stängelb. (5a) mit pfeilförmigem Grund sitzend; Stängel (5b) unter den Blütenköpfen verdickt, flaumig-zottig; Blüten goldgelb; Hülle 16–20 mm lang, drüsenhaarig; äußere Hüllb. viel kürzer als die inneren. ▲ Zerstreut. Alpen (in Deutschland im Allgäu und zwischen Ammer und Tegernsee), Riesengebirge, Pyrenäen, Apennin, Karpaten, Balkanhalbinsel.

5b
4
5a
5
4a
2
3
1

Korbblütengewächse *(Compositae* oder *Asteraceae)*

❶ Kronenlattich *Willemetia stipitata (Calycocorsus stipitatus)*

✻ Juni–Aug. ↕ 15–40 cm ▼ Flach- und Quellmoore, Bachufer

St. unten kahl, oben abstehend schwarzhaarig, mit 1–2 kleinen B.; Rosettenb. kahl, schwach bläulich grün, eiförmig, buchtig gezähnt bis ganzrandig; Blütenköpfe zu 1–5, gelb; Hüllb. 2-reihig; Früchte geschnäbelt, mit 6–7 mm langem Pappus. ▲ Zerstreut. Gebirge Mittel- und Südeuropas, Alpen und Vorland, Bayerischer Wald.

❷ Wald-Habichtskraut *Hieracium murorum (H. sylvaticum)*

✻ Mai–Aug. ↕ 20–60 cm ▼ Laub- und Nadelwälder, schattige Felsen und Mauern

St. b.los oder mit 1–2 kleinen B.; Grundb. eiförmig, mit herzförmigem Grund, meist lang gestielt, grob gezähnt, weich, dunkelgrün; Blütenköpfe zu 2–15, in Doldenrispen; Kopfstiele und Hüllb. meist drüsig. (Sehr formenreiche Art mit mehreren Kleinarten) ▲ Häufig. Europa.

❸ Zottiges Habichtskraut *Hieracium villosum*

✻ Juli–Aug. ↕ 10–30 cm ▼ Steinrasen, kalkreiche Wiesen, Felsbänder, etwa 1200–2800 m

Pfl. langzottig weißhaarig; Rosettenb. länglich-lanzettlich, ganzrandig blaugrün; St.b. 1–4; äußere Hüllb. elliptisch bis lanzettlich, abstehend, rauhaarig, b.artig, grün, innere linealisch, lang zugespitzt, meist dunkel; St. meist 2–4-köpfig. ▲ Verbreitet. Gebirge Mittel- und Südeuropas (östlich). – Ähnlich ist das **Wollköpfige Habichtskraut**, *H. pilosum*, aber Hüllb. gleich gestaltet, anliegend; St. meist 1–2-köpfig. Steinige Rasen, Felsschutt, auf Kalk. ▲ Zerstreut. Alpen.

❹ Endivien-Habichtskraut, Weißliches Habichtskraut *Hieracium intybacium*

✻ Juli–Sept. ↕ 10–30 cm ▼ Silikatfelsspalten, kalkarmer Feinschutt, Zwergstrauchheiden, 1500–3000 m

B. und St. mit klebrigen, langen Drüsenhaaren; B. gelbgrün, schmal-lanzettlich, unregelmäßig grob gezähnt; St. gefurcht, 1-fach oder gabelästig; Blütenköpfe blassgelb, nur mit Zungenblüten; Hüllschuppen drüsig. ▲ Verbreitet. Alpen, Vogesen.

❺ Hasenlattich-Habichtskraut *Hieracium prenanthoides*

✻ Juli–Sept. ↕ 50–100 cm ▼ Latschengebüsche, Hochstaudenfluren, steinige Wiesen, 1200–2200 m

Pfl. am Grund ohne B.rosette; St. reich beblättert; untere B. länglich-lanzettlich, mittlere St.b. (5a) geigenförmig, mit breitem, st.umfassendem Grund, unterseits netzaderig; Blütenköpfe in lockerrispigem, oft sparrigem Blütenstand; Zungenblüte gelb, an der Spitze gewimpert; Hüllb. reichdrüsig, stumpf, dachziegelig. (Formenreiche Art) ▲ Zerstreut. Alpen, Vogesen, Pyrenäen, Zentralmassiv, Apennin, Tatra, Karpaten, Kaukasus.

❻ Lauchblättriges Habichtskraut *Hieracium porrifolium*

✻ Juli–Sept. ↕ 30–50 cm ▼ Felsfluren, Kalkmagerrasen, Geröll, von den Tallagen bis 2400 m

Pfl. kahl, blaugrün; St. gabelig verzweigt; B. schmal-lineal, blaugrün, 2–4 mm breit, 3–7 cm lang, fast ganzrandig (6a); Hülle 9–11 mm lang, Hüllb. dachziegelig, allmählich in den Köpfchenstiel übergehend. ▲ Zerstreut. Südliche und südöstliche Kalkalpen, Südfuß der Südalpen, Österreich (östlich), Südtirol.

6a
6
5
5a
2
4
1
3

Korbblütengewächse *(Compositae* oder *Asteraceae)*

❶ Doldiges Habichtskraut *Hieracium cymosum*

✻ Mai–Juli ↕ 30–60 cm ▼ Halbtrockenrasen, kalkhaltige, trockene, steinige Böden

Pflanze ohne Ausläufer; Stängel 1–3-blättrig, 10–50-köpfig, mit kurzen, rauen Haaren; grundständige B. lanzettlich, in den Grund allmählich verschmälert, beiderseits sternhaarig; Hülle mehrreihig, 5–10 mm lang; Blüten goldgelb bis braunrot; Früchte 1,5–2,5 mm lang. ▲ Selten. Mittel- und Osteuropa.

❷ Gemeines Habichtskraut *Hieracium lachenalii*

✻ Juni–Aug. ↕ 30–100 cm ▼ Lichte, bodensaure Laub- und Nadelwälder, Heiden, Magerrasen, Felsbänder

Pflanze zur Blütezeit mit grundständiger B.rosette; Stängel 3–8-blättrig; B. grün, meist ungefleckt, eiförmi bis ei-lanzettlich, grob gezähnt bis eingeschnitten, allmählich in den Stiel verschmälert; Stängelb. nach oben kleiner werdend; Kopfstiele und Hülle sternhaarig und schwarzdrüsig; Hüllb. nicht dachziegelig. (Formenreiche Art mit mehreren Kleinarten) ▲ Verbreitet. Europa.

❸ Stängelumfassendes Habichtskraut *Hieracium amplexicaule*

✻ Juni–Aug. ↕ 10–50 cm ▼ Steinige Hänge, Bergwiesen, Felsfluren

Pflanze klebrig-drüsig; Stängel gabelig verzweigt, meist mit 3–6 Stängelb.; Grundb. rosettig, ei-länglich, in den oft geflügelten Stiel verschmälert, mit groben Zähnen, dunkelgrün; Stängel mit herzförmigem Grund stängelumfassend sitzend; Blütenköpfe zu 2–12; Hülle 10–16 mm lang, drüsenhaarig; Zungenblüten vorne bewimpert. ▲ Verbreitet. Gebirge Mittel- und Südeuropas.

❹ Savoyer Habichtskraut *Hieracium sabaudum*

✻ Aug.–Okt. ↕ 50–150 cm ▼ Lichte, bodensaure Laubwälder, Waldränder, Wegböschungen, Steinbrüche

Pflanze zur Blütezeit ohne grundständige B.rosette; Stängel gleichmäßig beblättert oder untere B. gedräng sitzend; B. ei-lanzettlich, grob gesägt, unterseits blaugrün, obere B. halb stängelumfassend sitzend (4b); Blütenköpfe in lockeren Rispen, gelb; Hüllb. regelmäßig dachziegelig, stumpf, dunkel. ▲ Verbreitet. Hauptsächlich Mitteleuropa.

❺ Kleines Habichtskraut, Mausohr *Hieracium pilosella*

✻ Mai–Okt. ↕ 5–25 cm ▼ Magerrasen, Heiden, lichte Föhrenwälder

Pflanze mit oberirdischen, entfernt und klein beblätterten Ausläufern; Stängel b.los oder mit nur 1–2 schuppigen B., 1-köpfig; grundständige B. schmal-eiförmig, ganzrandig, unterseits graufilzig; Hüllb. 1–2 mm breit, linealisch, graufilzig; nur mit Zungenblüten, diese hellgelb, außen oft rot gestreift; Früchte 1–2,5 mm lang, mit weißem Pappus. ▲ Verbreitet. Fast ganz Europa.

5
1
4
4b
3
2

Blüten rot, Blütenblätter 4 oder weniger

Mohngewächse *(Papaveraceae)*

❶ Klatsch-Mohn *Papaver rhoeas*

✻ Mai–Juli ↕ 20–80 cm ▼ Getreidefelder, Schutt, Wege

Pflanze mit Milchsaft; B. fiederteilig, mit gezähnten Abschnitten, behaart; Blüten einzeln endständig; Kronb. 2–4 cm lang, rot, am Grund oft mit schwarzem Fleck; Staubfäden dunkelviolett; Narbenstrahlen 8–12; Kapsel breit-eiförmig. Giftig! ▲ Häufig. Europa.

❷ Saat-Mohn *Papaver dubium*

✻ Mai–Juli ↕ 30–60 cm ▼ Getreidefelder, Schutt, Wege

Pflanze ähnlich dem Klatsch-Mohn, aber B. 2-fach fiederteilig; Narbenstrahlen 5–8; Kapsel keulenförmig, am Grund verschmälert, kahl; Staubfäden linealisch, nicht verdickt; Staubbeutel bläulich. Giftig! ▲ Zerstreut. Fast ganz Europa.

❸ Sand-Mohn *Papaver argemone*

✻ Apr.–Juni ↕ 15–30 cm ▼ Kalkarme Getreidefelder, Sandböden; wärmeliebend

Pflanze ähnlich dem Klatsch-Mohn, aber B. bis fast auf den Mittelnerv 2-fach fiederteilig; Staubfäden oben keulig verdickt; Fruchtkapsel länglich-keulenförmig, borstig, mit 4–5 Narbenstrahlen. ▲ Selten. Mittel- und Südeuropa. – Ähnlich ist der **Bastard-Mohn**, *P. hybridum*, aber Fruchtkapsel kugelig bis eiförmig, dicht mit gelben, steifen Borsten besetzt; Narbenstrahlen 5–9; Kronb. 1–2 cm lang, rot, mit violettem Grund. Getreideäcker, Schutt. ▲ Selten. Fast ganz Europa, außer Nordeuropa.

❹ Rosenwurz *Rhodiola rosea (Sedum roseum)*

✻ Juni–Aug. ↕ 10–35 cm ▼ Silikatfelsspalten, steinige, kalkarme Rasengesellschaften

Grundachsen mit rosenartigem Duft; Stängel aufrecht, dickfleischig, mit wechselständigen, flachen, lanzettlichen, bläulich grünen, vorne gezähnten B.; Blüten in dichten Trugdolden; ♂ und ♀ Blüten auf verschiedenen Pflanzen, ♂ Blüten mit 8 Staubb. und 4 gelblichen oder rötlichen Kronb., ♀ Blüten mit verkümmerten Kronb. ▲ Selten. Schwarzwald, Vogesen, Alpen, Pyrenäen, Apennin, Gebirge der Balkanhalbinsel, Nordeuropa.

Rötegewächse *(Rubiaceae)*

❺ Felsen-Meister *Asperula neilreichii*

✻ Juni–Sept. ↕ 5–15 cm ▼ Kalkschutt, Felsspalten, 1600–2400 m

Pflanze dichtrasig, horstig; untere Stängelb. zur Blütezeit erhalten; B. verkehrt-eiförmig, zurückgekrümmt; Kronröhre 1,5–2,5 mm lang, 1–1,5 mm länger als die Kronzipfel; Krone rosa, außen glatt. ▲ Zerstreut. Ammergauer Alpen, Chiemgau, nordöstliche Kalkalpen.

3
4
5
1
2

Kreuzblütengewächse *(Cruciferae* oder *Brassicaceae)*

❶ Zwiebeltragende Zahnwurz *Cardamine bulbifera (Dentaria bulbifera)*

✻ Mai–Juni ↕ 10–50 cm ▼ Buchenwälder

Grundb. und untere Stängelb. mit 5–7 ei-lanzettlichen, gesägten Fiederb., obere Stängelb. ungeteilt; B.achseln mit kleinen Brutknöllchen; Krone hellviolett, rosa oder weiß. ▲ Selten. Hauptsächlich Gebirge Mitteleuropas, nördlich bis Südskandinavien, südlich bis Griechenland.

❷ Wiesen-Schaumkraut *Cardamine pratensis*

✻ Apr.–Juni ↕ 10–40 cm ▼ Fett- und Nasswiesen, Flachmoore, Ufer, Auenwälder

Stängel hohl, rund; B. unpaarig gefiedert; Grundb. mit rundlich-eiförmigen und Stängelb. mit linealischen Fiederb.; Kelchb. 4, 3–5 mm lang; Kronb. 4, 8–14 mm lang, weiß, rosa oder blasslila; Staubbeutel gelb; Schoten 2–4 cm lang. ▲ Verbreitet. Fast ganz Europa.

❸ Meersenf *Cakile maritima*

✻ Juli–Okt. ↕ 15–60 cm ▼ Spülsäume an Küsten und Sanddünen

B. fleischig, blaugrün, fiederteilig; Blüten duftend; Kronb. 6–14 mm lang, 2-mal so lang wie der Kelch, violett, rosa oder weißlich; Schote 10–25 mm lang, 2-gliedrig, das obere Glied viel länger. ▲ Verbreitet. Europa.

❹ Steinschmückel *Petrocallis pyrenaica*

✻ Juni–Juli ↕ 2–8 cm ▼ Kalkreicher Felsschutt, Felsbänder, Pionierrasen, 1700–3400 m

Lockerrasige Polsterpflanze; B. klein, rosettig gehäuft, vorne 3–5-lappig, gewimpert; Blüten in gedrungenen Dolden; Kronb. 4, rosa oder violett, 4–5 mm lang, doppelt so lang wie die rot gerandeten Kelchb.; Schötchen elliptisch, kahl. ▲ Verbreitet. Alpen, Pyrenäen, Karpaten.

❺ Steintäschel *Aethionema saxatile*

✻ Apr.–Juni ↕ 5–20 cm ▼ Steinschutt, Flussgeröll, Felsen

Pflanze aufsteigend bis aufrecht; B. eiförmig bis lanzettlich, 1–2 cm lang, bläulich bereift, ganzrandig; Kronb. fleischrot oder weiß, 2–4 mm lang; Kelchb. hautrandig; Schötchen linsenförmig, abgeflacht, breit geflügelt, auf bogig abstehenden Stielen. ▲ Ziemlich selten. Alpen (bis 1900 m) und Vorland, Südeuropa.

❻ Rundblättriges Täschelkraut *Thlaspi rotundifolium*

✻ Juli–Sept. ↕ 5–15 cm ▼ Kalkschutt, etwa 1300–3300 m

Pflanze rasenbildend, mit tiefer Pfahlwurzel; Stängel im Geröll kriechend; B. bläulich grün, etwas fleischig, eiförmig, die unteren gestielt, die oberen am Grund breit geöhrt und stängelumfassend; Blüten hellviolett, in Doldentrauben; Kronb. 6–8 mm lang; Schötchen elliptisch, 4–8 mm lang. ▲ Verbreitet. Alpen.

6
5
4
3
1
2

Nachtkerzengewächse *(Onagraceae* oder *Oenotheraceae)*

❶ Kies-Weidenröschen *Epilobium fleischeri*

✻ Juli–Sept. ↕ 10–50 cm ▼ Offene Kies- und Schotterfluren, Flusskies, Moränen, Täler bis 2600 m

Pflanze mehrstängelig, buschig, mit bogig aufsteigenden Stängeln; B. wechselständig, schmal-lanzettlich, bis 4 cm lang und 4–5 mm breit, kahl, am Rand drüsig gezähnt; Blütentraube mit 5–10, lang gestielten, großen Blüten; Kronb. 4, hellpurpurn; Kelchb. purpurrot; Griffel bis zur Mitte zottig, walzig, kaum so lang wie die kürzeren Staubb.; Narbe 4-teilig; Fruchtkapsel bis 5 cm lang. ▲ Zerstreut. Alpen, hauptsächlich in den Zentralalpen, im Norden selten (in Bayern nur im Allgäu).

❷ Rosmarin-Weidenröschen *Epilobium dodonei*

✻ Juni–Aug. ↕ 30–90 cm ▼ Flussschotter, Kiesgruben, Sandböden

Stängel (2a) aufrecht; Griffel nur am Grund zottig, fädlich, fast so lang wie die längeren Staubb.; Narbe 4-teilig; B. meist ganzrandig; Kronb. (2b) rosa oder violettrot, bis 15 mm lang; Pionierpflanze. ▲ Zerstreut. Alpen und Vorland, Oberrheinische Tiefebene, Sudetenländer, Österreich, Karpaten.

❸ Quirlblättriges Weidenröschen *Epilobium alpestre*

✻ Juli–Aug. ↕ 30–90 cm ▼ Subalpine Hochstaudenfluren, Lägerfluren, Grünerlengebüsch, in den Alpen bis etwa 2000 m

Stängel aufrecht, mit 2 erhabenen Längslinien; B. zu 3–4 im Quirl, eiförmig-lanzettlich, am Grund abgerundet, glänzend, kahl; Narbe keulig, ungeteilt; Kronb. rosa bis violettrot; Frucht fein-flaumig drüsenhaarig. ▲ Verbreitet. Hauptsächlich Gebirge und Mittelgebirge, fast ganz Europa.

❹ Mierenblättriges Weidenröschen *Epilobium alsinifolium*

✻ Juli–Aug. ↕ 10–25 cm ▼ Quellfluren, nasse, nährstoffreiche Hochstaudenfluren, bis 2400 m

Pflanze mit unterirdischen Ausläufern; Stängel mit 2–4 erhabenen Längslinien, 2–5-blütig; B. glänzend, etwas fleischig, entfernt gezähnt, zugespitzt, dunkelgrün, glänzend, 2–4 cm lang; Kronb. 7–10 mm lang, rosa, ausgerandet; Narbe keulig. ▲ In den Alpen verbreitet, sonst zerstreut bis selten. Nordeuropa, Gebirge Mittel- und Südeuropas.

❺ Alpen-Weidenröschen *Epilobium anagallidifolium*

✻ Juli–Aug. ↕ 8–15 cm ▼ Quellfluren, überrieselte, nasse Felsen und Felsschutt, in den Alpen bis 2800 m

Pflanze rasenbildend, mit oberirdischen Ausläufern; Stängel mit 2 oder 3 behaarten Längslinien, sonst kahl; B. kurz gestielt, eiförmig, ganzrandig, stumpf; Blüten klein, rosarot. ▲ Zerstreut bis selten. Nordeuropa, Gebirge Mittel- und Südeuropas.

❻ Vierkantiges Weidenröschen *Epilobium adnatum*

✻ Juli–Aug. ↕ 30–100 cm ▼ Gräben, Ufer, nasse Staudenfluren

Stängel 2- oder 4-kantig, ± kahl; B. gegenständig, länglich-lanzettlich, hellgrün, dicht gezähnt; Kronb. 5–7 mm lang, rot; Narbe keulig (nicht 4-spaltig). ▲ Zerstreut. Mittel- und Südeuropa, nördlich bis Südschweden, in den Alpen selten.

1
3
5
2b
2a
4
6

Nachtkerzengewächse *(Onagraceae* oder *Oenotheraceae)*

❶ Schmalblättriges Weidenröschen *Epilobium angustifolium*

✻ Juli–Aug. ↕ 50–150 cm ▼ Waldschläge, Waldwege, Gebüsche

Stängel stumpfkantig; B. wechselständig, schmal-lanzettlich, 8–12 cm lang und 1–2 cm breit, kahl, unterseits blaugrün, mit hervortretenden Seitennerven; Blüten 2–3 cm breit, rosa; Kronb. kurz gestielt; Narbe 4-spaltig. ▲ Verbreitet. Fast ganz Europa.

❷ Berg-Weidenröschen *Epilobium montanum*

✻ Juni–Sept. ↕ 10–80 cm ▼ Laub- und Nadelmischwälder, Hecken, Schläge

Stängel 1-fach oder oben wenigästig, oben mit abstehenden Drüsenhaaren; B. eiförmig, dicht gezähnt, fast sitzend, 4–7 cm lang, 15–35 mm breit, grasgrün; Blüten 8–12 mm lang; Narbe 4-spaltig; Kelch und Frucht abstehend drüsenhaarig. ▲ Verbreitet. Europa.

❸ Rauhaariges Weidenröschen *Epilobium hirsutum*

✻ Juni–Sept. ↕ 60–120 cm ▼ Gräben, Quellen, Ufer, nasse Staudenfluren

Stängel ästig, abstehend behaart; B. 6–12 cm lang, scharf gezähnt, halb stängelumfassend, weichhaarig; Krone 15–22 mm breit, rotviolett; Narbe 4-spaltig. ▲ Verbreitet. Fast ganz Europa.

❹ Kleinblütiges Weidenröschen *Epilobium parviflorum*

✻ Juni–Sept. ↕ 30–80 cm ▼ Bachufer, Gräben, gestörte Röhrichte

Stängel rund, dicht abstehend behaart, kaum verzweigt; B. (4b) entfernt und schwach gezähnt, sitzend, graugrün, behaart, 3–7 cm lang, nicht herablaufend; Blütenstand drüsenhaarig; Krone (4a) 6–9 mm breit, blassrosa; Narben 4-spaltig. ▲ Verbreitet bis zerstreut. Europa.

❺ Sumpf-Weidenröschen *Epilobium palustre*

✻ Juli–Sept. ↕ 10–60 cm ▼ Gräben, Flachmoorwiesen, gestörte Röhrichte; kalkmeidend

Stängel stielrund (5a), manchmal mit 2 Haarleisten, oben flaumig behaart; B. lineal-lanzettlich, entfernt gesägt bis fast ganzrandig, am Rand umgerollt, mit keiligem Grund sitzend, behaart; Kronb. 4–7 mm lang, hellrosa bis hellviolett; Narbe keulig, ungeteilt (5b). ▲ Verbreitet bis zerstreut. Europa.

4b
4a
3
1
2
5b
5a

Wegerichgewächse *(Plantaginaceae* incl. *Callitrichaceae, Hippuridaceae, Veronicaceae, Globulariaceae)*

❶ Quendel-Ehrenpreis *Veronica serpyllifolia*

✻ Apr.–Sept. ↕ 5–25 cm ▼ Wiesen, Wege, Lägerfluren der Alpen

B. kahl, eiförmig-rundlich, kurz gestielt, ganzrandig oder gekerbt; Blüten einzeln in den B.achseln der oberen B.; Krone 5–6 mm breit, weißlich, blau geadert. ▲ Häufig. Europa.

❷ Nesselblättriger Ehrenpreis *Veronica urticifolia (V. latifolia)*

✻ Juni–Aug. ↕ 20–60 cm ▼ Schlucht- und krautreiche Bergwälder, Hochstaudenfluren

Pflanze aufrecht; Stängel ringsum gleichmäßig behaart; B. breit-lanzettlich, spitz, scharf gesägt, untere B. kurz gestielt, obere sitzend; Blüten in vielblütigen, langen Trauben; Blütenstiele 6–8 mm lang; Kelch 4-blättrig; Krone 6–8 mm breit, lila oder rötlich, dunkler geadert; Fruchtkapsel rundlich. ▲ Zerstreut. Gebirge Mittel- und Südeuropas.

❸ Strauchiger Ehrenpreis *Veronica fruticulosa*

✻ Juli–Aug. ↕ 10–20 cm ▼ Schuttfluren, steinige Matten, Felsen; kalkliebend; 600–2700 m

Pflanze am Grund schwach verholzt; B. kurz gestielt, lineal-lanzettlich, schwach gekerbt, anliegend behaart; Blüten in lockerer, armblütiger, drüsig-flaumiger Traube; Krone hellrot, mit dunkleren Adern; Fruchtkapsel breit-eiförmig, seicht ausgerandet, drüsig behaart. ▲ Zerstreut bis selten. Alpen (in den Nordostalpen fehlend, hauptsächlich West- und Südalpen), Vogesen, Schweizer Jura, Pyrenäen.

❹ Schild-Ehrenpreis *Veronica scutellata*

✻ Juni–Sept. ↕ 10–45 cm ▼ Kalkarme Flach- und Quellmoore, Ufer, Gräben

Pflanze niederliegend bis aufsteigend, kahl; Stängel schlaff; B. schmal-lanzettlich, 3–5 cm lang und 2–5 mm breit, ganzrandig oder undeutlich gesägt; Blütentraube wechselständig, lockerblütig; Krone weißlich, rosa oder blasslila, 5–6 mm breit; Fruchtkapsel flach, 2–4 mm lang und 4–6 mm breit, tief ausgerandet. ▲ Zerstreut bis selten. Europa.

Heidekrautgewächse *(Ericaceae* incl. *Monotropaceae, Pyrolaceae* und *Empetraceae)*

❺ Gemeine Moosbeere *Oxycoccus palustris (Vaccinium oxycoccus)*

✻ Juni–Aug. ↕ 10–80 cm ▼ Hochmoorbulte, zwischen Torfmoosen

Pflanze mit fadenförmigen, kriechenden Zweigen; B. immergrün, eiförmig, 4–8 mm lang, in der Mitte oder im unteren Drittel am breitesten; Blütenstiele rot, fein behaart; Krone rosa, Kronzipfel zurückgeschlagen; Staubfäden außen kahl; Beere rot, 8–10 mm breit. ▲ Ziemlich selten. Nord- und Mitteleuropa.

5
1
3
4
2

Narzissengewächse *(Amaryllidacea* incl. *Alliaceae)*

❶ Kugeliger Lauch *Allium rotundum*

✳ Juni–Aug. ↕ 30–60 cm ▼ Lückige Halbtrockenrasen, Weinberge, Wegböschungen

B. flach, schmal-linealisch, am Rand glatt, dunkelgrün; Blüten in reichblütiger Scheindolde, mit zerschlitzter, häutiger, 1-blättriger Doldenhülle; Blüten (1a) purpurn; innere Staubfäden mit 2 langen, fädlichen Zähnen (1b); Blütenstand ohne Zwiebeln. ▲ Ziemlich selten. Südeuropa, nördlich bis Süd- und Mitteldeutschland.

❷ Weinberg-Lauch *Allium vineale*

✳ Juni–Aug. ↕ 30–60 cm ▼ Weinberge, Wegränder

B. fast stielrund, kahl, oberseits rinnig, 2–3 mm breit, bläulich grün; Blütendolde kugelig, dicht, mit einem spitzen, bald abfallenden Hüllb., wenigblütig, oft nur mit Brutzwiebeln; Blütenb. 4–5 mm lang, rot, selten grünlich; Staubb. fast 2-mal so lang wie die Blütenb., innere Staubb. verbreitert; beiderseits mit je 1 langen, spitzen Zahn. ▲ Verbreitet. Südskandinavien, Mittel- und Südeuropa.

❸ Kugelköpfiger Lauch *Allium sphaerocephalum*

✳ Juni–Juli ↕ 30–60 cm ▼ Felsfluren, Trockenrasen

St. rund, bis zur Mitte beblättert; B. halb stielrund, gerieft, kürzer als der St.; Blütenstand purpurrot, 2–4 cm breit, mit 1–2 häutigen Hüllb.; Staubb. aus den Blüten herausragend, beiderseits mit einem langen, pfriemlichen Zahn (3a). ▲ Verstreut bis selten. Mittel- und Südeuropa.

❹ Gekielter Lauch *Allium carinatum*

✳ Juni–Aug. ↕ 30–60 cm ▼ Magerrasen, Moorwiesen, Halbtrockenrasen

B. flach, 2–4 mm breit, schwach rinnig; Blütendolde mit grünlichen, sitzenden Brutzwiebeln; Blüten 5–7 mm lang, lilapurpurn; Staubb. viel länger als die Blütenb.; Staubfäden nach unten verbreitert, ohne seitliche Zähne; Blütenstiele 4–6 -mal so lang wie die Blüten. ▲ Selten. Europa.

❺ Duft-Lauch *Allium suaveolens*

✳ Juli–Aug. ↕ 20–50 cm ▼ Sumpfwiesen, Flachmoore

St. stielrund; B. linealisch, 3-kantig (5a); Blütenstand halbkugelig bis kugelig, mit 2 häutigen Hüllb.; Blüten hellrosa, lila oder purpurn; Staubb. ohne Zähne, länger als die Blütenb. ▲ Zerstreut. Mittel- und Südeuropa.

❻ Berg-Lauch *Allium senescens* ssp. *montanum (A. lusitanicum, A. montanum)*

✳ Juli–Aug. ↕ 15–40 cm ▼ Trockenrasen, Felsspalten, von den Tallagen bis 2500 m

St. 4-kantig (6a), oben 2-schneidig; B. grundständig, grasartig, flach, nicht gekielt, 3–6 mm breit (6b); Blütenstand halkugelig, ohne Brutzwiebeln; Staubb. länger als die lilapurpurnen Blütenb. ▲ Zerstreut bis selten. Mittel-und Südeuropa.

❼ Garten-Schnittlauch *Allium schoenoprasum*

✳ Juni–Aug. ↕ 10–40 cm ▼ Sand- und Kiesböden, Flussufer

B. röhrenförmig, hohl; Blütenstand dicht, kugelig, rosa; St. 1–2 mm dick, am Grund oder im unteren Drittel beblättert; Blütenstiele so lang wie die lanzettlichen bis eiförmigen, 7–10 mm langen Blütenb. Als Gewürzpflanze kultiviert, gelegentlich verwildert. ▲ Zerstreut. Fast ganz Europa. – Sehr ähnlich ist der **Alpen-Schnittlauch**, ssp. *alpinum (sibiricum)* (s. S. 300).

1
1a
1b
2
3
3a
4
5
5a
6a
6b
7

Blüten rot, Blütenblätter 5 oder mehr

Narzissengewächse *(Amaryllidacea* incl. *Alliaceae)*

❶ Narzissenblütiger Lauch *Allium narcissiflorum*

✱ Juli–Aug. ↕ 20–50 cm ▼ Kalkschutt, Felsspalten, 1500–2500 m

Stängel rund, oben zusammengedrückt, 2-kantig, mit 3–8, linealischen, flachen B.; Blütenstand 3–10-blütig, anfangs nickend, später aufrecht; Blüten glockig, rosa; Staubb. halb so lang wie die Blütenb. ▲ Selten. Südwestalpen. – Ähnlich ist der **Südalpen-Lauch** *(Allium insubricum)*, St. 3-kantig, 20–30 cm; B. grundständig, grasartig, 4–5 mm breit. Blütenstand 4–6-blütig, nickend, mit weißlicher, häutiger Hülle; Blüten glockig, 2 cm lang, purpurrosa. Kalk- und Dolomitenfelsen. ▲ Ziemlich selten: Endemit der Südalpen.

Liliengewächse *(Liliaceae)*

❷ Schachbrettblume *Fritillaria meleagris*

✱ Apr.–Mai ↕ 15–30 cm ▼ Flachmoorwiesen, nasse, häufig überschwemmte, sumpfige Auenwiesen

Pflanze mit fast kugeliger Zwiebel; B. wechselständig, meist 4–5, linealisch, rinnig, graugrün, am ganzen Stängel verteilt; Blüten meist einzeln, seltener zu 2–3, bauchig-glockig, überhängend, 3–4 cm lang und etwa 2 cm breit, purpurbraun, schachbrettartig gemustert; Blütenb. stumpf, an der Spitze umgebogen, am Grund mit Nektardrüse; Narbe 3-lappig; Zierpflanze und gelegentlich verwildert. Giftig! ▲ Selten. Südskandinavien, Mittel- und Südeuropa.

❸ Hunds-Zahnlilie *Erythronium dens-canis*

✱ März–Mai ↕ 10–25 cm ▼ Waldränder, Gebüsche, Gebirgswiesen

Stängel mit 2 eiförmigen bis ei-lanzettlichen, gegenständigen, 6–10 cm langen, braungrün, dunkelgrün bis graugrün gescheckten B. und 1 (selten 2) nickenden Blüten, Blütenb. 6, frei, zurückgebogen, 3 cm lang, rosa bis rotviolett. ▲ Zerstreut. Gebirge Südeuropas, Südalpen, Kaukasus.

❹ Türkenbund-Lilie *Lilium martagon*

✱ Juni–Juli ↕ 40–100 cm ▼ Bergmischwälder, Buchenwälder, Hochstaudenfluren, Bergwiesen in den Alpen bis etwa 2500 m

B. länglich-spatelig, in der Mitte des Stängels fast quirlständig, sonst wechselständig; Blüten hängend; Blütenb. 6, frei, zurückgerollt, fleischrot bis purpurrot, mit dunklen Flecken, 3–6 cm lang. ▲ Zerstreut bis selten. Gebirge Mittel- und Südeuropas.

❺ Krainer Lilie *Lilium carniolicum*

✱ Juni–Juli ↕ 30–80 cm ▼ Wiesen, Hochstaudenfluren, Felsschutt, von den Tallagen bis 2300 m

Pflanze ähnlich der Türkenbund-Lilie, aber Blüte zinnoberrot bis feuerrot, am Grund mit dunklen Punkten; alle B. wechselständig. ▲ Zerstreut bis selten. Südostalpen (Karawanken, Dobratsch, Julische Alpen, Friaul), Kroatien, Bosnien.

5
2
1
4
3

Blüten rot, Blütenblätter 5 oder mehr

Liliengewächse *(Liliaceae)*

❶ Feuer-Lilie *Lilium bulbiferum*

✻ Juni–Juli ↕ 50–100 cm ▼ Waldwiesen, Waldränder, Gebüsche, Bergwiesen, in Tallagen bis 2400 m

B. lineal-lanzettlich, wechselständig, bis 10 cm lang; in den Achseln der oberen Stängelb. oft mit Brutzwiebeln; Blüten aufrecht, orange, mit schwarzen Flecken, einzeln oder zu 2–5; Blütenb. nicht zurückgebogen; häufig kultiviert, gelegentlich verwildert. Geschützt! ▲ Zerstreut bis selten. Mittel- und Südeuropa. Ursprüngliche Verbreitung unklar, wohl Gebirge Mittel- und Südeuropas (östlich).

Schwanenblumengewächse *(Butomaceae)*

❷ Schwanenblume *Butomus umbellatus*

✻ Juni–Aug. ↕ 50–150 cm ▼ Ufer, Gräben, Röhrichte, stehende und langsam fließende, nährstoffreiche Gewässer

B. grundständig, linealisch, 3-kantig, am Grund scheidig, 1 cm breit, bis 100 cm lang, aus dem Wasser ragend; Blütenschaft b.los, stielrund, länger als die B.; Blütenstand doldenartig; Blütenb. 6, rötlich weiß, dunkler geadert. ▲ Ziemlich selten. Fast ganz Europa.

Herbstzeitlosengewächse *(Colchicaceae)*

❸ Gewöhnliche Herbstzeitlose *Colchicum autumnale*

✻ Aug.–Nov. ↕ 5–30 cm ▼ Feuchte Wiesen, Auenwälder

Pflanze mit Knolle; zur Blütezeit im Herbst b.los; B. breit-lanzettlich, grundständig, etwas fleischig, 12–20 cm lang und 2–5 cm breit, im Frühjahr zusammen mit der Fruchtkapsel erscheinend; Blütenb. 6, lila, unten zu einer bis 20 cm langen Röhre verwachsen, freier Teil der Blütenb. 4–6 cm lang. Sehr giftig! ▲ Verbreitet. Hauptsächlich Mitteleuropa.

Hahnenfußgewächse *(Ranunculaceae)*

❹ Sommer-Adonisröschen, Blutströpfchen *Adonis aestivalis*

✻ Juni–Aug. ↕ 25–50 cm ▼ Lehmige, kalkreiche Getreidefelder

Grundb. und untere Stängelb. gestielt, obere sitzend, mehrfach fiederteilig, mit etwa 1 mm breiten Zipfeln; Blüten einzeln, endständig, 1–3 cm breit; Kelchb. 5, grün, kahl, der Krone anliegend; Kronb. 5–8, rot oder blassgelb, am Grund oft schwarz; Staubb. dunkelviolett; Früchtchen dicht stehend, mit reingrünem Schnabel, zur Reife eine verlängerte Walze bildend. Giftig! ▲ Zerstreut. Mittel- und Südeuropa (östlich).

2
3
4
1

Nelkengewächse *(Caryophyllaceae)*

❶ Rote Schuppenmiere *Spergularia rubra*

✱ Mai–Sept. ↕ 5–25 cm ▼ Ufer, feuchte Äcker; kalkmeidend

Pflanze niederliegend bis aufsteigend, oben drüsig; B. gegenständig, stachelspitzig; Nebenb. silberweiß glänzend; Blüten 5-zählig, 6–8 mm breit, rosa; Staubb. 10; Samen runzelig, fein-warzig. ▲ Verbreitet. Fast ganz Europa.

❷ Flügel-Schuppenmiere *Spergularia media (S. maritima)*

✱ Juli–Sept. ↕ 5–30 cm ▼ Salzhaltiger Schlick und Sand der Küsten Europas

B. fleischig, linealisch, 10–15 mm lang; Blüten 8–12 mm breit; Kronb. blassrosa, allmählich zum Grund hin weiß; Staubb. 10; Samen mit breitem Flügelrand. ▲ Zerstreut, im Binnenland selten.

❸ Salz-Schuppenmiere *Spergularia salina*

✱ Mai–Sept. ↕ 5–20 cm ▼ Küsten Europas

Pflanze ähnlich der Flügel-Schuppenmiere, aber Blüten 6–8 mm breit; Kronb. tiefrosa, am Grund plötzlich weiß; Staubb. 2–5. ▲ Verbreitet, im Binnenland selten.

❹ Mauer-Gipskraut *Gypsophila muralis*

✱ Juni–Okt. ↕ 5–20 cm ▼ Ackerrinnen, Brachland, Ufer, nasse Wege; kalkmeidend

Pflanze 1-jährig; Stängel aufrecht, von Grund an ästig; B. linealisch, blaugrün, 5–20 cm lang; Kelchb. röhrig verwachsen, mit weißhäutigen Streifen zwischen den Nerven; Kronb. rosa, mit dunkleren Nerven, ausgerandet, 3–5 mm lang. ▲ Zerstreut. Fast ganz Europa.

❺ Echtes Seifenkraut *Saponaria officinalis*

✱ Juni–Sept. ↕ 30–80 cm ▼ Unkrautfluren, Flussufer, Hecken

Stängel aufrecht, fein-flaumig; B. elliptisch, 3-nervig, 5–10 cm lang; Blüten endständig, büschelig gehäuft; Kelch röhrig, kahl, grün oder rötlich, 2 cm lang; Kronb. rosa bis weiß, schwach ausgerandet, mit 2 Schlundschuppen. ▲ Ziemlich häufig. Fast ganz Europa.

❻ Rotes Seifenkraut, Kleines Seifenkraut *Saponaria ocymoides*

✱ Mai–Juni ↕ 10–30 cm ▼ Kalkschutt, lichte Kiefernwälder

Stängel liegend oder aufsteigend, kurz drüsenhaarig; B. spatelig, 1–3 cm lang; Blüten kurz gestielt, am Ende der Zweige in Büscheln; Kelch dicht drüsenhaarig; Kronb. 12–18 mm lang, lebhaft rot. ▲ Zerstreut bis selten. Gebirge Mittel- und Südeuropas (westlich).

❼ Zwerg-Seifenkraut *Saponaria pumilio*

✱ Juli–Sept. ↕ 5–10 cm ▼ Kalkarme und saure, lückige Rasen, Zwergstrauchbestände, 1600–2600 m

Dichte Polsterpflanze mit kurzen, 1-blütigen Stängeln; B. linealisch, zur Spitze hin verbreitert, stumpf; Blüten 20–25 mm breit, fast sitzend, Kelch aufgeblasen, dicht kurz-zottig behaart, oft rötlich überlaufen; Kronb. breit-eiförmig, kräftig rosarot, schwach ausgerandet, mit 2-spitziger Nebenkrone. ▲ Zerstreut bis selten. Zentrale Ostalpen (Hohe Tauern, Defereggengebirge), Dolomiten, Sarntaler Alpen, Südostkarpaten.

1
4
2
3
6
5
7

Nelkengewächse *(Caryophyllaceae)*

❶ Kornrade *Agrostemma githago*

✱ Juni–Juli ↕ 30–100 cm ▼ Getreideäcker

Pflanze zottig graufilzig; B. gegenständig, linealisch; Kelchb. 5, glockig verwachsen, mit langen Kelchzipfeln; Krone purpurn, 3–5 cm breit, von den freien Kelchzipfeln weit überragt. Samen giftig! ▲ Früher verbreitet, heute durch Saatgutreinigung selten. Fast ganz Europa.

❷ Karthäuser-Nelke *Dianthus carthusianorum*

✱ Juni–Sept. ↕ 15–40 cm ▼ Kalkmagerrasen, sonnige Waldränder

Pflanze kahl; B. schmal-lanzettlich, 2–4 mm breit; B.scheiden etwa 4-mal so lang wie die B.breite; Blüten zu 4–10, 20–25 mm breit, umgeben von lang begrannten B.; Kelchschuppen kahl, trockenhäutig, kürzer als der Kelch; Kronb. dunkelpurpurn, vorne gezähnt. ▲ Ziemlich häufig. Hauptsächlich Mitteleuropa.

❸ Heide-Nelke *Dianthus deltoides*

✱ Juni–Sept. ↕ 10–30 cm ▼ Silikatmagerrasen

Pflanze kurzflaumig behaart; Stängel 1–3-blütig; Krone rot, mit weißen Punkten und dunklem Ring; am Grund der Blüten 2 ovale, kurz begrannte Kelchschuppen; B. schmal-spatelig, stumpf. ▲ Zerstreut. Nord- und Mitteleuropa.

❹ Stein-Nelke *Dianthus sylvestris*

✱ Juni–Juli ↕ 10–40 cm ▼ Steinige Hänge

Pflanze ähnlich der Heide-Nelke, kahl, in lockeren Rasen; B. dunkelgrün, rinnig, 1–2 mm breit; Stängel meist 1-blütig; Kelchschuppen 2, oval, plötzlich in eine kurze Spitze zusammengezogen; Kronb. 8–15 mm lang, rosa, am Grund nicht behaart, vorne gezähnt. ▲ Selten. Gebirge Mittel- und Südeuropas.

❺ Büschel-Nelke, Raue Nelke *Dianthus armeria*

✱ Juni–Juli ↕ 15–40 cm ▼ Trockenrasen, Wege, Besenginstergebüsch

Pflanze 1–2-jährig, oben kurz behaart, rau; B. schmal-lanzettlich; Blüten bis 1 cm breit, zu 2–20 gebüschelt; Kelchschuppen behaart, grün, fast so lang wie der Kelch; Kronb. schmutzig rot, vorne gezähnt. ▲ Ziemlich selten. Mittel- und Südeuropa.

❻ Pracht-Nelke *Dianthus superbus*

✱ Juni–Okt. ↕ 30–60 cm ▼ Moorwiesen, Eichenwälder

Pflanze kahl; B. schmal-lanzettlich, grasgrün, 3–5 mm breit; Blütenstand locker; Kelchschuppen oval, plötzlich zugespitzt, $^{1}/_{4}$–$^{1}/_{3}$ so lang wie der Kelch; Kronb. 15–35 mm lang, bis über die Mitte unregelmäßig zerschlitzt, purpurn. ▲ Zerstreut bis selten. Fast ganz Europa.

❼ Bart-Nelke *Dianthus barbatus*

✱ Juni–Sept. ↕ 30–60 cm ▼ Lichte Wälder, Gebüsche, subalpine Rasen, in den Alpen bis 2600 m

Stängel und B. kahl; B. länglich-lanzettlich, 3–12 cm lang, 0,5–2 cm breit, sitzend; Blüten in büscheligen, 5–20-blütigen Blütenständen, mit krautigen, lanzettlichen, abstehenden oder zurückgeschlagenen Hochb.; Krone dunkel- bis hellrot, oft weiß punktiert; Außenkelch und Kelchzähne grannenartig zugespitzt, oft als Gartenpflanze kultiviert und verwildert. ▲ Zerstreut bis selten. Ursprünglich Ost- und Südostalpen und Vorland, Apennin, Südkarpaten, in Deutschland und der Schweiz verwildert.

5
3
1
2
7
6
4

Blüten rot, Blütenblätter 5 oder mehr

Nelkengewächse *(Caryophyllaceae)*

❶ Alpen-Nelke *Dianthus alpinus*

✻ Juni–Aug. ↕ 2–20 cm ▼ Steinige Matten, etwa 1000–2500 m

Pfl. mit mehreren grundständigen B.rosetten; St. mit 2–5 B.paaren; B. linealisch, 1-nervig, am Rand rau; Blüten einzeln; Kelchschuppen halb so lang wie die gestreifte Kelchröhre; Krone unregelmäßig gezähnt, purpurn, am Grund weiß gesprenkelt. ▲ Zerstreut. Ostalpen.

❷ Alpen-Federnelke, Dolomiten-Nelke *Dianthus monspessulanus* ssp. *sternbergii*

✻ Juli–Aug. ↕ 10–20 cm ▼ Kalkreicher Felsschutt, steinige Matten, Felsspalten, 1000–2500 m

St. meist 1-blütig, mit steifen, fast waagrecht abstehenden, linealischen, zugespitzten B.; Kelchschuppen 4, halb so lang wie der Kelch, in eine grüne Granne auslaufend; Krone rosa bis hellpurpurn, bis zur Hälfte unregelmäßig fein zerschlitzt. ▲ Zerstreut. Südostalpen.

❸ Gabelige Nelke *Dianthus furcatus*

✻ Juni–Aug. ↕ 10–25 cm ▼ Felsschutt, lückige Rasen, 1000–2200 m

Pfl. rasenbildend, mit grundständiger B.rosette; St. nahe dem Grund verzweigt, 1–3-blütig; St.b. weich, schmal-lanzettlich, 1–3 mm breit; Kelch 15 mm lang; Kelchzähne lanzettlich, zugespitzt; Außenkelch ½-mal so lang wie der Kelch; Kronb. unregelmäßig gezähnt, purpurrot oder rosarot, am Grund dunkler. ▲ Zerstreut. Südwestalpen.

❹ Gletscher-Nelke *Dianthus glacialis*

✻ Juli–Sept. ↕ 4–8 cm ▼ Steinige Rasen, Felsgrus, auf Silikatböden, 1800–3000 m

Pfl. dichtrasig; B. linealisch, stumpf, etwas fleischig, die Blüten oft überragend; Blüten einzeln, purpurrosa, 15 mm breit; Kelchschuppen ei-lanzettlich, mit grüner Spitze, fast so lang wie der Kelch. ▲ Zerstreut bis selten. Zentralalpen, Karpaten.

❺ Übersehene Nelke *Dianthus neglectus*

✻ Juli–Aug. ↕ 5–15 cm ▼ Felsspalten, Geröll, auf Urgestein (Glimmerschiefer, Serpentin), 1200–3000 m

Dichtrasige Polsterpfl. mit zahlreichen nichtblühenden B.rosetten; B. linealisch, 10–35 mm lang, 1–2,5 mm breit, steif, spitz, blaugrün; Blüten meist einzeln, selten zu 2–3; Kronb. 10–15 mm lang, vorne gezähnt, purpurrot, unterseits grünlich gelb; Kelch 12–16 mm lang; Kelchschuppen fast so lang wie die purpurviolette Kelchröhre. ▲ Zerstreut bis selten. West- und Südalpen, Ostpyrenäen.

❻ Felsennelke *Petrorhagia saxifraga (Tunica saxifraga)*

✻ Juni–Sept. ↕ 10–25 cm ▼ Trockenrasen, Felshänge

B. pfriemlich, 1 cm lang; Blüten einzeln in lockeren, rispenartigen Blütenständen; Kelch 4–6 mm lang, von 4 trockenhäutigen Schuppen eingehüllt; Kronb. helllila bis rosa, mit 3 dunkleren Adern. ▲ Selten. Süddeutschland, Täler der Zentral- und Südalpen, Südeuropa.

❼ Sprossendes Nelkenköpfchen *Petrorhagia prolifera (Tunica prolifera)*

✻ Juni–Okt. ↕ 15–45 cm ▼ Magerrasen, kalkarme Böden, Mauern, Steinbrüche

St. aufrecht, kahl; B. linealisch, 2–4 cm lang, am Grund verwachsen, obere B. fast schuppenförmig; Blüten in wenigblütigen Köpfen, umgeben von einer trockenhäutigen Hochb.hülle; Kronb. rosa, 10–14 mm lang. ▲ Zerstreut bis selten. Mittel- und Südeuropa.

1
2
3
5
6
7
4

Nelkengewächse *(Caryophyllaceae)*

❶ Stängelloses Leimkraut *Silene acaulis*

✱ Juni–Aug. ↕ 1–3 cm ▼ Steinige, meist kalkhaltige Böden, Schutthänge, etwa 1500–3600 m

Polsterpflanze, dicht dachziegelig beblättert; B. lineal-pfriemlich, 1-nervig, 5–12 mm lang; Blüten einzeln; Kronb. dunkel- bis blassrot, ausgerandet, 6–14 mm lang; Griffel 3. ▲ Verbreitet. Nordeuropa, Gebirge Mittel- und Südeuropas.

❷ Großblütiges Leimkraut *Silene elisabethae*

✱ Juni–Sept. ↕ 10–25 cm ▼ Felsschutt, Felsspalten, 1400–2400 m

Grundb. lanzettlich, kahl, nur am Rand bewimpert; Stängelb. drüsig behaart, klebrig; Blüten zu 1–4, rötlich purpurn bis dunkelrot, 3–4 cm breit; Kronb. tief ausgerandet, mit stumpf gezähnten Lappen; Kelch 10-nervig. ▲ Zerstreut bis selten. Endemische Art der Kalkgebirge zwischen Comer See und Gardasee.

❸ Walliser Leimkraut *Silene vallesia*

✱ Juni–Aug. ↕ 10–20 cm ▼ Kalkarme Bögen, Fels- und Schuttfluren, 1000–2500 m

Pflanze lockerrasig; Stängel drüsig behaart, klebrig, 1–3-blütig; B. lineal-lanzettlich, spitz, 4–5 cm lang, 4–12 mm breit; Kronb. oberseits hellrosa, unterseits rot; Kelch mit 10 rötlichen Nerven. ▲ Zerstreut bis selten. West- und Südalpen, Balkanhalbinsel, Apennin.

❹ Französisches Leimkraut *Silene gallica*

✱ Juni–Juli ↕ 10–45 cm ▼ Äcker, Sand, Schutt, Unkrautfluren

Pflanze 1-jährig, ohne sterile Triebe; B. spatelig; Stängel behaart, oberwärts drüsig; Blüten in meist 1-seitswendigen, ährenartigen Blütenständen; Kronb. 10–15 mm lang, rosarot, selten weiß, vorne abgerundet bis kurz ausgerandet; Kelch rauhaarig, 7–10 mm lang, mit 10 grünen Nerven; Griffel 3. ▲ Ziemlich selten. Süd- und Mitteleuropa.

❺ Rote Lichtnelke *Silene dioica (Melandrium rubrum)*

✱ Apr.–Juni ↕ 30–80 cm ▼ Feuchte Wiesen und Waldränder

Pflanze weichhaarig; B. eiförmig, spitz, sitzend; Blüten 2–3 cm lang, in lockeren Blütenständen, 1-geschlechtig; Kronb. 5, rot, tief 2-lappig; Kelch 10-nervig, stark behaart, ± bauchig; Griffel 5; Zähne der Fruchtkapsel nach außen umgerollt. ▲ Verbreitet. Fast ganz Europa.

❻ Kuckucks-Lichtnelke *Lychnis flos-cuculi*

✱ Mai–Juli ↕ 30–80 cm ▼ Feucht- und Moorwiesen, Flachmoore

Grundb. spatelig, oft gewimpert, gestielt, obere B. lineal-lanzettlich; Blütenstand locker, gabelig verzweigt; Blüten 3–4 cm breit; Kronb. 5, tief in 4 Zipfel geteilt, rosarot; Kelch 10-nervig, oft rötlich. ▲ Verbreitet. Europa.

1
2
6
4
5
3

Nelkengewächse *(Caryophyllaceae)*

❶ Gewöhnliche Pechnelke *Viscaria vulgaris (Lychnis viscaria)*

✻ Mai–Juli ↕ 30–60 cm ▼ Magerrasen, Heiden, lichte Wälder; kalkmeidend

Pflanze mit grundständiger B.rosette; Stängel unter den Knoten stark klebrig; B. schmal-lanzettlich, dunkel grün; Blütenstand traubig-rispig, fast quirlig; Kronb. vorne gestutzt oder ausgerandet, rot, mit Schlundschuppen; Griffel 5; Kelch kahl, 10-rippig. ▲ Zerstreut. Fast ganz Europa, im Süden nur in den Gebirgen.

❷ Alpen-Pechnelke *Viscaria alpina (Lychnis alpina)*

✻ Juni–Aug. ↕ 10–20 cm ▼ Kalkarme oder saure, lückige Rasen, saure Schutthalden, 1900–3100 m

Pflanze kahl, mit grundständiger B.rosette; B. länglich, linealisch, spitz, kahl oder am B.grund bewimpert; Blütenstand kopfig, dicht; Kronenb. hellpurpurn bis leuchtend rot, 2-spaltig, 8–12 mm breit, mit Nebenkrone; Kelch glockig, etwa 5 mm lang, mit undeutlichen Nerven. ▲ Zerstreut bis selten. West- und Zentralalpen, Pyrenäen, Apennin, Arktis.

Primelgewächse *(Primulaceae)*

❸ Strand-Milchkraut *Glaux maritima*

✻ Mai–Aug. ↕ 5–15 cm ▼ Salzböden, Salzwiesen

B. eiförmig, fleischig, dachziegelig, 4-zeilig angeordnet, sitzend, 4–12 mm lang; Blüten sitzend, b.achselständig, 4–6 mm breit, Kronb. fehlend; Kelch 5-teilig, glockig, rosa. ▲ Verbreitet, im Binnenland selten. Küsten Europas.

❹ Alpen-Glöckel, Heilglöckel *Cortusa matthioli*

✻ Juli–Aug. ↕ 15–40 cm ▼ Hochstaudenfluren, Grünerlengebüsch, feuchter Felsschutt, 1100–1900 m

Pflanze zottig behaart und drüsig; B. grundständig, lang gestielt, fast kreisrund, 11–13-lappig, ungleich grob gezähnt, 6–10 cm breit; Blüten zu 3–12 in endständiger Dolde mit 5–7 cm langen Stielen; Krone rosarot, trichterförmig, 7–12 mm lang, wohlriechend. ▲ Zerstreut. In den Alpen lückenhaft verbreitet, Karpaten.

❺ Fleischroter Mannsschild *Androsace carnea*

✻ Juni–Juli ↕ 2–8 cm ▼ Feuchter, kalkarmer, oder saurer Feinschutt, Schneeböden, Magerrasen, 2000–3000 m

Polsterpflanze mit rosettig gehäuften, lineal-lanzettlichen, kurzhaarig bewimperten, 5–15 mm langen, fleischigen B.; Blüten an 2–10 mm langen Stielen in mehrblütiger Dolde; Krone hell- bis dunkelrosa, selten weiß, mit gelbem Schlund, 5–9 mm breit, Kronzipfel abgerundet. ▲ Zerstreut. Westalpen, Pyrenäen.

❻ Gletscher-Mannsschild *Androsace alpina*

✻ Juli–Aug. ↕ 2–5 cm ▼ Feuchter Silikatschutt, Moränen, etwa 2000–4200 m

Pflanze in lockeren Polstern; B. dicht, lanzettlich, stumpflich, 3–10 mm lang, mit Sternhaaren; Blüten einzeln, 5–6 mm breit, an 2–12 mm langen Stielen, rosa bis weiß, im Schlund gelb; Kronb. nicht ausgerandet. ▲ Verbreitet. Alpen.

1
2
3
4
5
6

Primelgewächse *(Primulaceae)*

❶ Mehl-Primel *Primula farinosa*

✻ Mai–Juli ↕ 10–15 cm ▼ Kalkflachmoore, Sumpfwiesen, quellige Stellen, alpine Steinrasen

B. in grundständiger Rosette, oberseits dunkelgrün, unterseits weiß bestäubt, meist unregelmäßig gezähnt; Blüten 10–15 mm breit, rosa oder rotviolett, in aufrechter Dolde. ▲ In den Alpen und im Vorland verbreitet, sonst selten, durch Entwässerungen vielerorts verschwunden. Nordeuropa, Nordbayern, Bodensee, Jura, Alpen und Vorland, Pyrenäen, Karpaten.

❷ Gewelltrandige Primel *Primula marginata*

✻ Apr.–Juli ↕ 5–20 cm ▼ Kalkfelsspalten, Felsbänder, etwa 1000–2600 m

Pfl. mit kräftigem Wurzelstock; B. weißrandig, scharf gezähnt, eiförmig, in den kurzen Stiel verschmälert, 3–8 cm lang, kahl; Blüten zu 3–10, rosa bis violett, 15–25 mm breit. ▲ Zerstreut. Westalpen.

❸ Clusius-Primel, Nordostalpen-Primel *Primula clusiana*

✻ Mai–Juli ↕ 2–10 cm ▼ Felsschutt, Felsspalten, Schneeböden, stets auf Kalk, 600–2300 m

B. grundständig, ei-länglich, ganzrandig, oberseits glänzend, kahl, hellgrün, unterseits graugrün, mit schmalem, weißem Knorpelrand; St. drüsig, mit 2–5 gestielten Blüten; Krone 20–35 mm breit, rosarot bis lila, mit weißem Schlund; Kronzipfel tief eingeschnitten. ▲ Zerstreut. Nordostalpen (Berchtesgadener Alpen bis Wiener Schneeberg, Niedere Tauern). – Ähnlich ist die **Wulfen-** oder **Südostalpen-Primel**, *P. wulfeniana*, aber B. blaugrün, mit breitem Knorpelrand. Feuchte Gesteinsfluren, Schneeböden, auf Kalk. ▲ Südostalpen. In den Karawanken häufig, sonst ziemlich selten.

❹ Behaarte Primel, Leim-Primel *Primula hirsuta*

✻ Apr.–Juli ↕ 3–10 cm ▼ Silikatfelsspalten, lückige Gesteinsfluren, Ruhschutt, 1500–3600 m

Pfl. dicht mit klebrigen, farblosen oder gelblichen Drüsenhaaren besetzt; B. meist grob gezähnt, etwas fleischig, oval, plötzlich in den kurzen, geflügelten Stiel verschmälert; Blüten 1–2 cm breit, rosa, mit weißlichem Schlund; Blütenstiele 3–15 mm lang; Kronzipfel tief ausgerandet; Kronröhre drüsenhaarig. ▲ Verbreitet. Alpen, Pyrenäen.

❺ Ganzrandige Primel *Primula integrifolia*

✻ Juni–Juli ↕ 2–6 cm ▼ Kalkarme feuchte Böden, Schneetälchen, 1800–3000 m

B. elliptisch oder länglich, weich, grasgrün, noch oben eingerollt, ganzrandig, mit farblosen, kaum klebrigen Drüsenhaaren; Blütenschaft 1–2 cm, mit 1–3 kurz gestielten Blüten; Krone rotviolett, 15–25 mm breit, Schlund drüsig-zottig; Kelch röhrig-glockig, meist rötlich überlaufen. ▲ Zerstreut. Mittlere Zentralalpen, Pyrenäen.

❻ Zwerg-Primel *Primula minima*

✻ Juni–Juli ↕ 1–4 cm ▼ Silikatmagerrasen, feuchter Schutt, etwa 1200–3000 m

B. 10–15 mm lang, glänzend, kahl, keilförmig, vorne gestutzt, mit großen, knorpeligen Sägezähnen; Blütenschaft 5–15 mm lang, meist 1-blütig; Krone rot, später verblassend, 1–2 cm breit; Schlund weiß, drüsenhaarig; Kronzipfel tief eingeschnitten. ▲ Zerstreut. Gebirge Mittel- und Südeuropas.

❼ Alpenveilchen *Cyclamen purpurascens (C. europaeum)*

✻ Juli–Sept. ↕ 5–15 cm ▼ Laubmischwälder, Buchen-Tannen-Bergwälder

Pfl. mit kugeliger Knolle; B. nieren- bis herzförmig, kahl, oberseits dunkelgrün, mit hellen Flecken, unterseits rötlich; St. 1-blütig; Krone rotviolett, mit zurückgeschlagenen Kronzipfeln. Giftig! ▲ Selten. Gebirge Mittel- und Südeuropas.

2

1

5

6

7

3

4

Blüten rot, Blütenblätter 5 oder mehr

Primelgewächse *(Primulaceae)*

❶ Acker-Gauchheil *Anagallis arvensis*

✻ Juni–Okt. ↕ 5–25 cm ▼ Gärten, Äcker, Weinberge

Stängel 4-kantig, kahl; B. gegenständig, eiförmig, 5–20 mm lang; Blüten lang gestielt; Kronb. meist zinnoberrot, selten blau oder rosa, übereinandergreifend, bis 7 mm lang und 6 mm breit, vorne ganzrandig oder schwach gekerbt, mit 3-zelligen Drüsenhaaren; Kelchb. ganzrandig. ▲ Häufig. Europa.

Rosengewächse *(Rosaceae)*

❷ Bach-Nelkenwurz *Geum rivale*

✻ Mai–Juni ↕ 20–100 cm ▼ Ufer, Quellen, Auenwälder, Alpen bis über 2000 m

B. rundlich, auf $^2/_3$ oder bis zum Grund 3-teilig, Lappen grob gezähnt; Stängel locker verzweigt, mehrblütig, abstehend behaart; Blüten 5–6-zählig, nickend; Kelchb. rotbraun, lanzettlich, die äußeren kürzer; Kronb. außen rötlich, innen gelb. ▲ Häufig. Europa, im Süden hauptsächlich in den Gebirgen.

❸ Blutauge *Comarum palustre (Potentilla palustris)*

✻ Juni–Juli ↕ 15–30 cm ▼ Kalkfreie Flach- und Zwischenmoore, Hochmoorschlenken, in den Alpen bis etwa 2000 m

Pflanze kriechend, bis 1 m weit; Stängel bogig aufsteigend; B. gefiedert, mit 3–7 gesägten Fiederb., oberseits dunkelgrün, unterseits grau- bis blaugrün; Blüten dunkelpurpurn; Kronb. bleiben bis zur Fruchtreife, 3–8 mm lang, fein zugespitzt, halb so lang wie die trübpurpurnen Kelchb.; Außenkelch grün. ▲ Zerstreut. Fast ganz Europa.

❹ Dolomiten-Fingerkraut *Potentilla nitida*

✻ Juli–Aug. ↕ 3–5 cm ▼ Sonnige Felsbänder, Kalkschutt, etwa 1500–3200 m

Spalierstrauch, silbergraue Teppiche bildend, mit verholzten, am Boden angedrückten Ästen; B. 3-zählig, seidenhaarig; Blüten 2–3 cm breit; Kronb. 5, verkehrt-eiförmig, ausgerandet, rosarot, 2-mal so lang wie die Kelchb.; Staubbeutel schwarzpurpurn. ▲ Zerstreut. Westalpen und südliche Kalkalpen.

❺ Arktische Brombeere *Rubus arcticus*

✻ Juni–Juli ↕ 10–20 cm ▼ Torfmoore

Pflanze mit unterirdisch kriechenden Trieben; Stängel stachellos; B. 3-zählig, mit eiförmigen, doppelt gesägten Fiederb.; Blüten zu 1–3, rosarot oder rot, 1,5–2,5 cm breit; Kronb. 5–7, oft gezähnt; Kelchb. unbehaart; Frucht dunkelrot. ▲ Nordeuropa.

1

5

4

3

2

Wegerichgewächse *(Plantaginaceae)*

❶ Alpen-Leberbalsam *Erinus alpinus*

✻ Apr.–Juni ↕ 10–20 cm ▼ Steinige Rasen, Feinschutt, Felsspalten, stets auf Kalk, 1500–2500 m

Pflanze rasenbildend, mit mehreren B.rosetten; Stängelb. wechselständig, 1–2 cm lang, spatelig, an der Spitze kerbig gesägt; Blütenstand anfangs doldenartig, später verlängert; Krone violettrot oder purpurn, 1 cm breit, mit 5 ausgerandeten, etwas ungleich großen Zipfeln. ▲ Zerstreut. Westliche und mittlere Kalkalpen (östlich bis zum Arlberg und Gardasee), Nordspanien, Pyrenäen, Jura, Apennin.

Malvengewächse *(Malvaceae* incl. *Tiliaceae)*

❷ Gänse-Malve, Weg-Malve, Kleine Käsepappel *Malva neglecta*

✻ Juni–Sept. ↕ 10–40 cm ▼ Wege, Mauern, Gärten, Ackerränder

B. rundlich, mit 3–5 gerundeten Lappen; Kronb. 8–10 mm lang, tief ausgerandet, rosa bis weiß, 2-mal so lang wie die Kelchb.; Kelchzipfel flach; Teilfrüchte glatt. ▲ Häufig. Fast ganz Europa.

❸ Wilde Malve, Große Käsepappel *Malva sylvestris*

✻ Juni–Okt. ↕ 40–120 cm ▼ Wege, Mauern, Schutt, trockene Ruderalstellen

Stängelb. rundlich, mit 5–7 gesägten spitzen Lappen; Blüten zu 2–6 in den B.achseln; Kronb. 2–3 cm lang, tief ausgerandet, purpurn, mit dunkleren Streifen, 3–4-mal so lang wie der Kelch, dieser bis zur Mitte verwachsen; Außenkelchb. 3, frei, 4–8 mm lang. ▲ Zerstreut. Europa.

❹ Rosen-Malve *Malva alcea*

✻ Juni–Okt. ↕ 50–100 cm ▼ Wege, sonnige Böschungen, Dämme

Stängel oberwärts wie B. und Kelch anliegend sternhaarig; Stängelb. fast bis zum Grund handförmig geteilt; Kronb. 2–4 cm lang, tief ausgerandet, rosa oder lila; Außenkelchb. eiförmig, am Grund verbreitert, 3–5 mm lang. ▲ Zerstreut. Fast ganz Europa.

❺ Moschus-Malve *Malva moschata*

✻ Juni–Okt. ↕ 20–80 cm ▼ Magerrasen, sonnige Wiesen, Wegränder

B. im Umriss rundlich, handförmig tief 5–7-teilig, Abschnitte der oberen B. schmal-bandförmig; Stängel und B. mit 1-fachen Haaren; Blüten einzeln, b.achselständig, obere Blüten oft kopfig gehäuft; Außenkelchb. 3, lineal-lanzettlich, 3–5 mm lang, frei, am Grund mit dem Kelch verwachsen; Kronb. 2–4 cm lang ausgerandet, hellrosa; Teilfrüchte am Rücken stark behaart. ▲ Ziemlich selten. Mittel- und Südeuropa.

❻ Echter Eibisch *Althaea officinalis*

✻ Juli–Sept. ↕ 50–120 cm ▼ Gräben, nasse, salzhaltige Böden, Küsten

Pflanze graufilzig; B. schwach 3–5-lappig, graufilzig; Blüten in den B.achseln gebüschelt, 3–5 cm breit, weiß bis hellrosa; Außenkelchb. 7–9, lanzettlich, kürzer als die eiförmigen, spitzen Kelchb., Arzneipflanze. ▲ Ziemlich selten. Mittel- und Südosteuropa.

1
2
3
4
5
6

Storchschnabelgewächse *(Geraniaceae)*

❶ Pyrenäen-Storchschnabel *Geranium pyrenaicum*

✻ Mai–Okt. ↕ 20–60 cm ▼ Krautreiche Unkrautfluren, Wege, Gebüsche

Stängel abstehend weichhaarig; B. rundlich, bis etwas über die Mitte in 5–9 keilförmige Lappen geteilt; Blüten paarweise, in lockeren Blütenständen; Kronb. 7–10 mm lang, violettrot, tief ausgerandet, doppelt so lang wie die Kelchb. ▲ Ziemlich häufig. Fast ganz Europa.

❷ Ruprechts Storchschnabel, Ruprechtskraut, Stinkender Storchschnabel *Geranium robertianum*

✻ Mai–Okt. ↕ 20–50 cm ▼ Schlucht- und Auenwälder, schattige Mauern und Schuttplätze

Pflanze unangenehm riechend; Stängel rötlich, zerstreut abstehend drüsenhaarig; B. im Umriss 3–5-eckig bis zum Grund 3–5-teilig, aus 3–5 gestielten, bis fast zum Mittelnerv fiederteiligen B.chen bestehend; Blütenstand meist 2-blütig; Kronb. 9–12 mm lang, rosa, vorne nicht ausgerandet; Kelchb. 6–7 mm lang; Staubbeutel rotbraun. ▲ Häufig. Fast ganz Europa.

❸ Weicher Storchschnabel *Geranium molle*

✻ Mai–Sept. ↕ 10–30 cm ▼ Sonnige Unkrautfluren

Stängel abstehend zottig weichhaarig; B. rundlich, bis etwa zur Mitte eingeschnitten; Kronb. 4–8 mm lang, rosarot, ausgerandet, kaum länger als die Kelchb. ▲ Ziemlich häufig. Europa.

❹ Glänzender Storchschnabel *Geranium lucidum*

✻ Mai–Aug. ↕ 10–30 cm ▼ Gebüsche, Waldlichtungen, schattige Mauern

Pflanze 1-jährig, kahl; Stängel zerbrechlich, rot überlaufen; B. glänzend, fast fleischig, im Umriss rundlich, bis zur Mitte in breite, stumpfzähnige Abschnitte geteilt, unterseits oft rot überlaufen; Kronb. 7–9 mm lang, rosarot, vorne abgerundet; Kelchb. mit 3 scharf gekielten Nerven. ▲ Selten. Mittel- und Südeuropa, vereinzelt bis Südskandinavien, Großbritannien.

❺ Blut-Storchschnabel *Geranium sanguineum*

✻ Juni–Aug. ↕ 15–60 cm ▼ Sonnige Waldränder, trockene Gebüsche, lichte Eichen- und Kiefernwälder; wärmeliebend

Pflanze niederliegend oder aufsteigend; Stängel abstehend behaart, meist gabelig verzweigt; untere B. im Umriss rundlich-nierenförmig, fast bis zum Grund 7-teilig, mit linealischen Abschnitten; Blüten einzeln; Kronb. 15–20 mm lang, vorne abgerundet oder unregelmäßig ausgerandet, purpurrot. ▲ Zerstreut. Südskandinavien, Mittel- und Südeuropa, in den Nordalpen nur in den Föhntälern.

2
5
3
1
4

Storchschnabelgewächse *(Geraniaceae)*

❶ Sumpf-Storchschnabel *Geranium palustre*

✱ Juni–Sept. ↕ 30–80 cm ▼ Gräben, Moorwiesen, Auengebüsch

B. 5–7-teilig, Abschnitte unregelmäßig gezähnt oder eingeschnitten; Blütenstand meist 2-blütig; Blütenstiele und Kelch anliegend behaart, drüsenlos (beim Wiesen-Storchschnabel, s. S. 346, und Wald-Storchschnabel drüsenhaarig); Krone 3–4 cm breit; Kronb. gerundet, rot-violett. ▲ Zerstreut. Südskandinavien, Mittel- und Osteuropa, südlich bis Poebene.

❷ Wald-Storchschnabel *Geranium sylvaticum*

✱ Juni–Aug. ↕ 20–60 cm ▼ Feuchte Bergfettwiesen, subalpine Hochstaudenfluren

B.abschnitte breit-rhombisch, eingeschnitten gesägt; im Bereich des Blütenstandes dicht drüsenhaarig; Blüten rotviolett; Staubfäden lanzettlich (2a). ▲ Im Alpen und Mittelgebirge verbreitet, sonst zerstreut. Fast ganz Europa.

❸ Rundblättriger Storchschnabel *Geranium rotundifolium*

✱ Mai–Okt. ↕ 10–30 cm ▼ Sonnige Unkrautfluren, Weinberge, Mauern

Pflanze weichhaarig; Stängel oft rötlich; B. rundlich, bis zur Mitte eingeschnitten; Kronb. 5–6 mm lang, rosarot, nicht ausgerandet. ▲ Ziemlich selten. Mittel- und Südeuropa.

❹ Schlitzblättriger Storchschnabel *Geranium dissectum*

✱ Mai–Sept. ↕ 10–40 cm ▼ Äcker, Gärten, Wege

Stängel abstehend behaart; Blüten paarweise; Kronb. rosarot, ausgerandet, 4–6 mm lang, so lang wie die Kelchb.; Stiele der Blütenstände kürzer als ihre Tragb., drüsenhaarig; B. bis zum Grund geteilt, mit linealischen Zipfeln. ▲ Verbreitet. Europa.

❺ Silber-Storchschnabel *Geranium argenteum*

✱ Juli–Aug. ↕ 5–20 cm ▼ Steinige, kalkreiche Rasen, Felsschutt, 1600–2200 m

Silberweiß glänzend behaarte Pflanze mit lang gestielten Rosettenb.; B.spreite kreisrund, bis fast zum Grund handförmig in schmale Lappen geteilt; Kelchb. elliptisch, begrannt, dicht silberweiß behaart; Kronb. verkehrt-eiförmig, 12–15 mm lang, hell rosarot mit dunkleren Adern. ▲ Zerstreut. Südliche und südöstliche Kalkalpen, Apennin, Apuanische Alpen.

❻ Gewöhnlicher Reiherschnabel *Erodium cicutarium*

✱ Apr.–Sept. ↕ 10–40 cm ▼ Wege, Brachland, Weinberge, Dünen

Pflanze rauhaarig; B. bis zum Mittelnerv fiederteilig, Fiedern nochmals geteilt, mit schmalen, spitzen Zipfeln; Blüten zu 2–9 in lang gestielten Blütenständen; Kronb. 5–9 mm lang, rosa oder lila, die beiden oberen oft größer; Fruchtschnabel in 5 korkzieherartige Teilfrüchte aufreißend. ▲ Ziemlich häufig. Europa.

2
2a
5
3
1
6
4

Dickblattgewächse *(Crassulaceae)*

❶ Rundblättriger Mauerpfeffer *Hylotelephium anacampseros (Sedum anacampseros)*

✻ Juli–Aug. ↕ 10–25 cm ▼ Felsen, Felsschutt, kalkarme und kalkfreie, steinige Böden, 1500–2500 m

Nichtblühende Triebe niederliegend, am Ende mit B.rosette, blühende Triebe aufsteigend; B. fleischig, breit-eiförmig, flach, Blüten 4- oder 5-zählig, in dichter, kugeliger Traube; Kronb. 4–5 mm lang, außen blauviolett, mit grünem Kiel, innen purpurn. ▲ Zerstreut. West- und Südwestalpen, Pyrenäen, Apennin.

❷ Behaarter Mauerpfeffer *Sedum villosum*

✻ Juni–Aug. ↕ 5–20 cm ▼ Flachmoore, feuchte Wiesen, nasse Felsfluren; kalkmeidend; in den Alpen bis 2400 m

Pfl. drüsenhaarig; B. linealisch, halb stielrund, 4–7 mm lang; Kronb. 5, purpurn, am Rücken mit dunklem Mittelstreifen, 4–5 mm lang, etwa doppelt so lang wie der Kelch. ▲ Ziemlich selten. Nord- und Mitteleuropa.

❸ Purpur-Fetthenne *Hylotelephium telephium (Sedum telephium)*

✻ Juli–Sept. ↕ 20–40 cm ▼ Steinwälle, Gebüschsäume, Wege, Äcker

St. aufrecht, dick, nicht wurzelnd; B. ei-länglich, gezähnt, obere B. mit verschmälertem, keilförmigem Grund sitzend; Blüten 5-zählig, 2-geschlechtig, in doldenartigen, dichten, vielblütigen Blütenständen; Kronb. 4–5 mm lang, rot, zurückgekrümmt. ▲ Zerstreut. Mittel- und Nordeuropa, südlich bis Norditalien und Nordspanien.

❹ Große Fetthenne *Hylotelephium telephium* ssp. *maximum (Sedum maximum)*

✻ Juli–Sept. ↕ 30–80 cm ▼ Fels- und Schotterfluren, Mauern

Pfl. ähnlich der Purpur-Fetthenne, aber obere B. eiförmig, mit breitem Grund oder herzförmig st.umfassend sitzend, ganzrandig oder schwach gezähnt; Krone gelbgrün, selten blassrosa; auch als Zierpfl. kultiviert. ▲ Zerstreut. Europa.

❺ Dunkler Mauerpfeffer *Sedum atratum*

✻ Juni–Aug. ↕ 3–8 cm ▼ Felsspalten, Kalkschutt, kalkhaltige Böden, 1200–2600 m

Pfl. ähnlich dem Alpen-Mauerpfeffer (s. S. 146), aber nicht rasenbildend, fast nur mit blühenden Trieben; B. dick, fast stielrund, stumpf; Kronb. 5, schmal-eiförmig, zugespitzt, 3–4 mm lang, weißlich, grünlich oder rötlich. ▲ Verbreitet. Alpen, Pyrenäen, Balkanhalbinsel.

❻ Berg-Hauswurz *Sempervivum montanum*

✻ Juli–Sept. ↕ 5–15 cm ▼ Silikatmagerrasen, etwa 1500–3400 m

Pfl. mit kugeliger, später sternförmig ausgebreiteter B.rosette; B. lanzettlich, mit grüner oder rötlicher Spitze, B.fläche drüsenhaarig; Blüten zu 2–8, 2–3 cm breit; Kronb. meist 12, rotviolett. Geschützt! ▲ Zerstreut. Gebirge Mittel- und Südeuropas.

❼ Dach-Hauswurz *Sempervivum tectorum*

✻ Juli–Aug. ↕ 15–50 cm ▼ Mauerkronen, alte Dächer, Steinbrüche; wärmeliebend

Pfl. mit 8–12 cm breiter B.rosette; B. scharf zugespitzt, blaugrün, oft rötlich überlaufen, kahl, am Rand bewimpert; Blüten hellrot, mit 10–16 Kronb. Geschützt! ▲ Zerstreut. Mittel- und Südeuropa.

5
6
1
2
3
7
4

Dickblattgewächse *(Crassulaceae)*

❶ Spinnweben-Hauswurz *Sempervivum arachnoideum*

✻ Juli–Sept. ↕ 5–12 cm ▼ Steinige Magerrasen, meist kalkarme bis kalkfreie Felsfluren, 500–2800 m

Pflanze mit kugelig geschlossener B.rosette; B. am Rand kurz-drüsig, durch lange, spinnwebige Haare verbunden; Blütenstand dicht, 5–18-blütig; Kronb. 8–10, breit-lanzettlich, rosarot, mit purpurnem Mittelnerv. ▲ Verbreitet. Alpen, Pyrenäen, Apennin, Karpaten.

Steinbrechgewächse *(Saxifragaceae)*

❷ Roter Steinbrech, Gegenblättriger Steinbrech *Saxifraga oppositifolia*

✻ Mai–Juli ↕ 2–6 cm ▼ Kalkschutt, Felsspalten, etwa 1500–3500 m

Pflanze flache Polster bildend; B. elliptisch, stumpf, blaugrün, etwas fleischig, am Rand bewimpert, gegenständig, dicht stehend, 2–5 mm lang; Blüten einzeln, weinrot bis violett. ▲ Verbreitet. Nordeuropa, Gebirge Mittel- und Südeuropas.

❸ Zweiblütiger Steinbrech *Saxifraga biflora*

✻ Juli–Aug. ↕ 2–5 cm ▼ Kalk- und Kalkschieferschutt der Zentralalpen, 2000–4450 m

Pflanze mit locker verzweigten, kriechenden, meist 2-blütigen Stängeln; B. gegenständig, eiförmig, am Rand bewimpert; Kronb. purpurn, 3-nervig, schmal-elliptisch; Kelchb. kurzdrüsig. ▲ Zerstreut.

❹ Rudolph-Steinbrech *Saxifraga rudolphiana*

✻ Juni–Aug. ↕ 2–5 cm ▼ Felsgrus, schattige Felsen, auf Kalk-Glimmerschiefer, 2200–3200 m

Pflanze dichte, feste Flachpolster bildend; B. verkehrt-eiförmig, stumpf, dachziegelig, 1,5–2 mm lang, graugrün, mit Kalkgrübchen, an der Spitze stark rückwärts gebogen; Blüten fast sitzend, einzeln, purpurn. ▲ Zerstreut. Zentralalpen Österreichs und Südtirol, Ostkarpaten.

Pfingstrosengewächse *(Paeoniaceae)*

❺ Echte Pfingstrose *Paeonia officinalis*

✻ Mai–Juni ↕ 50–130 cm ▼ Steinige, trockene Hänge, Trockengebüsche

Pflanze mit knollig verdickten Wurzeln; Grundb. zur Blütezeit fehlend; Stängelb. bis zum Grund 2–3-fach gefiedert, 20–40 cm lang, mit ei-lanzettlichen Abschnitten, oberseits dunkelgrün, unterseits graugrün; Kronb. 5–8, rundlich, 4–8 cm lang, rot; Kelchb. breit-eiförmig bis lanzettlich, grün bis rot; Fruchtknoten 2–3; reife Früchtchen weißfilzig, 3–5 cm lang; Zierpflanze. ▲ Südalpen, Südeuropa.

3

2

4

1

5

Leingewächse *(Linaceae)*

❶ Klebriger Lein *Linum viscosum*

✻ Mai–Juli ↕ 30–60 cm ▼ Kalkmagerrasen, lichte Kiefernwälder, Waldränder

Stängel abstehend behaart; B. wechselständig, ei-lanzettlich, 4–9 mm breit, drüsig bewimpert; Kronb. 1–2 cm lang, rosa; Kelchb. am Rand drüsig. Geschützt! ▲ Selten. Süddeutschland, Alpen und Vorland, Südeuropa.

❷ Schmalblättriger Lein *Linum tenuifolium*

✻ Juni–Juli ↕ 15–40 cm ▼ Trockenrasen, Kalkmagerrasen, Felssteppen

Stängel nur am Grund kurz-flaumhaarig, sonst kahl; B. schmal-lineal, 0,5–1,5 mm breit, 10–25 mm lang (2a); Blütenstand reich verzweigt; Kronb. 10–15 mm lang, hellrosa, helllila, seltener weißlich; Kelchb. lanzettlich, lang zugespitzt, am Rand drüsig gewimpert. ▲ Zerstreut bis selten. Mittel- und Südeuropa.

Windengewächse *(Convolvulaceae* incl. *Cuscutaceae)*

❸ Acker-Winde *Convolvulus arvensis*

✻ Juni–Sept. ↕ 20–80 cm ▼ Äcker, Gärten, Wege

Pflanze am Boden ausgebreitet oder windend; B. herz- bis pfeilförmig, 3–4 cm lang; Blüten b.achselständig, lang gestielt, in der Mitte der Blütenstiele mit 2 fadenförmigen, kurzen Vorb.; Krone weit-trichterförmig, 2–3 cm lang und breit, rosa. ▲ Verbreitet. Europa.

Geißblattgewächse *(Caprifoliaceae)*

❹ Moosglöckchen *Linnaea borealis*

✻ Juni–Aug. ↕ 5–15 cm ▼ Nadelwälder, über Moospolster kriechend; in den Alpen bis etwa 2400 m

Stängel fadenförmig, bis 2 m lang; B. wintergrün, rundlich, 7–12 mm lang, unterseits blaugrün; Blüten zu 1–2 auf langen Stielen, glockig, 7–10 mm lang, mit 5 breiten Zipfeln, weiß oder rosa. ▲ Selten. Nordeuropa, Norddeutschland, Alpen, Sudeten, Karpaten, Kaukasus.

Korbblütengewächse *(Compositae* oder *Asteraceae)*

❺ Hasenlattich *Prenanthes purpurea*

✻ Juli–Aug. ↕ 50–150 cm ▼ Krautreiche Buchen-Tannen- und Eichen-Buchenwälder, Hochstaudenfluren

Pflanze oben rispig verzweigt; B. länglich-eiförmig, buchtig gezähnt, mit herzförmigem Grund stängelumfassend, kahl, blaugrün; Blütenköpfe nickend, 2–5-blütig, purpurn. ▲ Verbreitet. Mittel- und Südeuropa.

4
5
2
2a
1
3

Heidekrautgewächse *(Ericaceae* incl. *Monotropaceae, Pyrolaceae* und *Empetraceae)*

❶ Winterlieb *Chimaphila umbellata (Pyrola umbellata)*

✻ Juni–Aug. ↕ 5–20 cm ▼ Trockene Kiefernwälder, sandige Böden

B. lederig, ei-lanzettlich, 3–5 cm lang, scharf gesägt; Blüten zu 3–7 in Schirmtrauben, nickend; Kronb. 5–6 mm lang, zusammenneigend, weiß bis hellrosa; Griffel kurz, dick, mit schildförmiger Narbe. ▲ Selten. Mittel- und Nordeuropa.

❷ Schnee-Heide *Erica carnea (E. herbacea)*

✻ Febr.–Mai ↕ 15–30 cm ▼ Kiefernwälder, Latschengebüsch, in den Alpen bis 2700 m

B. wintergrün, nadelförmig, spitz, zu 4 quirlständig; Blüten 1-seitswendig; Krone hell- bis dunkelrot, selten weiß; Staubbeutel dunkel, aus der Kronröhre herausragend. ▲ Zerstreut. Gebirge Mittel- und Südeuropas.

❸ Heidekraut *Calluna vulgaris*

✻ Aug.–Okt. ↕ 30–100 cm ▼ Heiden, Magerrasen, Moore, Kiefern- und Eichenwälder

B. immergrün, 4-zeilig, dachziegelig, lineal-lanzettlich, 1–4 mm lang; Blüten in 1-seitswendigen, dichten Trauben, mit 4-blättrigem Außenkelch; Kelch und Krone blassviolett, 4-zählig. ▲ Verbreitet. Europa.

Enziangewächse *(Gentianaceae)*

❹ Echtes Tausendguldenkraut *Centaurium minus (C. umbellatum)*

✻ Juli–Sept. ↕ 10–30 cm ▼ Halbtrockenrasen, trockene Waldränder

Pflanze erst oben verzweigt, mit grundständiger Rosette; Rosettenb. eiförmig, über 5 mm breit, obere B. ei-lanzettlich bis ei-länglich, meist 5-nervig; Blüten in lockerer Scheindolde; Krone 5-spaltig, rosarot, mit 9–15 mm langer Röhre und eiförmigen, stumpfen, 5–8 mm langen Kronzipfeln. ▲ Zerstreut. Südskandinavien, Mittel- und Südeuropa.

❺ Purpur-Enzian *Gentiana purpurea*

✻ Juli–Sept. ↕ 20–60 cm ▼ Kalkarme Weiderasen, Hochstaudenfluren, Zwergstrauchheiden, 1600–2700 m

Pflanze ähnlich Ungarischem Enzian (s. S. 344), aber Kelch 2-zipfelig, auf einer Seite bis fast zum Grund aufgeschlitzt; Kelchzipfel nicht nach außen gekrümmt; Krone schmutzig lila bis bräunlich purpurn, 20–35 mm lang. ▲ Verbreitet bis zerstreut. Alpen (westlich), Apennin, Südnorwegen.

5
3
4
2
1

Schwertliliengewächse *(Iridaceae)*

❶ Sumpf-Gladiole *Gladiolus palustris*

✻ Juni–Juli ↕ 30–60 cm ▼ Moorwiesen, auch wechseltrockene Halbtrockenrasen

Pfl. mit Knolle; Knollenhülle faserig, netzaderig; B. 4–9 mm breit; Blüten 3–4 cm breit, zu 2–6 am St., purpurn; Fruchtkapsel etwa 1,5 cm lang, länglich, verkehrt-eiförmig. ▲ Selten. Mittel- und Südosteuropa.

Knabenkrautgewächse oder Orchideen *(Orchidaceae)*

❷ Rotes Waldvöglein *Cephalanthera rubra*

✻ Mai–Juli ↕ 20–50 cm ▼ Buchen-, Eichen- und Kiefernwälder, auch Fichten-Tannenwälder

St. oberwärts dicht drüsenhaarig; B. ei-lanzettlich, spitz, 6–12 cm lang; Blüten zu 4–12; Tragb. so lang wie oder länger als der Fruchtknoten; Blütenb. 15–20 mm lang, spitz, glockig zusammenneigend, rosa oder purpurn, die Lippe meist verdeckend; Vorderglied der Lippe mit rotviolettem Rand und violetter Spitze und mit gekräuselten, gelblichen Längsleisten. ▲ Zerstreut. Mittel- und Südeuropa, nördlich bis Südskandinavien.

❸ Braunrote Stendelwurz *Epipactis atrorubens (E. atropurpurea)*

✻ Juni–Aug. ↕ 30–60 cm ▼ Lichte, trockene Eichen-Kiefernwälder, Kiefernsteppen, Halbtrockenrasen

St. rötlich, oben flaumig behaart; B. breit-lanzettlich, fast st.umfassend, 2-zeilig, zugespitzt, länger als die St.glieder; Blüten braunrot, nach Kakao duftend; äußere 3 Blütenb. lanzettlich, 6–8 mm lang, innere 2 Blütenb. heller gefärbt; Lippe etwas kürzer, vorderes Lippenglied am Grund mit 2 kraus gefalteten Höckern; Fruchtknoten flaumig. ▲ Zerstreut. Fast ganz Europa.

❹ Widerbart *Epipogium aphyllum*

✻ Juli–Aug. ↕ 10–20 cm ▼ Moosige Nadel- und Laubmischwälder

Pfl. ohne B.grün, gelblich bis braun, oben purpurn überlaufen; St. röhrig, mit scheidigen Schuppenb.; Tragb. oval, dünn, weißlich; Blüten 2–4, blassgelb, rötlich gestrichelt; Blütenb. spreizend, schmal-lanzettlich, 10–14 mm lang; Lippe aufwärts gerichtet, am Grund mit 2 seitlichen, rundlichen Abschnitten, Mittellappen oval, am Rand kraus. ▲ Selten. Nord- und Mitteleuropa, Alpen, Pyrenäen, Apennin, Olymp.

❺ Schwarzes Kohlröschen *Nigritella nigra (N. rhellicani)*

✻ Juni–Aug. ↕ 8–20 cm ▼ Magerrasen, Alpenmatten, 1500–2800 m

B. grasartig, linealisch, stumpf; Blüten schwarzpurpurn, selten rosa, in dichter, kegelförmiger, 1–2 cm langer Ähre, nach Vanille duftend; Blütenb. lanzettlich, sternförmig ausgebreitet, 1-nervig, Lippe 3-eckig, mit langer, gerader Spitze, nach oben gerichtet; äußere Blütenb. lanzettlich, die inneren, seitlichen schmal-lanzettlich, etwa halb so breit wie die äußeren. ▲ Zerstreut. Nordeuropa und Gebirge Mittel- und Südeuropas.

❻ Rotes Kohlröschen *Nigritella rubra (N. miniata)*

✻ Juni–Aug. ↕ 8–20 cm ▼ Alpenmatten, steinige Rasen, 1600–2300 m

Pfl. ähnlich Schwarzem Kohlröschen, aber Blütenstand ei- bis walzenförmig; Blüten rosa bis ziegelrot; Lippe eiförmig, gegen den Grund tütenförmig eingerollt; die äußeren Blütenb. etwa so breit wie die inneren. ▲ Selten. Ostalpen, Tessin, Berner Oberland.

❼ Kugelblütiges Knabenkraut *Traunsteinera globosa*

✻ Juni–Aug. ↕ 20–50 cm ▼ Gebirgswiesen, Kalkmagerrasen, etwa 1000–2500 m

Blütenstand anfangs pyramidenförmig, dann kugelig; Blütenb. rosa, zuerst zusammenneigend, später abstehend; Lippe 3-spaltig, dunkelpurpurn punktiert. ▲ Zerstreut bis selten. Gebirge Mittel und Südeuropas.

2
3
7
1
4
5
6

Knabenkrautgewächse oder Orchideen *(Orchidaceae)*

❶ Breitblättriges Knabenkraut *Dactylorhiza majalis (Orchis latifolia)*

✱ Mai–Juni ↕ 15–60 cm ▼ Nasswiesen, Quellsümpfe, Gräben, Flachmoore

B. breit-lanzettlich, 5–10 cm lang, etwa in der Mitte am breitesten, meist gefleckt; Blütenstand dicht; Tragb. grün bis rot, länger als die Blüten; Blüten rot, mit dunklen Flecken; äußere 2 Blütenb. abstehend; Lippe 3-teilig, mit herabgeschlagenen Seitenlappen. ▲ Verbreitet. Hauptsächlich Mitteleuropa, nördlich bis Südskandinavien, südlich bis Norditalien, Nordspanien.

❷ Fuchs' Knabenkraut *Dactylorhiza fuchsii*

✱ Juni–Juli ↕ 20–70 cm ▼ Lichte Wälder, Flachmoore, Heiden

Untere B. breit-elliptisch bis verkehrt-eiförmig, stumpf, meist mit quer verlängerten Flecken; Blüten in dichtblütiger Ähre, blasslila oder weißlich; seitliche Blütenb. abstehend; Lippe tief 3-spaltig, der Mittellappen zugespitzt, etwas länger als die seitlichen; Sporn kegelförmig. ▲ Zerstreut bis selten. Europa.

❸ Stattliches Knabenkraut *Orchis mascula*

✱ Mai–Juni ↕ 15–50 cm ▼ Gebirgswiesen, Halbtrockenrasen, lichte Laubmischwälder

B. lanzettlich, die unteren mit abstehender Spreite, die oberen den St. scheidig umfassend; Blütenstand 5–15 cm lang, meist lockerblütig; Tragb. häutig, 1-nervig, violett überlaufen; Blüten purpurn; Blütenb. lanzettlich, spitz, die 2 seitlichen abstehend oder zurückgeschlagen; Lippe tief 3-lappig, dunkel gefleckt, mit abstehenden Seitenlappen; Sporn keulenförmig, etwa so lang wie der Fruchtknoten. ▲ Zerstreut. Europa.

❹ Helm-Knabenkraut *Orchis militaris*

✱ Mai–Juni ↕ 25–50 cm ▼ Kalkmagerrasen, Gebüschsäume

B. schmal-oval, 5–15 cm lang, obere B. scheidenartig den St. umfassend; alle 5 Blütenb. helmartig zusammenneigend, außen blassrosa, mit dunklen Nerven; Lippe 10–15 mm lang, lila bis weiß, mit behaarten, dunklen Papillen, die 2 Zipfel des Mittellappens stumpf, kurz, breiter als die seitlichen. ▲ Ziemlich häufig. Fast ganz Europa, nördlich bis Südschweden.

❺ Affen-Knabenkraut *Orchis simia*

✱ Mai–Juni ↕ 30–40 cm ▼ Sonnige Kalkmagerrasen

Pfl. ähnlich dem Helm-Knabenkraut, aber Blüten von oben nach unten aufblühend, alle 4 Zipfel der Lippe schmal-lineal, zugespitzt, etwa gleich lang, aufwärts gekrümmt, Lippe ohne behaarte Papillen. ▲ Selten. Hauptsächlich Südeuropa, in Deutschland im Kaiserstuhl, Saarland.

❻ Purpur-Knabenkraut *Orchis purpurea*

✱ Mai–Juni ↕ 30–80 cm ▼ Wärmeliebende Wälder, Halbtrockenrasen

B. ei-länglich; Blütenstand meist dichtblütig, 5–15 cm lang, walzlich; alle 5 Blütenb. zusammenneigend, einen kugeligen, eiförmigen Helm bildend, außen braunrot; Lippe hellrot, dunkel punktiert, mit linealischen Seitenlappen und 2 breiten, fein gezähnten Endlappen. ▲ Ziemlich selten. Mittel- und Südeuropa.

❼ Sumpf-Knabenkraut *Anacamptis palustris (Orchis palustris)*

✱ Apr.–Mai ↕ 30–50 cm ▼ Flachmoore, Moorwiesen

B. lineal-lanzettlich, rinnig, bis 1 cm breit, ungefleckt; Blütenstand 5–10 cm lang, lockerblütig; Tragb. häutig, 3–5-nervig; Blüten dunkelrot, seitliche Blütenb. abstehend; Lippe 3-lappig, 12–15 mm lang. ▲ Selten. Mittel- und Südeuropa.

5
4
6
3
7
2
1

Knabenkrautgewächse oder Orchideen *(Orchidaceae)*

❶ Fleischrotes Knabenkraut *Dactylorhiza incarnata (Orchis incarnata)*

✻ Mai–Juli ↕ 20–60 cm ▼ Sumpfwiesen, Flachmoore

St. hohl, kantig, mit 3–6 B.; B. gelbgrün, steif-aufrecht, ungefleckt, unten am breitesten, an der Spitze kapuzenförmig; Tragb. krautig, kräftig; Blüten fleischfarben, selten gelblich; Lippe ungeteilt oder schwach 3-teilig; Sporn kegelförmig, kürzer als der Fruchtknoten. ▲ Zerstreut. Hauptsächlich Nord- und Mitteleuropa.

❷ Wanzen-Knabenkraut *Anacamptis coriophora (Orchis coriophora)*

✻ Juni–Juli ↕ 10–40 cm ▼ Magerrasen, Moorwiesen

B. lineal-lanzettlich, 6–10 cm lang; Blütenstand 3–6 cm lang, walzlich, dichtblütig; Blüten nach Wanzen riechend; Blütenb. zusammenneigend, einen spitzen Helm bildend, bräunlich rot, mit grünen Nerven (2a); Lippe 4–6 mm lang, länger als breit, der Mittellappen ungeteilt, länger als die Seitenlappen; Sporn kegelförmig, abwärts gerichtet; Tragb. häutig. ▲ Selten. Mittel- und Südeuropa, nördlich bis Mitteldeutschland.

❸ Kleines Knabenkraut *Anacamptis morio (Orchis morio)*

✻ Apr.–Juni ↕ 10–30 cm ▼ Magerrasen, ungedüngte Wiesen, Silikatmagerrasen

B. schmal-oval, in der Mitte am breitesten, stumpf, ungefleckt, 3–8 cm lang; Blütenstand lockerblütig; Tragb. häutig, etwa so lang wie der Fruchtknoten, oft gefärbt, alle 5 Blütenb. helmförmig zusammenneigend, grün geadert, rot, selten weiß; Lippe mindestens so breit wie lang, 3-teilig, der Mittellappen oft ausgerandet; Sporn kürzer als der Fruchtknoten, ± waagrecht. ▲ Zerstreut bis selten. Fast ganz Europa, nördlich bis Südskandinavien.

❹ Brand-Knabenkraut *Neotinea ustulata (Orchis ustulata)*

✻ Mai–Juni ↕ 20–30 cm ▼ Kalkmagerrasen, Gebüschsäume

B. lanzettlich; Blütenstand 3–6 cm, dicht, walzlich; Blüten klein, bis 1 cm lang, duftend; Blütenb. einen halbkugeligen Helm bildend, außen schwarzpurpurn; Lippe 3-teilig, 5 mm lang, weiß-rot gepunktet, Mittellappen 2-spaltig. ▲ Selten. Fast ganz Europa, nördlich bis Südschweden.

❺ Dreizähniges Knabenkraut *Neotinea tridentata (Orchis tridentata)*

✻ Mai–Juni ↕ 15–30 cm ▼ Magerrasen, Halbtrockenrasen, Wacholderheiden, bis 1200 m

B. schmal-lanzettlich, bläulich grün (5b); Blütenstand reichblütig, anfangs kegel-, dann eiförmig oder verlängert; alle Blütenb. (außer der Lippe) einen rosa- bis lilafarbenen Helm bildend; Lippe länger als breit, 3-spaltig, weißlich oder rosa, dunkelpurpurn punktiert (5a); Tragb. spitz, gegen die Spitze rötlich, ½ bis fast so lang wie der Fruchtknoten; Sporn zylindrisch, nach abwärts gerichtet, mehr als ½-mal so lang wie der Fruchtknoten. ▲ Zerstreut bis selten. Mittel-, Süd- und Südosteuropa, in Deutschland Thüringen, Westfalen, Hessen, Mecklenburg, Pommern.

❻ Spitzorchis, Hundswurz *Anacamptis pyramidalis*

✻ Juni–Juli ↕ 25–50 cm ▼ Kalkmagerrasen, wechseltrockene Wiesen, lichte Wälder

B. lanzettlich; Blütenstand 4–8 cm lang, anfangs kegelförmig, dann walzlich, dichtblütig; Blüten leuchtend purpurrot; äußere 3 Blütenb. abstehend, lanzettlich, 5–7 mm lang; Lippe so breit wie lang, 6–9 mm, 3-teilig; Sporn dünn, fadenförmig, so lang wie der Fruchtknoten. ▲ Selten. Mittel- und Südeuropa (westlich), nördlich bis Südskandinavien.

5b
5a
1
4
3
6
2
2a

Knabenkrautgewächse oder Orchideen *(Orchidaceae)*

❶ Große Händelwurz, Mücken-Händelwurz *Gymnadenia conopsea*

✻ Mai–Juni ↕ 20–60 cm ▼ Kalkmagerrasen, lichte Wälder, Moorwiesen

B. lanzettlich, 5–15 cm lang; Blüten violett, lila, duftend; die 2 seitlichen Blütenhüllb. oval, 5–6 mm lang; Lippe mit 3 eiförmigen, stumpfen, gleich langen Zipfeln; Sporn dünn, fast 2-mal so lang wie der Fruchtknoten. ▲ Ziemlich häufig. Fast ganz Europa.

❷ Wohlriechende Händelwurz *Gymnadenia odoratissima*

✻ Juni–Aug. ↕ 15–30 cm ▼ Moorige Wiesen, lichte Wälder, steinige Hänge, meist auf Kalk, Tallagen bis 2700 m

B. schmal-lanzettlich, spitz, bläulich grün; Blütenähre anfangs kegelförmig, später verlängert; Blüten klein, purpurrot, hellrosa-violett bis weiß, stark duftend; Lippe 3-lappig, mit verlängertem, spitzem Mittellappen; Sporn kaum so lang wie der Fruchtknoten. ▲ In den Alpen verbreitet, im Flachland selten. Europa, von Nordspanien bis Südskandinavien.

❸ Fliegen-Ragwurz, Mückenständel *Ophrys insectifera (O. muscifera)*

✻ Mai–Juni ↕ 15–30 cm ▼ Kalkmagerrasen, lichte, trockene Kiefernwälder

B. lanzettlich, den St. scheidenartig umfassend; Blütenstand 2–10-blütig; Blüten etwa 2 cm lang, äußere 3 Blütenb. oval, grünlich, 5–8 mm lang, die 2 seitlichen inneren fadenförmig, rotbraun; Lippe 3-lappig, ohne Anhängsel, 2-mal so lang wie breit, purpur-braun, samtig, mit großem, grauem Fleck. ▲ Ziemlich selten. Fast ganz Europa, nördlich bis Irland, Schottland, südlich bis Nordspanien, Mittelitalien.

❹ Hummel-Ragwurz *Ophrys holosericea (O. arachnites, O. fuciflora)*

✻ Mai–Juni ↕ 15–30 cm ▼ Kalkmagerwiesen, trockene Gebüschsäume

Blüten 1–10; äußere Blütenb. weiß oder rosa, mit grünem Mittelnerv, oval, 10–15 mm lang, innere Blütenb. 3-eckig; Lippe ungeteilt, rundlich, fast 4-eckig, rotbraun, mit gelblichen Zeichnungen, am Grund beiderseits mit einem kleinen Höcker, vorne mit aufwärts gebogenem Anhängsel. ▲ Selten. Mittel- und Südeuropa.

❺ Spinnen-Ragwurz *Ophrys sphegodes (O. araneifera)*

✻ Apr.–Mai ↕ 15–30 cm ▼ Kalkmagerrasen, Waldlichtungen

Pfl. ähnlich der Hummel-Ragwurz; äußere Blütenb. oval, grünlich, 8–12 mm lang, die 2 inneren Blütenb. schmal-lanzettlich; Lippe ungeteilt, gewölbt, rotbraun, mit H-förmiger, bläulicher Zeichnung, an der Spitze ohne Anhängsel. ▲ Selten. Mittel- und Südeuropa.

❻ Bienen-Ragwurz *Ophrys apifera*

✻ Mai–Juni ↕ 15–40 cm ▼ Kalkmagerrasen, lichte Eichen-Kiefernwälder

B. ei-lanzettlich; äußere Blütenb. oval, innere 2 Blütenb. fadenförmig; Lippe länger als breit, stark gewölbt, braun, mit gelblicher Zeichnung, vorne mit gelbgrünem, lappenförmigem Anhängsel. ▲ Selten. Mittel- und Südeuropa.

❼ Norne *Calypso bulbosa*

✻ Mai–Juni ↕ 10–25 cm ▼ Nadelwälder, Sümpfe, Moore

Pfl. am Grund mit 1–3-häutigen, die rundliche Knolle umgebenden B.scheiden und einem breiten, eiförmigen, grünen, lang gestielten B.; St. mit 1–2-scheidigen B. und einer einzelnen, endständigen Blüte; die 5 oberen Blütenb. linealisch, purpurn, spreizend; Lippe pantoffelförmig, 15–25 mm lang, weißlich, rosa oder gelb gefleckt, ohne Sporn. ▲ Ziemlich selten. Nordeuropa.

4
5
6
1
2
7
3

Mohngewächse (*Papaveraceae*)

❶ Hohler Lerchensporn *Corydalis cava*

✻ März–Mai ↕ 15–30 cm ▼ Laubwälder, Auenwälder, Obstgärten, Gebüsche

Pflanze mit kugeliger, hohler Knolle; B. doppelt 3-zählig, blaugrün; Blüten 15–25 mm lang, in 6–20-blütigen, aufrechten Trauben, purpurn oder weiß; Tragb. der Blüten eiförmig, ganzrandig. ▲ Zerstreut. Hauptsächlich Mitteleuropa, nördlich bis Südschweden.

❷ Finger-Lerchensporn *Corydalis solida*

✻ März–Mai ↕ 10–20 cm ▼ Laubmischwälder, Hecken

Pflanze ähnlich Hohlem Lärchensporn, aber Wurzelknolle voll; Hochb. des Blütenstandes fingerförmig zerteilt; Stängel am Grund mit schuppenförmigen, bleichen Niederb. ▲ Ziemlich selten. Südschweden, Mitteleuropa, im Süden in den Gebirgen.

❸ Gemeiner Erdrauch *Fumaria officinalis*

✻ Mai–Sept. ↕ 10–30 cm ▼ Unkrautfluren, Äcker, Weinberge, Gärten

Pflanze kahl, verzweigt; B. 2-fach gefiedert, blaugrün, mit 2–3 mm breiten B.zipfeln; Blüten lippenblütenartig, gespornt, 7–9 mm lang, dunkelrot, in dichten, 20–40-blütigen Trauben; Kelchb. 2–3 mm lang, leicht abfallend. ▲ Häufig. Europa.

❹ Rankender Erdrauch *Fumaria capreolata*

✻ Mai–Sept. ↕ 30–100 cm ▼ Weinberge, Gärten, Schutt, kalkarme Böden

Pflanze kahl; Stängel schlaff, durch Rankenb. kletternd; B. blaugrün, doppelt gefiedert; Blüten 10–12 mm lang, weißlich, mit violetter Spitze, in reichblütigen, lockeren Trauben; Fruchtstiele nach rückwärts gekrümmt. ▲ Selten. Mittel- und Südeuropa (westlich).

Weiderichgewächse (*Lythraceae* incl. *Trapaceae*)

❺ Gewöhnlicher Blutweiderich *Lythrum salicaria*

✻ Juni–Sept. ↕ 50–120 cm ▼ Nasswiesen, Gräben, Ufer, Seggenrieder, nasse Staudenfluren

Pflanze aufrecht, am Grund verholzt; B. lanzettlich, bis 10 cm lang, gegen- oder zu 3 quirlständig; Blüten purpurrot, quirlständig, in langer Ähre; Kronb. 6, 8–12 mm lang; innere Kelchzähne halb so lang wie die äußeren; Staubb. 12, verschieden lang. ▲ Verbreitet. Fast ganz Europa.

❻ Ysop-Blutweiderich *Lythrum hyssopifolia*

✻ Juli–Sept. ↕ 10–40 cm ▼ Ufer, feuchte Äcker und Rohböden

Stängel mit häutigen, schmalen Längskanten; B. meist wechselständig, lineal-lanzettlich, 1,5–2,5 cm lang, 0,5 cm breit; Blüten einzeln oder zu 2, achselständig; Kronb. violettrot, 5–7 mm lang; alle Kelchzähne gleich lang; Staubb. 6, gleich lang. ▲ Zerstreut bis selten. Mittel- und Südeuropa, nördlich bis England und Irland.

3
6
5
4
2
1

Schmetterlingsblütengewächse *(Fabaceae* oder *Papilionacea)*

❶ Alpen-Süßklee *Hedysarum hedysaroides*

✻ Juli–Aug. ↕ 10–30 cm ▼ Bergwiesen, Matten, Zwergstrauchheiden, etwa 1600–2800 m

Pflanze aufrecht oder aufsteigend; B. unpaarig gefiedert, mit 11–19 elliptischen, oberseits dunkelgrünen, unterseits hellgrünen B.chen; B. purpurrot, 15–20 mm lang, zu 12–35 in 1-seitswendiger Traube; Fruchthülse flach gedrückt, 2–4 cm lang, zur Reife in 2–6 rundliche, 1-samige Glieder zerfallend. ▲ Verbreitet. Gebirge Mittel- und Südeuropas.

❷ Kleiner Vogelfuß *Ornithopus perpusillus*

✻ Mai–Juni ↕ 5–30 cm ▼ Sandfelder, Dünen, Brachländer; kalkmeidend

Pflanze niederliegend; B. gefiedert, mit 15–27 2–5 mm langen Fiederb.; Blüten 3–4 mm lang, in 3–7-blütigen Dolden oder Köpfen; Krone weiß, mit gelblichem Schiffchen und rotgeaderter Fahne; Frucht 1–2 cm lang, gebogen, aus 4–7 zur Reife zerfallenden Gliedern bestehend; Fruchtstand vogelfußartig. ▲ Ziemlich selten. Mittel- und Westeuropa, nördlich bis Irland, Schottland.

❸ Berg-Kronwicke *Coronilla coronata*

✻ Mai–Juli ↕ 30–50 cm ▼ Lichte Wälder, Gebüsche, sonnige, trockene Hänge, kalkhaltige Böden; wärmeliebend

Pflanze aufrecht; B. unpaarig gefiedert, mit 7–13 ovalen, unterseits blaugrünen, etwas fleischigen Fiederb.; unterstes B.chenpaar am Grund des B.stängels; Nebenb. fädlich, bald abfallend, die unteren verwachsen, die oberen frei; Blüten in 12–20-blütigen Dolden; Krone gelb, 7–10 mm lang; Hülsen eingeschnürt, 2–3 cm lang, Glieder mit 4 stumpfen Kanten. ▲ Selten. Mittel- und Südeuropa (östlich), hauptsächlich Gebirge.

❹ Futter-Esparsette *Onobrychis viciifolia*

✻ Mai–Juli ↕ 30–60 cm ▼ Kalkmagerrasen, Wege

Pflanze bogig aufsteigend; B. gefiedert, mit 13–27 ei-länglichen, 3–8 mm breiten Fiederb.; Blütentraube vor dem Aufblühen ei-länglich; Blütenstiele 1 mm lang; Kelch 5–8 mm lang, Kelchzähne 2–4-mal so lang wie die Kelchröhre; Krone 10–14 mm lang, rot bis purpurn; Schiffchen fast so lang wie die Fahne; Frucht 6–10 mm lang, mit dicken Stacheln; Kulturpflanze. ▲ Häufig. Ursprünglich Südosteuropa, heute fast ganz Europa.

❺ Futter-Wicke, Saat-Wicke *Vicia sativa*

✻ Mai–Juli ↕ 30–80 cm ▼ Äcker, Wegränder, Schutt

B. mit 4–7 Fiederb.paaren und verzweigter Endranke, Fiedern eiförmig bis linealisch; Blüten zu 1–2 b.achselständig, kurz gestielt, mit bläulicher Fahne und rotvioletten Flügeln; Kelchzähne gleich lang (bei der ähnlichen Zaun-Wicke Kelchzähne ungleich lang, s. S. 368); Frucht aufrecht, kurzhaarig, zur Reife braun, 3–8 cm lang; Futterpflanze, verwildert. ▲ Zerstreut. Europa.

1
5
3
4
2

Schmetterlingsblütengewächse *(Fabaceae* oder *Papilionacea)*

❶ Wald-Platterbse *Lathyrus sylvestris*

✱ Juli–Aug. ↕ 100–200 cm ▼ Waldränder, Waldwege, sonnige Hecken, Steinschutt

Pflanze niederliegend, aufsteigend oder kletternd; B. mit 3-nervigen, 5–14 cm langen und 5–15 mm breiten Fiederb. und endständiger, verzweigter Ranke; Stängel und B.stiel breit geflügelt, Flügel des B.stiels schmäler als die des Stängels; Blütenstand 3–6-blütig, etwa so lang gestielt wie das Tragb.; Krone 12–18 mm, gelblich grün, rot überlaufen; Hülse 5–7 cm lang. ▲ Ziemlich häufig. Fast ganz Europa, nördlich bis Südskandinavien.

❷ Berg-Platterbse *Lathyrus linifolius (L. montanus)*

✱ Apr.–Juni ↕ 15–30 cm ▼ Lichte Eichen- und Eichen-Buchenwälder, Waldwege, Magerrasen, Heiden; kalkmeidend

Pflanze niederliegend bis aufsteigend; Stängel geflügelt; B. mit 4–8 lanzettlichen bis linealischen, blaugrünen Fiederb. und endständiger, grannenartiger Spitze; B.stiel schmal geflügelt; Blütenstand lang gestielt, 3–6-blütig; Krone 12–18 mm lang, zuerst hellpurpurn, dann trübblau; Kelch mit ungleich langen Zähnen; Hülse 3–4 cm lang, 6–10-samig. ▲ Ziemlich häufig. Fast ganz Europa.

❸ Frühlings-Platterbse *Lathyrus vernus*

✱ Apr.–Mai ↕ 20–40 cm ▼ Buchen-, Buchen-Tannen-, Eichen-Hainbuchenwälder

Stängel aufrecht, unverzweigt, nicht geflügelt; B. mit 4–8 breit-eiförmigen, lang zugespitzten, 3–7 cm langen und 1–3 cm breiten Fiederb. und endständiger, grannenartiger Spitze; Traube 3–7-blütig, so lang wie ihr Tragb.; Krone purpurn, später blaugrün. ▲ Verbreitet. Fast ganz Europa, im Süden in den Gebirgen.

❹ Knollen-Platterbse, Erdnuss-Platterbse *Lathyrus tuberosus*

✱ Juni–Aug. ↕ 20–100 cm ▼ Lehmige Äcker, Wegränder

Pflanze mit Wurzelknollen, niederliegend oder kletternd; Stängel kantig; B. mit 2 elliptischen, fein zugespitzten Fiedern und einer Endranke; Nebenb. halb pfeilförmig; Blüten karminrot, 12–16 mm lang, duftend, zu 2–5; Frucht 2–4 mm lang, braun. ▲ Zerstreut. Fast ganz Europa.

❺ Sumpf-Platterbse *Lathyrus palustris*

✱ Juli–Aug. ↕ 30–100 cm ▼ Moorwiesen, Großseggengesellschaften

Stängel niederliegend oder kletternd, schmal geflügelt; B. mit 4 oder 6 lanzettlichen, 3–6 cm langen, 5-nervigen Fiederb. und endständiger Ranke; B.stiele kaum geflügelt; Blüten zu 3–6, 15–20 mm lang, schmutzig blau oder blauviolett. ▲ Ziemlich selten. Nord- und Mitteleuropa.

❻ Schwarze Platterbse *Lathyrus niger*

✱ Juni–Juli ↕ 30–80 cm ▼ Lichte Eichen- und Eichen-Kiefernwälder, sonnige Gebüschsäume; wärmeliebend

Pflanze beim Trocknen schwarz werdend; Stängel aufrecht, nicht geflügelt; B. mit 8–12 elliptischen bis eiförmigen Fiederb. und grannenartiger, endständiger Spitze; Blütenstand lang gestielt, 3–10-blütig; Krone 10–15 mm lang, purpurn, später violett; Frucht 8–14-samig. ▲ Ziemlich selten. Mittel- und Südeuropa, nördlich bis Südskandinavien (östlich).

5
4
6
1
2
3

Schmetterlingsblütengewächse *(Fabaceae* oder *Papilionaceae)*

❶ Rundblättrige Hauhechel *Ononis rotundifolia*

✻ Mai–Juli ↕ 15–30 cm ▼ Lichte Föhrenwälder, steinige Hänge

Pflanze drüsig behaart, am Grund verholzt; B. 3-zählig; Fiederb. eiförmig bis rundlich, 2–3 cm lang, buchtig gezähnt, das mittlere lang gestielt; Blüten zu 1–3, b.achselständig; Krone 15–22 mm lang, rosa. ▲ Zerstreut. Zentral- und Südalpen, Pyrenäen, Cevennen, Abruzzen.

❷ Dornige Hauhechel *Ononis spinosa*

✻ Juni–Aug. ↕ 20–50 cm ▼ Kalkmagerrasen, Wege, Moorwiesen

Pflanze am Grund holzig, mit stark dornigen Zweigen; Dornen meist zu 2; Stängel 1- oder 2-reihig behaart; B. meist 3-zählig, kahl, B.chen eiförmig, gezähnt, das Endb.chen länger gestielt; Blüten kurz gestielt, in den Achseln der oberen Stängelb.; Krone 8–25 mm lang, rosa bis violettrot; Hülse so lang wie der Kelch oder länger. ▲ Häufig. Mitteleuropa, nördlich bis Südskandinavien, südlich bis Pyrenäen, Mittelitalien. – Ähnlich ist der **Kriechende Hauhechel**, *O. repens*, aber Stängel liegend, ringsum drüsig-zottig, meist dornenlos; B.chen vorne abgerundet, drüsenhaarig; B. oft nur mit 1 B.chen; Hülse kürzer als der Kelch. Halbtrockenrasen, Magerrasen, Moorwiesen. ▲ Verbreitet. Mittel- und Südeuropa, nördlich bis Südskandinavien.

❸ Vogelfuß-Schabziegerklee *Trigonella ornithopodioides (Trifolium ornithopoides)*

✻ Juni–Juli ↕ 5–10 cm ▼ Sandtrockenrasen, Dünen

Pflanze niederliegend bis aufsteigend, kahl; B. 3-zählig, B.chen verkehrt-ei- oder herzförmig, 4–10 mm lang, kurz gestielt, fein gezähnt; Blütenköpfe 2–4-blütig; Krone 6–8 mm lang, rosa oder weiß; Kelchzähne etwas ungleich, länger als die Kelchröhre; Hülsen 5–10-samig, 6–8 mm lang. ▲ Selten. Schleswig-Holstein, England, Irland, Niederlande, Italien, Westeuropa.

❹ Immergrüner Tragant *Astragalus sempervirens*

✻ Juli–Aug. ↕ 5–20 cm ▼ Felsschutt, Steinrasen, lichte Föhrenwälder, 1300–2700 m

Spalierartig niederliegender, dorniger Zwergstrauch; Stängel und B. wollig behaart; Stängel dicht von Nebenb.resten und den verdornten B.rippen der vorjährigen B. besetzt; B. in einen stechenden Dorn auslaufend, mit 12–20 graugrünen, locker behaarten, 1–2 mm breiten B.chen; Blüten rosa bis weißlich, etwa 15 mm lang, in kurz gestielter, 3–8-blütigen Traube; Hülse eiförmig, aufrecht, dicht weißhaarig. ▲ Zerstreut. Westalpen, nord- und mittelspanische Gebirge, Pyrenäen, Apennin.

❺ Drüsiges Springkraut *Impatiens glandulifera*

✻ Juli–Sept. ↕ 50–200 cm ▼ Ufer, Auenwälder

B. wechsel-, obere quirlständig, ei-lanzettlich, scharf gezähnt, B.stiel mit gestielten Drüsen; Blüten weinrot, selten auch weiß oder lila, 2–4 cm lang, mit gekrümmtem Sporn, in lang gestielten, 2–15-blütigen Trauben; Gartenpflanze und verwildert. ▲ Verbreitet. Ganz Europa mit starker Ausbreitungstendenz, ursprünglich westlicher Himalaja.

1
2
3
4
5

Lippenblütengewächse *(Labiatae* oder *Lamiaceae)*

❶ Gewöhnlicher Dost, Wilder Majoran *Origanum vulgare*

✱ Juli–Sept. ↕ 20–60 cm ▼ Lichte Eichen- und Kiefernwälder, sonnige Waldränder und Hecken, Magerrasen, Böschungen

Pfl. stark aromatisch riechend; B. kurz gestielt, länglich-eiförmig, unterseits drüsig punktiert, 1–2 cm lang; Blüten in lockeren Rispen und Doldenrispen mit rundlichen, oft purpurnen Tragb.; Krone hellpurpurn, selten weiß, 4–7 mm lang. ▲ Häufig. Fast ganz Europa.

❷ Edel-Gamander *Teucrium chamaedrys*

✱ Juli–Aug. ↕ 15–30 cm ▼ Kalkmagerrasen, lichte Eichen- und Kiefernwälder

Pfl. mit unterirdischen Ausläufern; St. behaart; B. gekerbt, mit keilförmigem Grund, 1–2 cm lang; Blüten meist zu 6 quirlständig in den Achseln der oberen B.; Kelch fast regelmäßig 5-zähnig, kurz begrannt; Krone 10–15 mm lang, rosa; Oberlippe scheinbar fehlend, herabgerückt, Unterlippe daher 5-zipfelig. ▲ Zerstreut. Mittel- und Südeuropa.

❸ Trauben-Gamander *Teucrium botrys*

✱ Juli–Sept. ↕ 10–30 cm ▼ Steinschutthalden, lückige Trockenrasen, in den Alpen bis etwa 1400 m; kalkliebend

St. aufsteigend bis aufrecht, meist verzweigt, drüsig behaart; B. 1–2-fach fiederteilig, im Umriss 3-eckig bis oval, beiderseits drüsig behaart; Blüten zu 3–5 in den Achseln der B.; Krone purpurn bis rosa, 8–12 mm lang; Unterlippe weiß und purpurn gefleckt; Kelch 5-zähnig, mit Höcker, 7–9 mm lang; Pionierpfl. ▲ Zerstreut bis selten. Mittel- und Südeuropa, nördlich bis Südengland.

❹ Kleinblütiger Hohlzahn *Galeopsis bifida*

✱ Juni–Okt. ↕ 20–60 cm ▼ Äcker, Kahlschläge, Waldränder, gestörte Moore; kalkmeidend

St. an den Knoten stark verdickt und abstehend borstig behaart; B. ei-lanzettlich, gezähnt; Blütenstand mit gelbköpfigen Drüsenhaaren oder drüsenlos; Krone 10–15 mm lang, blassrot; Kronunterlippe mit länglichem, deutlich ausgerandetem, meist 1-farbigem Mittellappen. ▲ Verbreitet. Europa.

❺ Schmalblättriger Hohlzahn *Galeopsis angustifolia*

✱ Juni–Okt. ↕ 10–40 cm ▼ Kalkreiche Äcker, Steinbrüche, Kiesgruben, Dämme; wärmeliebend

St. an den Knoten nicht verdickt; B. schmal-lanzettlich, 2–6 mm breit, ganzrandig oder jederseits mit 1–4 Zähnen; Krone rot, 1–2 cm lang, 3-mal so lang wie der Kelch, dieser oft rot überlaufen; Kronunterlippe mit gelber und dunkelpurpurner Zeichnung. ▲ Zerstreut. Mittel- und Südeuropa.

❻ Stechender Hohlzahn *Galeopsis tetrahit*

✱ Juni–Okt. ↕ 10–60 cm ▼ Äcker, Schutt, Wege, Kahlschläge

Pfl. 1-jährig; St. 4-kantig, an den Knoten stark verdickt, abstehend behaart; B. ei-lanzettlich, 3–10 cm lang, gezähnt, Krone 15–20 mm lang, rot oder weiß, kaum doppelt so lang wie der borstlich behaarte Kelch; Kronunterlippe gelb und purpurn gefleckt, deren Mittellappen quadratisch, vorne gezähnt; Blütenstand meist schwarzdrüsig; Kelchzipfel derb, stechend. ▲ Verbreitet. Europa.

❼ Weichhaariger Hohlzahn *Galeopsis pubescens*

✱ Juni–Okt. ↕ 20–60 cm ▼ Lehmige Äcker, Wald- und Wegränder; kalkmeidend

St. auf allen 4 Seiten angedrückt seidenhaarig, an den Knoten nur wenig verdickt, spärlich borstig behaart; B. 3–12 cm lang, grob gezähnt, kahl oder behaart; Krone 2–3 cm lang, rosa, rot oder gelb, Seitenlappen der Unterlippe und Kronröhre meist weiß, Unterlippe mit violetter Zeichnung. ▲ Verbreitet. Fast ganz Europa.

1
2
3
4
5
6
7

Lippenblütengewächse *(Labiatae* oder *Lamiaceae)*

❶ Gewöhnliche Katzenminze *Nepeta cataria*

✻ Juni–Sept. ↕ 40–100 cm ▼ Unkrautgesellschaften, Wege, Mauern

Pflanze aufrecht, dicht kurzhaarig, herb-zitronenartig riechend; Blüten 3-eckig herzförmig, grob gezähnt, lang gestielt, unterseits graufilzig; Blüten in vielblütigen, quirlartigen, oben dicht übereinanderstehenden Teilblütenständen; Krone 2-lippig, weiß oder rötlich, 1 cm lang; Kelch 6–8 mm lang, oft violett überlaufen, mit 5 ungleichen, schmal-lanzettlichen Zähnen. ▲ Selten. Fast ganz Europa.

❷ Sumpf-Ziest *Stachys palustris*

✻ Juni–Sept. ↕ 30–100 cm ▼ Ufer, Gräben, feuchte Äcker, Wege

Pflanze mit Ausläufern; B. länglich-lanzettlich, mit herzförmigem Grund sitzend oder sehr kurz gestielt, kurzhaarig, gezähnt, 3–12 cm lang; B. in 6–10-blütigen Scheinquirlen; Krone 14–18 mm lang, purpurn, doppelt so lang wie der kurzhaarige Kelch; Kronoberlippe ganzrandig, Kronunterlippe 3-teilig, mit dunklen Zeichnungen. ▲ Verbreitet. Fast ganz Europa.

❸ Wald-Ziest *Stachys sylvatica*

✻ Juni–Sept. ↕ 30–100 cm ▼ Laubwälder, Auenwälder, Waldränder

Pflanze unangenehm riechend; Stängel abstehend behaart; B. gestielt, herzförmig, grob und spitz gezähnt behaart; Blüten in quirlartigen, 6-blütigen, übereinanderstehenden Teilblütenständen; Krone 12–15 mm lang, schmutzig violett, mit fast doppelt so langer Unterlippe; Kelch 4–7 mm lang, dicht behaart. ▲ Verbreitet. Europa, im Süden nur in den Gebirgen.

❹ Alpen-Ziest *Stachys alpina*

✻ Juli–Sept. ↕ 40–100 cm ▼ Krautreiche Wälder, Schlagfluren, Hochstaudenfluren, in den Alpen bis etwa 1800 m

Stängel rauhaarig, oberwärts drüsig; B. herzförmig, breit-lanzettlich bis oval, anliegend kurzhaarig, grob gesägt, untere gestielt, obere sitzend (4a); Blüten in 6–18-blütigen, übereinanderstehenden Teilblütenständen; Krone 12–18 mm lang, braun bis purpurn, außen zottig behaart; Kelch 9–14 mm lang, mit langen Haaren und kurzen Drüsenhaaren. ▲ Zerstreut. Hauptsächlich Gebirge Europas.

❺ Heilziest, Gemeine Betonie *Stachys officinalis (Betonica officinalis)*

✻ Juni–Aug. ↕ 20–70 cm ▼ Lichte Laubwälder, Moor- und magere Bergwiesen

Pflanze am Grund verholzt; Stängel mit 1–3 Laubb.paaren, oben angedrückt behaart; B. lang gestielt; B.spreite schmal-eiförmig, 3–10 cm lang, schwach gekerbt, netzrunzelig; Blütenstand dicht, walzenförmig Blüten rot, mit gerader Oberlippe; Kelch mit 5 borstig begrannten Zähnen; früher Arzneipflanze. ▲ Zerstreut. Hauptsächlich Mittel- und Südeuropa (westlich), nördlich bis Südskandinavien.

❻ Wirbeldost *Clinopodium vulgare (Calamintha clinopodium, Satureja vulgaris)*

✻ Juli–Okt. ↕ 30–60 cm ▼ Sonnige Waldränder, lichte Wälder, Gebüsche

Stängel zottig behaart; B. eiförmig, 2–4 cm lang, ganzrandig, schwach gekerbt, behaart; Blüten zu 10–20 quirlartig in den obersten B.paaren; Kelchzähne lang begrannt; Krone 1–1,5 cm lang, hellpurpurn. ▲ Ziemlich häufig. Europa.

4a
4
5
6
3
2
1

Lippenblütengewächse *(Labiatae* oder *Lamiaceae)*

❶ Rote Taubnessel *Lamium purpureum*

✱ März–Okt. ↕ 10–30 cm ▼ Äcker, Gärten, Schutt, Wege

Pflanze oft rotviolett überlaufen, unangenehm riechend; B. ei-herzförmig, ungleich gekerbt, weichhaarig, kurz gestielt; Krone 10–15 mm lang, rosarot mit gerader Röhre. ▲ Verbreitet. Europa.

❷ Gefleckte Taubnessel *Lamium maculatum*

✱ Apr.–Sept. ↕ 20–60 cm ▼ Unkrautfluren, Waldränder, Hecken, Auenwälder

Pflanze ähnlich Weißer Taubnessel (s. S. 94), aber Krone purpurn, 20–30 mm lang, mit dunkel gefleckter Unterlippe; Kronröhre aufwärts gebogen, innen mit waagrechtem Haarring. ▲ Häufig. Mittel- und Südeuropa.

❸ Stängelumfassende Taubnessel *Lamium amplexicaule*

✱ Apr.–Aug. ↕ 10–30 cm ▼ Lehmige Äcker, Gärten, Weinberge, Schuttplätze

Stängelb. rundlich-nierenförmig, tief gekerbt, gestielt; Tragb. der quirlständigen Blüten sitzend, stängelumfassend, oft breiter als lang; Blüten sitzend, zu 8–16 im Scheinquirl; Krone 10–15 mm lang, hellpurpurn, selten weiß, oft geschlossen bleibend; Kronröhre weit aus dem Kelch ragend; Kelch 5–8 mm lang, abstehend behaart, mit schmalen, lanzettlichen Zähnen. ▲ Verbreitet. Europa.

❹ Schwarznessel *Ballota nigra*

✱ Juli–Sept. ↕ 30–100 cm ▼ Wege, Zäune, Schutt, Hecken, stickstoffreiche Ruderalstellen

Pflanze unangenehm riechend, dunkelgrün; B. weichhaarig, grob kerbig gesägt, 2–5 cm lang; Blüten zu 4–10 im Scheinquirl; Krone purpurn, 1–2 cm lang, Unterlippe 3-lappig; Kelch trichterförmig, 10-nervig, drüsenhaarig. ▲ Verbreitet. Hauptsächlich Mittel- und Südeuropa (östlich).

❺ Herzgespann, Echter Löwenschwanz *Leonurus cardiaca*

✱ Juni–Sept. ↕ 30–100 cm ▼ Wege, Zäune, nährstoffreiche, lehmige Böden

Pflanze aufrecht; B. behaart, handförmig 3–7-teilig, 6–12 cm lang, oberseits dunkelgrün, unterseits hellgrün; die oberen B. 3-lappig; Blüten in quirlartigen, übereinanderstehenden Teilblütenständen; Krone 2-lippig, 8–11 m lang, hellpurpurn; Kelch glockig, regelmäßig 5-zähnig, 5–8 mm lang; Staubb. weit aus der Kronröhre ragend; alte Arzneipflanze. ▲ Ziemlich selten. Fast ganz Europa.

❻ Echtes Bohnenkraut *Satureja hortensis*

✱ Juli–Sept. ↕ 10–30 cm ▼ Wärmeliebend

Pflanze aromatisch riechend; B. schmal-lanzettlich, kurz gestielt, ganzrandig, stumpf, 1–3 cm lang; Blüten sehr kurz gestielt, zu 1–3 in den Achseln der obersten B.; Krone 4–6 mm lang, bläulich oder weißlich; Kelch glockig, mit 5 fast gleichen, spitzen Zähnen, 3–5 mm lang; Gewürz- und Heilpflanze, Bienenfutterpflanze; selten verwildert. ▲ In wärmeren Gegenden Südeuropas, ursprünglich Südosteuropa.

❼ Winter-Bohnenkraut *Satureja montana*

✱ Juli–Okt. ↕ 10–50 cm ▼ Trockene Hänge, Felsen

Zwergstrauch; B. (7a) lineal-lanzettlich, spitz, ledering, 1–3 cm lang, 2–4 mm breit; Blüten (7b) weiß oder rosa, 7–10 mm lang, in 3–7-blütigen, 1-seitswendigen Quirlen; Krone mit rundlicher, flacher Oberlippe und etwas längerer Unterlippe; Kelchröhre innen lang behaart; als Gewürzpflanze kultiviert und in Mitteleuropa gelegentlich verwildert. ▲ Süd- und Osteuropa.

6
2
5
7b
7a
1
3
4

Lippenblütengewächse *(Labiatae* oder *Lamiaceae)*

❶ Basilienkraut *Ocimum basilicum*

✻ Juni–Sept. ↕ 20–40 cm ▼ Äcker, Schutt- und Kiesplätze, Wege

Pfl. kahl, aromatisch riechend; B. eiförmig bis lanzettlich, gestielt, ganzrandig oder gezähnt, 3–5 cm lang; Blüten kurz gestielt, in 6-blütigen, übereinanderstehenden Scheinquirlen; Krone weiß oder rötlich, 10–15 mm lang; Oberlippe stumpf 4-kantig, Unterlippe ungeteilt; Staubb. auf der Kronunterlippe liegend; Kelch 2-lippig, mit ungeteilter Oberlippe und tief 4-spaltiger Unterlippe; Gewürz- und Heilpfl., selten verwildert. ▲ Herkunft Vorderindien.

❷ Gewöhnlicher Thymian *Thymus pulegioides*

✻ Juni–Okt. ↕ 5–30 cm ▼ Magerrasen und -weiden, Wegränder, Böschungen, Kiesgruben

Pfl. kriechend oder aufsteigend, aromatisch riechend; St. 4-kantig, auf den Kanten kurzhaarig; B. oval, kahl oder nur am Grund bewimpert; Blütenstand zylindrisch oder kugelig; Krone 3–6 mm lang, hell- bis dunkelpurpurn; obere Kelchzähne meist bewimpert. (Sehr formenreich, mit vielen Kleinarten) ▲ Verbreitet. Europa.

Sommerwurzgewächse *(Orobanchaceae)*

❸ Acker-Wachtelweizen *Melampyrum arvense*

✻ Mai–Sept. ↕ 20–60 cm ▼ Wege, sonnige Hecken

Blüten in allseitswendigen Ähren; Krone purpurn, mit hellgelber Röhre und gelbem Schlund; Tragb. mit grannenförmigen Zähnen, purpurn, selten gelbgrün. ▲ Zerstreut. Fast ganz Europa.

❹ Roter Zahntrost *Odontites rubra*

✻ Aug.–Okt. ↕ 15–40 cm ▼ Sandtrockenrasen, Trittrasen

Pfl. von Grund an ästig; B. gegenständig, lanzettlich, meist gezähnt; Blüten in langen, 1-seitswendigen Trauben; Krone rot, filzig behaart, 8–12 mm lang; Oberlippe helmartig, Unterlippe kürzer, 3-lappig; Tragb. kürzer als die Blüten. ▲ Ziemlich häufig. Europa.

❺ Sumpf-Läusekraut *Pedicularis palustris*

✻ Mai–Juli ↕ 20–50 cm ▼ Flach- und Übergangsmoore

St. einzeln, aufrecht, ästig, nur oben mit Blüten; B. kahl, tief fiederteilig; Kelch 2-lippig, 5-zähnig; Krone hellpurpurn, Oberlippe dunkler, Unterlippe bewimpert, so lang wie die Oberlippe. ▲ Zerstreut. Fast ganz Europa, außer Mittelmeerraum.

❻ Quirlblättriges Läusekraut *Pedicularis verticillata*

✻ Juni–Aug. ↕ 5–30 cm ▼ Steinige, kalkreiche Rasen, auch in Moorwiesen, 1600–2800 m

St. 2- bis 4-zeilig behaart; Grundb. gestielt, kammartig gefiedert; St.b. zu 3–4 quirlständig; Blüten in kopfiger Traube, mit gefiederten bis gekerbten, oft purpurrot überlaufenen Tragb.; Kelch aufgeblasen, behaart, 5-zähnig; Krone purpurrot, mit ungeschnäbelter, gestutzter Oberlippe. ▲ Ziemlich häufig. Alpen (in Bayern westlich der Schlierseer Berge fehlend), Pyrenäen, Apennin, Karpaten, Balkanhalbinsel, Arktis.

5
1
6
3
4
2

Sommerwurzgewächse *(Orobanchaceae)*

❶ Geschnäbeltes Läusekraut *Pedicularis rostratocapitata*

✻ Juni–Aug. ↕ 5–20 cm ▼ Kalkreiche, steinige Matten, etwa 1600–2800 m

B. lanzettlich, 2-fach fiederteilig, 3–10 cm lang; Grundb. oft violett überlaufen; Kelch röhrig-glockig, mit b.artig gekerbten Zipfeln; Krone purpurrot, 15–25 mm lang; Oberlippe in einen langen, geraden Schnabel herabgezogen; Kronunterlippe dicht und kurz gewimpert. ▲ Zerstreut. Ostalpen.

❷ Fleischrotes Läusekraut, Ähren-Läusekraut *Pedicularis rostrato-spicata*

✻ Juli–Aug. ↕ 20–40 cm ▼ Kalkhaltige, etwas feuchte Bergwiesen und Matten, 1500–2500 m

St. unten kahl, oben flaumig behaart; Grundb. lang gestielt, 10–20 cm lang, lanzettlich, mit gelappten Fiedern; Blütenstand ährig verlängert, 8–14-blütig; Kelch wollig behaart; Kelchzähne meist ganzrandig; Krone fleischrot bis purpurn; Oberlippe in einen geraden, abwärts gerichteten Schnabel auslaufend. ▲ Zerstreut. Alpen, Pyrenäen, Karpaten.

❸ Gestutztes Läusekraut *Pedicularis recutita*

✻ Juli–Aug. ↕ 20–60 cm ▼ Hochstaudenfluren, Grünerlengebüsch, Quellfluren, sickerfeuchte Rasen, 1000–2500 m

Pfl. ähnlich Quirlblättrigem Läusekraut (s. S. 294), aber St.b. und Tragb. wechselständig; B. länglich, 1-fach gefiedert, mit doppelt gesägten Abschnitten; grundständige B. bis 30 cm lang; St.b. kleiner; Blüten in gedrungenen Trauben; untere Tragb. lanzettlich, fiederspaltig, obere Tragb. 3-spaltig bis ungeteilt; Krone 12–15 mm lang, braunrot bis dunkel blutrot, selten grünlich; Kronoberlippe ungeschnäbelt, stumpf. ▲ Zerstreut. Alpen.

❹ Rosarotes Läusekraut *Pedicularis rosea*

✻ Juli–Aug. ↕ 3–15 cm ▼ Steinige Kalkmagerrasen, 1800–2700 m

St. unten kahl, noch oben zu lang weißhaarig; B. meist grundständig, kammförmig gefiedert, mit lanzettlichen, scharf gesägten Zipfeln; Blüten in kopfiger Traube; Krone rosarot, 12–18 mm lang; Kronoberlippe gestutzt, ungeschnäbelt; Kelch weißwollig, tief 5-spaltig, mit ganzrandigen, lanzettlichen Zähnen. ▲ Zerstreut bis selten. Ostalpen.

❺ Bündner Läusekraut *Pedicularis kerneri (P. rhaetica)*

✻ Juli–Aug. ↕ 5–12 cm ▼ Bodensaure Magerrasen, Krummseggenrasen, Felsschutt, 2100–3200 m

Blütentriebe aus den Achseln der Rosettenb. entspringend; Blütenstand 1–3-blütig; Krone 17–20 mm lang, purpurn, mit linealischem Schnabel; Kronunterlippe kahl; Kronröhre deutlich länger als der Kelch; Kelch flaumig behaart; Kelchzähne gekerbt. ▲ Zerstreut bis selten. Zentralalpen (von den Hohen Tauern westwärts), Pyrenäen.

❻ Farnblättriges Läusekraut *Pedicularis aspleniifolia*

✻ Juli–Aug. ↕ 5–10 cm ▼ Magerrasen, Schuttfluren, besonders auf Kalkschiefer, 1400–2800 m

Oberer Teil des St. rötlich, wollig-zottig; B. tief fiederspaltig, mit doppelt gezähnten Zipfeln; Blütenstand gedrungen, kurz; Krone rosarot, 12–18 mm lang, mit dunklerer Oberlippe und linealischem Schnabel; Kronunterlippe kahl; Kronröhre etwa so lang wie der Kelch; Kelch rötlich, wollig-zottig; Kelchzipfel b.artig, gekerbt, an der Spitze hakig. ▲ Zerstreut bis selten. Hauptsächlich Zentralalpen.

5
3
2
4
1
6

Sommerwurzgewächse *(Orobanchaceae)*

❶ Schuppenwurz *Lathraea squamaria*

✻ März–Apr. ↕ 10–25 cm ▼ Auen- und Schluchtwälder

Pflanze blauviolett oder rötlich; B. schuppenförmig, rötlich; Blüten 10–15 mm lang, rötlich, in 1-seitswendiger, reichblütiger Traube; Wurzelschmarotzer auf Erle, Hasel, Buche oder Pappel. ▲ Zerstreut. Fast ganz Europa.

❷ Zierliche Sommerwurz *Orobanche gracilis*

✻ Mai–Aug. ↕ 15–40 cm ▼ Halbtrockenrasen, sonnige Magerwiesen

Schmarotzerpflanze auf Schmetterlingsblütler; ohne B.grün, bräunlich; Blüten in Ähren; Rückenkante der Krone gleichmäßig gekrümmt; Krone 15–25 mm lang, gelb, innen rot, nach Nelken riechend; Narbe gelb, rot gerandet; Staubfäden unten behaart; auf Leguminosen (*Lotus, Genista, Hippocrepis, Trifolium*) schmarotzend. ▲ Zerstreut bis selten. Süddeutschland, warme Täler der Alpen (Rhône, Rhein), Südeuropa.

❸ Gamander-Sommerwurz *Orobanche teucrii*

✻ Juni–Juli ↕ 15–40 cm ▼ Kalkmagerrasen in warmen Lagen, sonnige Hänge

Tragb. fast so lang wie die Blüten; Krone 20–35 mm lang, bräunlich lila, Rücken winkelig abgebogen; Narbe purpurn bis braun; Staubfäden unten behaart; Pflanze auf *Teucrium* schmarotzend. ▲ Zerstreut. Gebirge Mittel- und Südeuropas.

Wegerichgewächse *(Plantaginaceae* incl. *Callitrichaceae, Hippuridaceae, Veronicaceae, Globulariaceae)*

❹ Roter Fingerhut *Digitalis purpurea*

✻ Juni–Aug. ↕ 40–150 cm ▼ Bergwälder, Waldwege, Säume, Kahlschläge; kalkmeidend

Stängel 1-fach, graufilzig; B. ei-lanzettlich, gekerbt, unterseits graufilzig, die unteren gestielt, die oberen sitzend; Blütenstand 1-seitswendig; Krone röhrig-glockig, mit schiefem, 4-spaltigem Saum, 3–5 cm lang, purpurn, selten weiß, innen rot gefleckt; Zier- und Arzneipflanze. Giftig! ▲ Zerstreut. Hauptsächlich Westeuropa, östlich bis Böhmerwald, Schwarzwald.

Rautengewächse *(Rutaceae)*

❺ Diptam *Dictamnus albus*

✻ Mai–Juni ↕ 60–120 cm ▼ Sonnige, felsige Hänge, Eichengebüsch, auch lichte Eichen-Föhrenwälder; wärmeliebend

Pflanze stark aromatisch nach Zitrone oder Zimt duftend; B. 1-fach gefiedert, mit 7–11 ei-lanzettlichen, 5–8 cm langen, fein gezähnten Fiederb.; Blüten in endständiger, aufrechter Traube; Kronb. 5, rosa dunkel geadert, 2–3 cm lang, 4 nach oben gerichtet, das 5. herabgebogen; Kelchb. 5, 6–8 mm lang. ▲ Selten. Mittel- und Südeuropa.

1
2
3
4
5

Narzissengewächse *(Amaryllidacea* incl. *Alliaceae)*

❶ Weinberg-Lauch *Allium vineale*

✻ Juni–Aug. ↕ 30–60 cm ▼ Weinberge, Wegränder

B. fast stielrund, kahl, oberseits rinnig, 2–3 mm breit, bläulich grün; Blütendolde kugelig, dicht, mit einem spitzen, bald abfallenden Hüllb., wenigblütig, oft nur mit Brutzwiebeln; Blütenb. 4–5 mm lang, rot, selten grünlich; Staubb. fast 2-mal so lang wie die Blütenb., innere Staubb. verbreitert; beiderseits mit je 1 langen, spitzen Zahn. ▲ Verbreitet. Südskandinavien, Mittel- und Südeuropa.

❷ Schnittlauch *Allium schoenoprasum*

✻ Juni–Aug. ↕ 10–40 cm ▼ Sand- und Kiesböden, Flussufer

B. röhrenförmig, hohl; Blütenstand dicht, kugelig, rosa; St. 1–2 mm breit, am Grund oder im unteren Drittel beblättert; Blütenstiele so lang wie die lanzettlichen bis eiförmigen, 7–10 mm langen Blütenb. Als Gewürzpflanze kultiviert, gelegentlich verwildert. ▲ Zerstreut. Fast ganz Europa. – Der **Alpen-Schnittlauch** ssp. *alpinum (sibiricum)* hat 3–5 mm dicke, bis hoch hinauf beblätterte St., meist kürzer als die lanzettlichen, 10–15 mm langen Blütenstiele. Quellfluren, Schneeböden, feuchte Steinschutthalden, Flachmoore in den Alpen bis 2100 m. ▲ Zerstreut bis selten. Gebirge Europas.

❸ Kugelköpfiger Lauch *Allium sphaerocephalon*

✻ Juni–Juli ↕ 30–60 cm ▼ Felsfluren, Trockenrasen

St. rund, bis zur Mitte beblättert; B. halb stielrund, gerieft, kürzer als der St.; Blütenstand purpurrot, 2–4 cm breit, mit 1–2 häutigen Hüllb.; Staubb. aus den Blüten herausragend, beiderseits mit einem langen, pfriemlichen Zahn (3a). ▲ Zerstreut bis selten. Mittel- und Südeuropa.

❹ Gekielter Lauch *Allium carinatum*

✻ Juni–Aug. ↕ 30–60 cm ▼ Magerrasen, Moorwiesen, Halbtrockenrasen

B. flach, 2–4 mm breit, schwach rinnig; Blütendolde mit grünlichen, sitzenden Brutzwiebeln; Blüten 5–7 mm lang, lilapurpurn; Staubb. viel länger als die Blütenb.; Staubfäden nach unten verbreitert, ohne seitliche Zähne; Blütenstiele 4–6-mal so lang wie die Blüten. ▲ Selten. Europa.

❺ Ross-Lauch *Allium oleraceum*

✻ Juli–Aug. ↕ 30–70 cm ▼ Wegböschungen, Weinbergsmauern, Trockenrasen

B. flach, rinnig, 5 mm breit, nicht röhrenförmig, unterseits meist rau; Blütendolde mit sitzenden, rötlichen Brutzwiebeln; Blütenstiele sehr unterschiedlich lang, etwa 2–6-mal so lang wie die rötlichen oder grünlich weißen Blüten; Staubfäden ohne seitliche Zähne; Staubb. die Blütenb. kaum überragend; Hüllb. länger als der Blütenstand. ▲ Zerstreut. Europa.

Hahnenfußgewächse *(Ranunculaceae)*

❻ Akeleiblättrige Wiesenraute *Thalictrum aquilegifolium*

✻ Mai–Juli ↕ 40–120 cm ▼ Auenwälder, Hochstaudenfluren, in den Alpen bis über 2000 m

B. 3-fach gefiedert; Fiederb. rundlich, grob und stumpf gezähnt, blaugrün; Blütenstand rispig, reichblütig; Blütenb. unscheinbar, bald abfallend; Staubfäden oben verdickt, hellviolett, selten weiß; Früchtchen an langen Stielen hängend, 3-kantig geflügelt. ▲ Zerstreut. Hauptsächlich Mitteleuropa, südlich bis Nordspanien, Pyrenäen, Peleponnes.

3
3a
1
4
2
6
5

Hahnenfußgewächse *(Ranunculaceae)*

❶ Sommer-Adonisröschen, Blutströpfchen *Adonis aestivalis*

✻ Juni–Aug. ↕ 25–50 cm ▼ Lehmige, kalkreiche Getreidefelder

Grundb. und untere St.b. gestielt, obere sitzend, mehrfach fiederteilig, mit etwa 1 mm breiten Zipfeln; Blüten einzeln, endständig, 1–3 cm breit; Kelchb. 5, grün, kahl, der Krone anliegend; Kronb. 5–8, rot oder blassgelb, am Grund oft schwarz; Staubb. dunkelviolett; Früchtchen dicht stehend, mit reingrünem Schnabel, zur Reife eine verlängerte Walze bildend. Giftig! ▲ Zerstreut. Mittel- und Südeuropa (östlich).

Strandnelkengewächse *(Plumbaginaceae)*

❷ Gewöhnliche Grasnelke *Armeria maritima*

✻ Mai–Nov. ↕ 5–30 cm ▼ Salzwiesen, Graudünen, Sandböden, bodensaure Trockenrasen, Schwermetallböden, Strandfelsen

Polsterpfl., dichtrasig, mit mehrjährigen Rosetten; B. fleischig, linealisch, 1–2 mm breit, 1-nervig; Blüten in dichten, kugeligen, 1–3 cm breiten Köpfen; Blütenschaft b.los; Blütenstand von häutigen, 4–7 mm langen Hüllb. umgeben; Blüten 5-zählig; Krone 6–8 mm lang, rosa. (Formenreiche Art mit mehreren Unterarten in unterschiedlicher geografischer Ausbreitung) ▲ Zerstreut bis selten. Nord-, Mittel- und Westeuropa.

Schmetterlingsblütengewächse (*Fabaceae* oder *Papilionacea)*

❸ Schweden-Klee *Trifolium hybridum*

✻ Mai–Sept. ↕ 20–40 cm ▼ Fett- und Nasswiesen, Wegränder

Pfl. aufsteigend, nicht an den Knoten wurzelnd; B. 3-zählig, B.chen fein gezähnt, Nebenb. krautig; Blütenköpfe kugelig oder eiförmig; Stiele der Einzelblüten 2–3-mal so lang wie die 5-nervige Kelchröhre; Krone weiß bis rötlich; Kulturpfl. ▲ Verbreitet. Fast ganz Europa.

❹ Berg-Wundklee *Anthyllis montana*

✻ Juni–Juli ↕ 10–30 cm ▼ Steinige Weiden, Geröll, Kalkfelsen, 500–2400 m

St. niederliegend bis aufsteigend, dicht behaart; B. dicht behaart, gefiedert mit 8–20 lanzettlichen, bis 10 mm langen Fiederb. und einer gleich großen Endfieder; Blüten rosa bis purpurn, 12–16 mm lang, kurz gestielt, in dichten Köpfen. ▲ Ziemlich selten. In 2 Unterarten vorkommend: – Ssp. *montana*, mit stärkerer, abstehender Behaarung, ungleich lang, 4–5 mm langen Kelchzähnen, karminroten Blüten und 2,5–3 cm breiten Blütenköpfen. ▲ Südwestalpen, Jura, Apennin. – Ssp. *jacquinii*, mit geringerer, anliegender Behaarung, fast gleich lang, 3–4 mm langen Kelchzähnen, fleischfarbenen und meist dunkler geaderten Blüten und 2–2,5 cm breiten Blütenköpfen. ▲ Ost- und Südostalpen, Karpaten, Balkan.

❺ Bunte Kronwicke *Securigera varia (Coronilla varia)*

✻ Juni–Aug. ↕ 30–80 cm ▼ Halbtrockenrasen, Wald- und Gebüschsäume, Böschungen

Pfl. niederliegend bis aufsteigend; B. gefiedert, kurz gestielt, mit 11–23 ovalen Fiederb.; Blüten in 10–20-blütiger Dolde; Krone 8–15 mm lang, weiß mit rötlicher Fahne und violetter Schiffchenspitze; Hülse aufrecht abstehend, gerade, 2–8 cm lang. Giftig! ▲ Zerstreut. Mittel- und Südeuropa (östlich).

5
2
4
1
3

Schmetterlingsblütengewächse (*Fabaceae* oder *Papilionacea*)

❶ Wiesen-Klee *Trifolium pratense*

✻ Juni–Sept. ↕ 10–30 cm ▼ Wiesen, Weiden, Wegränder

B. 3-zählig, B.chen eiförmig, ganzrandig, meist gefleckt; Nebenb. eiförmig, mit bewimperter Grannenspitze; Blütenköpfe kugelig, meist zu 2, mit 2 Tragb.; Blüten rot; Kelch 10-nervig, Kelchzähne behaart. ▲ Häufig. Europa.

❷ Wald-Klee, Hügel-Klee *Trifolium alpestre*

✻ Juni–Juli ↕ 10–30 cm ▼ Waldränder, lichte Trockenwälder, Gebüsche, Kalktrockenrasen; wärmeliebend

Pfl. rasenbildend; B. 3-zählig, B.chen schmal-lanzettlich, 3–5 cm lang, dunkelgrün, nicht gefleckt; Nebenb. pfriemlich, über 3 cm lang; Blütenköpfe kugelig bis eiförmig, meist zu 2; Kelchröhre 20-nervig, behaart; Krone 10–15 mm lang, purpurn. ▲ Ziemlich selten. Mittel- und Südeuropa.

❸ Mittlerer Klee, Zickzack-Klee *Trifolium medium*

✻ Juni–Aug. ↕ 10–45 cm ▼ Lichte Wälder, Waldränder, Trockenwiesen

St. knickig hin- und hergebogen; B. 3-zählig, B.chen länglich-elliptisch, 2–5 cm lang, 6–20 mm breit (3a); Blütenköpfe kugelig, 2–4 cm breit, meist einzeln, ohne Tragb. (Hülle); Krone 15–18 mm lang, purpurn; Kelchröhre 10-nervig, außen kahl, aber Kelchzähne gewimpert, ungleich lang (3b). ▲ Verbreitet. Fast ganz Europa.

❹ Fuchsschwanz-Klee, Purpur-Klee *Trifolium rubens*

✻ Juni–Juli ↕ 30–60 cm ▼ Sonnige Waldränder, lichte Eichen-Kiefernwälder; wärmeliebend

Pfl. ähnlich dem Hügel-Klee, aber Kelchröhre außen kahl (Kelchzähne aber bewimpert), 20-nervig; unterster Kelchzahn viel länger als die obersten Zähne; Blütenköpfe zu 2, länglich-walzig, zuletzt 3–7 cm lang, am Grund mit Hülle; B.chen fein gezähnt; Nebenb. kahl, länger als der B.stiel und länger als die B.chen. ▲ Selten. Mitteleuropa, südlich bis Nordspanien und Mittelitalien.

❺ Inkarnat-Klee *Trifolium incarnatum*

✻ Juni–Aug. ↕ 20–40 cm ▼ Straßenränder, Dämme, Magerrasen, Brachäcker

Pfl. 1-jährig, behaart; B.chen breit-eiförmig bis fast kreisrund; Blütenkopf einzeln, lang gestielt, eiförmig, später verlängert, bis 6 cm lang, ohne Hülle; Kelchröhre außen zottig behaart (5a), 10-nervig; Kelchzähne fast gleich lang; Krone 10–15 mm lang, dunkelrot; als Futterpfl. kultiviert und verwildert. ▲ Fast ganz Europa, Heimat Mittelmeergebiet.

❻ Erdbeer-Klee *Trifolium fragiferum*

✻ Mai–Sept. ↕ 5–10 cm ▼ Salzwiesen, Trittrasen, Teichufer

Pfl. mit Ausläufern, an den Knoten wurzelnd; B. 3-zählig, fein gesägt; Blütenköpfe lang gestielt, 1–2 cm breit; Krone 5–7 mm lang, rosa; obere Kelchlippe nach der Blüte stark blasig aufgetrieben, hellbraun oder rötlich, behaart. ▲ An den Küsten Europas verbreitet, sonst seltener.

❼ Alpen-Klee *Trifolium alpinum*

✻ Juni–Aug. ↕ 5–20 cm ▼ Kalkarme und saure Matten, Weiden, 1400–3100 m

B. 3-zählig, lang gestielt, mit lanzettlichen, spitzen, bis 10 cm langen B.chen; Blütenköpfe 3–12-blütig; Blüten 2 cm lang, fleischrot oder purpurn, duftend. ▲ Verbreitet. Alpen (in den nördlichen Kalkalpen fehlend), Nordspanien, Pyrenäen, Apennin, Siebenbürgen.

2
6
4
3a
3b
7
1
5a
5

Rosengewächse *(Rosaceae)*

❶ Großer Wiesenknopf *Sanguisorba officinalis*

✻ Juli–Sept. ↕ 30–100 cm ▼ Nass- und Moorwiesen, Bergwiesen

Pfl. mit grundständiger B.rosette; B. unpaarig gefiedert, mit 7–15 Fiederpaaren; Fiederb. eiförmig, gezähnt, gestielt, 2–5 cm lang, unterseits blaugrün; Blüten klein, dunkelrot, in walzlichen, eiförmigen, 1–3 cm langen Köpfen; Staubb. 4, kurz, so lang wie der rotbraune Kelch. ▲ Verbreitet. Fast ganz Europa, nördlich bis Südnorwegen, südlich bis Mittelspanien, Kalabrien.

Knöterichgewächse *(Polygonaceae)*

❷ Wiesen-Knöterich, Schlangen-Knöterich *Polygonum bistorta*

✻ Mai–Juli ↕ 30–80 cm ▼ Feuchte Wiesen, Hochstaudenfluren, Auenwälder

Pfl. mit schlangenartig gewundenem Rhizom; B. eiförmig-länglich, etwas wellig, 10–20 cm lang, die unteren mit geflügeltem Stiel, obere sitzend; B.scheiden lang, spitz; Blütenstand ährenartig, 1–2 cm breit; Blütenb. 5, rötlich weiß, 4–5 mm lang. ▲ Häufig. Hauptsächlich Mitteleuropa, südlich bis nordspanische Gebirge, Apennin, Gebirge der Balkanhalbinsel.

❸ Ampfer-Knöterich *Polygonum lapathifolium*

✻ Juli–Jan. ↕ 20–80 cm ▼ Ufer, Gräben, Äcker, Schlammböden

Pfl. meist aufrecht; B. ei-lanzettlich, im unteren Drittel am breitesten; B.stiel weit unter der Mitte der B.scheiden abgehend; B.scheide locker, kahl oder spinnwebig; Blüten in dichter, gebogener Scheinähre; Ährenstiele und Blütenb. drüsig; Blüten rosa oder weiß. (Sammelart mit mehreren Kleinarten) ▲ Häufig. Europa.

❹ Wasser-Knöterich *Polygonum amphibium*

✻ Juni–Sept. ↕ 30–100 cm ▼ Teiche, Gräben, Nasswiesen, feuchte Äcker, Röhricht- und Laichkrautgesellschaften

Wasserform bis 300 cm; B. bei der Wasserform ei-länglich, kahl, mit herzförmigem Grund, bis 10 cm lang gestielt, bei der Landform länglich-lanzettlich, behaart, am Grund abgerundet, kurz gestielt; B.stiel über der Mitte der B.scheide abgehend; Blütenstand dicht, gedrungen, walzlich; Blüten rosa. ▲ Zerstreut. Europa.

Windengewächse *(Convolvulaceae* incl. *Cuscutaceae)*

❺ Nessel-Seide *Cuscuta europaea*

✻ Juni–Aug. ↕ 20–100 cm ▼ Auf Brennnessel, Zaunwinde, Beifuß schmarotzend

Rötliche Schmarotzerpfl.; St. um die Wirtspfl. gewunden; B. schuppenförmig, farblos; Blüten in kleinen, sitzenden, 10–15 mm breiten Knäueln; Krone glockig, 5-teilig, weißrosa, 2 mm breit; Kronröhre so lang wie die Kronzipfel, innen mit aufrechten Schlundschuppen, Krone daher nicht verschlossen; Griffel kürzer als der Fruchtknoten. (Artenreiche Gattung, oft schwierig zu bestimmen, teilweise wirtsspezifisch) ▲ Zerstreut. Fast ganz Europa.

❻ Thymian-Seide *Cuscuta epithymum*

✻ Juli–Aug. ↕ 10–30 cm ▼ Auf Thymian, Besenginster, Ginster und Heidekraut schmarotzend

Rötliche Schmarotzerpfl. mit schuppenförmigen B.; Blüten zu 8–10 in 5–8 mm breiten Knäueln; Krone rot oder weiß; Kronröhre durch nach innen geneigte Schuppen verschlossen; Griffel länger als der Fruchtknoten, die Blüten überragend. ▲ Verbreitet. Europa.

1
2
3
4
5
6

Lippenblütengewächse *(Labiatae* oder *Lamiaceae)*

❶ Acker-Minze *Mentha arvensis*

✻ Juli–Aug. ↕ 10–40 cm ▼ Feuchte Äcker, Nasswiesen

Pflanze aromatisch; B. eiförmig oder elliptisch, schwach gesägt bis gekerbt, 2–6 cm lang; Scheinquirle b.achselständig; Stängel mit einem B.schopf endend; Krone lila, 5–8 mm lang; Kelch glockig, Kelchzähne 3-eckig eiförmig. ▲ Ziemlich häufig. Fast ganz Europa.

❷ Ross-Minze *Mentha longifolia*

✻ Juli–Sept. ↕ 30–80 cm ▼ Ufer, Nassweiden, Quellfluren

Stängel behaart; B. länglich-lanzettlich, 6–10 cm lang, scharf gesägt, unterseits filzig behaart; Blütenstand ährenförmig, schlank; Kelch dicht behaart, 5-zähnig; Krone 3–4 mm lang, rosa oder rötlich lila. ▲ Ziemlich häufig. Mittel- und Südeuropa, nördlich bis Großbritannien.

❸ Wasser-Minze *Mentha aquatica*

✻ Juli–Sept. ↕ 20–80 cm ▼ Ufer, Gräben, Nasswiesen, Röhrichte, Großseggengesellschaften

Pflanze aromatisch riechend, mit unterirdischen und langen, oberirdischen, beblätterten Ausläufern; B. eiförmig, gesägt; Blüten in einem endständigen, kopfigen Blütenstand und darunter quirlartig in den Achseln der obersten B.paare; Krone 5–7 mm lang, rosa oder lila; Kelch gleichmäßig 5-zähnig. ▲ Häufig. Europa.

❹ Gewöhnlicher Thymian *Thymus pulegioides*

✻ Juni–Okt. ↕ 5–30 cm ▼ Magerrasen und -weiden, Wegränder, Böschungen, Kiesgruben

Pflanze kriechend oder aufsteigend, aromatisch riechend; St. 4-kantig, auf den Kanten kurzhaarig; B. oval, kahl oder nur am Grund bewimpert; Blütenstand zylindrisch oder kugelig; Krone 3–6 mm lang, hell- bis dunkelpurpurn; obere Kelchzähne meist bewimpert. (Sehr formenreich, mit vielen Kleinarten) ▲ Verbreitet. Europa.

Geißblattgewächse *(Caprifoliaceae* incl. *Linnaeaceae, Dipsacaceae,* und *Valerianaceae)*

❺ Rote Spornblume *Kentranthus ruber*

✻ Mai–Juli ↕ 30–80 cm ▼ Felsspalten, Mauern

B. ei-lanzettlich, gegenständig, die oberen mit herzförmigem Grund, sitzend, ganzrandig oder mit wenigen stumpfen Zähnen, kahl, blaugrün; Blütenstand schirmförmig; Krone rot, mit 7–9 mm langer Röhre, am Grund mit dünnem Sporn; Zierpflanze, selten verwildert. ▲ Im Süden verbreitet. Südalpen, Südeuropa.

❻ Wiesen-Knautie, Witwenblume *Knautia arvensis*

✻ Juli–Aug. ↕ 30–80 cm ▼ Fettwiesen, Wald- und Wegränder, Äcker

St. 1-fach oder verzweigt, kurzhaarig und rückwärts borstig-zottig; Grundb. ei-lanzettlich, gestielt, ganzrandig oder gezähnt; St.b. sitzend, fiederteilig, gegenständig, graugrün, matt; Blüten in 2–4 cm breiten, flachen Köpfen; Randblüten größer; Kelch mit 8–10 Borsten; Krone 4-teilig, blau- bis rotviolett. ▲ Häufig. Fast ganz Europa und Irland.

4
5
1
6
3
2

Geißblattgewächse *(Caprifoliaceae* incl. *Linnaeaceae, Dipsacaceae,* und *Valerianaceae)*

❶ Wald-Knautie, Wald-Witwenblume *Knautia sylvatica*

✻ Juni–Sept. ↕ 30–100 cm ▼ Schattige Waldränder, Auenwälder, Hochstaudenfluren

Stängel oft borstig behaart; B. ei-länglich, langspitzig, ganzrandig oder gekerbt; Blüten in flachen, 3–4 cm breiten Köpfen, umgeben von einer grünen Hochb.hülle; Kopfboden ohne Spreub.; Krone der Einzelblüten 4-teilig, lila; äußere Blüten etwas größer. ▲ Ziemlich häufig. Hauptsächlich Gebirge Mitteleuropas.

❷ Echter Baldrian *Valeriana officinalis*

✻ Juni–Aug. ↕ 30–150 cm ▼ Moorwiesen, Ufer, Gräben, Auenwälder, Hochstaudenfluren

B. gegenständig, alle B. gefiedert, mit 7–13 lanzettlichen, gesägten oder ganzrandigen Fiederb.; Blütenstand dicht, schirmförmig; Krone 3–6 mm breit, rosa. (Sehr formenreiche Art mit vielen Kleinarten) ▲ Verbreitet. Die Gesamtart in fast ganz Europa, die Klein- oder Unterarten meist auf kleinere Gebiete beschränkt.

❸ Sumpf-Baldrian *Valeriana dioica*

✻ Mai–Juni ↕ 10–30 cm ▼ Kalkarme Moorwiesen, Flach- und Quellmoore

Grundb. rundlich-nierenförmig; Stängelb. gefiedert, mit ovaler, größerer Endfieder; Blütenstand schirmförmig; Krone der ♀ Blüten 1 mm lang, weiß, Krone der ♂ Blüten 3 mm lang, rosa. ▲ Verbreitet. Fast ganz Europa.

❹ Berg-Baldrian *Valeriana montana*

✻ Mai–Juli ↕ 10–50 cm ▼ Lockere, felsige Bergwälder, Kalkschutthalden

Stängel mit 3–8 eiförmigen, glänzend grünen B.paaren; Blüten rosa oder weiß; Blütenstand reichblütig, lockerrispig; Hochb. lanzettlich, grün. ▲ Zerstreut. Gebirge Mittel- und Südeuropas.

❺ Dreiblättriger Baldrian, Stein-Baldrian *Valeriana tripteris*

✻ Apr.–Juni ↕ 10–50 cm ▼ Lockere, felsige Bergwälder, Felsspalten, Schutthalden, in den Alpen bis über 2200 m

Pflanze ähnlich dem Berg-Baldrian, aber Stängelb. 3-teilig, mit gezähnten Fiedern; Grundb. herzförmig, grob gezähnt; Blüten weißlich bis rosa; Hochb. linealisch, hautrandig, grob gezähnt. ▲ Zerstreut. Gebirge Mittel- und Südeuropas.

❻ Zwerg-Baldrian *Valeriana supina*

✻ Juli–Aug. ↕ 5–15 cm ▼ Kalk- und Dolomitschutt, kalkreiche Schneetälchen, 1800–2800 m

Pflanze rasenbildend, reich verzweigt, mit verholzter Sprossachse kriechend; B. spatelig bis fast kreisrund, dicklich, am Rand kurz bewimpert; Blüten in endständigen Köpfchen, mit linealischen Hochb.; Krone rot-lila, rosa oder weißlich, 4–5 mm lang; Früchte mit langer, gefiederter Haarkrone. ▲ Ziemlich selten. Ostalpen. – Ähnlich ist der **Felsschutt**- oder **Weidenblättrige Baldrian**, *V. saliunca*, aber am Grund der B.rosette mit einem dichten Mantel abgestorbener B.; B. verkehrt-eiförmig, kahl, in den B.stiel verschmälert, mit seitlichen Zähnen; Krone schmutzig rosa. Felsspalten, Magerrasen. ▲ Ziemlich selten. Westalpen, Abruzzen.

5
6
3
4
2
1

Blüten rot, dichte Blütenstände

Doldengewächse *(Umbelliferae* oder *Apiaceae)*

❶ Alpen-Mutterwurz *Ligusticum mutellina*

✻ Juni–Aug. ↕ 10–50 cm ▼ Bergwiesen, Hochstaudenfluren, bis 2800 m

Pflanze aromatisch riechend; B. 2–3-fach gefiedert, mit häutigen B.scheiden; Dolden 7–10-strahlig; Hüllchen 3- bis mehrblättrig; Blüten weiß, rosa bis purpurn. ▲ Verbreitet. Gebirge Mittel- und Südeuropas.

❷ Rauhaariger Kälberkropf *Chaerophyllum hirsutum*

✻ Mai–Juni ↕ 50–100 cm ▼ Bergwälder, Auen, Ufer, Hochstaudenfluren

B. 2–3-fach gefiedert, behaart; die beiden untersten Fiederabschnitte fast so groß wie das übrige B., Abschnitte nochmals in unregelmäßige, grob gezähnte Fiedern zerteilt; oberste B.scheiden 10–60 mm lang; Dolde 10–20-strahlig; Hüllb. fehlend; Hüllchenb. 5–10, lanzettlich, mit bärtigem, bewimpertem Rand; Kronb. bewimpert, weiß oder rosa; Frucht 8–12 mm lang. ▲ In Gebirgen Mitteleuropas häufig, in Norddeutschland selten. Alpen, zentraleuropäische Mittelgebirge, Pyrenäen, Apennin, Balkan, Karpaten.

❸ Langblättriges Hasenohr, Wald-Hasenohr *Bupleurum longifolium*

✻ Mai–Juni ↕ 30–100 cm ▼ Laubwälder mit Eiche, Hainbuche oder Buche, Gebüsche, Waldränder; wärmeliebend

B. ei-länglich oder breit-lanzettlich, netzaderig, bis 15 cm lang, die untersten allmählich in den geflügelten Stiel verschmälert, die oberen herzförmig stängelumfassend; Blütendolde 4–8-strahlig; Hüllb. 3–4, rundlich, am Grund oft verwachsen, 3–7-nervig; Blüten rötlich-gelb bis braunrot; Hüllchenb. grüngelb bis braunrot; Früchte 4–5 mm lang, fast schwarz. ▲ Selten. Gebirge Mitteleuropas, Alpen und Vorland, Karpaten, Gebirge der Balkanhalbinsel.

Korbblütengewächse *(Compositae* oder *Asteraceae)*

❹ Nickende Distel *Carduus nutans*

✻ Juli–Sept. ↕ 30–100 cm ▼ Wege, Schutt, Magerweiden

Stängel weißfilzig; B. lanzettlich, kraus, tief fiederteilig, mit 3-eckigen, 2–5-spaltigen, dornigen Abschnitten; B. als breiter, dorniger Flügel am Stängel herablaufend; Blütenköpfe einzeln, 3–6 cm breit, nickend, purpurn; Hüllb. über dem Grund eingeschnürt, lanzettlich, stechend, zurückgebogen; Pappus aus 1-fachen, rauen Haaren gebildet. ▲ Häufig. Südskandinavien, Mittel- und Südeuropa.

❺ Kletten-Distel *Carduus personata*

✻ Juli–Aug. ↕ 60–120 cm ▼ Grauerlenwälder, Weidengebüsch, Bachufer, Hochstaudenfluren

Stängel schmal geflügelt; B. groß, weich, unterseits spinnwebig behaart, die oberen oval, borstlich gezähnt, die unteren tief gelappt; Blütenköpfe zu mehreren, 1–2 cm breit, purpurn; Hüllb. linealisch, spitz, kaum stechend, länger als die Blüten. ▲ Ziemlich selten. Gebirge Mittel- und Südeuropas.

1
2
3
4
5

Korbblütengewächse *(Compositae* oder *Asteraceae)*

❶ Stachel-Distel *Carduus acanthoides*

✻ Juni–Sept. ↕ 30–100 cm ▼ Wege, Brachland, Viehläger

Stängel und Blütenkopfstiele dornig geflügelt; B. beiderseits grün, meist kahl, tief fiederspaltig, mit 6–7 mm langen, weißlichen, derben Dornen; Blütenköpfe 1–2 cm breit, hellrot, zu mehreren auf kurzen, kraus geflügelten Stielen. ▲ Verbreitet. Hauptsächlich Mittel- und Südeuropa. – Ähnlich ist die **Krause Distel**, *C. crispus*, aber B. unterseits spinnwebig-filzig, weichdornig. Unkrautfluren, Auenwälder. ▲ Häufig. Fast ganz Europa.

❷ Berg-Distel *Carduus defloratus*

✻ Juni–Sept. ↕ 30–80 cm ▼ Felsschutt, Felsspalten, steinige Rasen, lichte Wälder, überwiegend auf Kalk, von den Tallagen bis fast 3000 m

Stängel und Kopfstiele b.los und nicht geflügelt; B. kahl, lanzettlich, gezähnt bis fiederspaltig, grün, die unteren in einen breiten Stiel verschmälert, die oberen sitzend, am Stängel herablaufend; Blütenköpfe lang gestielt, einzeln, purpurn, 2–3 cm breit, zuletzt nickend; Hüllb. dachziegelig. (Formenreiche Art) ▲ Verbreitet. Hauptsächlich Gebirge Mitteleuropas.

❸ Gewöhnliche Kratzdistel, Lanzett-Kratzdistel *Cirsium vulgare*

✻ Juni–Sept. ↕ 60–120 cm ▼ Wege, Schutt, Ufer, Waldschläge

B. fiederteilig, unterseits graufilzig, oberseits durch feine Stacheln rau, am Stängel herablaufend; B.zipfel dornig bespitzt; Blütenköpfe einzeln oder zu 2–3, 2–4 cm breit und 4–8 cm lang, Hülle eiförmig. ▲ Häufig. Europa.

❹ Sumpf-Kratzdistel *Cirsium palustre*

✻ Mai–Juni ↕ 50–150 cm ▼ Moorwiesen, Quellen, Gräben, Auenwälder

Stängel dornig geflügelt, bis oben beblättert; B. lanzettlich, tief in schmale, dornige Lappen zerteilt, unterseits wollig-filzig; Stängelb. herablaufend; Blütenköpfe gehäuft, eiförmig, kurz gestielt, purpurn, 10–15 mm lang; Pappus 7–10 mm lang, weiß. ▲ Verbreitet. Europa.

❺ Wollige Kratzdistel *Cirsium eriophorum*

✻ Juli–Sept. ↕ 60–150 cm ▼ Magerweiden, Halbtrockenrasen, Wegränder, in den Alpen bis 1800 m

B. tief fiederspaltig, mit stark dornigen Abschnitten, oberseits mit kleinen Dornen, steifhaarig, unterseits weißfilzig, B. nicht am Stängel herablaufend; Blüten purpurn; Blütenköpfe 4–7 cm breit, Hülle kugelig, spinnwebig-wollig, Hüllb. stachelspitz. ▲ Zerstreut. Mittel- und Südeuropa, im Süden hauptsächlich in den Gebirgen.

❻ Stängellose Kratzdistel *Cirsium acaulon*

✻ Juli–Sept. ↕ 5–20 cm ▼ Magerweiden, Halbtrockenrasen

Stängel meist sehr kurz, 1-köpfig; B. buchtig fiederspaltig, stachelig gezähnt, in dichten Rosetten; Blüten purpurn; Blütenköpfe 3–4 cm lang, sehr kurz gestielt; Hülle eiförmig kahl; Hüllb. angedrückt, stumpflich, mit aufgesetzter Stachelspitze. ▲ Verbreitet bis zerstreut. Hauptsächlich Mittel- und Südeuropa, im Mittelmeergebiet fehlend.

1
4
5
3
2
6

Korbblütengewächse *(Compositae* oder *Asteraceae)*

❶ Verschiedenblättrige Kratzdistel, Alantdistel *Cirsium heterophyllum (C. helenioides)*

✻ Juli–Aug. ↕ 50–100 cm ▼ Kalkarme Nasswiesen, an Bächen, in nassen Staudenfluren

St. reich beblättert; B. oberseits grün, unterseits schneeweiß filzig, ungeteilt oder fiederspaltig, mit schmal-lanzettlichen Abschnitten, obere B. st.umfassend; Blütenköpfe zu 1–3; Blüten purpurn. ▲ Ziemlich selten. Hauptsächlich Nordeuropa, Alpen und mitteleuropäische Mittelgebirge.

❷ Bach-Kratzdistel *Cirsium rivulare (C. salisburgense)*

✻ Mai–Juli ↕ 30–100 cm ▼ Nass- und Moorwiesen, Gräben, quellige Stellen

St. oberwärts b.los; B. beiderseits grün, kurzhaarig, geöhrt, st.umfassend, tief fiederspaltig, Abschnitte lanzettlich, meist ungeteilt; Blüten purpurn; Hüllb. meist rot überlaufen. ▲ Alpen- und Vorland verbreitet, sonst ziemlich selten. Hauptsächlich Gebirge Mitteleuropas, Alpen, Pyrenäen, Karpaten. – Ähnlich ist die **Knollen-Kratzdistel**, *C. tuberosum* (*C. bulbosum*), aber Blütenköpfe einzeln; B. unterseits schwach spinnwebig-wollig, gefiedert, mit gelappten oder grob gezähnten Fiedern; Wurzel spindelförmig verdickt. Moorwiesen, Flachmoore, Gebüsche. ▲ Ziemlich selten. Mitteleuropa.

❸ Acker-Kratzdistel *Cirsium arvense*

✻ Juli–Sept. ↕ 60–120 cm ▼ Äcker, Wege, Schutt, Waldschläge

St. nicht dornig geflügelt; B. buchtig gezähnt oder fiederspaltig, oft wellig-kraus, glänzend, am Rand stachelig, nicht herablaufend (3a); Blütenköpfe 1,5–3 cm lang, in doldenartigen Rispen; Hülle dunkelviolett, spinnwebig behaart; Einzelblüten bis zum Grund 5-teilig, lila. ▲ Häufig. Europa.

❹ Eselsdistel *Onopordon acanthium*

✻ Juni–Aug. ↕ 50–150 cm ▼ Sonnige Unkrautgesellschaften in Trocken- und Wärmegebieten

St. breit geflügelt; B. fiederteilig, herablaufend, mit breit 3-eckigen, stachelig gezähnten Abschnitten; Blütenköpfe meist einzeln, 3–6 cm breit und lang; Hüllb. schmal-lanzettlich, 2–4 mm breit, in eine lange starre Spitze auslaufend; Krone der Einzelblüten 2 cm lang, purpurn. ▲ Zerstreut. Hauptsächlich Mittel- und Südeuropa. – Die **Mariendistel**, *S. marianum*, ist ebenfalls eine große, kräftige Pfl., 50–150 cm, mit einzelnen, 4–5 cm langen, purpurnen Blütenköpfen, aber B. weißlich gefleckt, länglich-eiförmig, buchtig-fiederteilig, in den geflügelten Stiel verschmälert oder sitzend, mit gelben Dornen. Schutt, Unkrautfluren, Felsensteppen. ▲ Südeuropa, in Mitteleuropa Zierpfl. und gelegentlich verwildert.

❺ Färber-Scharte *Serratula tinctoria*

✻ Juli–Aug. ↕ 20–100 cm ▼ Moorwiesen, Gräben, lichte Laubwälder

Pfl. oben verzweigt, mit zahlreichen Blütenköpfen, bis oben beblättert; untere B. eiförmig, 1-fach, fein gezähnt, obere B. tief fiederteilig; Blütenköpfe schmal-eiförmig, 15–20 mm lang, purpurn; Hüllb. dachziegelig, angedrückt, mit purpurroter Spitze; Frucht 5 mm lang, grünlich; Pappus gelblich. ▲ Zerstreut. Europa.

❻ Gemeiner Alpenlattich *Homogyne alpina*

✻ Mai–Aug. ↕ 10–30 cm ▼ Bergfichtenwälder, Zwergstrauchgebüsch, Silikatmagerrasen

St. wollig, fast b.los, 1-köpfig; Grundb. lang gestielt, unterseits kahl, nur auf den Nerven behaart, herz-nierenförmig, gezähnt gekerbt; Blüten hellviolett; Hüllb. wollig, vorne braunrot; Pappus schneeweiß. ▲ Verbreitet. Gebirge Mittel- und Südeuropas.

2
6
3
3a
5
4
1

Korbblütengewächse *(Compositae* oder *Asteraceae)*

❶ Kahler Alpendost *Adenostyles glabra*

✻ Juni–Aug. ↕ 30–80 cm ▼ Steinige Bergwälder, Schuttfluren, in den Alpen zwischen 800 und 2500 m

B. rundlich-nierenförmig, regelmäßig gezähnt, unterseits graugrün, mit engmaschigem Adernetz, kahl oder nur auf den Nerven behaart; obere Stängelb. gestielt, nicht geöhrt; Blüten blassrosa oder rotviolett, in Doldenrispen; Blütenköpfe meist 3-blütig. ▲ Häufig. Gebirge Mittel- und Südeuropas.

❷ Grauer Alpendost *Adenostyles alliariae*

✻ Juli–Aug. ↕ 60–120 cm ▼ Bergwälder, Hochstaudenfluren, in den Alpen bis 2600 m

Pflanze ähnlich Kahlem Alpendost, aber B. herz- bis nierenförmig, ungleichmäßig grob gezähnt, unterseits schwach graufilzig, mit engem Adernetz; obere B. sitzend, am Grund geöhrt; Blütenköpfe 3–6-blütig. ▲ Verbreitet. Gebirge Mittel- und Südeuropas.

❸ Filzige Klette *Arctium tomentosum*

✻ Juli–Aug. ↕ 60–120 cm ▼ Schutt, Wege, Ufer

B. ei-herzförmig, gestielt, unten weißwollig; Blütenköpfe kugelig, 1,5–3 cm breit, dicht spinnwebig-wollig; äußere Hüllb. grün, mit hakenförmiger Spitze, innere Hüllb. rot, mit kurzer, gerader Stachelspitze; nur mit Scheibenblüten, purpurn. ▲ Zerstreut. Fast ganz Europa.

❹ Gewöhnliche Pestwurz *Petasites hybridus*

✻ März–Mai ↕ 10–100 cm ▼ Ufer, Nasswiesen, in Weiden- und Erlengebüschen

Pflanze zur Blütezeit 10–40 cm, zur Fruchtzeit 100 cm hoch; B. (4a) am Ende der Blütezeit erscheinend, rundlich-herzförmig, bis 60 cm breit, regelmäßig scharf gezähnt, am Spreitengrund mit abgerundeten Lappen, unterseits anfangs graufilzig; Schuppen des Blütenstandes rötlich; Blütenköpfe (4b) in dichten Trauben, nur mit Röhrenblüten, rötlich. ▲ Verbreitet. Nord- und Mitteleuropa und Gebirge Südeuropas.

❺ Alpen-Pestwurz *Petasites paradoxus (P. niveus)*

✻ März–Mai ↕ 30–100 cm ▼ Flussgeröll, Bachufer, sickerfeuchte, kalkhaltige Geröllfluren, in den Alpen bis 2600 m

Pflanze zur Blütezeit 10–30 cm, später zur Fruchtzeit größer; B. (5a) 3-eckig herzförmig, spitz, 12–18 cm breit, meist länger als breit, mit offener B.bucht, unterseits dicht weißfilzig (5b); B.stiel oberseits mit seichter Furche; Blütenköpfe rötlich; Stängel des Blütenstandes mit rötlichen Schuppen. ▲ Häufig. Gebirge Europas.

5b
3
5a
2
1
4b
4a

Korbblütengewächse *(Compositae* oder *Asteraceae)*

❶ Gemeiner Wasserdost, Kunigundenkraut *Eupatoria cannabina*

✱ Juli–Aug. ↕ 50–150 cm ▼ Auenwälder, Gräben, Ufer, Kahlschläge

Stängel oft rötlich, reich beblättert; B. gegenständig, handförmig 3–5-teilig, mit gezähnten, elliptischen Lappen; Blütenköpfe klein, länglich, 1 cm lang, in dichten Schirmrispen, nur mit Röhrenblüten, rosa. ▲ Häufig. Europa.

❷ Gewöhnliche Alpenscharte *Saussurea alpina*

✱ Juli–Sept. ↕ 10–40 cm ▼ Kalkarme Steinrasen, windexponierte Grate, bodensaure Zwergstrauchheiden, 1600–3000 m

Stängel aufrecht, locker filzig behaart, oft rötlich überlaufen; B. schmal-eiförmig oder lanzettlich, unterseits graufilzig, spinnwebig; B.stiele geflügelt; Blütenköpfe zu mehreren, kurz gestielt; Blüten violettrot; Hüllb. dicht behaart, schwarzviolett überlaufen. ▲ Ziemlich selten. Alpen, Pyrenäen, Karpaten, Arktis. – Ähnlich ist die **Zweifarbige Alpenscharte**, *S. discolor*, aber B. oberseits grün, unterseits dicht weißfilzig, länglich 3-eckig, am Grund herzförmig, B.stiel nicht geflügelt; Blüten stark nach Vanille duftend. ▲ Zerstreut bis selten. Felsspalten und Gesteinsfluren der Kalkalpen (auch auf Granit).

❸ Niedrige Alpenscharte *Saussurea depressa*

✱ Juli–Aug. ↕ 3–10 cm ▼ Kalk- und Kalkschieferschutt, 1500–2500 m

Pflanze niederliegend bis aufsteigend; B. dicht stehend, lanzettlich, gezähnt, zugespitzt, oben grün, spinnwebig, unterseits graufilzig, mit geflügeltem Stiel; Blütenköpfe dicht stehend, oft von den B. überragt; Hüllb. wollig; Blüten blauviolett. ▲ Ziemlich selten. Südwestalpen.

❹ Hasenlattich *Prenanthes purpurea*

✱ Juli–Aug. ↕ 50–150 cm ▼ Krautreiche Buchen-Tannen- und Eichen-Buchenwälder, Hochstaudenfluren

Pflanze oben rispig verzweigt; B. länglich-eiförmig, buchtig gezähnt, mit herzförmigem Grund stängelumfassend, kahl, blaugrün; Blütenköpfe nickend, 2–5-blütig, purpurn. ▲ Verbreitet. Mittel- und Südeuropa.

❺ Gold-Pippau *Crepis aurea*

✱ Juli–Sept. ↕ 5–20 cm ▼ Bergwiesen, Matten, etwa 900–2900 m

B. in grundständiger Rosette, tief buchtig gezähnt, löwenzahnartig, kahl; Stängel unverzweigt, b.los, oben schwarz behaart; Blütenköpfe 2–4 cm breit, nur mit orangegelben bis roten Zungenblüten; Hülle abstehend schwarzhaarig; Früchte 6 mm lang, nach oben verschmälert, 15–20-rippig. ▲ Verbreitet. Gebirge Mittel- und Südeuropas (östlich).

❻ Orangerotes Habichtskraut *Hieracium aurantiacum*

✱ Juni–Aug. ↕ 20–50 cm ▼ Magerrasen, Weiden, etwa 1200–2400 m

Pflanze mit Ausläufern; Rosettenb. ei-lanzettlich, allmählich in den Grund verschmälert, rauhaarig; Stängelb. 1–4, rasch an Größe abnehmend; Blütenköpfe 2–3 cm breit, zu 2–12 in verkürzter Doldentraube, nur mit gelborangenen bis braunroten Zungenblüten; Hüllb. schmal, schwarzdrüsig. ▲ Verbreitet. Nordeuropa, Norddeutschland, Gebirge Mittel- und Südeuropas.

2
3
6
5
1
4

Kreuzblütengewächse *(Cruciferae* oder *Brassicaceae)*

❶ Acker-Schmalwand *Arabidopsis thaliana*

✻ Apr.–Juni ↕ 5–30 cm ▼ Äcker, Mauern, lückige Magerrasen; kalkmeidend

Mit grundständiger B.rosette; B. ei-länglich, gezähnt oder ganzrandig, 2–3 cm lang; Kronb. 2–4 mm lang, weiß, seltener lila; Schoten 1–2 cm lang, waagrecht bis aufrecht abstehend. ▲ Verbreitet. Ursprünglich Mittelmeergebiet, heute fast ganz Europa.

❷ Zwiebeltragende Zahnwurz *Cardamine bulbifera (Dentaria bulbifera)*

✻ Mai–Juni ↕ 10–50 cm ▼ Buchenwälder, Schluchtwälder

Grundb. und untere St.b. mit 5–7 ei-lanzettlichen, gesägten Fiederb., obere St.b. ungeteilt; B.achseln mit kleinen Brutknöllchen; Krone hellviolett, rosa oder weiß. ▲ Selten. Hauptsächlich Gebirge Mitteleuropas, nördlich bis Südskandinavien, südlich bis Griechenland.

❸ Finger-Zahnwurz *Cardamine pentaphyllos (Dentaria pentaphyllos)*

✻ Apr.–Juni ↕ 25–50 cm ▼ Krautreiche Buchen- und Buchen-Tannenwälder, Schluchtwälder

St.b. wechselständig, handförmig 3–5-zählig gefiedert, Fiederb. ei-lanzettlich, gesägt; Kronb. 4, rosa oder violett, 12–18 mm lang. ▲ Zerstreut. Gebirge Mittel- und Südeuropas (westlich). – Ähnlich ist die **Fieder-Zahnwurz**, *Dentaria heptaphylla*, aber B. mit 7 lanzettlichen, gesägten Fiederb.; Blüten in 8–20-blütigen Trauben, weiß oder blasslila. Laubmischwälder. ▲ Zerstreut. Mitteleuropa.

❹ Meersenf *Cakile maritima*

✻ Juli–Okt. ↕ 15–60 cm ▼ Spülsäume an Küsten und Sanddünen

B. fleischig, blaugrün, fiederteilig; Blüten duftend; Kronb. 6–14 mm lang, 2-mal so lang wie der Kelch, violett, rosa oder weißlich; Schote 10–25 mm lang, 2-gliedrig, das obere Glied viel länger. ▲ Verbreitet. Europa.

❺ Wildes Silberblatt *Lunaria rediviva*

✻ Mai–Juli ↕ 30–140 cm ▼ Schlucht- und Bergwälder, schattige, luftfeuchte Hänge

B. herzförmig, gezähnt, die unteren fast gegenständig; Blüten 4-zählig, wohlriechend; Kronb. 12–20 mm lang, hellviolett, lila oder weiß; Kelchb. 5–6 mm lang; Schoten elliptisch bis breit-lanzettlich, an beiden Enden zugespitzt, 4–8 cm lang. ▲ Ziemlich selten. Fast ganz Europa.

❻ Nachtviole *Hesperis matronalis*

✻ Mai–Juli ↕ 40–100 cm ▼ Ruderalstellen, Auenwälder

Grundb. eiförmig, bis 15 cm lang, meist gezähnt; St.b. ei-lanzettlich, zahlreich, nach oben kleiner werdend; Blütenstand dicht; Blüten violett, lila oder weiß, 2 cm breit, wohlriechend; Schoten aufrecht abstehend, 3–10 cm lang und 2 mm breit. ▲ Zerstreut. Mittel- und Südosteuropa.

❼ Blaue Gänsekresse *Arabis coerulea*

✻ Juli–Aug. ↕ 5–12 cm ▼ Schneetälchen, feuchter Felsschutt, auf Kalk, 1900–3500 m

Rosettenb. schmal-spatelig, vorne 3–7-zähnig, dicklich, glänzend, am Rand gewimpert; untere St.b. gezähnt, die oberen meist ganzrandig, gewimpert; Blüten kurz gestielt, in 2–8-blütiger dichter Traube; Kronb. hell lilablau, mit weißlichem Rand; Kelchb. 3–4 mm lang, grün, mit breitem Hautrand; Schoten 15–30 mm lang und 2,5–3 mm breit. ▲ Zerstreut bis selten. Alpen.

5
7
3
6
2
4
1

Hahnenfußgewächse *(Ranunculaceae)*

❶ Alpen-Waldrebe *Clematis alpina*

✱ Mai–Juli ↕ 1–2 m ▼ Alpenrosengebüsch, lichte Bergwälder, Nadelwälder, etwa 1000–2400 m

Schlingpflanze; B. gegenständig, lang gestielt, 3-zählig gefiedert; Fiedern grob gesägt; Blüten achselständig, lang gestielt, violett bis hellblau, glockig; Nektarb. 10–12, spatelig, weißfilzig, halb so lang wie die 4 Blütenb.; Frucht mit federigem Griffel. Giftig! ▲ Zerstreut. Gebirge Mittel- und Südeuropas.

Rötegewächse *(Rubiaceae)*

❷ Ackerröte *Sherardia arvensis*

✱ Juni–Okt. ↕ 5–20 cm ▼ Getreidefelder, Brachland

Pflanze 1-jährig; Stängel 4-kantig, liegend; B. lanzettlich, 1-nervig, die oberen zu 6 im Quirl; Blüten kopfig gehäuft, sternförmig umgeben von 8–10 Hochb.; Krone 4-zipfelig, lila, 2–3 mm breit. ▲ Verbreitet. Europa.

❸ Acker-Meister *Asperula arvensis*

✱ Mai–Juni ↕ 5–25 cm ▼ Lehmige, kalkreiche Äcker

B. linealisch, untere zu 4, obere zu 6–8 quirlständig; Blütenstand kopfig; Hochb. borstig gewimpert; Krone 4–6 mm breit, blau. ▲ Sehr selten. Mittel- und Südeuropa.

Enziangewächse *(Gentianaceae)*

❹ Gefranster Enzian *Gentianopsis ciliata (Gentiana ciliata, Gentianella ciliata)*

✱ Juni–Sept. ↕ 10–25 cm ▼ Kalkmagerrasen, lichte Föhrenwälder

Stängel 4-kantig; B. lineal-lanzettlich, 1-nervig; Blüten 4-teilig, blau; Kronzipfel am Rand gefranst. ▲ Zerstreut. Mitteleuropa und Gebirge Südeuropas.

❺ Feld-Enzian *Gentianella campestris (Gentiana campestris)*

✱ Juni–Sept. ↕ 5–30 cm ▼ Silikatmagerrasen, Felsfluren, trockene Moorwiesen

Pflanze oft vom Grund an verzweigt; B. spatelig; Krone und Kelch 4-teilig; Krone im Schlund bärtig, violett, selten weiß; Kelch ungleich zipfelig, mit 2 breit-lanzettlichen äußeren und 2 schmal-lanzettlichen inneren Zipfeln. ▲ Ziemlich selten. Skandinavien, mitteleuropäische Mittelgebirge, Ostalpen, Pyrenäen, Abruzzen.

❻ Zarter Enzian *Comastoma tenellum (Gentiana tenella)*

✱ Juli–Sept. ↕ 4–12 cm ▼ Steinige Matten, Felsschutt, 1700–3100 m

Zarte, 1-jährige Pflanze; Stängel von Grund an verzweigt, mit langen, meist 1-blütigen Ästen; B. länglich-elliptisch; Krone hell violettblau, selten weiß, mit 4 eiförmigen, zugespitzten Zipfeln; Kelch bis fast zum Grund 4-teilig. ▲ Zerstreut. Alpen (fehlt in den Nordalpen östlich der Salzach), Pyrenäen, Karpaten.

2

4

3

6

5

1

Wegerichgewächse *(Plantaginaceae* incl. *Callitrichaceae, Hippuridaceae, Veronicaceae, Globulariaceae)*

❶ Gamander-Ehrenpreis *Veronica chamaedrys*

✻ Mai–Juni ↕ 10–30 cm ▼ Wiesen, Wald- und Wegränder, lichte Eichenwälder

Stängel mit 2 Haarreihen; B. gegenständig, kurz gestielt oder sitzend, eiförmig, gekerbt; Blüten in lang gestielten, lockeren Trauben; Kelch 4-teilig; Krone himmelblau, dunkel geadert; Fruchtkapsel 3-eckig oder herzförmig, behaart, 4–5 mm breit. ▲ Verbreitet. Europa.

❷ Großer Ehrenpreis *Veronica teucrium*

✻ Juni–Juli ↕ 15–60 cm ▼ Sonnige Waldränder, Gebüsche, lichte Eichen- und Kiefernwälder, Magerrasen

Pflanze aufsteigend bis aufrecht; B. eiförmig, grob gesägt, am Grund abgerundet, sitzend; Blüten in gegenständigen, dichten, später sich verlängernden Trauben; Kelch 5-blättrig; Krone hellblau, 10–13 mm breit. ▲ Zerstreut. Hauptsächlich Mitteleuropa, südlich bis Mittelspanien, Mazedonien, östlich bis Kaukasus.

❸ Ähriger Ehrenpreis *Veronica spicata (Pseudolysimachion spicata)*

✻ Juni–Aug. ↕ 15–30 cm ▼ Felsköpfe, sonnige Trockenrasen, Dünen

Stängel behaart; B. gegenständig, fast sitzend, eiförmig-länglich, meist stumpf gezähnt, vorne ganzrandig; Blüten kurz gestielt, in langer, dichter, ährenförmiger Traube am Ende des Stängels; Krone 4-teilig, 8–12 mm breit, blau, trichterförmig, schwach 2-lippig; Kelch 4-teilig, drüsenhaarig. ▲ Selten. Mittel- und Südeuropa, nördlich bis England, Südschweden.

❹ Österreichischer Ehrenpreis *Veronica austriaca*

✻ Mai–Juni ↕ 10–50 cm ▼ Kalkmagerrasen, steinige Hänge, Dünen

Pflanze aufrecht; B. lanzettlich, entfernt gesägt bis ganzrandig, in den kurzen Stiel verschmälert, häufig am Rand umgerollt; Stängel ringsum behaart; Blüten in gegenständigen, vielblütigen, lang gestielten Trauben; Kelch 5-zipfelig; Krone dunkelblau, 11–15 mm breit; Fruchtkapsel spitzwinkelig ausgerandet. ▲ Zerstreut bis selten. Mittel- und Osteuropa.

❺ Quendel-Ehrenpreis *Veronica serpyllifolia*

✻ Apr.–Sept. ↕ 5–25 cm ▼ Wiesen, Wege, Lägerfluren der Alpen

B. kahl, eiförmig-rundlich, kurz gestielt, ganzrandig oder gekerbt; Blüten einzeln in den B.achseln der oberen B.; Krone 5–6 mm breit, weißlich, blau geadert. ▲ Häufig. Europa.

❻ Dreiteiliger Ehrenpreis *Veronica triphyllos*

✻ März–Mai ↕ 5–15 cm ▼ Äcker, Sandtrockenrasen; kalkmeidend

Pflanze aufrecht, stark drüsenhaarig; B. tief 3–5-teilig, sitzend, gekerbt, dunkelgrün; Stängelb. in kleine Tragb. übergehend; Blüten in lockeren Trauben; Krone 6–9 mm breit, tiefblau; Kelchzipfel zur Fruchtzeit 6–8 mm lang; Fruchtkapsel verkehrt-herzförmig, dicht drüsenhaarig. ▲ Zerstreut. Hauptsächlich Mittel- und Südeuropa.

6

1

5

4

2

3

Wegerichgewächse *(Plantaginaceae* incl. *Callitrichaceae, Hippuridaceae, Veronicaceae, Globulariaceae)*

❶ Nesselblättriger Ehrenpreis *Veronica urticifolia (V. latifolia)*

✻ Juni–Aug. ↕ 20–60 cm ▼ Schlucht- und krautreiche Bergwälder, Hochstaudenfluren

Pfl. aufrecht; St. ringsum gleichmäßig behaart; B. breit-lanzettlich, spitz, scharf gesägt, untere B. kurz gestielt, obere sitzend; Blüten in vielblütigen, langen Trauben; Blütenstiele 6–8 mm lang; Kelch 4-blättrig; Krone 6–8 mm breit, lila oder rötlich, dunkler geadert; Fruchtkapsel rundlich. ▲ Zerstreut. Gebirge Mittel- und Südeuropas.

❷ Persischer Ehrenpreis *Veronica persica*

✻ Jan.–Dez. ↕ 10–30 cm ▼ Äcker, Weinberge, Gärten

Pfl. niederliegend; B. 3-eckig eiförmig, grob gezähnt, kurz gestielt; St.b. nach oben kaum verkleinert; Blüten einzeln, b.achselständig; Krone 8–12 mm breit, blau, untere Kronb. heller; Kelchzipfel ei-lanzettlich; Fruchtkapsel 8–10 mm breit und 4–6 mm lang, stumpfwinkelig ausgerandet. ▲ Häufig. Fast ganz Europa.

❸ Faden-Ehrenpreis *Veronica filiformis*

✻ Apr.–Mai ↕ 5–30 cm ▼ Parkrasen, Weiden, Wege

Pfl. mit fadendünnen St. kriechend, drüsig behaart; B. rundlich, schwach gekerbt, 5–12 mm lang; Blütenstiele 2–4-mal länger als die Tragb.; Krone bläulich violett, 8–12 mm breit; Fruchtkapsel 4–6 mm breit, mit 3–4 mm langem Griffel; Verbreitung durch kleine Brutknöllchen in den Achseln der B. ▲ Verbreitet. Ursprünglich Gebirge Südwestasiens, heute weltweit verbreitet.

❹ Efeu-Ehrenpreis *Veronica hederifolia*

✻ März–Mai ↕ 8–30 cm ▼ Äcker, Wege, Hecken

B. 3–7-lappig, rundlich, lang gestielt; Krone 6–9 mm breit, hellblau, dunkel geadert; Kelchzipfel breit-herzförmig, lang gewimpert; Fruchtkapsel kugelig 2-knotig. ▲ Verbreitet. Fast ganz Europa.

❺ Feld-Ehrenpreis *Veronica arvensis*

✻ Apr.–Okt. ↕ 5–20 cm ▼ Äcker, Wege, Mauern

St. 2-reihig behaart; B. ungeteilt, eiförmig, gekerbt, 10–15 mm lang; Tragb. der Blüten schmal-lanzettlich, nach oben kleiner werdend; Blütenstiele kürzer als der Kelch; Krone 3–4 mm breit, hellblau; Fruchtkapsel breit-herzförmig, gewimpert, mit tiefer, spitzwinkeliger Ausrandung. ▲ Verbreitet. Ursprünglich Südeuropa, heute weltweit verbreitet.

❻ Echter Ehrenpreis *Veronica officinalis*

✻ Juni–Aug. ↕ 10–30 cm ▼ Wälder, Heiden, saure Böden

St. rauhaarig; B. eiförmig, kurz gestielt, stumpf gekerbt; Krone hellviolett, 6–7 mm breit; Fruchtkapsel 3-eckig bis herzförmig, drüsenhaarig; früher Arzneipfl. ▲ Verbreitet. Europa.

❼ Berg-Ehrenpreis *Veronica montana*

✻ Mai–Juni ↕ 15–30 cm ▼ Krautreiche, feucht oder quellige Laubwälder

Pfl. niederliegend bis aufsteigend, weichhaarig, mit abstehenden Haaren; St. ringsum gleichmäßig behaart; B. eiförmig, grob gesägt; B.stiele 7–15 mm lang; Krone bläulich weiß, mit dunkleren Adern; Fruchtkapsel 4–6 mm lang und 7–8 mm breit, flach, brillenförmig, drüsig gewimpert, länger als die eiförmigen Kelchb. ▲ Verbreitet bis zerstreut. Gemäßigtes Europa, nördlich bis südliches Schottland und Südschweden.

4
2
3
5
6
1
7

Wegerichgewächse *(Plantaginaceae* incl. *Callitrichaceae, Hippuridaceae, Veronicaceae, Globulariaceae)*

❶ Alpen-Ehrenpreis *Veronica alpina*

✻ Juni–Aug. ↕ 2–15 cm ▼ Feuchte Matten und Weiden, Schneetälchen, Felsschutt, 1500–3200 m

St. abstehend behaart; untere B. kleiner als die oberen; B. eiförmig-elliptisch, stumpf, ganzrandig oder leicht gekerbt; Blüten blaulila, 6–7 mm breit, in gedrungener, armblütiger Traube; Blütenstiele und Kelch rauhaarig; Fruchtkapsel verkehrt-eiförmig, ausgerandet, langhaarig. ▲ Verbreitet. Alpen, Pyrenäen, Jura, Apennin, Karpaten, Balkanhalbinsel.

❷ Blattloser Ehrenpreis *Veronica aphylla*

✻ Juni–Aug. ↕ 2–8 cm ▼ Steinrasen, Felsritzen, etwa 1000–2800 m

Rosettenpfl.; B. breit-eiförmig, 10–15 mm lang, am Rand bewimpert; Blüten zu 2–4; Kelch drüsig behaart; Krone lila oder tiefblau, 6–8 mm breit; Fruchtkapsel drüsig behaart. ▲ Verbreitet. Gebirge Mittel- und Südeuropas.

❸ Felsen-Ehrenpreis *Veronica fruticans*

✻ Juni–Aug. ↕ 5–15 cm ▼ Steinige Matten, etwa 1200–2800 m

Vom Grund aus verzweigt; B. länglich-elliptisch, 1–2 cm lang, schwach gekerbt, glänzend, fast kahl; Blüten in 4–6-blütiger Traube; behaart; Krone azurblau, im Schlund mit purpurnem Ring; Fruchtkapsel eiförmig, kaum ausgerandet. ▲ Verbreitet. Nordeuropa, Gebirge Mittel- und Südeuropas.

❹ Strauchiger Ehrenpreis *Veronica fruticulosa*

✻ Juli–Aug. ↕ 10–20 cm ▼ Schuttfluren, steinige Matten, Felsen, 600–2700 m; kalkliebend

Pfl. am Grund schwach verholzt; B. kurz gestielt, lineal-lanzettlich, schwach gekerbt, anliegend behaart; Blüten in lockerer, armblütiger, drüsig-flaumiger Traube; Krone hellrot, mit dunkleren Adern; Fruchtkapsel breit-eiförmig, seicht ausgerandet, drüsig behaart. ▲ Zerstreut bis selten. Alpen (in den Nordostalpen fehlend, hauptsächlich West- und Südalpen), Vogesen, Schweizer Jura, Pyrenäen.

❺ Bach-Ehrenpreis, Bachbunge *Veronica beccabunga*

✻ Mai–Sept. ↕ 20–60 cm ▼ Gräben, Quellen

St. und B. fleischig; B. breit-elliptisch bis rundlich, 1–4 cm lang, kurz gestielt, unregelmäßig stumpf gesägt; Krone himmelblau; Frucht kugelig, kaum abgeflacht. ▲ Verbreitet. Europa. – Ähnlich ist der **Gauchheil-Ehrenpreis**, *V. anagallis-aquatica*, aber St. hohl; B. fast ganzrandig, mit schwach-herzförmigem Grund sitzend; Blüten hellblau bis blasslila und dunkler geadert. Bachröhrichte, Ufer, Gräben. ▲ Europa.

❻ Blaues Mänderle *Paederota bonarota*

✻ Juni–Aug. ↕ 8–20 cm ▼ Kalk- und Dolomitfelsspalten, Täler bis 2500 m

Pfl. oft überhängend wachsend, mit dicht kraushaarigen St.; B. gegenständig, rundlich-eiförmig, sehr kurz gestielt, fast kahl, dunkelgrün, 3–4 cm lang, mit 4–10 nach vorne gerichteten Sägezähnen; Blüten an kurzen, behaarten Stielen in dichtblütiger Traube mit schmalen Tragb.; Krone blauviolett, 10–13 mm lang, 2-lippig; Oberlippe ungeteilt, Unterlippe 3-lappig. ▲ Ziemlich selten. Von den Bergamasker Alpen bis zu den Julischen Alpen, in Nordtirol und den Salzburger Alpen sehr selten.

6
2
4
5
1
3

Blüten blau, lila, violett, Blütenblätter 5 oder mehr

Spargelgewächse *(Asparagaceae* incl. *Ruscaceae, Hyacinthaceae)*

❶ Zweiblättriger Blaustern, Sternhyazinthe, Meerzwiebel *Scilla bifolia*

✻ März–Apr. ↕ 10–20 cm ▼ Laubwälder, Auenwälder, Gebüsche

Zwiebeln meist mit 1 runden Stängel und 2 stängelumfassenden, bis 10 cm langen B.; Blütenstand 2–8-blütig; Blütenb. 6, frei, sternförmig abstehend, 6–12 mm lang, 2–3 mm breit, hellblau, selten weiß oder rosa. Geschützt! ▲ Ziemlich selten. Mittel- und Süddeutschland, Alpen und Vorland, Süd- und Südosteuropa.

❷ Weinbergs-Traubenhyazinthe *Muscari neglectum*

✻ Apr.–Mai ↕ 10–20 cm ▼ Weinberge, Halbtrockenrasen

B. zu 3–6, schmal-linealisch, halb stielrund, schlaff, oberseits rinnig, länger als der Stängel; Blütentraube dicht, 3–6 cm lang; Blüten länglich-eiförmig, duftend, blau, mit weißem Saum, 4–5 mm lang. Geschützt! ▲ Zerstreut bis selten. Mittel- und Südeuropa. – Ähnlich ist die **Kleine Traubenhyazinthe**, *M. botryoides*, aber B. breit-lanzettlich, zur Spitze hin verbreitert, bis 8 mm breit, steif-aufrecht, fast so lang wie der Stängel; Blüten kugelig-eiförmig, geruchlos. Magerrasen, Bergwiesen, Eichenwälder. ▲ Ziemlich selten. Mittel- und Süddeutschland, Südeuropa.

❸ Schopfige Traubenhyazinthe *Muscari comosum*

✻ Apr.–Mai ↕ 30–70 cm ▼ Kalkmagerrasen, Wegraine, Äcker; wärmeliebend

B. lineal, 10–25 mm breit, fein gezähnt; Blüten in 10–25 cm langer, lockerer Traube, oben mit einem Schopf aufrechter, blauvioletter, lang gestielter unfruchtbarer Blüten; fruchtbare Blüten 5–7 mm lang, dunkelblau, mit weißen Zähnen. Geschützt! ▲ Selten. Süddeutschland, Südeuropa.

❹ Hasenglöckchen *Hyacinthoides non-scripta (Endymion non-scriptus)*

✻ Apr.–Mai ↕ 15–30 cm ▼ Laubwälder, Gebüsche

B. zu 5–6, linealisch, glänzend, 5–10 mm breit; Blüten blau, zu 4–20 in 1-seitswendiger, meist überhängender Traube an einem b.losen, krautigen Stängel; Blütenhülle am Grund verwachsen, glockig; Blütenstiele kürzer als die Tragb. und Vorb.; Zierpflanze. ▲ Selten. West- und Nordwestdeutschland, Westeuropa.

Schwertliliengewächse *(Iridaceae)*

❺ Frühlings-Krokus *Crocus albiflorus*

✻ März–Apr. ↕ 8–15 cm ▼ Bergwiesen und -weiden, in den Alpen bis 2800 m

Pflanze mit Knolle, ohne oberirdischen Stängel; B. grundständig, grasartig, schmal-lanzettlich, mit weißem Mittelstreifen; Blüten weiß, violett oder gestreift; Blütenb. unten zu einer Röhre verwachsen. ▲ Verbreitet. Gebirge Mittel- und Südeuropas.

5
1
3
4
2

Hahnenfußgewächse *(Ranunculaceae)*

❶ Gewöhnliche Akelei *Aquilegia vulgaris*

✻ Mai–Juli ↕ 30–80 cm ▼ Laubwälder, Gebüsche, Waldränder, Trockenrasen; wärmeliebend

Grundständige B. lang gestielt, doppelt 3-teilig, oft blaugrün; oberste B. sitzend, 3-lappig; Blüten blauviolett, 3–5 cm lang, mit langem Sporn; Staubb. kaum aus der Blüte ragend. Geschützt! ▲ Zerstreut. Fast ganz Europa.

❷ Schwarzviolette Akelei *Aquilegia atrata*

✻ Juni–Juli ↕ 30–70 cm ▼ Nadelwälder, Waldränder, Moorwiesen

Pflanze ähnlich der Gewöhnlichen Akelei, aber Blüten braunviolett; Staubb. weit aus der Blüte ragend. ▲ Zerstreut. Süddeutschland, Alpen und Vorland, Apennin.

❸ Kleinblütige Akelei *Aquilegia einseleana*

✻ Juni–Juli ↕ 15–40 cm ▼ Felsspalten, Gesteinsschutt, steinige Rasen, Latschengebüsch

Pflanze zierlich; Stängel 1–3-blütig, oben drüsig flaumhaarig; B. (3b) doppelt 3-zählig, blaugrün; Blüten (3a) hellblau bis dunkelviolett, 2–3 cm breit, mit fast geradem, 7–10 mm langem Sporn. ▲ Selten. Nördliche und südliche Kalkalpen.

❹ Bertolonis Akelei *Aquilegia bertolonii*

✻ Juni–Juli ↕ 10–30 cm ▼ Auf Kalkfels und Felsschutt, 800–1800 m

Stängel oben drüsenhaarig; Grundb. doppelt 3-teilig, B.abschnitte 2–3-schnittig; obere Stängelb. linealisch; Blüte 25–35 mm breit, blauviolett oder dunkelblau; Sporn 10–14 mm lang, gerade oder schwach gekrümmt. ▲ Zerstreut bis selten. Südwestalpen und Südostalpen.

❺ Finger-Kuhschelle, Stern-Kuhschelle *Pulsatilla patens*

✻ Apr.–Mai ↕ 5–30 cm ▼ Magerrasen, Heiden, Kiefernwälder

Grundb. 3-zählig, mit 3-teiligen oder handförmig fiederteiligen, jung weißzottigen B.chen; Blüten blauviolett, zuletzt sternförmig ausgebreitet, außen zottig; Blütenhülle viel länger als die Staubb.; Griffel nach der Blütezeit vergrößert, federig. ▲ Selten. Mittel- und Südosteuropa, nördlich bis Südskandinavien.

❻ Wiesen-Kuhschelle *Pulsatilla pratensis*

✻ Apr.–Mai ↕ 10–50 cm ▼ Sand- und Silikattrockenrasen, trockene Kiefernwälder

Pflanze weißlich behaart, mit nickenden purpurnen oder schwarzvioletten Blüten; Blütenb. zusammenneigend, wenig länger als die Staubb.; Grundb. 3-fach gefiedert, mit schmalen, etwa 4 mm breiten Abschnitten. Giftig! ▲ Selten. Mittel- und Südosteuropa.

❼ Gewöhnliche Kuhschelle *Pulsatilla vulgaris*

✻ Apr.–Mai ↕ 5–40 cm ▼ Magerrasen, trockene, sandige Kiefernwälder

Blüten aufrecht; Blütenb. ausgebreitet, bis 4 cm lang, viel länger als die Staubb., hellviolett; Grundb. 2–3-fach fiederspaltig, mit schmalen Abschnitten. Giftig! ▲ Selten. Mitteleuropa.

6
5
2
7
4
3a
1
3b

Hahnenfußgewächse *(Ranunculaceae)*

❶ Leberblümchen *Hepatica nobilis (Anemone hepatica)*

✻ März–Apr. ↕ 5–15 cm ▼ Buchen- und Eichenwälder, Nadelmischwälder

B. grundständig, überwinternd, 3-lappig, oberseits grün, unterseits oft rotbraun oder violett; Blütenb. 6–10, blau, seltener rosa oder weiß. ▲ Zerstreut. Fast ganz Europa.

Leingewächse *(Linaceae)*

❷ Stauden-Lein, Dauer-Lein *Linum perenne*

✻ Juni–Aug. ↕ 20–80 cm ▼ Trockenrasen, trockene Kiefernwälder

Pflanze mit mehreren Stängeln; B. lanzettlich, 1–2 mm breit, 1–3-nervig, am Rand rau; Blüten hellblau; Kronb. 1–2 cm lang, sich überdeckend; innere Kelchb. länger und breiter als die äußeren. ▲ Selten. Süddeutschland, Südeuropa. – Der **Gelbe Lein**, *L. flavum*, eine gelbblühende Art, hat einen scharfkantigen Stängel und verkehrt-eiförmige bis lanzettliche, ganzrandige, blaugrüne B.; Kronb. 12–20 mm lang, gelb; Kelchb. eiförmig, lang zugespitzt, drüsig gewimpert, mit hellem Hautrand. Halbtrockenrasen, Kalkmagerrasen, Waldränder; wärmeliebend. ▲ Selten. Baden-Württemberg, Bayern, Österreich, Südost- und Osteuropa.

❸ Saat-Lein, Flachs *Linum usitatissimum*

✻ Juni–Juli ↕ 30–60 cm ▼ Schuttplätze

Pflanze 1-jährig, nur mit 1 Stängel; B. schmal-lanzettlich, 3–4 mm breit; Kronb. 12–15 mm lang, blau; Kelchb. 5–7 mm lang, fein zugespitzt, fein bewimpert, aber nicht drüsig; als Öl- und Faserpflanze seit der jüngeren Steinzeit angebaut. ▲ Herkunft unbekannt, kultiviert und verwildert in ganz Europa.

❹ Alpen-Lein *Linum alpinum*

✻ Juni–Aug. ↕ 15–30 cm ▼ Lückige Rasen, Felsschutt, 1400–2200 m

Pflanze mit vielen bogig aufsteigenden, blühenden und nichtblühenden, dicht beblätterten Trieben; B. wechselständig, lineal-lanzettlich, 1–3-nervig, bis 3 cm lang; Blüten zu 1–7, lang gestielt, 3–4 cm breit; Krone hellblau, am Grund gelblich; Kelchb. lanzettlich, 5–7 mm lang; Frucht eine kugelige, stachelspitzige Frucht. ▲ Verbreitet. Alpen. Die Art tritt in den Alpen in mehreren geografisch getrennten Unterarten und Sippen auf.

Himmelsleitergewächse *(Polemoniaceae)*

❺ Blaue Himmelsleiter *Polemonium caeruleum*

✻ Juni–Juli ↕ 30–80 cm ▼ Grauerlenwälder, Hochstaudenfluren, Gebüsche, kalkhaltige Flachmoore

Pflanze mit waagrechtem Rhizom; Stängel aufrecht, kantig gefurcht, kahl; B. unpaarig gefiedert, mit 15–30 ei-lanzettlichen Fiedern; Blüten 5-zählig, in 10–30 cm langer, drüsig behaarter Rispe; Krone radförmig bis glockig, himmelblau, selten weiß, etwa 2 cm breit, mit gerundeten Kronzipfeln; Kelch bis zur Mitte geteilt; Zierpflanze. ▲ Ziemlich selten. Mittel- und Nordeuropa, gelegentlich aus Gärten verwildert.

4
3
2
5
1

Primelgewächse *(Primulaceae)*

❶ Echtes Alpenglöckchen *Soldanella alpina*

✻ Apr.–Juni ↕ 5–15 cm ▼ Kalkhaltige Schneeböden, feuchte Mulden, etwa 1000–3000 m

B. grundständig, rundlich-nierenförmig, 1–3 cm breit, mit Basalbucht und oberseits hervortretenden Nerven; Blütenschaft 2–3-blütig, b.los; Krone 8–15 mm lang, blauviolett, selten weißlich, trichterförmig, bis zur Mitte zerschlitzt. ▲ Verbreitet. Gebirge Mittel- und Südeuropas.

❷ Kleines Alpenglöckchen *Soldanella pusilla*

✻ Mai–Aug. ↕ 4–8 cm ▼ Kalkarme Schneeböden, feuchter Ruhschutt, Magerrasen, etwa 1500–3000 m

B. dünn, rundlich-nierenförmig, unter 1 cm breit; Blüten einzeln; Krone eng-glockig, 10–15 mm lang, blassviolett, zu $^{1}/_{4}$ zerschlitzt. ▲ Zerstreut. Gebirge Mittel- und Südeuropas (östlich).

❸ Zwerg-Alpenglöckchen *Soldanella minima*

✻ Mai–Juli ↕ 4–9 cm ▼ Kalkreiche Schneeböden, feuchter Dolomitschutt, Felsritzen, 1500–3000 m

B. grundständig, etwa 8 mm breit, kreisrund, lederig, glatt, Rand oft nach unten umgebogen, unterseits mit vielen Drüsengruben; Blütenschaft 1-blütig; Blüten hängend, weißlich oder blasslila; Krone röhrig-glockig, zu $^{1}/_{3}$ eingeschnitten. ▲ In den nördlichen Kalkalpen selten (Ammergebirge), in den südlichen Kalkalpen verbreitet.

❹ Klebrige Primel, Blauer Speik *Primula glutinosa*

✻ Juli–Aug. ↕ 2–8 cm ▼ Silikatmagerrasen, Ruhschutt, etwa 1800–3600 m

B. ei-länglich, vorne meist gezähnt, allmählich in den breit geflügelten, kurzen Stiel verschmälert, dunkelgrün, stark klebrig; Blüten zu 2–7, duftend, dunkelblau, später violett; Blütenstiele 1–2 mm lang; Tragb. braunrot. ▲ Zerstreut bis selten. Ostalpen.

❺ Acker-Gauchheil *Anagallis arvensis*

✻ Juni–Okt. ↕ 5–25 cm ▼ Gärten, Äcker, Weinberge

Stängel 4-kantig, kahl; B. gegenständig, eiförmig, 5–20 mm lang; Blüten lang gestielt; Kronb. meist zinnoberrot, selten blau oder rosa, übereinandergreifend, bis 7 mm lang und 6 mm breit, vorne ganzrandig oder schwach gekerbt, mit 3-zelligen Drüsenhaaren; Kelchb. ganzrandig. ▲ Häufig. Europa.

❻ Blauer Gauchheil *Anagalis foemina*

✻ Juni–Sept. ↕ 5–20 cm ▼ Äcker; kalkliebend

Krone stets tiefblau; Kronb. 6 mm lang, am Rand mit 4-zelligen Drüsenhaaren, vorne fransig gezähnt; Kelchb. fein gezähnt. ▲ Zerstreut bis selten. Mittel- und Südeuropa.

2

1

3

4

5

6

Enziangewächse *(Gentianaceae)*

❶ Stängelloser Enzian, Kalk-Enzian *Gentiana clusii*

✻ Mai–Aug. ↕ 5–10 cm ▼ Kalkhaltige Magerrasen, Moore, bis 2800 m

Rosettenb. ei-lanzettlich, spitz, 2–5 cm lang, in oder unter der Mitte am breitesten, glänzend; Kelchzähne lanzettlich, spitz, anliegend, mindestens ½ so lang wie die Kronröhre; Buchten zwischen den Kelchzähnen spitz; Krone blau, glockig, innen ohne grüne Flecken. ▲ Zerstreut. Gebirge Mittel- und Südeuropas.

❷ Stängelloser Silikat-Enzian *Gentiana kochiana*

✻ Juni–Aug. ↕ 5–10 cm ▼ Kalkarme, saure Matten, Steinrasen, etwa 1200–3000 m

Pflanze ähnlich Stängellosem Enzian, aber Rosettenb. verkehrt-eiförmig bis elliptisch, stumpf, größte Breite im oberen Drittel; Kelchzähne spatelig, kürzer als die halbe Kronröhre; Buchten zwischen den Kelchzipfeln breit; Krone blau, innen mit olivgrünen Flecken. ▲ Zerstreut. Gebirge Mittel- und Südeuropas.

❸ Kreuz-Enzian *Gentiana cruciata*

✻ Juli–Aug. ↕ 15–50 cm ▼ Kalkmagerrasen, lichte Kiefern- und Eichenwälder

B. lanzettlich, meist 3-nervig, bis 10 cm lang, B.paare scheidig verwachsen; Blüten zu 1–3 in den Achseln der obersten B.; Krone 4-zählig, eng-glockig, blau, außen grünlich. ▲ Selten. Hauptsächlich Mitteleuropa, im Süden nur in den Gebirgen.

❹ Karawanken-Enzian *Gentiana froelichii*

✻ Juli–Sept. ↕ 5–10 cm ▼ Felsschutt, steinige Rasen, nur auf Kalk, 1800–2400 m

Grundb. schmal-elliptisch, spitz, 3-nervig, glänzend; Stängelb. viel kleiner; Blüten meist einzeln, endständig; Krone schmal-trichterförmig, ohne Punkte, 3–4 cm lang, hell- bis violettblau. ▲ Ziemlich selten. Nur in den Karawanken und Steiner Alpen.

❺ Schnee-Enzian *Gentiana nivalis*

✻ Juni–Aug. ↕ 2–15 cm ▼ Kalkhaltige Steinrasen, Feinschutt, etwa 1700–3000 m

Pflanze zierlich, ästig; grundständige B. rosettig gehäuft, klein, stumpf; Stängelb. eiförmig, spitz; Blüten an den Enden der Äste, einzeln, tiefblau; Kelch gekielt oder schmal geflügelt, Kelchzähne lanzettlich, spitz. ▲ Zerstreut. Nordeuropa, Gebirge Mittel- und Südeuropas.

❻ Schlauch-Enzian *Gentiana utriculosa*

✻ Mai–Aug. ↕ 8–20 cm ▼ Kalkflachmoore, Magerrasen, subalpine Steinrasen

Stängel mehrblütig, kantig; B. eiförmig; Kelch 2–4 mm breit geflügelt, zuletzt aufgeblasen; Krone dunkelblau, außen oft grünlich. ▲ Selten. Hauptsächlich Gebirge Mittel- und Südeuropas.

❼ Schmalblättriger Enzian *Gentiana angustifolia*

✻ Mai–Aug. ↕ 5–15 cm ▼ Steinige Matten, Kalkböden, 1200–2800 m

Grundständige B. lineal-lanzettlich, 4–10 cm lang; Stängelb. breit-elliptisch; Krone groß, trichterförmig, 4–5 cm lang, dunkel- bis hellblau; Kronzipfel spitz; Kelch glockig, Kelchzähne abstehend. ▲ Ziemlich selten. Südwestalpen, französischer Jura, Pyrenäen (vertritt dort *G. clusii*).

3
2
5
6
1
4
7

Enziangewächse *(Gentianaceae)*

❶ Frühlings-Enzian *Gentiana verna*

✻ März–Aug. ↕ 3–10 cm ▼ Kalkmagerrasen, Flachmoore

Pflanze mit grundständiger B.rosette; B. breit-lanzettlich, spitz, 1–3-nervig, bis 3 cm lang; Stängelb. kleiner; Stängel aufrecht, 1-blütig; Krone tiefblau, mit abstehenden Zipfeln, dazwischen mit je einem 2-spitzigen Anhängsel; Kelch an den Kanten schmal geflügelt. ▲ Im Alpenraum und Vorland zerstreut. Gebirge Mittel- und Südeuropas.

❷ Zwerg-Enzian *Gentiana pumila*

✻ Juli–Aug. ↕ 5–10 cm ▼ Magerrasen, Schneetälchen, auf Kalk, 1600–2800 m

Rosettenb. lineal-lanzettlich, spitz, undeutlich 1-nervig, 6–15 mm lang und 1–3 mm breit; Blüten einzeln, azurblau; Kronzipfel ei-lanzettlich, spitz; Kelchzähne lineal-lanzettlich, spitz, fast so lang wie die schmal geflügelte Kelchröhre. ▲ Zerstreut. Nordöstliche und südöstliche Kalkalpen.

❸ Dachziegeliger Enzian *Gentiana terglouensis*

✻ Juli–Aug. ↕ 3–6 cm ▼ Kalkreiche, steinige Matten, Pionierrasen, 1900–2700 m

Pflanze dichtrasig, mit kurzen, dachziegelig beblätterten, nichtblühenden Trieben und 1-blütigen Stängeln; B. alle etwa gleich groß, 4–5 mm lang, breit-lanzettlich, scharf zugespitzt, mit heller trockenhäutiger Spitze, am Rand rau; Krone tiefblau; Kelch röhrenförmig, kaum geflügelt, mit 3-eckig lanzettlichen Zähnen ▲ Ziemlich selten. Von den Dolomiten bis zu den Steiner Alpen.

❹ Rundblättriger Enzian *Gentiana orbicularis*

✻ Juli–Aug. ↕ 3–6 cm ▼ Trockene Magerrasen, Gesteinsfluren, Felsbänder, meist kalkreiche Böden, 2000–3000 m

B. in dichter Rosette, eiförmig bis kreisrund, 5–10 mm lang, lederig, dunkelgrün, mit rauem Rand; Blütenstiele sehr kurz; Krone tiefblau, mit fast kreisrunden oder rautenförmigen Zipfeln; Kelch schmal geflügelt. ▲ Zerstreut bis selten. Alpen, Apennin, Karpaten.

❺ Kurzblättriger Enzian *Gentiana brachyphylla*

✻ Juli–Aug. ↕ 3–6 cm ▼ Kalkarme Magerrasen, Kalkschieferschutt, Schneetälchen, 1800–3200 m

Pflanze rasenbildend; B. dachziegelig, rhombisch bis eiförmig, glänzend, mit breitem Knorpelrand; alle B. fast gleich groß; Blüten einzeln, kurz gestielt, azurblau; Kronzipfel schmal, ei-lanzettlich, außen etwas grünlich; Kelch an den Kanten kaum geflügelt. ▲ Zerstreut bis selten. Alpen, Pyrenäen.

❻ Bayerischer Enzian *Gentiana bavarica*

✻ Juli–Sept. ↕ 4–15 cm ▼ Feuchte Matten, Quellen, Schneetälchen, etwa 1800–2600 m; kalkmeidend

Pflanze rasenbildend, dicht beblättert; B. verkehrt-eiförmig, stumpf, fast alle gleich groß; Kelch röhrenförmig, sehr schmal geflügelt; Krone tiefblau, mit hellerer Röhre. ▲ Verbreitet. Alpen, Karpaten.

❼ Kurzstängeliger Enzian *Gentiana bavarica* ssp. *subacaulis*

✻ Juli–Sept. ↕ 3–8 cm ▼ Feuchter Silikatschutt, Schneetälchen, bis 3600 m

Hochalpine, fast stängellose Pflanze mit fast kreisrunden, dicht dachziegeligen, nach unten kleiner werdenden B. ▲ Zerstreut. Alpen.

1
2
3
4
5
6
7

Enziangewächse *(Gentianaceae)*

❶ Ungarischer Enzian *Gentiana pannonica*

✻ Juli–Sept. ↕ 30–60 cm ▼ Kalkarme Magerrasen, etwa 1600–2300 m

St. aufrecht, oben purpurn überlaufen; B. gegenständig, elliptisch, 5–7-nervig, untere gestielt, obere sitzend; Kelch mit 5–8 zurückgekrümmten Zipfeln; Krone trübpurpurn, am Grund gelbgrün, schwarzrot punktiert, innen gelblich. ▲ Selten. Ostalpen, Böhmerwald.

❷ Purpur-Enzian *Gentiana purpurea*

✻ Juli–Sept. ↕ 20–60 cm ▼ Kalkarme Weiderasen, Hochstaudenfluren, Zwergstrauchheiden, 1600–2700 m

Pfl. ähnlich Ungarischem Enzian, aber Kelch 2-zipfelig, auf einer Seite bis fast zum Grund aufgeschlitzt; Kelchzipfel nicht nach außen gekrümmt; Krone schmutzig lila bis bräunlich purpurn. ▲ Verbreitet bis zerstreut. Alpen (westlich), Apennin, Südnorwegen.

❸ Schwalbenwurz-Enzian *Gentiana asclepiadea*

✻ Juli–Sept. ↕ 30–80 cm ▼ Moorwiesen, Bergwälder, Hochstaudenfluren, in den Alpen bis fast 2000 m

B. kreuzgegenständig, lanzettlich, spitz, 4–8 cm lang, 5-nervig; Blüten zu 1–3 b.achselständig, an schattigen Hängen Blüten 1-seitswendig und B. kammartig 2-zeilig angeordnet; Kelch röhrig, mit 5 kurzen, schmalen Zipfeln; Krone eng, glockig, 3–5 cm lang, dunkelblau, innen rotviolett. ▲ Ziemlich selten. Gebirge Mittel- und Südeuropas.

❹ Lungen-Enzian *Gentiana pneumonanthe*

✻ Juli–Sept. ↕ 15–50 cm ▼ Moorwiesen, Flachmoore

Pfl. ohne grundständige B.rosette; B. linealisch, bis 5 cm lang, meist 1-nervig; Blüten in den Achseln der obersten B.; Krone eng-glockig, 5-teilig, blau, innen mit 5 grün punktierten Streifen. ▲ Ziemlich selten. Europa, nördlich bis Südskandinavien, im Süden nur in den Gebirgen.

❺ Deutscher Enzian *Gentianella germanica (Gentiana germanica)*

✻ Juni–Okt. ↕ 5–40 cm ▼ Kalkmagerrasen

St. meist nur oben ästig; St.b. ei-lanzettlich, meist spitz; Blüten 5-teilig, 2–4 cm lang; Kelchzipfel am Rand rau; Kelch schmal geflügelt; Buchten zwischen den Kelchzipfeln spitz; Krone rotviolett, innen bärtig, mit 3–5 mm breiten Kronzipfeln. ▲ Zerstreut bis selten. Mitteleuropa, Alpen.

❻ Rauer Enzian *Gentianella aspera (Gentiana aspera)*

✻ Mai–Okt. ↕ 5–30 cm ▼ Kalkreiche Halbtrockenrasen, bis etwa 2800 m

St. vom Grund an ästig; St.b. 3-eckig eiförmig, stumpflich, am Rand meist bewimpert; Blüten meist 5-teilig, innen bärtig, blauviolett, 2–4 cm lang; Kronzipfel 9–15 mm lang und 5–10 mm breit; Kelch schmal geflügelt, Kelchbuchten spitz, Kelchzipfel am Rand und auf dem Mittelnerv rau bewimpert; Fruchtknoten lang gestielt. ▲ Verbreitet bis selten. Ostalpen, Alpenvorland, Fränkischer Jura.

❼ Blauer Sumpfstern, Moorenzian, Tarant *(Swertia perennis)*

✻ Juni–Aug. ↕ 15–40 cm ▼ Kalkhaltige Flach- und Quellmoore, bis etwa 1500 m

St. 1-fach, aufrecht; B. oval, untere gestielt, obere sitzend; Blüten 2–3 cm breit, schmutzig blau, dunkel punktiert, in Trauben oder Rispen; Blütenstiele 4-kantig, geflügelt. ▲ Selten. Alpen und Vorland, Gebirge Mittel- und Südeuropas.

5
2
6
4
3
7
1

Blüten blau, lila, violett, Blütenblätter 5 oder mehr

Storchschnabelgewächse *(Geraniaceae)*

❶ Wiesen-Storchschnabel *Geranium pratense*

✻ Juni–Aug. ↕ 20–60 cm ▼ Fettwiesen, Wegraine

Pflanze oberwärts schwach drüsig behaart; B. meist 7-teilig, mit schmalen, fiederspaltigen Abschnitten; Blüten meist zu 2; Kronb. 12–20 mm lang, blauviolett; Staubfäden am Grund 3-eckig verbreitert; Blütenstiele nach dem Verblühen abwärts gebogen, zur Fruchtreife oft wieder aufwärts gerichtet. ▲ Zerstreut. Fast ganz Europa.

❷ Wald-Storchschnabel *Geranium sylvaticum*

✻ Juni–Aug. ↕ 20–60 cm ▼ Feuchte Bergfettwiesen, subalpine Hochstaudenfluren

B.abschnitte breit-rhombisch, eingeschnitten gesägt; im Bereich des Blütenstandes dicht drüsenhaarig; Blüten rotviolett; Staubfäden (2a) lanzettlich. ▲ Alpen und Mittelgebirge verbreitet, sonst zerstreut. Fast ganz Europa.

❸ Purpur-Storchschnabel *Geranium phaeum*

✻ Mai–Juli ↕ 30–60 cm ▼ Bergwiesen, Weiden, Hochstaudenfluren, Auenwälder, 1000–2400 m, gelegentlich auch tiefer

Stängel abstehend behaart; B. wechselständig, lang gestielt, untere B. im Umriss rundlich, bis 10 cm breit, etwa bis zur Mitte in 5–7 3-zipfelige, grob gekerbte Lappen geteilt; Blütenstand 2-blütig; Kronb. 5, rotbraun oder schwarzviolett, bis 15 mm lang, am Grund bärtig; Staubfäden abstehend behaart. ▲ Zerstreut. Alpen und Vorland, Gebirge Mittel- und Südeuropas.

Nachtschattengewächse *(Solanaceae)*

❹ Tollkirsche *Atropa bella donna*

✻ Juni–Aug. ↕ 50–150 cm ▼ Kahlschläge, Waldwege, Waldränder

B. eiförmig, bis 15 cm lang, kurz herablaufend; B. im Bereich des Blütenstandes scheinbar gegenständig, 1 größeres und 1 kleineres; Blüten einzeln, b.achselständig; Krone 5-teilig, glockig, außen braunviolett, innen gelbgrün mit violetten Adern; Frucht eine glänzende, schwarze Beere. Sehr giftig! ▲ Ziemlich häufig. Mittel- und Südeuropa.

❺ Bittersüßer Nachtschatten *Solanum dulcamara*

✻ Juni–Aug. ↕ 30–200 cm ▼ Auenwälder, Ufer, Kahlschläge

Pflanze unten verholzt, oft kletternd; B. breit-lanzettlich, ungeteilt oder am Grund mit 1–2 Lappen; Blütenstand doldig-traubig; Krone 5-teilig, flach ausgebreitet, 1 cm breit, violett; Frucht eine rote Beere. Giftig! ▲ Ziemlich häufig. Fast ganz Europa.

3
2a
2
1
4
5

Borretschgewächse (Boraginaceae)

❶ Pferdezunge *Mertensia maritima*

✻ Juni–Aug. ↕ 10–60 cm ▼ Kiesiger und sandiger Meeresstrand

Pfl. niederliegend, blaugrün, fleischig; B. lanzettlich bis spatelig, 1–6 cm lang, oberseits rau, die unteren B. gestielt, die oberen sitzend; Blüten rot, dann dunkelblau; Kronröhre walzlich; Kelch kahl; Nüsschen glatt. ▲ Zerstreut. Nordeuropa, England, Irland, Jütland.

❷ Frühlings-Nabelnüsschen, Frühlings-Gedenkemein *Omphalodes verna*

✻ Apr.–Mai ↕ 5–25 cm ▼ Berglaubwälder

St. aufrecht; grundständige B. herzförmig, lang gestielt, locker behaart; St.b. kleiner, ei-herzförmig, kurz gestielt oder herablaufend; Krone himmelblau, 8–10 mm breit, mit weißen, oft rot gepunkteten Schlundschuppen. ▲ Zerstreut. Mittel- und Südeuropa. Ursprünglich Südosteuropa, Südsteiermark, Karawanken, als Zierpflanze eingeführt und in Parkanlagen, Wäldern und Auenwäldern verwildert.

❸ Himmelsherold *Eritrichium nanum*

✻ Juli–Aug. ↕ 5–10 mm ▼ Silikatfelsspalten, Ruhschutt, etwa 2100–3600 m

Polsterpfl., 2–5 cm, seidig glänzend, dicht behaart; B. eiförmig, 5–10 mm lang; Blüten zu 3–6; jede Blüte mit Tragb.; Krone 5–8 mm breit, himmelblau, mit gelben Schlundschuppen. ▲ Zerstreut. Zentral- und Südalpen, Karpaten, Kaukasus.

❹ Sumpf-Vergissmeinnicht *Myosotis palustris*

✻ Mai–Sept. ↕ 20–100 cm ▼ Nasswiesen, Gräben, Ufer

St. stumpfkantig, dicht beblättert, schief-aufwärts oder waagrecht abstehend behaart; B. ei-länglich, 2–10 cm lang, 5–20 mm breit, behaart; Blütenstand ohne B.; Krone 4–8 mm breit, blau; Kelch spärlich angedrückt behaart, Haare nie hakig. ▲ Verbreitet. Europa.

❺ Alpen-Vergissmeinnicht *Myosotis alpestris*

✻ Juni–Juli ↕ 5–20 cm ▼ Bergwiesen, Geröllfluren, etwa 1600–3000 m

Pfl. rauhaarig; Stiele der Rosettenb. deutlich von der ei-länglichen B.spreite abgesetzt (beim Wald-Vergissmeinnicht allmählich in die Spreite übergehend); Krone himmelblau, mit gelben Schlundschuppen. ▲ Verbreitet. Gebirge Mittel- und Südeuropas.

❻ Wald-Vergissmeinnicht *Myosotis sylvatica*

✻ Mai–Juli ↕ 15–45 cm ▼ Waldränder, krautreiche Laubwälder, Bergwiesen, Hochstaudenfluren

Pfl. dicht behaart; Grundb. kurz gestielt, ei-lanzettlich; Kelch etwa 5 mm lang, zu $^2/_3$ verwachsen, mit linealischen Zipfeln und abstehenden, vorne hakig gebogenen Haaren besetzt; Krone flach, ausgebreitet, 6–10 mm breit, blau; Fruchtstiel 5 mm lang. ▲ Zerstreut. Fast ganz Europa, nördlich bis Südschweden, südlich bis Apennin und Balkanhalbinsel.

❼ Acker-Vergissmeinnicht *Myosotis arvensis*

✻ Apr.–Okt. ↕ 10–40 cm ▼ Äcker, Getreidefelder, Waldschläge

Pfl. dicht grauhaarig, am Grund verzweigt; B. ei-lanzettlich, 2–8 cm lang, die unteren allmählich in den Stiel verschmälert, die oberen sitzend; Blütenstand dichtblütig, ohne Tragb.; Krone trichterförmig, 3–4 mm breit, blau; Fruchtstiele 2–3-mal so lang wie die Kelchb. ▲ Häufig. Europa.

3
5
2
1
7
6
4

Blüten blau, lila, violett, Blütenblätter 5 oder mehr

Borretschgewächse (Boraginaceae)

❶ Kletten-Igelsame *Lappula squarrosa (L. echinata)*

✻ Juni–Juli ↕ 10–40 cm ▼ Brachland, trockene Ruderalstellen, Trockenrasen

Pflanze rauhaarig, oberwärts ästig; B. lanzettlich, sitzend, angedrückt behaart, 2–5 cm lang; Blüten 2–4 mm lang, himmelblau; Fruchtstiele aufrecht; Nüsschen an den Kanten mit je 2 Reihen widerhakiger Stacheln. ▲ Selten. Fast ganz Europa.

❷ Echte Hundszunge *Cynoglossum officinale*

✻ Mai–Juli ↕ 20–80 cm ▼ Sonnige Unkrautfluren

Pflanze dicht weichhaarig, grau; Stängel dicht beblättert; B. elliptisch bis lanzettlich, halb stängelumfassend, graufilzig; Blütenstand verzweigt; Blüten violett, dann rotbraun, 5–7 mm breit; Kronröhre kurz, von Schlundschuppen verschlossen, Kronzipfel ausgebreitet; Nüsschen 4, am Rand wulstig verdickt, 6–8 mm lang, mit widerhakigen Stacheln besetzt. Giftig! ▲ Zerstreut. Fast ganz Europa.

❸ Blauer Steinsame *Lithospermum purpurocaeruleum*

✻ Apr.–Juni ↕ 30–60 cm ▼ Sonniges Eichengebüsch, lichte Laubwälder

Pflanze dicht behaart, mit Ausläufern; B. lanzettlich, unterseits nur Mittelnerv sichtbar (nicht fiedernervig); Krone 5-zählig, zuerst rotviolett, dann tiefblau, mit 14–20 mm langer Röhre; Teilfrüchtchen glatt, glänzend weiß. ▲ Ziemlich selten. Mittel- und Südeuropa.

❹ Echtes Lungenkraut *Pulmonaria officinale*

✻ März–Mai ↕ 15–30 cm ▼ Krautreiche Laubmischwälder, Gebüsche, Waldränder

Grundb. herz-eiförmig, meist weiß gefleckt, plötzlich in den langen Stiel verschmälert; obere Stängelb. oval, stängelumfassend; Blütenstand steifhaarig; Blüten rosa, dann blau, 1 cm breit. ▲ Verbreitet. Fast ganz Europa.

❺ Weiches Lungenkraut *Pulmonaria mollis (P. montana)*

✻ Apr.–Juni ↕ 15–35 cm ▼ Waldränder, krautreiche Laubmischwälder, Bergwälder

B. und Stängel stark drüsig und dicht weichhaarig; Grundb. ei-länglich, 4–6 cm breit, allmählich in den langen Stiel verschmälert; Stängelb. ei-lanzettlich, 2–4 cm breit, etwas herablaufend; Blütenstand oben klebrig; Blüten 15–20 mm lang, anfangs rot, dann blauviolett; Kelch dicht kurz-drüsig, klebrig, 5-nervig. ▲ Ziemlich selten. Hauptsächlich Mitteleuropa.

❻ Gemeiner Beinwell *Symphytum officinale*

✻ Mai–Juli ↕ 30–100 cm ▼ Nass- und Moorwiesen, Ufer, Auenwälder

B. schmal-lanzettlich, obere bis zum nächsten B. am Stängel herablaufend, Stängel daher breit geflügelt; Blüten rotviolett oder gelblich weiß, innen, zwischen den Staubb. mit 5 spitzen Schlundschuppen; Arzneipflanze. ▲ Verbreitet. Fast ganz Europa.

❼ Schlangenäuglein, Schärfling *Asperugo procumbens*

✻ Mai–Aug. ↕ 20–50 cm ▼ Wege, Mauern, Viehläger, steinige Lehmböden

Stängel niederliegend, an den Kanten mit rückwärtsgerichteten Stacheln; B. elliptisch-lanzettlich; Krone 2–3 mm lang, violett oder blau, mit weißen Schlundschuppen; Teilfrucht (7a) 3 mm lang, eiförmig, dicht mit Warzen besetzt. ▲ Ziemlich selten. Mittel- und Südeuropa.

2
5
4
1
7a
7
6
3

Borretschgewächse (Boraginaceae)

❶ Borretsch, Gurkenkraut *Borago officinalis*

✻ Juni–Aug. ↕ 20–60 cm ▼ Weinberge, Schutt

Pflanze mit Pfahlwurzel; B. und Stängel abstehend behaart; B. eiförmig-elliptisch, in den geflügelten Stiel verschmälert, dieser herablaufend; Blütenstand doldenartig; Krone himmelblau, 2–3 cm breit, mit weißen Schlundschuppen; Kelchb. schmal-lanzettlich; Staubbeutel dunkel; Gewürz- und Heilpflanze, häufig in Gärten gepflanzt und öfter in wintermilden Klimagebieten verwildert. ▲ Heute im Mittelmeergebiet verbreitet. Ursprünglich Südeuropa.

❷ Blauer Natternkopf, Gewöhnlicher Natternkopf *Echium vulgare*

✻ Juni–Aug. ↕ 30–80 cm ▼ Sonnige Unkrautfluren, Wege, Kiesgruben, Steinbrüche

Pflanze steifborstig behaart; B. länglich-lanzettlich, steifborstig; Krone unregelmäßig, 2-lippig, 15–20 mm lang, blau, mit schiefer Kronmündung; Blütenknospen rot; Staubb. ungleich lang. ▲ Häufig. Europa.

❸ Gewöhnliche Ochsenzunge *Anchusa officinalis*

✻ Mai–Sept. ↕ 30–80 cm ▼ Trockene, sandige Unkrautfluren, Wege, Dämme; wärmeliebend

Pflanze weichhaarig; B. länglich-lanzettlich, die unteren in den Stiel verschmälert, die oberen mit gerundetem Grund sitzend, ganzrandig; Blüten blauviolett, 5–10 mm breit; Kronröhre gerade; Kronschlund von eiförmigen, samtigen Schlundschuppen verschlossen; Blütenstand reichblütig. ▲ Selten. Fast ganz Europa.

❹ Acker-Krummhals *Anchusa arvensis (Lycopsis arvensis)*

✻ Mai–Sept. ↕ 20–40 cm ▼ Weinberge, Äcker, sandige Plätze; wärmeliebend

Pflanze dicht borstlich behaart; B. länglich, 10–15 cm lang, ausgeschweift gezähnt, meist etwas wellig; Krone blassblau, 7–10 mm breit, mit weißer, gekrümmter Röhre; Nüsschen fein-warzig, runzelig. ▲ Zerstreut. Europa.

❺ Braunes Mönchskraut *Nonea pulla*

✻ Mai–Aug. ↕ 20–40 cm ▼ Getreidefelder, Brachland, Wegränder; wärmeliebend

Pflanze grauhaarig, drüsig; B. länglich-lanzettlich, 8–12 cm lang, die oberen stängelumfassend; Blüten rotbraun, 10–15 mm lang; Krone trichterförmig, mit walzlicher Röhre; Kelch zur Fruchtzeit stark vergrößert; Teilfrüchte fast kugelig. ▲ Selten. Mittel- und Südosteuropa.

Eisenkrautgewächse *(Verbenaceae)*

❻ Gewöhnliches Eisenkraut *Verbena officinalis*

✻ Juli–Sept. ↕ 20–80 cm ▼ Wege, Mauern, Zäune, Silikatmagerrasen

Stängel 4-kantig, mit fast b.losen Ästen; B. lanzettlich, gegenständig, mittlere B. 3-spaltig, mit großem Endzipfel; Blüten in dichten, schmalen Ähren; Krone schwach 2-lippig, 2–5 mm breit, blasslila, mit gekrümmter Röhre. ▲ Verbreitet. Europa.

4
5
1
6
2
3

Glockenblumengewächse *(Campanulaceae)*

❶ Wiesen-Glockenblume *Campanula patula*

✻ Mai–Juli ↕ 20–50 cm ▼ Wiesen, Wegränder, Gebüschsäume

Grundb. länglich-lanzettlich bis spatelig, kurz gestielt; St.b. lanzettlich; Blüten in lockerer Rispe aufrecht; Tragb. kürzer als die Blütenstiele, seitliche Blüten mit 2 Hochb.; Krone 15–25 mm lang, hellblau oder blauviolett, bis auf die Hälfte gespalten; Kelchzipfel schmal-lanzettlich. ▲ Häufig. Fast ganz Europa.

❷ Rundblättrige Glockenblume *Campanula rotundifolia*

✻ Juni–Sept. ↕ 10–40 cm ▼ Magerrasen, Heiden, Wald- und Wegränder, lichte Eichenwälder

Grundständige B. rundlich, herz- oder nierenförmig, zur Blütezeit meist verwelkt; St.b. schmal-lineal; Blüten in lockeren Rispen oder einzeln, 10–20 mm lang, hellblau oder violett; Kelchzipfel schmal-lanzettlich. ▲ Verbreitet. Europa, im Süden in den Gebirgen.

❸ Bärtige Glockenblume *Campanula barbata*

✻ Juni–Aug. ↕ 10–40 cm ▼ Saure Magerrasen und Zwergstrauchheiden, etwa 1200–2800 m

Pfl. steifhaarig; Grundb. rosettig, länglich-lanzettlich, rauhaarig; Blüten kurz gestielt, nickend, zu 2–12 in 1-seitswendiger Traube; Kelch zottig behaart; Buchten zwischen den Kelchzipfeln mit herabgeschlagenen Anhängseln; Krone bauchig-glockig, 15–30 mm lang, hellblau, selten weiß; Zipfel innen bärtig. ▲ Verbreitet. Alpen, Sudeten, Westkarpaten, südliches Norwegen.

❹ Alpen-Glockenblume *Campanula alpina*

✻ Juli–Aug. ↕ 5–20 cm ▼ Steinige Matten, bodensaure Magerrasen, Zwergstrauchheiden, 1200–2400 m

Pfl. mit grundständiger B.rosette; B. wollig-zottig, lanzettlich, spitz, ganzrandig; Blüten in reichblütiger Traube, auf langen, zottigen Stielen, nickend; Krone glockig, hellblau bis lila, innen bewimpert, 10–20 mm lang; Kelch wollig-zottig, mit linealischen Zipfeln. ▲ Zerstreut. Ostalpen, Karpaten, Balkanhalbinsel.

❺ Dolomiten-Glockenblume *Campanula morettiana*

✻ Aug.–Sept. ↕ 3–8 cm ▼ Kalk- und Dolomitfelsspalten, 1500–2500 m

Lockerrasige Polsterpfl.; Grundb. breit-eiförmig, lang gestielt, gezähnt, steifhaarig; St.b. eiförmig, in den Stiel verschmälert; obere B. sitzend; Blüten meist einzeln, aufrecht; Krone dunkelblau, rotviolett, selten weiß, 2–3 cm lang, becherförmig; Kelch mit lanzettlichen, abstehenden Zähnen. ▲ Zerstreut. Nur in den Dolomiten. – Ähnlich ist die **Insubrische Glockenblume**, *C. raineri*, mit breit-becherförmiger, 3–4 cm breiter, hellblauer Krone und kurz gestielten, gekerbten, zerstreut kurzhaarigen B. Auf Kalk und Dolomit. ▲ Zerstreut. Italienische Südalpen.

❻ Zoys' Glockenblume, Krainer Glockenblume, Nickende Glockenblume *Campanula zoysii*

✻ Juli–Aug. ↕ 3–10 cm ▼ Kalkfelsspalten, 1500–2600 m

Lockerrasige Pfl.; Grundb. rundlich-eiförmig, gestielt; St.b. lanzettlich, fast sitzend; Blüten in 1–4-blütiger Traube, meist nickend; Krone hellblau bis blauviolett, 15–20 m lang, zylindrisch, am Grund etwas bauchig, oben an der Mündung zusammengezogen, durch gefaltete Kronzipfel fast verschlossen. ▲ Zerstreut. Julische Alpen, Karawanken, Steiner Alpen.

4
6
3
1
2
5

Glockenblumengewächse *(Campanulaceae)*

❶ Scheuchzers Glockenblume *Campanula scheuchzeri*

✱ Juli–Aug. ↕ 5–40 cm ▼ Kalkarme Magerrasen, steinige Matten, etwa 1400–3100 m

Pflanze lockerrasig; Grundb. lang gestielt, rundlich-nierenförmig, gekerbt, zur Blütezeit meist vertrocknet; Stängelb. lineal-lanzettlich, fast sitzend, gezähnt bis ganzrandig; Blüten nickend, weit-glockig, 15–25 mm lang, dunkel blauviolett, Kelchzipfel linealisch. ▲ Verbreitet. Gebirge Mittel- und Südeuropas.

❷ Pfirsichblättrige Glockenblume *Campanula persicifolia*

✱ Juni–Aug. ↕ 30–80 cm ▼ Sonnige, krautreiche Laub- und Nadelwälder, Wald- und Wegränder

Grundb. derb, dunkelgrün, untere B. ei-länglich, in den Stiel verschmälert, obere B. lanzettlich, sitzend, fein gesägt; Blüten weit-glockig, 2–4 cm lang und breit, blassblau, in armblütiger Traube; Kelchb. lanzettlich. ▲ Verbreitet. Europa.

❸ Nesselblättrige Glockenblume *Campanula trachelium*

✱ Juli–Aug. ↕ 30–100 cm ▼ Krautreiche Laubwälder, Gebüsche

Stängel steifhaarig, scharfkantig; B. steifhaarig, 3-eckig eiförmig, nesselb.artig gesägt, die unteren lang gestielt; Blüten trichterförmig, violettblau, 3–4 cm lang, in langer, beblätterter Traube. ▲ Verbreitet. Fast ganz Europa.

❹ Breitblättrige Glockenblume *Campanula latifolia*

✱ Juni–Juli ↕ 60–100 cm ▼ Schluchtwälder, Hochstaudenfluren, krautreiche Laubwälder

Stängel stumpfkantig, kahl oder kurzhaarig; B. kahl oder kurz weichhaarig, länglich-eiförmig, spitz, stumpf gezähnt, die unteren gestielt, die oberen sitzend; Blüten b.achselständig, in 5–15-blütiger Traube; Krone blau, blauviolett oder helllila, 4–6 cm lang; Kelchb. 5, lanzettlich. ▲ Zerstreut. Hauptsächlich Gebirge Europas.

❺ Steppen-Glockenblume, Sibirische Glockenblume *Campanula sibirica*

✱ Mai–Juni ↕ 20–50 cm ▼ Trockenrasen, Felssteppen, auf Kalk

Pflanze kurzhaarig, mit grundständiger B.rosette; Stängelb. (5b) länglich bis linealisch, am Rand wellig-kraus, halb stängelumfassend, wechselständig; Blütentraube 10–20-blütig; Krone trichterig-glockig, 15–25 mm lang, blaulila, bis auf $^{4}/_{5}$ in 5 Zipfel zerteilt; Kelch bis fast zum Grund in 5 schmale, bewimperte Zipfel geteilt, zwischen den Zipfeln je ein zurückgeschlagenes, lappenförmiges, 2–3 mm langes Anhängsel (5a). ▲ Zerstreut bis selten. Östliches Mitteleuropa, Südosteuropa.

❻ Zwerg-Glockenblume *Campanula cochleariifolia (C. pusilla)*

✱ Juli–Sept. ↕ 5–20 cm ▼ Felsbänder, Kalkschutt, Bachgeröll, von den Tälern bis 3000 m

Pflanze rasenbildend; untere B. lang gestielt, rundlich-herzförmig, grob gezähnt, obere B. schmal-lanzettlich, sitzend; Blüten einzeln oder in wenigblütiger, 1-seitswendiger Traube, bauchig-glockig, blau, 10–20 mm lang. ▲ Häufig. Gebirge Mittel und Südeuropas.

❼ Mont Cenis-Glockenblume *Campanula cenisia*

✱ Juli–Sept. ↕ 3–5 cm ▼ Felsschutt, Felsbänder, Moränen, bevorzugt auf Kalkschiefer, 2000–3500 m

Kriechende Pflanze mit vielen nichtblühenden Trieben, an deren Enden B.rosetten mit ovalen B.; Stängelb. breit-lanzettlich, ganzrandig, fleischig, lang bewimpert; Blüten einzeln, aufrecht, hellblau, bis 15 mm breit; Krone mit sternförmig ausgebreiteten, lanzettlichen Kronzipfeln; Kelch behaart. ▲ Zerstreut. Südwest- und Zentralalpen.

5b
1
5a
2
5
7
6
4
3

Glockenblumengewächse *(Campanulaceae)*

❶ Acker-Glockenblume *Campanula rapunculoides*

✻ Juni–Sept. ↕ 30–100 cm ▼ Wald- und Wegränder, Äcker, lichte Eichen- und Kiefernwälder

Pflanze mit Ausläufern; Stängel rauhaarig; untere B. gestielt, eiförmig, gezähnt, obere B. lanzettlich, sitzend; Blüten in 1-seitswendiger Traube; Krone 2–3 cm lang, hellviolett, am Rand meist gewimpert. ▲ Zerstreut. Fast ganz Europa.

❷ Rapunzel-Glockenblume *Campanula rapunculus*

✻ Juni–Aug. ↕ 50–80 cm ▼ Halbtrockenrasen, trockene Wiesen, Gebüsche, Waldränder

Pflanze mit rübenförmiger Wurzel; B. ei-lanzettlich, gegen den Grund verschmälert; Blüten in schlanker Traube oder Rispe; Krone schmal-trichterförmig, 15–25 mm lang, hell blauviolett, fast bis zur Mitte geteilt; Kelchzipfel schmal-lanzettlich, länger als die halbe Krone. ▲ Zerstreut. Fast ganz Europa.

❸ Büschel-Glockenblume *Campanula glomerata*

✻ Juni–Sept. ↕ 20–60 cm ▼ Kalkmagerrasen, Wald- und Wegränder

Pflanze kurzhaarig; Stängel 1-fach; B. ei-lanzettlich, stumpf gezähnt, untere B. mit herzförmigem oder abgerundetem Grund, gestielt, obere B. sitzend; Blüten am Stängelende und in den Achseln der oberen B. gebüschelt; Krone trichter- bis glockenförmig, blau, 15–30 mm lang; Kelchzipfel schmal-lanzettlich, spitz. ▲ Verbreitet. Mitteleuropa, nördlich bis Südschweden, südlich bis Mittelitalien.

❹ Gewöhnlicher Frauenspiegel *Legousia speculum-veneris*

✻ Juni–Aug. ↕ 10–30 cm ▼ Getreidefelder, kalkreiche Äcker

B. länglich oder verkehrt-eiförmig, Rand schwach gewellt, rau; Krone radförmig, 20–25 mm breit, violett; Kelchzipfel linealisch, so lang wie der Fruchtknoten, kaum länger als die Krone. ▲ Zerstreut. Mittel- und Südeuropa.

Immergrüngewächse *(Apocynaceae* incl. *Aslepiadaceae)*

❺ Kleines Immergrün *Vinca minor*

✻ Apr.–Mai ↕ 10–50 cm ▼ Laubwälder, Gebüsche

Pflanze weit kriechend; B. lederig, immergrün, lanzettlich, kahl; Blüten einzeln in den B.achseln, 1–2 cm lang gestielt, 5-zählig; Krone hellblau, 2–3 cm breit; Fruchtknoten oberständig, Zierpflanze. Giftig! ▲ Zerstreut. Mittel- und Südeuropa, nördlich bis Dänemark.

❻ Großes Immergrün *Vinca major*

✻ Apr.–Mai ↕ 10–50 cm ▼ Laubwälder, Gebüsche

Pflanze ähnlich Kleinem Wintergrün (s. S. 86), aber B. mit der größten Breite nahe dem Grund, allmählich zugespitzt, am Rand behaart; B.stiel bis 1,5 cm lang; Krone 4–5 cm breit; Kelchzipfel behaart; Zierpflanze. Giftig! ▲ Ursprünglich Südeuropa, heute vielerorts als Gartenpflanze und verwildert.

4
6
5
2
1
3

Schwertliliengewächse *(Iridaceae)*

❶ Sibirische Schwertlilie *Iris sibirica*

✻ Mai–Juni ↕ 30–80 cm ▼ Moorwiesen, Gräben

B. unter 1 cm breit, kürzer als der 1–3-blütige Stängel; Blüten blau bis violett, gegen den Grund gelb; äußere 3 Blütenb. 4–5 cm lang, innere kürzer, aber die Narben weit überragend; Fruchtkapsel 3–4 cm lang, querrunzelig. ▲ Durch Kulturmaßnahmen seltener geworden. Fast ganz Europa, nördlich bis Südskandinavien, südlich bis Mittelitalien.

Knabenkrautgewächse oder Orchideen *(Orchidaceae)*

❷ Violetter Dingel *Limodorum abortivum*

✻ Mai–Juli ↕ 20–50 cm ▼ Flaumeichen-, Kiefern-, Eichen-, Buchenwälder; wärmeliebend

Pflanze blau bis violett, ohne B.grün; B. schuppenförmig; Blüten violett, aufgerichtet, 3–4 cm lang, in lockerer, 4–8-blütiger Ähre; Sporn abwärts gerichtet, 15–25 mm lang; Blütenb. helmförmig zusammenneigend; Lippe eiförmig, am Rand gezähnt. ▲ Selten. Süddeutschland, Österreich, Südeuropa.

Hahnenfußgewächse *(Ranunculaceae)*

❸ Blauer Eisenhut *Aconitum napellus*

✻ Juni–Aug. ↕ 50–150 cm ▼ Hochstaudenfluren, Gebüsche, Grauerlenwälder, in den Alpen bis über 2000 m

B. fast bis zum Grund handförmig 5–7-teilig, Abschnitte mit schmal-linealischen Zipfeln; St. steif, aufrecht; Blüten in meist 1-facher oder wenigästiger, dichter Traube, blauviolett; Blütenhelm breiter als hoch; Staubb. meist behaart. Giftig! (Sehr variable Art mit mehreren Kleinarten) ▲ Zerstreut. Alpen, Pyrenäen, Gebirge Mitteleuropas.

❹ Rispiger Eisenhut *Aconitum paniculatum*

✻ Juni–Aug. ↕ 50–150 cm ▼ Berg- und Schluchtwälder, Hochstaudenfluren, in den Alpen bis 2400 m

Blütenstiele und Stängel im oberen Teil drüsig-klebrig und flaumig behaart; St. meist ausgebreitet ästig; Blütenstand ästig; Blütentraube locker, kurz; Blütenhelm so hoch wie breit; Blüten blauviolett. Giftig! ▲ Zerstreut. Gebirge Mittel- und Südeuropas (östlich).

❺ Feld-Rittersporn *Consolida regalis (Delphinium consolida)*

✻ Mai–Aug. ↕ 20–40 cm ▼ Äcker, Wegränder

Pflanze 1-jährig; B. 1- bis mehrfach 3-zählig, in schmale, etwa 1 mm breite Zipfel zerteilt; Blüten dunkelblau, in wenigblütigen Trauben, mit 25 mm langem Sporn, dieser aus 2 verwachsenen Nektarb. gebildet; Blütenstiele länger als die Hochb.; Fruchtknoten 1; Frucht kahl. Giftig! ▲ Verbreitet. Mittel- und Südeuropa, nördlich bis Südskandinavien.

5

2

4

1

3

Veilchengewächse *(Violaceae)*

❶ Hain-Veilchen *Viola riviniana*

✻ Apr.–Juni ↕ 5–30 cm ▼ Laub- und Mischwälder

St. und B. kahl; B. lang gestielt, breit-herzförmig bis fast nierenförmig, dunkelgrün, 3–5 cm lang, am Rand gekerbt; Nebenb. lanzettlich, kammartig gefranst; Krone hellviolett, 14–22 mm lang; Kronb. sich überdeckend; Sporn weißlich, dick, 3 mm lang, an der Spitze gefurcht; Anhängsel der Kelchb. 2–3 mm lang, oft ausgerandet. ▲ Verbreitet. Fast ganz Europa.

❷ Wald-Veilchen *Viola reichenbachiana (V. sylvestris)*

✻ März–Mai ↕ 10–20 cm ▼ Laub- und Nadelmischwälder

Pfl. ähnlich dem Hain-Veilchen, aber Krone rötlich violett, 12–15 mm lang, Kronb. sich nicht überdeckend; Sporn dunkelviolett, schlank, 4–6 mm lang, mit gerundeter Spitze; Anhängsel der Kelchb. 1–2 mm lang. ▲ Verbreitet. Südschweden, Mittel- und Südeuropa.

❸ Rauhaariges Veilchen *Viola hirta*

✻ März–Mai ↕ 5–25 cm ▼ Waldränder, sonnige Gebüsche, lichte Eichen- und Kiefernwälder, Magerrasen

Pfl. ohne Ausläufer, mit grundständiger B.rosette, aber ohne aufrechten, oberirdischen St.; Blüten in den Achseln von Grundb.; B. herzförmig, spitz, bis 8 cm lang, behaart; Nebenb. breit-lanzettlich, nicht oder kurz gefranst; Blüten geruchlos, violettblau; Kronb. ausgerandet; Sporn rötlich violett, an der Spitze aufwärts gebogen; Kelchb. stumpf. ▲ Ziemlich häufig. Fast ganz Europa.

❹ Wohlriechendes Veilchen *Viola odorata*

✻ März–Apr. ↕ 5–10 cm ▼ Gebüsche, Waldränder

Pfl. mit Ausläufern; B. herzförmig, mit ei-lanzettlichen, 4–5 mm breiten, kurz gefransten Nebenb.; Blüten duftend; Krone dunkelviolett, selten weiß oder rosa; Sporn gerade. ▲ Häufig. Ursprünglich Südeuropa, heute fast ganz Europa.

❺ Sumpf-Veilchen *Viola palustris*

✻ Mai–Juni ↕ 3–10 cm ▼ Saure, nährstoffarme Übergangsmoore, Gräben

B. alle grundständig, herz-nierenförmig, glänzend; Blüten in den Achseln der grundständigen B., duftend; Kronb. blass rötlich-lila bis fast weißlich, unteres Kronb. violett geadert; Sporn gerade; seitliche Kronb. abwärts gerichtet; Kelchb. stumpf. ▲ Verbreitet. Fast ganz Europa.

❻ Sand-Veilchen *Viola rupestris*

✻ Mai–Juni ↕ 3–8 cm ▼ Magerrasen, Kiefernwälder, Sandböden

B. grund- und st.ständig, rundlich-herzförmig, stumpf, 15–20 mm lang, graugrün; B. und St. meist flaumig behaart; Kronb. blauviolett, am Grund weiß, seltener ganz weiß; Sporn hellviolett, 5 mm lang. ▲ Ziemlich selten. Nordeuropa, Mecklenburg, Süddeutschland, Alpen und Vorland, südlich bis Pyrenäen, Cevennen, Kaukasus.

❼ Langsporniges Veilchen *Viola calcarata*

✻ Juni–Aug. ↕ 4–10 cm ▼ Steinige Matten, Felsschutt, überwiegend auf Kalk, 1600–3000 m

B. eiförmig bis lanzettlich, gekerbt, mit 1–2 cm langen, lanzettlichen, oft fiederspaltigen Nebenb.; St. 1-blütig; Blüten 25–40 mm groß, dunkelviolett, selten gelb oder weiß, mit 8–15 mm langem Sporn und quadratischen und gezähnelten Anhängseln; Kelchb. lanzettlich, 6–7 mm lang, mit großen Anhängseln. ▲ Zerstreut. Alpen (westlich), Jura.

1
2
3
5
6
7
4

Veilchengewächse *(Violaceae)*

❶ Geröll-Veilchen, Mont-Cenis-Veilchen *Viola cenisia*

✻ Juli–Aug. ↕ 5–10 cm ▼ Auf Kalk und Dolomitschutt, 2000–2900 m

Stängel niederliegend; B. eiförmig bis fast kreisrund, ganzrandig; Blüten zu 1–3 am Stängel; Kelchb. lineal-lanzettlich, mit ganzrandigen oder nur schwach ausgerandeten Anhängseln; Blüten hellviolett, mit 5–10 mm langem Sporn. ▲ Zerstreut. Westalpen.

❷ Wunder–Veilchen *Viola mirabilis*

✻ Apr.–Juni ↕ 10–25 cm ▼ Laubwälder

B. breit-herzförmig bis fast nierenförmig, 5–10 cm breit, mit 10–18 cm langem Stiel; grundständige Blüten blassviolett, duftend, meist steril, stängelständige Blüten kronenlos, verkümmert, aber fruchtbar. ▲ Zerstreut. Fast ganz Europa.

❸ Wildes Stiefmütterchen *Viola tricolor*

✻ Mai–Okt. ↕ 10–40 cm ▼ Brachland, Wege

Pflanze sehr variabel; B. herzförmig, gesägt; Nebenb. gefingert, mit lanzettlichen Mittellappen; Krone länger als der Kelch, blauviolett und gelb; Sporn fast 2-mal so lang wie die Kelchanhängsel. ▲ Verbreitet. Fast ganz Europa.

Schmetterlingsblütengewächse *(Fabaceae* oder *Papilionaceae)*

❹ Roter Zwergginster *Chamaecytisus purpureus (Cytisus purpureus)*

✻ Apr.–Juni ↕ 20–60 cm ▼ Felshänge, Magerweiden, Föhrenwälder, auf Kalk, bis 1400 m

Zwergstrauch mit niederliegenden bis aufsteigenden Zweigen; B. 3-zählig; B.chen verkehrt-eiförmig, zerstreut behaart bis kahl, spitz; Blüten rot, etwa 2 cm lang, in seitenständigen,1–3-blütigen Kurztrieben; Hülse schmal-linealisch, kahl. ▲ Zerstreut. Südalpen.

❺ Saat-Luzerne *Medicago sativa*

✻ Juni–Sept. ↕ 30–80 cm ▼ Magerrasen, Wege, Böschungen

Pflanze aufrecht, fast kahl; B. 3-zählig; B.chen 2–3 cm lang, vorne gezähnt und stachelspitz; Blüten in kopfigen Trauben, blau oder violett, 8–12 mm lang; Hülse locker 2–3-mal gewunden; als Futterpflanze angebaut. ▲ Häufig. Europa.

❻ Geißraute *Galega officinalis*

✻ Juni–Aug. ↕ 60–120 cm ▼ Brachflächen, Kiesgruben, Straßenränder, feuchte Wiesen, Bachufer

Stängel hohl; B. paarig gefiedert, mit 6–18 elliptischen bis lanzettlichen, 15–40 mm langen B.chen; Blütentraube lang gestielt, meist länger als das Tragb.; Krone bläulich weiß, etwa 15 mm lang; alle 10 Staubb. verwachsen; Hülse stielrund, kahl, rotbraun, 2–3 cm lang und 2–3 mm breit; Zier- und Heilpflanze, verwildert. ▲ Zerstreut. Mittel- und Südeuropa, Heimat östliches Mittelmeergebiet.

1
5
4
2
3
6

Schmetterlingsblütengewächse *(Fabaceae* oder *Papilionaceae)*

❶ Alpen-Tragant *Astragalus alpinus*

✻ Juli–Aug. ↕ 7–25 cm ▼ Steinrasen, windexponierte Grate, etwa 1500–2800 m

Pfl. liegend oder aufsteigend; B. unpaarig gefiedert, mit 15–25 elliptischen, stumpfen, anfangs beiderseits behaarten B.chen; Blüten 10–15 mm lang, zu 5–15 in fast kugeliger Traube; Fahne bläulich oder violett, Flügel weißlich, Schiffchen mit violetter Spitze; Hülse dunkel zottig behaart. ▲ Verbreitet. Nordeuropa, Alpen, Pyrenäen, Karpaten, Kaukasus.

❷ Esparsetten-Tragant *Astragalus onobrychis*

✻ Juni–Juli ↕ 10–30 cm ▼ Steppenwiesen, Trockenhänge, Felsfluren, Trockentäler bis 1500 m

St. niederliegend oder bogig aufsteigend; B. und St. angedrückt behaart, graugrün; B. (2a) mit 17–25 lanzettlichen, 2–3 mm breiten B.chen; Blüten (2b) 20–25 mm lang, zu 1–20 in kopfförmiger, später verlängerter Traube; Krone hell blauviolett; Fahne fast linealisch, 1,5-mal länger als die Flügel (2c); Hülse weißhaarig. ▲ Zerstreut bis selten. Zentral- und Südalpen.

❸ Dänischer Tragant *Astragalus danicus*

✻ Mai–Juni ↕ 5–25 cm ▼ Steppenrasen, Halbtrockenrasen, auf Gips, Kalk und Salzböden

St. bogig aufsteigend, meist einzeln; B. (3a) mit 17–25 5–12 mm langen und 2–4 mm breiten Fiederb.; Blüten 14–18 mm lang, blauviolett, am Grund gelblich weiß, in dichten, kugeligen bis eiförmigen, aufrechten Blütenständen (3b); Fahne eiförmig, länger als die Flügel; Hülse weißhaarig, eiförmig, aufgeblasen, fast sitzend. ▲ Ziemlich selten. Nord- und Mitteleuropa, südwestliche Alpen.

❹ Alpen-Spitzkiel *Oxytropis campestris*

✻ Juli–Aug. ↕ 5–15 cm ▼ Steinige Matten, Berggrate

B. unpaarig gefiedert, beiderseits behaart, graugrün, mit 10–12 ei-lanzettlichen Fiederpaaren; Blüten zu 10–18 in kopfigen, lang gestielten Trauben; Kelch mit langen weißen und kurzen schwarzen Haaren besetzt; Krone gelblich weiß, Schiffchen lang zugespitzt, oft beiderseits mit violettem Fleck. ▲ Ziemlich selten. Alpen, Apennin, Karpaten, Pyrenäen, Gebirge der Balkanhalbinsel, Schottland, Skandinavien.

❺ Seidenzottiger Spitzkiel *Oxytropis halleri*

✻ Juni–Aug. ↕ 10–25 cm ▼ Trockene, magere Bergwiesen

Pfl. mit dicker Pfahlwurzel; B. unpaarig gefiedert, beiderseits dicht zottig behaart, mit 11–29 ei-lanzettlichen, 10–15 mm langen Fiederb.; Nebenb. häutig, gewimpert; Blüten zu 6–16 in kopfiger oder ährenförmiger Traube; Krone blau bis rotviolett, 15–20 mm lang, mit hellem, kurz bespitztem Schiffchen. ▲ Zerstreut bis selten. Alpen (in Deutschland fehlend), Pyrenäen, Karpaten, Schottland.

❻ Alpen-Süßklee *Hedysarum hedysarioides*

✻ Juli–Aug. ↕ 10–30 cm ▼ Bergwiesen, Matten, Zwergstrauchheiden, etwa 1600–2800 m

Pfl. aufrecht oder aufsteigend; B. unpaarig gefiedert, mit 11–19 elliptischen, oberseits dunkelgrünen, unterseits hellgrünen B.chen; B. purpurrot, 15–20 mm lang, zu 12–35 in 1-seitswendiger Traube; Fruchthülse flach gedrückt, 2–4 cm lang, zur Reife in 2–6 rundliche, 1-samige Glieder zerfallend. ▲ Verbreitet. Gebirge Mittel- und Südeuropas.

4
2b
3b
2c
2a
3a
5
1
6

Schmetterlingsblütengewächse *(Fabaceae* oder *Papilionaceae)*

❶ Futter-Esparsette *Onobrychis viciifolia*

✻ Mai–Juli ↕ 30–60 cm ▼ Kalkmagerrasen, Wege

Pfl. bogig aufsteigend; B. gefiedert, mit 13–27 ei-länglichen, 3–8 mm breiten Fiederb.; Blütentraube vor dem Aufblühen ei-länglich; Blütenstiele 1 mm lang; Kelch 5–8 mm lang, Kelchzähne 2–4-mal so lang wie die Kelchröhre; Krone 10–14 mm lang, rot bis purpurn, Schiffchen fast so lang wie die Fahne; Frucht 6–10 mm lang, mit dicken Stacheln; Kulturpfl. ▲ Häufig. Ursprünglich Südosteuropa, heute fast ganz Europa.

❷ Zaun-Wicke *Vicia sepium*

✻ Mai–Aug. ↕ 30–60 cm ▼ Gebüsche, Waldränder, Laubmischwälder, auch Wiesen

B. mit 8–14 eiförmigen Fiederb. und vorne mit geteilter Ranke; Blüten zu 2–5 in kurz gestielten Trauben; Kelchzähne ungleich lang; Krone 12–15 mm lang, blauviolett; Hülse 2–3,5 cm lang, anfangs kurzhaarig, dann kahl, 3–6-samig. ▲ Verbreitet. Fast ganz Europa.

❸ Vogel-Wicke *Vicia cracca*

✻ Juni–Aug. ↕ 30–100 cm ▼ Wiesen, Weiden, Waldränder, Ufer

Pfl. niederliegend, aufsteigend oder kletternd; B. mit 12–20 lanzettlichen, 2–6 mm breiten Fiederb. und verzweigter Ranke; Blüten zu 10–30 in lang gestielten Trauben, der Stiel etwa so lang wie ihr Tragb.; Krone 8–12 mm lang, blauviolett, Platte der Fahne etwa so lang wie ihr Nagel; Hülse 10–25 mm lang, 4–6 mm breit. ▲ Verbreitet. Europa.

❹ Rauhaarige Wicke *Vicia hirsuta*

✻ Juni–Aug. ↕ 15–50 cm ▼ Getreidefelder, Wege, Sandtrockenrasen

Pfl. 1-jährig; B. gefiedert, meist mit 6–8 Fiederb.paaren und verzweigter Endranke; Fiedern linealisch, vorne ausgerandet, 5–12 mm lang; Blüten hellviolett oder weißlich, zu 3–6 in lang gestielten Trauben; Frucht 2-samig, weichhaarig. ▲ Häufig. Europa.

❺ Viersamige Wicke *Vicia tetrasperma*

✻ Juni–Juli ↕ 20–60 cm ▼ Silikatmagerrasen, saure Äcker, auch Moorwiesen; kalkmeidend

Pfl. ähnlich der Rauhaarigen Wicke, aber Frucht kahl, meist 4-samig; B. mit 6–8 Fiederb.; Blüten zu 1–2, blassviolett. ▲ Verbreitet. Südskandinavien, Mittel- und Südeuropa.

❻ Kassuben-Wicke *Vicia cassubica*

✻ Juni–Juli ↕ 30–60 cm ▼ Lichte, trockene Wälder, sonnige Waldränder, Gebüsche

St. 1-fach oder verzweigt, kurz behaart; B. mit 16–28 eiförmigen, 5–7 mm breiten, beiderseits zerstreut kurzhaarigen Fiederb. und verzweigter Endranke; Nebenb. ganzrandig, pfeil- bis spießförmig; Blüten zu 10–15 in gestielten Trauben; Blütentraube kürzer als das Tragb.; Krone 9–13 mm lang, mit rotvioletter und dunkel geaderter Fahne, weißlichen Flügeln und weißlichem Schiffchen mit violetter Spitze; Hülse kahl, 1–3-samig. ▲ Selten. Mitteleuropa, Südskandinavien, südlich bis Mittelspanien.

❼ Zottel-Wicke *Vicia villosa*

✻ Juni–Aug. ↕ 30–130 cm ▼ Getreidefelder, Schuttplätze, Wegränder

Pfl. dicht, abstehend weichhaarig; B. mit 14–18 linealischen, behaarten Fiederb.; Traube 10–20-blütig; Blüten 15–20 mm lang; Kelchzähne lang bewimpert; Kelch am Grund sackartig ausgebuchtet; Frucht 2–4 cm lang. ▲ Zerstreut. Ursprünglich Südeuropa, heute fast ganz Europa.

1
2
3
4
5
6
7

Schmetterlingsblütengewächse *(Fabaceae* oder *Papilionaceae)*

❶ Futter-Wicke, Saat-Wicke *Vicia sativa*

✻ Mai–Juli ↕ 30–80 cm ▼ Ruderalstandorte

B. mit 4–7 Fiederb.paaren und verzweigter Endranke, Fiedern eiförmig bis linealisch; Blüten zu 1–2 b.achselständig, kurz gestielt, mit bläulicher Fahne und rotvioletten Flügeln; Kelchzähne gleich lang (bei der ähnlichen Zaun-Wicke Kelchzähne ungleich lang, s. S. 268); Frucht aufrecht, kurzhaarig, zur Reife braun, 3–8 cm lang; Futterpfl., verwildert. ▲ Zerstreut. Europa.

❷ Schmalblättrige Wicke *Vicia angustifolia*

✻ Mai–Juli ↕ 30–60 cm ▼ Äcker, Wegränder, Halbtrocken- und Trockenrasen

St. niederliegend bis aufsteigend, kletternd; B. mit 6–10 15–20 mm langen und 2–4 mm breiten, spitzen Fiederb. und meist geteilter Ranke; Blüten zu 1–2, kurz gestielt in den Achseln von Tragb., rotviolett, 13–17 mm lang; Kelchzähne gleich lang, kürzer als die Kelchröhre; Hülse kahl, zuletzt schwarz oder dunkelbraun. ▲ Verbreitet. Europa.

❸ Hecken-Wicke *Vicia dumetorum*

✻ Juni–Aug. ↕ 60–200 cm ▼ Krautreiche Laubwälder, Waldwege, Gebüsche

B. mit 6–10 breit-eiförmigen, 15–40 mm langen und 10–25 mm breiten Fiederb. und verzweigter Endranke; Nebenb. gezähnt; Blüten zu 4–12 in gestielten Trauben, diese so lang wie die Tragb.; Krone 13–18 mm lang, rotviolett, nach dem Verblühen schmutzig gelb; Hülse kahl, 4–10-samig. ▲ Ziemlich selten. Mitteleuropa, nördlich bis Südschweden, südlich bis Mittelitalien.

❹ Wald-Wicke *Vicia sylvatica*

✻ Juni–Aug. ↕ 50–200 cm ▼ Mischwälder, Schluchtwälder, Bergwälder, in den Alpen bis über 2000 m

Pfl. niederliegend oder kletternd; B. mit 12–24 länglichen Fiederb. und verzweigter Ranke; Blüten in 10–20-blütigen, lang gestielten Trauben; Krone 13–17 mm lang, weiß, violett geadert, Schiffchenspitze violett. ▲ Zerstreut. Fast ganz Europa, hauptsächlich in den Gebirgen.

❺ Berg-Platterbse *Lathyrus linifolius (L. montanus)*

✻ Apr.–Juni ↕ 15–30 cm ▼ Lichte Eichen- und Eichen-Buchenwälder, Waldwege, Magerrasen, Heiden

Pfl. niederliegend bis aufsteigend; St. geflügelt; B. mit 4–8 lanzettlichen bis linealischen, blaugrünen Fiederb. und endständiger, grannenartiger Spitze; B.stiel schmal geflügelt; Blütenstand lang gestielt, 3–6-blütig; Krone 12–18 mm lang, zuerst hellpurpurn, dann trübblau; Kelch mit ungleich langen Zähnen; Hülse 3–4 cm lang, 6–10-samig. ▲ Ziemlich häufig. Fast ganz Europa.

❻ Frühlings-Platterbse *Lathyrus vernus*

✻ Apr.–Mai ↕ 20–40 cm ▼ Buchen-, Buchen-Tannen-, Eichen-Hainbuchenwälder

St. aufrecht, unverzweigt, nicht geflügelt; B. mit 4–8 breit-eiförmigen, lang zugespitzten, 3–7 cm langen und 1–3 cm breiten Fiederb. und endständiger, grannenartiger Spitze; Traube 3–7-blütig, so lang wie ihr Tragb.; Krone purpurn, später blaugrün. ▲ Verbreitet. Fast ganz Europa, im Süden in den Gebirgen.

❼ Schwarze Platterbse *Lathyrus niger*

✻ Juni–Juli ↕ 30–80 cm ▼ Lichte Eichen- und Eichen-Kiefernwälder, sonnige Gebüschsäume

Pfl. beim Trocknen schwarz werdend; St. aufrecht, nicht geflügelt; B. mit 8–12 elliptischen bis eiförmigen Fiederb. und grannenartiger, endständiger Spitze; Blütenstand lang gestielt, 3–10-blütig; Krone 10–15 mm lang, purpurn, später violett; Frucht 8–14-samig. ▲ Ziemlich selten. Mittel- und Südeuropa, nördlich bis Südskandinavien (östlich).

4
1
3
2
6
5
7

Wegerichgewächse *(Plantaginaceae* incl. *Callitrichaceae, Hippuridaceae, Veronicaceae, Globulariaceae)*

❶ Kleines Leinkraut *Chaenarhinum minus*

✱ Juni–Okt. ↕ 5–25 cm ▼ Äcker, Wege, Dämme, Kiesgruben

Pfl. 1-jährig, drüsenhaarig; B. schmal-lanzettlich, die unteren gegenständig; Blüten in lockeren Trauben; Krone mit Sporn 5–10 mm lang, hellviolett, mit gelblichem Gaumen. ▲ Ziemlich häufig. Fast ganz Europa.

❷ Zwerg-Löwenmäulchen, Kleiner Orant *Chaenorhinum origanifolium*

✱ Juni–Aug. ↕ 10–25 cm ▼ Steinige Rasen, Kalkfelsspalten, bis 2500 m

Pfl. niederliegend bis aufsteigend; B. ei-lanzettlich bis breit-eiförmig, stumpf, 10–20 mm lang, 4–10 mm breit, ganzrandig; Krone 10–15 mm lang, Sporn 2–5 mm lang, blauviolett, dunkler geadert, mit hellgelbem Gaumen; Kelchb. 5, schmal, ei-lanzettlich; Kronoberlippe 2-lappig, Kronunterlippe 3-lappig, jeder Lappen ausgerandet. ▲ Zerstreut. Südwesteuropa, Südwestalpen, Pyrenäen, in Mitteleuropa in Steingärten angepflanzt und gelegentlich verwildert.

❸ Alpen-Leinkraut *Linaria alpina*

✱ Juni–Aug. ↕ 5–15 cm ▼ Schuttkare, etwa 1200–3800 m

St. niederliegend, an den Enden aufsteigend; B. fleischig, bläulich grün, kahl, schmal-lanzettlich, 8–15 mm lang; Blüten blauviolett, mit gelbem Gaumenfleck, seltener 1-farbig blauviolett, mit langem Sporn. ▲ Verbreitet. Gebirge Mittel- und Südeuropas.

❹ Zimbelkraut *Cymbalaria muralis (Linaria cymbalaria)*

✱ Juni–Sept. ↕ 30–60 cm ▼ Schattige, luftfeuchte Felsen und Mauern

Pfl. kriechend; B. lang gestielt, wechselständig, rundlich-herzförmig, 5–7-teilig; Blüten lang gestielt, einzeln in den B.achseln; Krone etwa 1 cm, hellviolett, Gaumen gelblich; Sporn stumpf, kaum halb so lang wie die übrige Krone; Zierpfl., heute vielfach verwildert. ▲ Verbreitet. Mitteleuropa bis Irland, England und Südschweden, ursprünglich Südalpen, Apennin, Gebirge der Balkanhalbinsel.

Lippenblütengewächse *(Labiatae* oder *Lamiaceae)*

❺ Pyrenäen-Drachenmaul *Horminum pyrenaicum*

✱ Juni–Aug. ↕ 10–30 cm ▼ Magerweiden, steinige Matten, lichte Zirbenwälder, kalkreiche Böden, 1400–2400 m

St. aufrecht, unverzweigt; B. fast alle grundständig, groß, verkehrt-eiförmig, grob gekerbt, runzelig; St.b. viel kleiner, ganzrandig; Blütenquirle 2–4-blütig in einem 1-seitswendigen Blütenstand; Krone dunkel blauviolett, 2-lippig, doppelt so lang wie der Kelch; Unterlippe mit 3 ungleichen Lappen. ▲ Zerstreut. Alpen (in den Nordalpen selten), Pyrenäen.

❻ Gundelrebe, Gundermann *Glechoma hederacea*

✱ Apr.–Juni ↕ 20–40 cm ▼ Wiesen, Weiden, Gebüschränder, Auengebüsche, Ufer

St. kriechend, an den Knoten wurzelnd; B. rundlich-nierenförmig; Blüten zu 2–3 b.achselständig; Krone blauviolett, 1–2 cm lang, Oberlippe gerade, vorne ausgerandet, Unterlippe 3-lappig, mit größerem Mittellappen. ▲ Häufig. Europa.

3
4
5
6
2
1

Lippenblütengewächse *(Labiatae* oder *Lamiaceae)*

❶ Große Brunelle *Prunella grandiflora*

✱ Juni–Aug. ↕ 10–30 cm ▼ Kalkmagerrasen, lichte Wälder

B. länglich-eiförmig, 2–6 cm lang, die oberen oft fiederspaltig, locker behaart; Blüten 20–25 mm lang, blauviolett, Blütenröhre gekrümmt. ▲ Zerstreut. Hauptsächlich Mitteleuropa, nördlich bis Südschweden, südlich bis Nordostspanien, Poebene, Bulgarien.

❷ Kleine Brunelle, Gewöhnliche Brunelle *Prunella vulgaris*

✱ Juni–Sept. ↕ 10–25 cm ▼ Wiesen, Wege

Pflanze mit oberirdischen Ausläufern; B. länglich-eiförmig, spärlich behaart, 2–4 cm lang; Blütenstand ährenartig oder kopfig; Kelch 2-lippig, Oberlippe mit 3 kurzen, ungleichen, stachelspitzen Zähnen, Unterlippe mit 2 lanzettlichen, begrannten Zähnen; Krone blauviolett, 8–15 mm lang, etwa 2-mal so lang wie der Kelch. ▲ Häufig. Europa.

❸ Wiesen-Salbei *Salvia pratensis*

✱ Apr.–Aug. ↕ 30–60 cm ▼ Kalkmagerrasen, Halbtrockenrasen, sonnige Fettwiesen, Wegränder

Stängel armblättrig; B. hauptsächlich grundständig, lang gestielt; B.spreite oval, 6–12 cm lang, unregelmäßig gekerbt; Blüten zu je 4–8 quirlständig; Krone 20–25 mm lang, dunkelblau, mit sichelförmiger Oberlippe; Blütenstand drüsig. ▲ Verbreitet. Hauptsächlich in Mittel- und Südeuropa, heute auch in Nordeuropa eingebürgert.

❹ Quirlblütiger Salbei *Salvia verticillata*

✱ Juni–Sept. ↕ 30–60 cm ▼ Halbtrockenrasen, Dämme, Wege, Unkrautgesellschaften

B. herzförmig bis 3-eckig, am B.stiel geöhrt, 4–12 cm lang und 3–10 cm breit, unregelmäßig gezähnt, die unteren lang gestielt; Scheinquirle 15–30-blütig, fast kugelig; Tragb. kurz, trockenhäutig; Krone 10–15 mm lang, hellviolett, mit gerader Oberlippe; Kelch schmal-glockig, 4–7 mm lang, behaart; Staubb. unbeweglich. ▲ Zerstreut. Ursprünglich Südosteuropa, heute weit verbreitet.

❺ Echter Salbei, Garten-Salbei *Salvia officinalis*

✱ Juni–Juli ↕ 20–80 cm ▼ Trockenwiesen, Felsensteppen

Pflanze am Grund verholzt, stark aromatisch riechend; B. länglich-eiförmig, lang gestielt, netzrunzelig, schwach gekerbt, unterseits filzig; Blüten violett, zu 4–8 im Scheinquirl; Krone 17–25 mm lang, mit gerader Oberlippe; als Heil- und Gewürzpflanze kultiviert und verwildert. ▲ Verbreitet. Südeuropa, in Mitteleuropa wohl nur aus Kulturen verwildert.

1
2
3
4
5

Lippenblütengewächse *(Labiatae* oder *Lamiaceae)*

❶ Sumpf-Helmkraut *Scutellaria galericulata*

✻ Juni–Sept. ↕ 10–40 cm ▼ Nasswiesen, Gräben, Ufer, Verlandungsgesellschaften

B. oval bis lanzettlich, seicht gezähnt; Blüten in 1-seitswendigen Paaren in den Achseln der oberen B.; Krone 12–20 mm lang, blau, kürzer als die Tragb.; Kronröhre aufwärts gekrümmt. ▲ Verbreitet. Europa.

❷ Alpenhelmkraut *Scutellaria alpina*

✻ Juli–Aug. ↕ 20–40 cm ▼ Felsschutt, steinige Rasen, nur auf Kalk, 1500–2500 m

Stängel liegend bis aufsteigend, abstehend behaart; B. eiförmig bis lanzettlich, gekerbt gezähnt, selten fast ganzrandig, spärlich behaart; Blüten gestielt, in dichten, 4-seitigen, ährenartigen Blütenständen; Krone 2–3 cm lang, mit drüsig behaarter Röhre, blauviolett mit weißlicher Unterlippe; Kelch röhrenförmig, 2-lippig, am Rücken mit einer aufrechten Schuppe. ▲ Zerstreut. Westalpen, spanische Gebirge, Pyrenäen, Apennin.

❸ Lavendel *Lavandula angustifolia (L. officinalis)*

✻ Juli–Aug. ↕ 20–60 cm ▼ Steinige Hänge, Felsensteppen; wärmeliebend

Pflanze aromatisch riechend; B. schmal-lanzettlich, am Rand umgerollt, unterseits dicht graufilzig, 3–4 cm lang; Blüten in unterbrochener, entfernt beblätterter, endständiger Scheinähre; Krone blauviolett; Kelch röhrenförmig, undeutlich 5-zähnig. ▲ Zerstreut. Südwesteuropa, sonst kultiviert, selten verwildert.

❹ Alpen-Steinquendel *Clinopodium alpinum (Calamintha alpina, Acinos alpinus)*

✻ Juni–Sept. ↕ 10–30 cm ▼ Steinige, kalkreiche Rasen, lichte Föhrenwälder, von den Tälern bis 2500 m

Stängel niederliegend bis aufsteigend, schwach behaart; B. eiförmig, gegenständig, kurz gestielt, gegen die Spitze gesägt; Blüten zu 3–6 quirlständig, 10–18 mm lang, rotviolett. ▲ Verbreitet. Gebirge Mittel- und Südeuropas.

❺ Gewöhnlicher Steinquendel *Clinopodium acinos (Calamintha acinos, Acinos arvensis)*

✻ Juni–Sept. ↕ 10–30 cm ▼ Mauern, Felsen, steinige Magerrasen; wärmeliebend

Pflanze nach Pfefferminze riechend; Stängel behaart; B. gegenständig, ei-lanzettlich, fast sitzend, 10–20 mm lang, jederseits mit 1–4 Zähnen, unterseits mit stark hervortretenden Nerven; Blüten meist zu 6 in Scheinquirlen, etwas 1-seitswendig, mit kurzen Tragb.; Krone 8–10 mm lang, blauviolett; Kelch 2-lippig, 5–7 mm lang, dicht abstehend behaart, Kelchzähne unten bauchig erweitert. ▲ Zerstreut. Mittel- und Südeuropa, Südskandinavien.

❻ Alpenhelm, Bartschie *Bartsia alpina*

✻ Juni–Aug. ↕ 5–15 cm ▼ Quellmoore, feuchte Matten, in den Alpen bis über 2500 m

B. eiförmig, sitzend, stumpf gezähnt, obere B. schmutzig violett; Krone 2-lippig, 15–20 mm lang, dunkelviolett, drüsenhaarig. ▲ Verbreitet, in der Ebene selten. Nord- und Mitteleuropa, Alpen, Pyrenäen, Karpaten, Gebirge der Balkanhalbinsel.

6
5
4
3
1
2

Lippenblütengewächse *(Labiatae* oder *Lamiaceae)*

❶ Kriechender Günsel *Ajuga reptans*

✻ Mai–Aug. ↕ 15–30 cm ▼ Wiesen, Wegränder, Laubwälder

Pflanze mit oberirdischen Ausläufern; Grundb. lang gestielt, spatelig, ganzrandig oder stumpf gezähnt; Stängelb. allmählich kleiner werdend, oft rotviolett angelaufen; Blütenstand ährenartig; Blüten zu 2–6 in den Achseln der oberen Stängelb.; Krone blau oder rötlich, 10–15 mm lang. ▲ Häufig. Fast ganz Europa.

❷ Heide-Günsel *Ajuga genevensis*

✻ Apr.–Juni ↕ 10–30 cm ▼ Kalkmagerrasen, sonnige Hänge, Wegraine, auch in Unkrautgesellschaften

Pflanze zottig behaart, ohne Ausläufer; Grundb. lang gestielt; obere B. 3-lappig oder tief gekerbt, oft blau angelaufen; Blüten dunkelblau; Krone 12–18 mm lang, Oberlippe sehr kurz, 2-teilig, Unterlippe viel länger, 3-teilig; Staubb. 4. ▲ Zerstreut. Hauptsächlich Mittel- und Südeuropa.

❸ Pyramiden-Günsel *Ajuga pyramidalis*

✻ Juli–Aug. ↕ 10–20 cm ▼ Kalkarme Bergwiesen, 1200–2700 m

B. gekreuzt gegenständig, dicht stehend, nach oben kleiner werdend, die unteren rosettig, verkehrt-eiförmig, schwach gekerbt, 5–10 cm lang, obere B. oft violett überlaufen; Blüten zu 2–4 quirlständig; Krone hell violettblau, 10–18 mm lang. ▲ Verbreitet. Nordeuropa, Gebirge Mittel- und Südeuropas.

❹ Wald-Ziest *Stachys sylvatica*

✻ Juni–Sept. ↕ 30–100 cm ▼ Laubwälder, Auenwälder, Waldränder

Pflanze unangenehm riechend; Stängel abstehend behaart; B. gestielt, herzförmig, grob und spitz gezähnt, behaart; Blüten in quirlartigen, 6-blütigen, übereinanderstehenden Teilblütenständen; Krone 12–15 mm lang, schmutzig violett, mit fast doppelt so langer Unterlippe; Kelch 4–7 mm lang, dicht behaart. ▲ Verbreitet. Europa, im Süden nur in den Gebirgen.

❺ Alpen-Ziest *Stachys alpina*

✻ Juli–Sept. ↕ 40–100 cm ▼ Krautreiche Wälder, Schlagfluren, Hochstaudenfluren, in den Alpen bis etwa 1800 m

Stängel rauhaarig, oberwärts drüsig; B. herzförmig, breit-lanzettlich bis oval, anliegend kurzhaarig, grob gesägt, untere gestielt, obere sitzend (5a); Blüten in 6–18-blütigen, übereinanderstehenden Teilblütenständen; Krone 12–18 mm lang, braun bis purpurn, außen zottig behaart; Kelch 9–14 mm lang, mit langen Haaren und kurzen Drüsenhaaren. ▲ Zerstreut. Hauptsächlich Gebirge Europas.

❻ Bunter Hohlzahn *Galeopsis speciosa*

✻ Juni–Okt. ↕ 30–80 cm ▼ Wege, Äcker, Waldschläge

Stängel unter den verdickten Knoten steifhaarig; Krone 25–40 mm lang, hellgelb, Mittellappen oder Kronunterlippe violett; Kronröhre die Kelchzähne weit überragend. ▲ Zerstreut. Fast ganz Europa.

6
1
5a
5
4
3
2

Braunwurzgewächse *(Scrophulariaceae)*

❶ Purpur-Königskerze *Verbascum phoeniceum*

✻ Juni–Aug. ↕ 50–150 cm ▼ Schutt, Dämme, Waldschläge

Stängel oben kantig; untere B. am Grund herzförmig, lang gestielt, alle B. oberseits fast kahl, unterseits graufilzig; Blütenstand verlängert, selten ästig; Blüten in ährig angeordneten Knäueln; Krone 12–22 mm breit, gelb, am Grund purpurn gefleckt; Staubfäden violettwollig. ▲ Ziemlich selten. Fast ganz Europa.

Kreuzblumengewächse *(Polygalaceae)*

❷ Bittere Kreuzblume *Polygala amara*

✻ Mai–Juni ↕ 10–20 cm ▼ Subalpine und alpine Steinrasen, Halbtrockenrasen, Quellfluren

Pflanze niederliegend, aufsteigend; B. bitter schmeckend, am Grund rosettig gehäuft, größer als die oberen; Blütenstand locker; Blüten blau bis rötlich blau, 3–7 mm lang, Flügel 4–8 mm lang, Schiffchen (unteres Kronb.) mit stark gefranstem, lappigem Anhängsel, unten am Übergang zum Anhängsel stark eingeschnürt. ▲ Zerstreut. Gebirge Mittel- und Südeuropas (östlich).

❸ Gewöhnliche Kreuzblume *Polygala vulgaris*

✻ Mai–Aug. ↕ 10–30 cm ▼ Silikatmagerrasen, Heiden, Wegränder

Untere B. wechselständig, keine grundständige Rosette bildend; Blütentraube 10–20-blütig; Tragb. der Blüten meist kürzer als die Blütenstiele und daher die Blütenknospen nicht überragend; Blüten blau, Blütenflügel 6–10 mm lang, netzaderig. ▲ Häufig. Europa, im Süden nur in den Gebirgen.

❹ Schopfige Kreuzblume *Polygala comosa*

✻ Mai–Juni ↕ 10–25 cm ▼ Sonnige Kalkmagerrasen

B. krautig, wechselständig, länglich-eiförmig, 10–25 mm lang; Blütenstand 5–20-blütig; Blüten lila oder rötlich, Flügel schwach netznervig, 4–7 mm lang; Tragb. der Blüten länger als die Blütenstiele, die Blütenknospen überragend, Pflanze dadurch schopfig. ▲ Zerstreut. Mittel- und Südeuropa (östlich), nördlich bis Südschweden.

Wasserschlauchgewächse *(Lentibulariaceae)*

❺ Gemeines Fettkraut *Pinguicula vulgaris*

✻ Mai–Juli ↕ 5–15 cm ▼ Flach- und Quellmoore, von der Ebene bis etwa 2000 m

B. in grundständiger Rosette, fleischig, 3–6 cm lang, mit Kleb- und Verdauungsdrüsen zum Fangen von Insekten; Krone mit schlankem, pfriemlichem Sporn, 16–22 mm lang, blauviolett; Zipfel der Unterlippe länger als breit; beide unteren Kelchzipfel bis zur Mitte verwachsen. ▲ Zerstreut bis selten. Hauptsächlich Nordeuropa und Gebirge Mitteleuropas.

5

2

4

3

1

Spargelgewächse *(Asparagaceae* incl. *Ruscaceae, Hyacinthaceae)*

❶ Weinbergs-Traubenhyazinthe *Muscari neglectum*

✱ Apr.–Mai ↕ 10–20 cm ▼ Weinberge, Halbtrockenrasen

B. zu 3–6, schmal-linealisch, halb stielrund, schlaff, oberseits rinnig, länger als der Stängel; Blütentraube dicht, 3–6 cm lang; Blüten länglich-eiförmig, duftend, blau, mit weißem Saum, 4–5 mm lang. Geschützt! ▲ Zerstreut bis selten. Mittel- und Südeuropa. – Ähnlich ist die **Kleine Traubenhyazinthe**, *M. botryoides*, aber B. breit-lanzettlich, zur Spitze hin verbreitert, bis 8 mm breit, steif-aufrecht, fast so lang wie der Stängel; Blüten kugelig-eiförmig, geruchlos. Magerrasen, Bergwiesen, Eichenwälder. ▲ Ziemlich selten. Mittel- und Süddeutschland, Südeuropa.

❷ Schopfige Traubenhyazinthe *Muscari comosum*

✱ Apr.–Mai ↕ 30–70 cm ▼ Kalkmagerrasen, Wegraine, Äcker; wärmeliebend

B. lineal, 10–25 mm breit, fein gezähnt; Blüten in 10–25 cm langer, lockerer Traube, oben mit einem Schopf aufrechter, blauvioletter, lang gestielter unfruchtbarer Blüten; fruchtbare Blüten 5–7 mm, dunkelblau, mit weißen Zähnen. Geschützt! ▲ Selten. Süddeutschland, Südeuropa.

Lippenblütengewächse *(Labiatae* oder *Lamiaceae)*

❸ Acker-Minze *Mentha arvensis*

✱ Juli–Aug. ↕ 10–40 cm ▼ Feuchte Äcker, Nasswiesen

Pflanze aromatisch; B. eiförmig oder elliptisch, schwach gesägt bis gekerbt, 2–6 cm lang; Scheinquirle b.achselständig; Stängel mit einem B.schopf endend; Krone lila, 5–8 mm lang; Kelch glockig, Kelchzähne 3-eckig eiförmig. ▲ Ziemlich häufig. Fast ganz Europa.

❹ Ross-Minze *Mentha longifolia*

✱ Juli–Sept. ↕ 30–80 cm ▼ Ufer, Nassweiden, Quellfluren

Stängel behaart; B. länglich-lanzettlich, 6–10 cm lang, scharf gesägt, unterseits filzig behaart; Blütenstand ährenförmig, schlank; Kelch dicht behaart, 5-zähnig; Krone 3–4 mm lang, rosa oder rötlich lila. ▲ Ziemlich häufig. Mittel- und Südeuropa, nördlich bis Großbritannien.

❺ Wasser-Minze *Mentha aquatica*

✱ Juli–Sept. ↕ 20–80 cm ▼ Ufer, Gräben, Nasswiesen, Röhrichte, Großseggengesellschaften

Pflanze aromatisch riechend, mit unterirdischen und langen oberirdischen, beblätterten Ausläufern; B. eiförmig, gesägt; Blüten in einem endständigen, kopfigen Blütenstand und darunter quirlartig in den Achseln der obersten B.paare; Krone 5–7 mm lang, rosa oder lila; Kelch gleichmäßig 5-zähnig. ▲ Häufig. Europa.

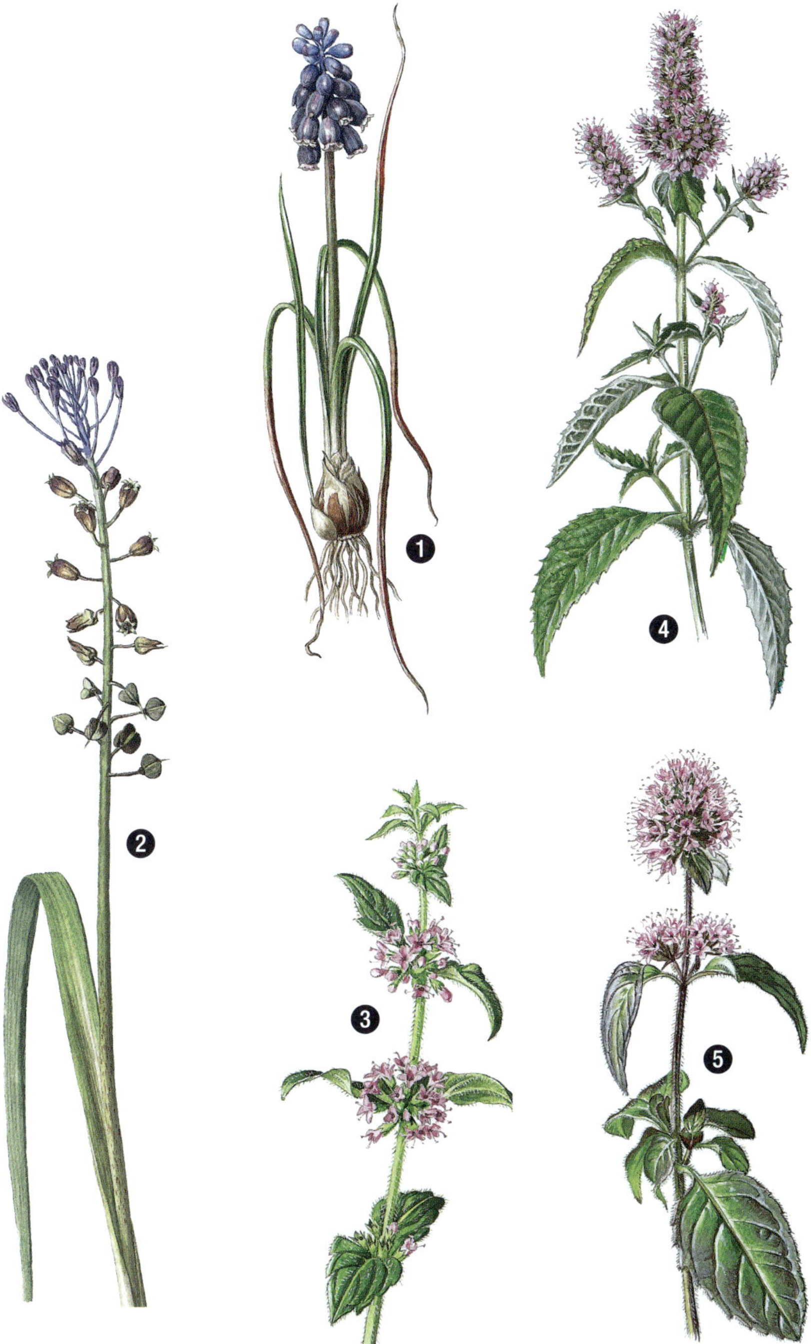
1
2
3
4
5

Glockenblumengewächse *(Campanulaceae)*

❶ Kugelige Teufelskralle *Phyteuma orbiculare*

✻ Mai–Juli ↕ 10–30 cm ▼ Sonnige Kalkmagerrasen, auch Moorwiesen, in den Alpen bis über 2500 m

Grundb. lanzettlich oder herz-eiförmig, lang gestielt, kerbig gezähnt; St.b. ei-lanzettlich, obere sitzend; alle B. unterseits mit schwach hervortretendem Adernetz; Blütenköpfe kugelig, blau; Kronröhre 10–15 mm lang; Kronzipfel 5, bandförmig, anfangs an der Spitze und am Grund verwachsen, spitz, später nur noch am Grund verwachsen; Narben meist 3; Hüllb. eiförmig-spitz, etwa so lang wie die Blüten. (Formenreiche Art mit mehreren Kleinarten) ▲ Verbreitet bis zerstreut. Mittel- und Südeuropa.

❷ Schwarze Teufelskralle *Phyteuma nigrum*

✻ Mai–Juli ↕ 20–50 cm ▼ Bergwiesen, lichte Laubwälder, kalkarme Böden

Grundb. lang gestielt, länglich-herzförmig, gekerbt; B.spreite etwa doppelt so lang wie breit; St.b. breit-lanzettlich, mit verschmälertem Grund sitzend; Blüten in eiförmigen bis walzlichen Ähren; Krone dunkel- bis schwarzblau, vor dem Aufblühen gekrümmt; Hüllb. linealisch, kürzer als der Blütenkopf. ▲ Zerstreut. Hauptsächlich Silikatgebirge Mitteleuropas.

❸ Ziestblättrige Teufelskralle *Phyteuma betonicifolium*

✻ Juni–Sept. ↕ 20–70 cm ▼ Silikatmagerrasen, Waldränder; kalkmeidend; 700–2400 m

Grundb. schmal-lanzettlich, 3–5-mal so lang wie breit, am Grund abgerundet; Blütenstand eiförmig bis zylindrisch, 4–10 cm lang; Krone violettblau, selten weiß, vor dem Aufblühen fast gerade. ▲ Zerstreut. Alpen und Vorland.

❹ Hallers Teufelskralle *Phyteuma ovatum (P. halleri)*

✻ Juli–Aug. ↕ 30–100 cm ▼ Bergwiesen, Hochstaudenfluren, Laubwälder, 1000–2100 m

Grundb. lang gestielt, B.spreite so lang wie breit, mit tief herzförmigem Grund; untere und mittlere St.b. breit-eiförmig, gestielt, obere St.b. sitzend; alle B. grob doppelt gesägt; Blütenstand eiförmig bis walzlich; Krone vor dem Aufblühen gekrümmt, dunkel- bis schwarzblau; Hüllb. lanzettlich, so lang wie der Blütenkopf. ▲ Zerstreut. Alpen.

❺ Dolomiten-Teufelskralle *Phyteuma sieberi*

✻ Juli–Sept. ↕ 5–25 cm ▼ Dolomitfelsfluren, 1600–2600 m

Grundb. gestielt, rundlich bis eiförmig, gekerbt; St.b. breit-lanzettlich, tief gezähnt; Blütenstand kugelig, 5–15-blütig; Krone blauviolett; Kelchzipfel und Tragb. gewimpert; Krone vor dem Aufblühen gekrümmt; äußere Hüllb. breit 3-eckig eiförmig, am Grund deutlich gezähnt, ringsum dicht bewimpert. ▲ Zerstreut. Ostalpen.

❻ Armblütige Teufelskralle *Phyteuma globulariifolium*

✻ Juli–Aug. ↕ 2–5 cm ▼ Felsspalten, Felsschutt, windexponierte Steinrasen, auf Silikat, 2000–3000 m

Pfl. rasenförmig, kahl; B. meist in grundständiger Rosette, verkehrt-eiförmig bis schmal-elliptisch, nahe der Spitze am breitesten, 10–15 mm lang; Blütenstand kugelig, 2–8-blütig, Krone blauviolett; äußere Hüllb. rundlich bis eiförmig, stumpf. ▲ Zerstreut. Ostalpen (westlich bis zum Ortler).

❼ Halbkugelige Teufelskralle *Phyteuma hemisphaericum*

✻ Juli–Aug. ↕ 5–15 cm ▼ Silikatfelsfluren, bodensaure Magerrasen, Zwergstrauchheiden, 1600–3600 m

Grundb. grasartig, 1–2 mm breit; St.b. linealisch; Blütenstand kugelig, 10–12-blütig; Hüllb. eiförmig, zugespitzt, ganzrandig, oft bewimpert; Krone dunkelblau, vor dem Aufblühen gekrümmt. ▲ Verbreitet bis zerstreut. Von den Seealpen bis in die steirischen und Salzburger Alpen, in Deutschland nur Allgäu und Wetterstein, Pyrenäen.

6
5
3
2
1
4
7

Glockenblumengewächse *(Campanulaceae)*

❶ Schopf-Teufelskralle *Phyteuma comosum*

✱ Juni–Aug. ↕ 5–15 cm ▼ Kalk- und Dolomitfelsspalten, etwa 1000–2000 m

Grundständige B. nierenförmig, ungleich tief gesägt, gestielt; St.b. verkehrt-eiförmig bis lanzettlich, scharf gezähnt; Blüten 15–30 mm lang, zu 8–20 in kugeliger Dolde; Krone am Grund bauchig erweitert, blasslila, in einem langen, blauvioletten Schnabel endend; Kronb. am Grund und an der Spitze verwachsen bleibend. ▲ Ziemlich selten. Südalpen.

❷ Berg-Jasione, Schafrapunzel *Jasione montana*

✱ Juni–Okt. ↕ 20–50 cm ▼ Sandmagerrasen, Dünen, Felsköpfe, Dämme, Brachland, trockene Föhrenwälder; kalkmeidend

Pfl. ohne Ausläufer; St. reichästig, im unteren Teil beblättert; B. schmal-eiförmig, am Rand wellig, kahl oder steifhaarig; Blütenköpfe kugelig, 15–25 mm breit; Einzelblüten 6–15 mm lang, blau. ▲ Zerstreut. Südskandinavien, Mittel- und Südeuropa (westlich).

Wegerichgewächse *(Plantaginaceae* incl. *Callitrichaceae, Hippuridaceae, Veronicaceae, Globulariaceae)*

❸ Gewöhnliche Kugelblume *Globularia bisnagarica (G. punctata)*

✱ Mai–Juni ↕ 5–30 cm ▼ Trockenrasen, Kalkmagerrasen, Felsfluren, in den Alpen bis etwa 1700 m

Pfl. mit gestielten, rundlichen bis elliptischen, an der Spitze ausgerandeten Rosettenb. und sitzenden, schmal-eiförmigen bis lanzettlichen, spitzen St.b.; St. bis zum Blütenstand beblättert; Blüten blau bis blauviolett, in dichten, kugeligen, 1–2 cm breiten Köpfchen. ▲ Zerstreut bis selten. Mittel- und südliches Westeuropa.

❹ Nacktstängelige Kugelblume *Globularia nudicaulis*

✱ Mai–Aug. ↕ 5–25 cm ▼ Steinige Kalkmagerrasen, Kalkschutt, von den Tälern bis 2600 m

Pfl. ähnlich der Herzblättrigen Kugelblume, aber krautig, Einzelrosetten bildend; B. verkehrt ei-länglich, vorne abgerundet, fast so lang wie der St.; Blütenköpfe 15–25 mm breit; Krone 10–12 mm lang, blau. Geschützt! ▲ Verbreitet. Gebirge Mittel- und Südeuropas (westlich).

❺ Herzblättrige Kugelblume *Globularia cordifolia*

✱ Mai–Juni ↕ 3–10 cm ▼ Sonnige Kalkschuttböden, Felsbänder, von den Tälern bis 2800 m

Pfl. ästig verzweigt, niederliegend, am Grund verholzt; B. an den Enden der niederliegenden Triebe rosettig gehäuft, spatelig bis verkehrt-eiförmig, vorne herzförmig ausgerandet, lederig, allmählich in den Stiel verschmälert; blühender St. mit 0–2 Schuppenb.; Blüten in 10–15 mm breiten Köpfen; Krone der Einzelblüten 6–8 mm lang, blau. ▲ Verbreitet. Gebirge Mittel- und Südeuropas.

❻ Kriechende Kugelblume, Zwerg-Kugelblume *Globularia repens (G. nana)*

✱ Mai–Juni ↕ 2–5 cm ▼ Kalkfelsfluren, steinige Matten, 1200–2200 m

Pfl. ähnlich der Herzblättrigen Kugelblume, aber viel kleiner; B. 1–2 cm lang und 1–3 mm breit, spatelig, nicht ausgerandet, nach oben zusammengefaltet, in sehr dichten Rosetten; Blütenschaft sehr kurz, bis 2 cm lang. ▲ Ziemlich selten. Südwestalpen, Pyrenäen.

1
2
3
5
4
6

Geißblattgewächse *(Caprifoliaceae* incl. *Linnaeaceae, Dipsacaceae,* und *Valerianaceae)*

❶ Teufelsabbiss *Succisa pratensis*

✻ Juli–Sept. ↕ 20–80 cm ▼ Magerrasen, Moorwiesen, Flachmoore

Wurzelstock kurz, wie abgebissen; Grundb. oval, gestielt, meist ganzrandig; Stängelb. sitzend; Blütenköpfe halbkugelig, später kugelig, 15–25 mm breit, Blütenkopfboden mit Spreub.; Einzelblüten 4-spaltig, blauviolett; Kronröhre 4–7 mm lang; Innenkelch mit 4–5 schwarzen, 1 mm langen Borsten; Außenkelch 4-kantig, rauhaarig, mit 4 3-eckigen Zähnen. ▲ Ziemlich häufig. Fast ganz Europa.

❷ Tauben-Skabiose *Scabiosa columbaria*

✻ Juli–Nov. ↕ 20–60 cm ▼ Kalkmagerrasen, Moorwiesen, lichte Kiefernwälder

Stängel meist ästig, mehrköpfig; Stängelb. gegenständig, 1–2-fach gefiedert, fein-kraus behaart, matt, Abschnitte 1–3 mm breit; Blütenköpfe 2–3 cm breit, halbkugelig; Blütenboden mit Spreub.; Randblüten vergrößert; Krone 5-zipfelig, blauviolett; Kelchborsten schwärzlich, stielrund. ▲ Verbreitet. Südskandinavien, Mittel- und Südeuropa.

❸ Glänzende Skabiose *Scabiosa lucida*

✻ Juli–Sept. ↕ 10–40 cm ▼ Matten, Felsschutt, Felsbänder, bevorzugt auf Kalk, 1000–2600 m

Grundb. eiförmig bis rhombisch, grob gekerbt, gestielt; obere B. fiederspaltig mit lineal-lanzettlichen Zipfeln; Blüten zu einem 2–3 cm breiten Köpfchen vereinigt, umgeben von Hüllb.; Einzelblüten mit häutigem Außenkelch und 3–4-mal längerem, 5-borstigem Kelch; Kelchborsten 5–8 mm lang, schwärzlich; Krone rötlich lila bis blauviolett, ungleich 5-zipfelig; Randblüten größer. ▲ Häufig. Alpen, Pyrenäen, Jura, Vogesen, Sudeten, Karpaten, Illyrien.

❹ Wohlriechende Skabiose, Graue Skabiose *Scabiosa canescens*

✻ Juli–Okt. ↕ 20–50 cm ▼ Trocken- und Halbtrockenrasen, lichte Kiefernwälder

Grundb. ungeteilt, lanzettlich, spitz, grauhaarig; Stängelb. (4a) fiederspaltig, mit 2–3 mm breiten, linealischen Abschnitten; Blüten (4b) hellblau, in 2–2,5 cm breiten Köpfen, wohlriechend; Kelchborsten 1–3 mm lang, blassgelb, etwa doppelt so lang wie der Außenkelch (4c): Außenkelch von der Seite; 4d: Außenkelch mit Kelchborsten und Fruchtknoten von oben, im abgeblühten Zustand besonders gut zu sehen). ▲ Selten. Mitteleuropa, Ungarn, Bosnien, nördlich bis Südskandinavien.

❺ Wiesen-Knautie, Witwenblume *Knautia arvensis*

✻ Juli–Aug. ↕ 30–80 cm ▼ Fettwiesen, Wald- und Wegränder, Äcker

Stängel 1-fach oder verzweigt, kurzhaarig und rückwärts borstig-zottig; Grundb. ei-lanzettlich, gestielt, ganzrandig oder gezähnt; Stängelb. sitzend, fiederteilig, gegenständig, graugrün, matt; Blüten in 2–4 cm breiten, flachen Köpfen; Randblüten größer; Kelch mit 8–10 Borsten; Krone 4-teilig, blau- bis rotviolett. ▲ Häufig. Fast ganz Europa.

4b
4c
4d
4a
3
5
1
2

Korbblütengewächse *(Compositae* oder *Asteraceae)*

❶ Wiesen-Flockenblume *Centaurea jacea*

✻ Juni–Okt. ↕ 20–80 cm ▼ Wiesen, Weiden, Magerrasen, Moorwiesen

Stängel aufrecht, kantig, rau; B. ei-lanzettlich bis lanzettlich, die unteren in den Stiel verschmälert, manchmal gefiedert, die oberen sitzend; Blütenköpfe einzeln, 3–6 cm breit; Randblüten vergrößert, rotviolett; Spitze der Hüllb. als trockenhäutiges, rundliches, meist gefranstes, bräunliches Anhängsel vom übrigen Hüllb. deutlich abgesetzt oder abgeschnürt. ▲ Verbreitet. Fast ganz Europa.

❷ Skabiosen-Flockenblume *Centaurea scabiosa*

✻ Juni–Sept. ↕ 30–100 cm ▼ Kalkmagerrasen, Wald- und Wegränder

B. 1–2-fach gefiedert, Abschnitte länglich-lanzettlich, dunkelgrün; Blütenköpfe 2–3 cm breit; Hüllb. grün, mit schwarzen, 3-eckigen, kammförmig gefransten Anhängseln; Blüten röhrenförmig, die randständigen größer, purpurn. ▲ Verbreitet. Fast ganz Europa.

❸ Perücken-Flockenblume *Centaurea pseudophrygia*

✻ Juli–Sept. ↕ 30–80 cm ▼ Bergwiesen, Gebüsche

Stängel wenigköpfig; B. eiförmig, fein gezähnt, untere kurz gestielt, obere stängelumfassend; Hülle der Blütenköpfe 15–20 mm lang und ebenso breit; Randblüten strahlig verlängert; Anhängsel der Hüllb. bräunlich, lang-fiederig gefranst, in einer 1 cm langen Federgranne endend. ▲ Zerstreut. Hauptsächlich Gebirge Mitteleuropas, nördlich bis Südskandinavien.

❹ Bunte Flockenblume, Filz-Flockenblume *Centaurea triumfettii*

✻ Mai–Juli ↕ 10–60 cm ▼ Halbtrockenrasen, sonnige Wälder, Waldsteppen

B. schmal-linealisch, ganzrandig oder seicht geschweift (4a), beiderseits graufilzig behaart, am Stängel herablaufend; Strahlenblüten blauviolett, innerste Blüten rot; Fransen der Hüllb. meist hell, doppelt so lang wie der dunkelbraune, ungeteilte Rand. ▲ Zerstreut bis selten. Donaugebiet, Nordostalpenrand, Südalpen, Pyrenäen, Apennin, Karpaten.

❺ Rispen-Flockenblume *Centaurea stoebe*

✻ Juli–Sept. ↕ 30–90 cm ▼ Sonnige Fels- und Trockenrasen, Wegränder, Brachen

Stängel schon unterhalb der Mitte sparrig-ästig verzweigt; zerstreut weißfilzig behaart; B. fiederteilig, mit schmal-linealischen, graugrünen, filzigen Zipfeln; Blütenköpfe zahlreich, in doldenartigen Rispen; Blüten lila bis blassrosa; Hülle 10–15 mm lang und 7–12 mm breit; Hüllb. grün, 5-nervig, deren Anhängsel dunkelbraun bis schwarz, gefranst. ▲ Zerstreut. Hauptsächlich Mittel- und Osteuropa.

❻ Einköpfige Flockenblume *Centaurea uniflora*

✻ Juli–Aug. ↕ 10–40 cm ▼ Magerrasen, Latschengebüsch, 1000–2400 m

Stängel 1-köpfig; B. weiß- bis graufilzig, ganzrandig oder etwas gezähnt, länglich, mit verschmälertem Grund sitzend; Blüten purpurrot; Randblüten größer; Hülle kugelig, 1,5–2,5 cm lang; Hüllb. kurz 3-eckig, in eine lange, zurückgebogene, federartige Spitze auslaufend. ▲ Zerstreut bis selten. Hauptsächlich Südost- und Südalpen, Gebirge der Balkanhalbinsel, Süd-Karpaten.

5
4
2
1
6
3

Korbblütengewächse (*Compositae* oder *Asteraceae*)

❶ Kornblume *Centaurea cyanus*

✻ Juni–Okt. ↕ 30–80 cm ▼ Getreidefelder, Schutt

Pfl. weißfilzig behaart; St. mehrfach verzweigt, kantig; B. lanzettlich, 2–5 mm breit, die untersten fiederspaltig; Blütenköpfe einzeln, 2–3 cm breit; Randblüten blau, ausgebreitet, viel länger als die violetten Scheibenblüten; Hülle eiförmig, 10–15 mm lang. ▲ Früher häufig, heute seltener werdend. Ursprünglich Südosteuropa, heute Europa.

❷ Berg-Flockenblume *Centaurea montana*

✻ Mai–Juli ↕ 20–70 cm ▼ Berg- und Schluchtwälder, grasreiche Hochstaudenfluren und Bergwiesen, in den Alpen bis über 2000 m

St. 1-fach, unverzweigt; B. eiförmig, spitz, am St. flügelartig herablaufend, oberseits schwach, unterseits dicht filzig behaart, später verkahlend; Blütenköpfe einzeln; randliche Blüten stark vergrößert, tiefblau, zentrale Blüten violett; Hüllb. mit kammförmigen, braunschwarzen Fransen, diese etwa so lang wie deren schwarzer, ungeteilter Rand. ▲ Zerstreut. Gebirge Mittel- und Südeuropas.

❸ Einjähriges Berufkraut *Erigeron annuus*

✻ Juni–Okt. ↕ 50–100 cm ▼ Ufer, Dämme, Wegränder, Kiesgruben, Auenwälder

Blütenköpfe 15-20mm breit, in lockeren Schirmrispen; St. aufrecht, reichästig, je nach Unterart, zerstreut bis dicht abstehend behaart oder (fast) kahl; St.B breit gestielt bis sitzend; Zungenblüten länger als die Scheibenblüten, bis 10 mm lang, weiß bis blaßpurpurn; Pappus der Frucht 2-reihig, außen mit kurzen, innen mit langen Haaren, Hüllb. ▲ Herkunft Nordamerika, heute fast ganz Europa.

❹ Scharfes Berufkraut *Erigeron acris*

✻ Juni–Sept. ↕ 10–40 cm ▼ Kalkmagerrasen, Sandtrockenrasen, Wegränder, Kiesgruben

B. lanzettlich, die unteren gestielt, meist ganzrandig, wellig; Blütenköpfe 6–13 mm breit, in armblütiger Traube oder wenigästiger Rispe; Hülle dicht behaart; Zungenblüten aufrecht, hellviolett, kaum länger als die gelblichen, später schmutzig roten Röhrenblüten; Frucht 2–3 cm lang; Pappus weiß, gelblich oder rötlich. ▲ Zerstreut. Fast ganz Europa.

❺ Alpen-Berufkraut *Erigeron alpinus*

✻ Juli–Sept. ↕ 5–20 cm ▼ Steinrasen, Matten, etwa 1500–2500 m

B. spatelig, angedrückt behaart, allmählich in den Stiel verschmälert; St. meist 1-köpfig; Blütenköpfe 15–30 mm breit, Zungenblüten mehrreihig; zwischen den rosaroten Zungenblüten und den gelben Röhrenblüten noch dünnröhrige Fadenblüten; Hüllb. grün, behaart. ▲ Ziemlich selten. Gebirge Mittel- und Südeuropas.

❻ Einköpfiges Berufkraut *Erigeron uniflorus*

✻ Juni–Sept. ↕ 5–15 cm ▼ Kalkarme, windexponierte Steinrasen, Magerweiden, 1600–3000 m

St. 1-köpfig, drüsenlos, oben langhaarig; B. verkehrt ei-länglich, am Rand gewimpert, sonst kahl; Blütenkopf 1–2,5 cm breit; Zungenblüten blasslila oder rosa; Scheibenblüten gelb, an der Spitze purpurn; Hüll.b. dachziegelig, breit-lanzettlich, weißwollig, oft rot überlaufen. ▲ Zerstreut bis selten. Alpen, Pyrenäen, Apennin, Südkarpaten, Nordeuropa.

6
3
5
2
1
4

Korbblütengewächse *(Compositae* oder *Asteraceae)*

❶ Berg-Aster, Kalk-Aster *Aster amellus*

✻ Aug.–Okt. ↕ 20–50 cm ▼ Lichte Kiefernwälder, sonnige Waldränder und Gebüsche, Halbtrockenrasen

Pflanze kurz steifhaarig; B. elliptisch, die oberen lanzettlich, ganzrandig, rauhaarig; Blütenköpfe zu mehreren am Stängel, mit blauvioletten Zungenblüten und gelben Röhrenblüten; Hüllb. etwas abstehend. ▲ Zerstreut bis selten. Mittel- und Südosteuropa.

❷ Alpen-Aster *Aster alpinus*

✻ Juli–Aug. ↕ 5–15 cm ▼ Bergwiesen, Felsbänder, kalkreiche Steinrasen, etwa 1400–3100 m

Pflanze behaart, meist 1-köpfig; Rosettenb. spatelig, in den kurzen Stiel verschmälert, 3-nervig; Stängelb. lanzettlich, stumpf, sitzend; Blütenköpfe 3–5 cm breit; Hülle 8–12 mm lang, mehrreihig; Zungenblüten violett, 1-reihig; Scheibenblüten gelb. ▲ Verbreitet. Nordeuropa, Alpen, Pyrenäen, Harz, Böhmisches Mittelgebirge, Karpaten, Gebirge der Balkanhalbinsel.

❸ Strand-Aster *Tripolium pannonicum (Aster tripolium)*

✻ Juni–Juli ↕ 15–60 cm ▼ Nasse Salzwiesen, Salzsümpfe

Pflanze kahl; Stängel ästig, mehrköpfig; B. fleischig, länglich-lanzettlich, meist ganzrandig, 7–12 cm lang; Blütenköpfe 1–3 cm breit; Strahlenblüten lila oder weißlich; Röhrenblüten orangegelb; Hüllb. stumpf, angedrückt, 1–3 mm lang. ▲ An den Küsten Europas verbreitet, im Binnenland selten.

❹ Gewöhnliche Wegwarte *Cichorium intybus*

✻ Juli–Okt. ↕ 30–120 cm ▼ Weg- und Ackerränder, Schutt

Pflanze sparrig-ästig; Stängel steif, gerieft; Stängelb. breit-lanzettlich, ganzrandig oder entfernt gezähnt, halb stängelumfassend; Grundb. fiederspaltig gesägt, löwenzahnähnlich, dunkelgrün, unterseits, besonders auf den Nerven rauhaarig; Blütenköpfe 3–5 cm breit, blau, meist sitzend. ▲ Häufig. Fast ganz Europa.

❺ Rote Schwarzwurzel *Scorzonera purpurea*

✻ Mai–Juni ↕ 25–50 cm ▼ Trocken- und Halbtrockenrasen

Pflanze am Grund mit vielen schwarzen Fasern vorjähriger B.; Stängel 1–3-köpfig; grundständige B. grasartig; Blütenköpfe 3–5 cm breit, nur mit Zungenblüten, hellviolett; Hülle dachziegelig. ▲ Selten. Gebirge Mittel- und Südeuropas, in Deutschland in Wärme- und Trockengebieten.

❻ Blauer Lattich *Lactuca perennis*

✻ Mai–Juni ↕ 20–60 cm ▼ Sonnige Trockenrasen, Felsbänder, Mauern

Stängel kahl, hohl, oben verzweigt; B. kahl, blaugrün, fiederteilig, mit lanzettlichen Abschnitten; Blütenköpfe in lockeren Rispen; Hüllb. schmal, weiß berandet; Krone blau bis lila, 2–4 cm breit; Frucht schwarz, mit Schnabel 10–15 mm lang. Giftig! ▲ Selten. Süddeutschland, Südeuropa.

6
5
1
3
2
4

Korbblütengewächse *(Compositae* oder *Asteraceae)*

❶ Alpen-Milchlattich *Lactuca alpina (Cicerbita alpina)*

✱ Juli–Sept. ↕ 60–150 cm ▼ Hochstaudenfluren, Bergmischwälder, Grünerlengebüsch, in den Alpen 1000–2200 m

Stängel 1-fach, aufrecht, oben violett überlaufen; B. unregelmäßig fiederteilig, mit 3-eckig spießförmigem Endabschnitt, oberseits dunkelgrün, unterseits blaugrün; Blütenköpfe in schmaler, rispiger Traube; Hülle und Stiel der Blütenköpfe mit abstehenden, braunen Drüsenhaaren; Krone blauviolett. ▲ Verbreitet. Skandinavien, Gebirge Mitteleuropas, Alpen, Pyrenäen, Apennin, Karpaten, Gebirge der Balkanhalbinsel.

❷ Stieglitz-Distel *Carduus carduelis*

✱ Juni–Sept. ↕ 10–80 cm ▼ Hochstaudenfluren, steinige Rasen, 1000–2000 m; kalkliebend

Stängel und Äste mit fein-dornigen Lappen geflügelt; B. tief fiederspaltig, dornig, ziemlich weich; B.abschnitte der unteren B. breit-eiförmig, die der oberen B. schmal-lanzettlich (2a); Blütenköpfe (2b) aufrecht an 5–10 cm langen Stielen, purpurn bis blauviolett, 1,5–3 cm breit; Hülle fast kugelig. ▲ Zerstreut bis mäßig häufig. Südalpen, Südostalpen, Apennin, Karpaten.

❸ Silberscharte, Bisamdistel *Jurinea mollis*

✱ Mai–Juni ↕ 20–80 cm ▼ Trockenrasen, Felsfluren

Stängel aufrecht, meist 1-köpfig, nur am Grund beblättert; B. (3a) tief fiederspaltig, oberseits spinnwebig-wollig, unterseits grau- bis weißfilzig; Blütenkopf (3b) 3–5 cm breit, duftend, purpurrot; Hüllb. spinnwebig-wollig, schmal-lanzettlich, die äußeren zurückgebogen. ▲ Zerstreut bis selten. Niederösterreich, Burgenland, Ungarn, Balkanländer.

❹ Haferwurz *Tragopogon porrifolius*

✱ Mai–Juli ↕ 60–120 cm ▼ Wegränder, Magerrasen

Pflanze ähnlich dem Wiesen-Bocksbart (s. S. 216) , aber Blütenköpfe purpurviolett; Stängel am unterem Blütenkopf stark verdickt; Hüllb. 3–5 cm lang, länger als die Blüten; Fruchtschnabel 3–4 cm lang; B. steif-aufrecht, stängelumfassend; in Mitteleuropa als Wurzelgemüse kultiviert und verwildert. ▲ Zerstreut. Südeuropa.

❺ Strandflieder, Strandnelke *Limonium vulgare (Statice limonium)*

✱ Juli–Sept. ↕ 20–50 cm ▼ Salzwiesen

Stängel verzweigt; B. verkehrt-eiförmig, ganzrandig, kahl, allmählich in den Stiel verschmälert; Blüten 1-seitswendig, in Doldenrispen, mit häutigen Hüllb.; Krone blauviolett, 8 mm lang. Geschützt! ▲ Verbreitet bis zerstreut. Küsten der Nord- und Ostsee und des Atlantiks (am Mittelmeer nah verwandte Sippen).

5

2b

2a

4

1

3b

3a

Froschbissgewächse *(Hydrocharitaceae* incl. *Najadaceae)*

❶ Kanadische Wasserpest *Elodea canadensis*

✻ Mai–Aug. ↕ 30–60 cm ▼ Langsam fließende, nährstoffreiche Gewässer

Wasserpflanze, flutend oder kriechend, oft stark verzweigt, mit kurzen Stängelgliedern; B. meist zu 3 quirlständig, oval, 1 cm lang, 2–5 mm breit, fein gezähnt; in Deutschland fast nur ♀ Pflanzen, ♂ Blüten 6-zählig, weiß, 4–5 mm breit; Vermehrung vegetativ. ▲ Verbreitet, oft Massenvorkommen. Herkunft Nordamerika.

❷ Großes Nixenkraut, Meer-Nixenkraut *Najas marina*

✻ Juni–Aug. ↕ 10–100 cm ▼ Stillgewässer, meist auf Schlammböden

Pflanze untergetaucht, starr, zerbrechlich, meist bestachelt; B. 1–4 cm lang und 1–3 mm breit, gezähnt; Blüten unscheinbar, in den B.achseln sitzend. ▲ Selten. Europa.

Dreizackgewächse *(Juncaginaceae)*

❸ Sumpf-Dreizack *Triglochin palustre*

✻ Juni–Aug. ↕ 10–50 cm ▼ Sumpfwiesen, Gräben, Quell- und Flachmoore

B. alle grundständig, grasartig, 2-zeilig; Blüten in lockeren, tragb.losen Trauben; keine Blütenhülle; Narben 3; Staubb. 6; Frucht linealisch, mit 3 Teilfrüchtchen. ▲ Ziemlich selten. Europa.

❹ Strand-Dreizack *Triglochin maritimum*

✻ Juni–Aug. ↕ 15–70 cm ▼ Salzwiesen

B. linealisch, halb stielrund, grundständig; Blütentraube oben dicht; Blütenb. 6, grün, 2–3 mm lang; Narben 6; Frucht eiförmig, in 6 Teilfrüchte zerfallend. ▲ An den Küsten Europas verbreitet, im Binnenland selten.

Laichkrautgewächse *(Potamogetonaceae* incl. *Zanicheliaceae)*

❺ Fischkraut, Dichtes Laichkraut *Groenlandia densa (Potamogeton densus)*

✻ Mai–Aug. ↕ 20–40 cm ▼ Langsam fließende, kühle Gewässer

B. untergetaucht, paarweise, fast gegenständig genähert, 1–2 cm lang, lanzettlich, gesägt; Blütenähre wenigblütig. ▲ Zerstreut. Fast ganz Europa.

❻ Durchwachsenblättriges Laichkraut *Potamogeton perfoliatus*

✻ Juni–Aug. ↕ 1–6 m ▼ Nährstoffreiche Gewässer bis in etwa 6 m Tiefe

Pflanze reichästig; B. untergetaucht, rundlich-oval, stängelumfassend, 3–7 cm lang; Blütenähre bis 3 cm lang, auf bis 10 cm langem Stiel. ▲ Zerstreut. Fast ganz Europa.

3
6
5
2
1
4

Laichkrautgewächse *(Potamogetonaceae)*

❶ Knöterich-Laichkraut *Potamogeton polygonifolius*

✻ Juni–Aug. ↕ 30–60 cm ▼ Kalkarme, nährstoffarme Gewässer, Moorgräben

Pflanze ähnlich Schwimmendem Laichkraut, aber Schwimmb. 2–5 cm lang, elliptisch, am Grund verschmälert, 1–2-mal so lang wie breit; Tauchb. lanzettlich; B.stiele oberseits flach; Ährenstiele oberwärts nicht verdickt. ▲ Selten. Mittel- und Südeuropa (westlich).

❷ Schwimmendes Laichkraut *Potamogeton natans*

✻ Juni–Aug. ↕ 50–150 cm ▼ In langsam fließenden, nährstoffarmen Gewässern

Schwimmb. dunkelgrün oder bräunlich, oval, bis 12 cm lang, am Grund meist herzförmig; untergetauchte B. linealisch, binsenartig, zur Blütezeit verfault; Blütenähre bis 8 cm lang, Stiel bis 10 cm, überall gleich dick. ▲ Ziemlich häufig. Europa.

❸ Alpen-Laichkraut *Potamogeton alpinus*

✻ Juni–Aug. ↕ 30–200 cm ▼ Kühle, meist unverschmutzte Stillgewässer

Schwimmb. selten, eiförmig; untergetauchte B. lanzettlich, 10–20 cm lang, 2–2,5 cm breit, die oberen oft rötlich; Stiel der Blütenähre nach oben verdickt; B.häutchen bis 6 cm lang. ▲ Zerstreut. Mittel- und Nordeuropa, Alpen, Pyrenäen.

❹ Kleines Laichkraut *Potamogeton pusillus*

✻ Juni–Sept. ↕ 30–80 cm ▼ Klare, mäßig nährstoffreiche Seen oder langsam fließende Gewässer

Pflanze untergetaucht; Stängel dünn, fädlich, ästig; Stängelglieder 2–4 cm lang; B. schmal-lineal, 15–30 mm lang, stumpflich, meist 3-nervig; Ährenstiele 2–3-mal so lang wie die Ähre; Früchtchen schief-elliptisch, bis 1,5 mm lang. ▲ Verbreitet, aber oft selten geworden. Europa.

❺ Krauses Laichkraut *Potamogeton crispus*

✻ Mai–Sept. ↕ 30–200 cm ▼ In stehenden oder langsam fließenden, nährstoffreichen Gewässern

Pflanze meist verzweigt; B. länglich, bis 10 cm lang, wellig-kraus, sitzend; Blütenähre wenigblütig; Früchtchen am Grund miteinander verwachsen, 5–6 mm lang, mit hakig gebogenem Schnabel. ▲ Ziemlich häufig. Fast ganz Europa.

❻ Kamm-Laichkraut *Potamogeton pectinatus*

✻ Juni–Aug. ↕ bis 2 m ▼ Nährstoffreiche Seen, Teiche, Gräben, bis 4 m Tiefe

Stängel stark gabelästig; B. grasartig, 1–4 mm breit, 3-nervig und quernervig, am Grund mit bis 5 cm langen B.scheiden; Blütenähre locker, 3–5 cm lang; Früchtchen fast halbkreisförmig, am Rücken gekielt, gelbbraun, etwa 4 mm lang. ▲ Ziemlich häufig. Europa.

❼ Sumpf-Teichfaden *Zannichellia palustris*

✻ Mai–Sept. ↕ 10–50 cm ▼ Stehende oder langsam fließende, nährstoffreiche Gewässer, in 0,5–2,5 m Tiefe

Pflanze stark verästelt, im Wasser flutend; B. 2–10 cm lang und 1–2 mm breit, spitz, mit großen B.häutchen und 2 kleineren B.schuppen; 1 ♂ Blüte und 1–6 ♀ Blüten in einer B.achsel; Früchtchen 2–4 mm lang. ▲ Zerstreut. Europa.

5
6
4
2
7
3
1

Aronstabgewächse *(Araceae* incl. *Lemnaceae)*

❶ Gefleckter Aronstab *Arum maculatum*

✻ Apr.–Juni ↕ 15–40 cm ▼ Auenwälder, Laubmischwälder, Hecken

B. pfeilförmig, 10–20 cm lang, grün, selten gefleckt; Blüten klein, an einem Kolben sitzend, unten die ♀, dann die ♂, darüber zu Sperrhaken umgewandelte Blüten; Kolben oben blütenlos, violett, ganzer Kolben (mit Blüten) umgeben von einer 10–25 cm langen, tütenförmigen, gelbgrünen Hochb.scheide (Spatha); Beere rot; Gleitfallenblumen (Bestäubung durch Fliegen). Giftig! ▲ Häufig. Mittel- und Südeuropa.

❷ Kleine Wasserlinse *Lemna minor*

✻ Apr.–Mai ↕ 2–5 mm ▼ Stehende, nährstoffreiche Gewässer

Pflanze nicht in Stängel und B. gegliedert, sondern aus freischwimmenden, rundlichen Laubgliedern bestehend; Laubglied 2–3 mm lang, unterseits flach, nur mit 1 Wurzel; Blüten sehr selten. ▲ Verbreitet. Europa.

❸ Dreifurchige Wasserlinse *Lemna trisulca*

✻ Mai–Juni ↕ 7–10 mm ▼ Teiche, Seen, Gräben

Laubglieder meist untergetaucht, lanzettlich, kreuzweise gestellt, gelegentlich mit abgerundeten, 5–10 mm langen Schwimmb. ▲ Zerstreut. Europa.

❹ Vielwurzelige Teichlinse *Spirodela polyrhiza*

✻ Mai–Juni ↕ 5–10 mm ▼ Seen, Teiche, Altwasser

Jedes Laubglied mit Wurzelbüschel, an der Wasseroberfläche schwimmend, rundlich, 3–10 mm lang, zu 2–10 zusammenhängend. ▲ Zerstreut. Europa.

Saldengewächse *(Ruppiaceae)*

❺ Meeres-Salde *Ruppia maritima*

✻ Juni–Okt. ↕ 15–40 cm ▼ Küstengewässer, Brackwasser, salzige Binnengewässer

Pflanze untergetaucht, mit fadenförmigen, an den Knoten wurzelnden Stängeln und 2-zeiligen, 1 mm breiten, am Grund scheidenförmigen B.; Blüten unscheinbar, ohne Blütenhülle, in 2-blütiger Ähre; Staubb. 2. ▲ Zerstreut bis selten. Europa.

Seegrasgewächse *(Zosteraceae)*

❻ Echtes Seegras *Zostera marina*

✻ Juni–Sept. ↕ 30–100 cm ▼ Küstengewässer bis in 10 m Tiefe, oft große Flächen bedeckend

Pflanze untergetaucht, mit grasartigen, 4–10 mm breiten, 3-nervigen B.; Blütenstand 9–12 mm lang, Blüten klein, ohne Blütenhülle, je 1 ♂ und 1 ♀ Blüte in einer Blütenscheide eingeschlossen. ▲ Verbreitet. Europa.

4
3
2
5
1
6

Rohrkolbengewächse *(Typhaceae* incl. *Sparganiaceae)*

❶ Ästiger Igelkolben *Sparganium erectum (S. ramosum)*

✱ Juli–Sept. ↕ 30–50 cm ▼ Uferröhrichte, stehende, nährstoffreiche Gewässer, auf Schlammböden

St. ästig; B. 2-zeilig, schwertförmig, 5–15 mm breit, im unteren Teil 3-kantig; Blüten in kugeligen, 1-geschlechtigen Köpfen, die unteren ♀ und größer, die oberen ♂ und kleiner; Blütenköpfe rispig angeordnet. ▲ Verbreitet. Europa.

❷ Einfacher Igelkolben *Sparganium emersum (S. simplex)*

✱ Juni–Juli ↕ 20–60 cm ▼ Stehende oder langsam fließende, nährstoffreiche Gewässer, Schlammböden

Pfl. aufrecht, selten flutend; St. unverzweigt; B. 3–10 mm breit, gekielt, am Grund 3-kantig; ♂ Blütenköpfe 2–8, voneinander entfernt, ♀ Köpfe 2–5, ähren- oder traubenförmig angeordnet; Narbe fadenförmig; Frucht lang geschnäbelt. ▲ Ziemlich selten. Europa. – Ähnlich ist der **Schmalblättrige Igelkolben**, *S. angustifolium*, aber B. flach oder unterwärts auf dem Rücken leicht gewölbt, ohne Kiel; ♂ Blütenköpfe 2–4, stark genähert, ♀ Köpfe 1–4. Nährstoffarme, stehende Gewässer, Moorseen, Gebirgsseen; kalkmeidend. ▲ Ziemlich selten. Europa.

❸ Zwerg-Igelkolben *Sparganium natans (S. minimum)*

✱ Juni–Aug. ↕ 10–30 cm (flutend bis 80 cm) ▼ Nährstoffarme bis mäßig nährstoffreiche, stehende oder langsam fließende Gewässer, Moorschlenken, Heidetümpel, Gräben

Pfl. flutend oder aufrecht; B. hellgrün, 3–5 (8) mm breit, stumpf, flach, nicht gekielt; ♂ Blütenköpfe meist 1, kugelig, darunter 1–3 ♀ Blütenköpfe; Frucht mit Schnabel 4–6 mm lang. ▲ Ziemlich selten. Europa.

❹ Breitblättriger Rohrkolben *Typha latifolia*

✱ Juli–Aug. ↕ 100–250 cm ▼ Nährstoffreiche Gewässer, Uferröhrichte, Schlammböden, in 20–150 cm Wassertiefe

B. 2-zeilig, 10–20 mm breit, beiderseits flach, blaugrün; Blüten in 10–20 cm langen, 2–3 cm breiten Kolben, der untere schwarzbraun, breiter, mit ♀ Blüten, der obere gelbbraun, schmäler, mit ♂ Blüten, ♀ und ♂ Kolben sich berührend und fast gleich lang. ▲ Ziemlich häufig, aber durch Entwässerungsmaßnahmen seltener werdend. Fast ganz Europa, nördlich bis Südnorwegen. Ähnlich sind noch: – **Schmalblättriger Rohrkolben**, *T. angustifolia*, aber B. 3–10 mm breit, unterseits meist gewölbt; ♀ und ♂ Kolben etwa 3–5 cm voneinander entfernt. Ufer, Gräben. ▲ Ziemlich selten. Europa. – **Zwerg-Rohrkolben**, *T. minima*; Pfl. 30–70 cm; B. grasartig, 1–2 mm breit, grundständig; St.b. zu B.scheiden zurückgebildet; Kolben kurz, eiförmig, 2–4 cm lang, der ♂ Kolben etwas schmäler. Ufer langsam fließender Gewässer; kalkhold. ▲ Sehr selten. Mittel- und Südeuropa.

Hornblattgewächse *(Ceratophyllaceae)*

❺ Raues Hornblatt *Ceratophyllum demersum*

✱ Juni–Aug. ↕ 50–100 cm ▼ Stehende oder langsam fließende Gewässer, Altwasser, Teiche

Pfl. untergetaucht; B. quirlig, 1–2-mal gabelteilig, Zipfel linealisch, starr, dicht stachelig gezähnt, dunkelgrün; Blüten klein, einzeln in den B.achseln sitzend, 1-geschlechtig; Blütenb. 6–12, grün; Frucht mit 2 Stacheln; Bestäubung unter Wasser. ▲ Ziemlich häufig. Europa.

❻ Untergetauchtes Hornblatt *Ceratophyllum submersum*

✱ Juni–Aug. ↕ 50–100 cm ▼ Teiche, Altwasser, Laichkrautgesellschaften

Pfl. untergetaucht, ähnlich Rauem Hornblatt; B. hellgrün, 3–4-mal gabelteilig, bis 3 cm lang; Zipfel weich, linealisch, fädlich, kaum gezähnt; Frucht stachellos. ▲ Selten. Mittel- und Südeuropa.

1
2
6
5
4
3

Schmerwurzgewächse *(Dioscoraeaceae)*

❶ Schmerwurz *Tamus communis*

✻ Apr.–Juni ↕ 1,5–3 m ▼ Hecken, Waldränder, lichte Eichenmischwälder

Krautige, linkswindende Kletterpfl.; B. sehr variabel, ei-herzförmig, langspitzig, gestielt, 3–10 cm lang, dunkelgrün, glänzend; Blüten 1-geschlechtig, die ♂ mit glockiger Röhre und oben sternförmig abstehenden Blütenb., gelblich, gebüschelt, die ♀ Blüten mit freien Blütenb., einzeln oder in armblütigen, hängenden Trauben; Beere rot, glänzend, 12 mm breit. Giftig! ▲ Selten bis zerstreut. Hauptsächlich West- und Südeuropa, Süddeutschland.

Einbeergewächse *(Melanthiaceae* incl. *Trilliaceae)*

❷ Vierblättrige Einbeere *Paris quadrifolia*

✻ Mai–Juni ↕ 10–40 cm ▼ Auenwälder, Eichen- und Buchenwälder, Nadelmischwälder

St. kahl; an der Spitze mit 4, seltener 5 oder 6, quirlständigen, sitzenden, elliptischen, netznervigen, bis 10 cm langen B. und 1 endständigen, lang gestielten, meist 4-zähligen, grünen Blüte; äußere 4 Blütenb. ei-lanzettlich, 2–3 cm lang, bis 5 mm breit, innere 4 Blütenb. etwas kürzer und schmäler; Staubb. 8, seltener 10 oder 12; Frucht 1 schwarze, bereifte, 1 cm breite Beere. Sehr giftig! ▲ Zerstreut. Europa.

Narzissengewächse *(Amaryllidaceae* incl. *Alliaceae)*

❸ Ross-Lauch *Allium oleraceum*

✻ Juli–Aug. ↕ 30–70 cm ▼ Wegböschungen, Weinbergsmauern, Trockenrasen

B. flach, rinnig, 5 mm breit, nicht röhrenförmig, unterseits meist rau; Blütendolde mit sitzenden, rötlichen Brutzwiebeln; Blütenstiele sehr unterschiedlich lang, etwa 2–6-mal so lang wie die rötlichen oder grünlich weißen Blüten; Staubfäden ohne seitliche Zähne; Staubb. die Blütenb. kaum überragend; Hüllb. länger als der Blütenstand. ▲ Zerstreut. Europa.

Tausendblattgewächse *(Haloragaceae)*

❹ Ähriges Tausendblatt *Myriophyllum spicatum*

✻ Juni–Aug. ↕ 20–200 cm ▼ Stehende oder langsam fließende, meist kalkreiche, nährstoffreiche Gewässer bis in etwa 6 m Tiefe

Pfl. untergetaucht oder flutend; B.quirle meist 4-zählig; B. mit 13–35 gegenständigen, borstlichen Fiedern; Blüten etwa 3 mm breit, rosa, 1- oder 2-geschlechtig, in aufrechter, verlängerter Ähre; Tragb. kürzer als die Blüten, im oberen Teil der Ähre nicht geteilt; Pfl. 1-häusig. ▲ Verbreitet. Europa. – Ähnlich ist das **Quirlblättrige Tausendblatt**, *M. verticillatum*, aber B.quirle 5–6-zählig; Tragb. der Blüten fiederspaltig oder kammförmig gefiedert, meist länger als die Blüten. Nährstoffreiche stehende und langsam fließende Gewässer, Gräben, Altwässer. ▲ Verbreitet. Europa.

❷

❸

❹

❶

Kalmusgewächse *(Acoraceae)*

❶ Kalmus *Acorus calamus*

✻ Mai–Juli ↕ 60–120 cm ▼ Ufer, Altwasser, Gräben, nährstoffreiche Gewässer

Pflanze beim Zerreiben aromatisch riechend; Stängel 3-kantig, 2-zeilig beblättert; B. 5–20 mm breit, am Rand wellig; Blütenkolben (scheinbar) seitenständig, 4–10 cm lang, am Grund mit einer grünen, stängelähnlichen Blütenscheide (Spatha), diese den Stängel über dem Kolben fortsetzend; Blüten gelbgrün, winzig; Blütenb. 6, unter 1 mm lang. ▲ Zerstreut. Fast ganz Europa.

Knabenkrautgewächse oder Orchideen *(Orchidaceae)*

❷ Breitblättrige Stendelwurz *Epipactis helleborine (E. latifolia)*

✻ Juni–Aug. ↕ 25–60 cm ▼ Eichen-, Buchenwälder, Nadelmischwälder

B. eiförmig, spitz, 6–15 cm lang, 2–8 cm breit, dunkelgrün, stängelumfassend, viel länger als die Stängelglieder; Blüten blassgrün; Lippe oft violett überlaufen oder rosa oder purpurn gezeichnet. Geschützt! ▲ Ziemlich häufig. Fast ganz Europa. – Ähnlich ist die **Violette Stendelwurz**, *E. purpurata (E. sessilifolia, E. violacea)*, aber B. kleiner, lanzettlich, 5–8 cm lang, 1–2,5 cm breit; mittlere Stängelb. kaum länger als die Stängelglieder; Blütenstand dichtblütig; Blüten gelbgrün und rosa überlaufen. Laubmischwälder. ▲ Selten. Mittel und Südeuropa.

❸ Sommer-Wendelorchis *Spiranthes aestivalis*

✻ Juli ↕ 10–30 cm ▼ Kalkreiche Flachmoore

Stängel am Grund mit schmal-lanzettlichen, gelblich grünen, netzaderigen, 6–10 cm langen B.; Stängelb. schuppenförmig; Blütenähre locker; Blüten weiß und grünlich geadert, schraubig angeordnet, wohlriechend; Tragb. lanzettlich; Blütenb. 4–6 mm lang; Lippe länglich-eiförmig, vorne kreisförmig verbreitert, am Rand gekerbt. ▲ Selten. Mittel- und Südeuropa.

❹ Herbst-Wendelorchis, Schraubenstendel *Spiranthes spiralis (S. autumnalis)*

✻ Aug.–Sept. ↕ 10–30 cm ▼ Silikatmagerrasen, magere Schafweiden, wechseltrockene Böden

Stängel nur mit Schuppenb., am Grund mit seitenständiger Rosette aus eiförmigen B.; Blütenstand dicht, schraubig gedreht; Blüten grünlich weiß; Blütenb. schmal-lanzettlich, an der Spitze nach außen gebogen; Lippe ungeteilt, oval, mit krausem Rand. ▲ Selten. Fast ganz Europa, nördlich bis Irland, Dänemark.

❺ Honigorchis, Elfenstengel *Herminium monorchis*

✻ Mai–Juni ↕ 8–25 cm ▼ Kalkmagerrasen, Magerweiden, Moorwiesen

Pflanze mit kurzen Ausläufern; B. grundständig, 2–5, lanzettlich, 5–10 cm lang; Stängel gelegentlich mit 1–3 kleinen B.; Ähre schmal, 1-seitswendig, mit kleinen, grünlich gelben, nach Honig duftenden Blüten; Lippe 3-teilig, 3–4 mm lang. ▲ Selten. Südskandinavien, Mitteleuropa, Alpen, Pyrenäen, Apennin, Gebirge der Balkanhalbinsel.

❻ Grüne Hohlzunge *Dactylorhiza viridis (Coeloglossum viride)*

✻ Mai–Juni ↕ 5–25 cm ▼ Saure, kalkarme Magerrasen

B. eiförmig bis lanzettlich; Blütenähre dicht; Tragb. lanzettlich, grün, die unteren länger als die Blüten; Blütenhüllb. helmförmig zusammenneigend; Lippe vorne 3-zähnig, Sporn kurz, dick. ▲ Ziemlich selten. Europa, heute fast nur noch Alpen.

1
2
3
4
5
6

Knabenkrautgewächse oder Orchideen *(Orchidaceae)*

❶ Großes Zweiblatt *Neottia ovata (Listera ovata)*

✻ Mai–Juni ↕ 20–50 cm ▼ Laubmischwälder, Auenwälder, Gebüsche, Bergwiesen

Stängel mit 2 gegenständigen, breit-eiförmigen, 5–10 cm langen B.; Blütentraube vielblütig; Blütenb. grün, zusammenneigend, 3–4 mm lang; Lippe gelbgrün, 2-lappig, Lappen stumpf, nicht spreizend. ▲ Ziemlich häufig. Fast ganz Europa.

❷ Herz-Zweiblatt *Neottia cordata (Listera cordata)*

✻ Mai–Aug. ↕ 5–15 cm ▼ Moosreiche Fichtenwälder, Bergkiefernbestände

Stängel zart, blassgrün, in der Mitte mit 2 herzförmigen, glänzend grünen B.; Traube 6–12-blütig; Blütenb. gelbgrün bis rötlich braun, 2 mm lang; Lippe rot, 3–4 mm lang, tief 2-spaltig, Abschnitte lang zugespitzt und spreizend. ▲ Selten. Nordeuropa, Norddeutschland, Alpen, Pyrenäen, Jura, Vogesen, Schwarzwald, Karpaten, Gebirge der Balkanhalbinsel.

❸ Korallenwurz *Corallorhiza trifida*

✻ Juni–Juli ↕ 8–20 cm ▼ Schattige, moosreiche Nadelwälder

Pflanze gelblich bis braun, ohne grüne B.; Stängelb. schuppenförmig; Blüten gelbgrün, ohne Sporn, zu 4–9; Blütenb. 6, 3–6 mm lang; Lippe ungeteilt oder schwach 3-lappig, weißlich, rot punktiert. ▲ Ziemlich selten. Nord- und Mitteleuropa, Alpen, Pyrenäen, Apennin, Gebirge der Balkanhalbinsel.

❹ Kriechstendel, Netzblatt *Goodyera repens*

✻ Juli–Aug. ↕ 10–30 cm ▼ Moosige Nadelwälder, in den Alpen bis über 2000 m

Grundb. eiförmig bis länglich-eiförmig, 1–3 cm lang; obere Stängelb. schmal-lanzettlich; Stängel dicht drüsenhaarig; Blütenstand 10–15-blütig, 1-seitswendig; Blüten klein, weiß oder rahmgelb, außen grünlich, süßlich riechend; Blütenb. 4 mm lang; Lippe ungeteilt, rinnig und schnabelartig abwärts gebogen (4a). ▲ Ziemlich selten. Nord- und Mitteleuropa, Alpen, Pyrenäen, Balkanhalbinsel.

❺ Riemenzunge, Bocksorchis *Himantoglossum hircinum*

✻ Mai–Juni ↕ 30–80 cm ▼ Kalkmagerrasen, sonnige Gebüschsäume

B. eiförmig, obere lanzettlich, 5–15 cm lang und 3–5 cm breit, blaugrün, den Stängel scheidig umfassend; Blütenstand 10–20 cm lang, locker; Blüten grünlich weiß, mit roten Nerven, mit Bocksgeruch; alle 5 Blütenb. einen halbkugeligen Helm bildend; Lippe olivgrün, mit bandartigem, gedrehtem, 2–5 cm langem Mittelabschnitt mit 2-teiliger Spitze, am Grund mit 2 kürzeren, 5–15 mm langen, welligen Seitenlappen; Sporn kegelförmig, 3–4 mm lang. ▲ Selten. Mittel- und Süddeutschland, Südeuropa (westlich).

❻ Vogelnestwurz *Neottia nidus-avis*

✻ Mai–Juni ↕ 20–50 cm ▼ Laubmischwälder

Pflanze ohne B.grün, hellbraun; Stängel mit Schuppenb.; Blütentraube vielblütig; Blütenb. zusammenneigend, stumpf, 4–6 mm lang, hellbraun; Lippe tief 2-teilig; Moderpflanze, auf moderndem Holz, lebt von toten, organischen Stoffen. ▲ Ziemlich häufig. Fast ganz Europa, nördlich bis Mittelskandinavien.

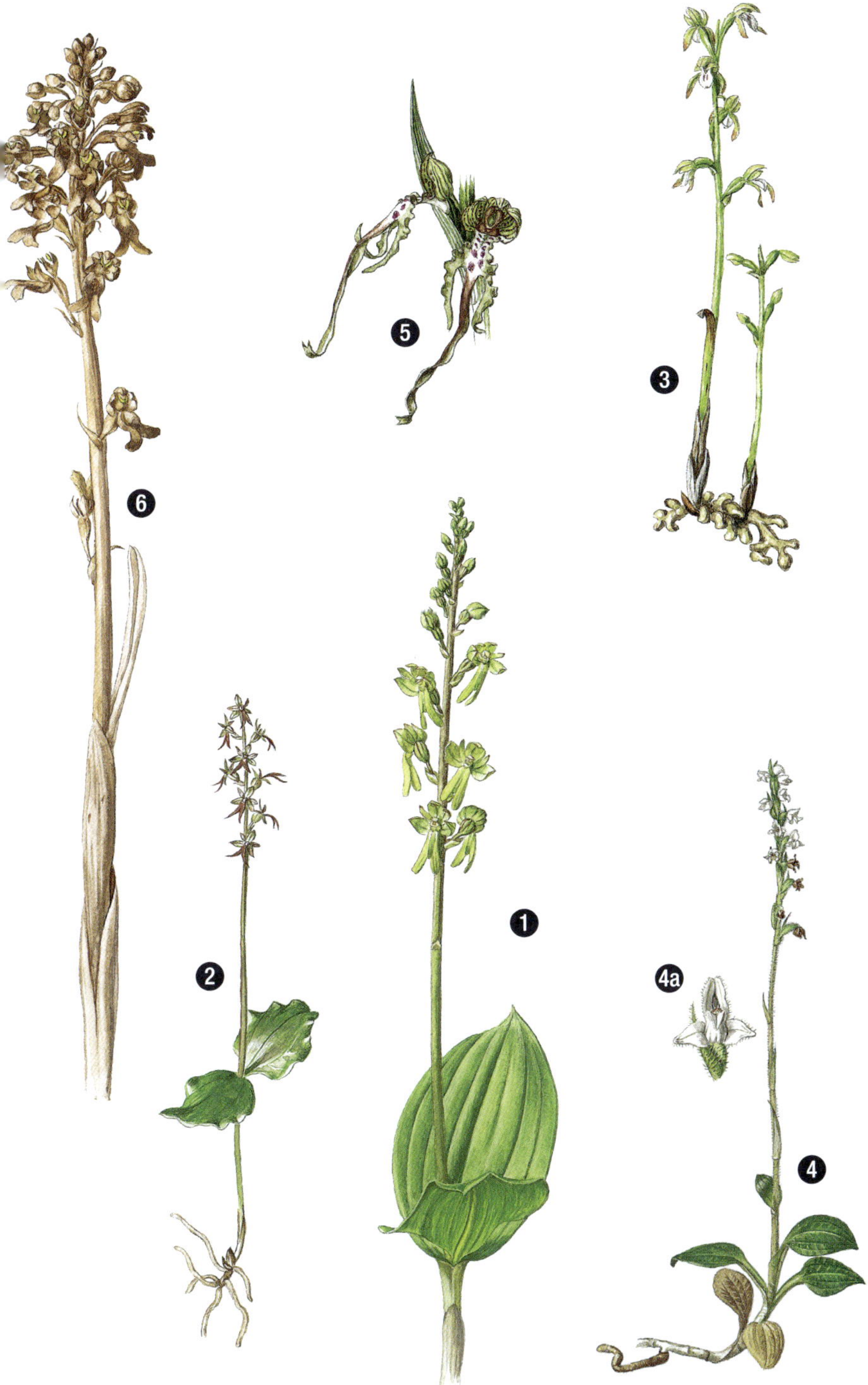

6
5
3
1
2
4a
4

Osterluzeigewächse *(Aristolochiaceae)*

❶ Haselwurz *Asarum europaeum*

✻ März–Mai ↕ 5–10 cm ▼ Laub- und Nadelwälder, Auenwälder

St. kriechend, am Grund mit schuppenförmigen Niederb.; B. rundlich-nierenförmig, dunkelgrün, 3–10 cm breit, oft wintergrün; Blüten einzeln, kurz gestielt, radiär; Blütenhülle 3-teilig, glockig, braunrot, 10–15 mm lang. ▲ Häufig. Hauptsächlich Mittel- und Osteuropa.

Hahnenfußgewächse *(Ranunculaceae)*

❷ Stinkende Nieswurz *Helleborus foetidus*

✻ Febr.–Apr. ↕ 30–60 cm ▼ Eichen- und Buchenwälder, Waldränder, Buschhänge

B. wintergrün, handförmig 3–9-teilig, Abschnitte gezähnt; Blütenstand reich verzweigt; Blüten glockig, 2 cm breit, 5-zählig, grüngelb, am Rand rötlich, unangenehm riechend; Früchtchen mit hakigem Schnabel, zu 3–8, etwa 2 cm lang. Giftig! Geschützt! ▲ Zerstreut. Vor allem Südwesteuropa, Süddeutschland, nördlich bis England.

❸ Grüne Nieswurz *Helleborus viridis*

✻ März–Apr. ↕ 10–30 cm ▼ Lichte Wälder, Gebüsche

B. nicht überwinternd, 7–11-teilig, Abschnitte bis zum Grund gesägt; St. 1-fach oder verzweigt, mit geteilten, gesägten B.; Blüten zu 2–3, nickend, 4–6 cm breit; Blütenb. ausgebreitet, breit-eiförmig, grün; als Heilpfl. früher häufig kultiviert und gelegentlich verwildert. Giftig! ▲ Selten. Mitteleuropa, südlich bis Spanien und Norditalien.

❹ Mäuseschwanz *Myosurus minimus*

✻ Apr.–Juni ↕ 2–10 cm ▼ Feuchte Wegränder und Äcker, Ufer, lehmige, staunasse, kalkfreie Böden

Pfl. 1-jährig; B. grasartig, schmal-linealisch, etwa 1 mm breit, in grundständiger Rosette; St. b.los; Kronb. 5, hellgrün, eiförmig, 3–4 mm lang, am Grund mit kurzem, dem Blütenst. anliegendem Sporn; Nektarb. fadenförmig, gelbgrün; Blütenboden sich nach der Blüte auf 2–5 cm verlängernd und dadurch mäuseschwanzähnlich aussehend. ▲ Selten. Fast ganz Europa.

Brennnesselgewächse *(Urticacae)*

❺ Große Brennnessel *Urtica dioica*

✻ Juli–Okt. ↕ 30–120 cm ▼ Wege, Schutt, Auenwälder, Waldränder

Pfl. 2-häusig, mit Brennhaaren; St. kantig, aufrecht; B. gegenständig, länglich, mit herzförmigem Grund, grob gesägt, dunkelgrün, 5–10 cm lang; B.stiel flaumig behaart; Blütenrispen länger als der B.stiel. ▲ Häufig. Europa. – Ähnlich ist die **Kleine Brennnessel**, *U. urens*, aber Pfl. 1-häusig; B. eiförmig, stumpflich, hellgrün, 2–4 cm lang; Blütenrispe kürzer als die B.stiele. Gärten, Äcker, Unkrautfluren. ▲ Häufig. Europa.

❻ Aufrechtes Glaskraut *Parietaria officinalis (P. erecta)*

✻ Juni–Sept. ↕ 20–100 cm ▼ Schattige Mauern und Felsen, Ruderalstellen, Gebüschsäume

Pfl. ohne Brennhaare; B. wechselständig, ganzrandig, eiförmig-lanzettlich, spitz, 3–12 cm lang; Blütenstände kugelig; Blüten unscheinbar, 4-zählig, grünlich. ▲ Selten. Mittel- und Südeuropa.

1
2
3
4
5
6

Hanfgewächse *(Cannabaceae)*

❶ Hopfen *Humulus lupulus*

✻ Juli–Aug. ↕ 2–6 m ▼ Auenwälder, Gebüsche, Erlenbrüche

St. rechtswindend; B. gegenständig, meist tief 3-lappig, gezähnt; Pfl. 1-geschlechtig; ♂ Blütenstände in Rispen, Blütenb. 5, frei, hellgrün, Staubb. 5, ♀ Blütenstande zapfenartig, ährig (Hopfendolde); Frucht eine 3 mm lange Nuss. ▲ Häufig, auch als Kulturpfl. Europa.

Rosengewächse *(Rosaceae)*

❷ Kleiner Wiesenknopf *Sanguisorba minor*

✻ Mai–Aug. ↕ 30–60 cm ▼ Lückige Magerrasen, Wege, Böschungen

Pfl. mit grundständiger B.rosette; B. gefiedert, mit 11–31 ovalen Fiederb., diese jederseits mit 4–8 spitzen Zähnen; Blütenköpfe kugelig, grünlich, 1–1,5 cm lang, die unteren Blüten ♂, die mittleren 2-geschlechtig, die oberen ♀; Staubfäden schlaff herabhängend, 3–5-mal so lang wie die Kelchb. ▲ Ziemlich häufig. Fast ganz Europa, nördlich bis Südschweden.

❸ Gewöhnlicher Frauenmantel *Alchemilla vulgaris*

✻ Mai–Aug. ↕ 10–30 cm ▼ Fettwiesen und -weiden, Nasswiesen, Quell- und Hochstaudenfluren, Waldränder

B. rundlich, 2–12 cm breit, zu $^1/_3$–$^2/_3$ in 7–11 gezähnte, halbkreis-, trapezförmige oder 3-eckige Lappen geteilt, kahl, zerstreut bis dicht anliegend oder abstehend behaart; Behaarung des St. und des reich verzweigten Blütenstandes ebenso variabel; Blüten 2–4 mm breit, gelbgrün, in lockeren Knäueln; Kronb. fehlend; Kelchb. 2-reihig, 4 innere und 4 äußere; Staubb. 4. (Äußerst formenreiche Sammelart mit zahlreichen Kleinarten) ▲ Verbreitet. Fast ganz Europa.

❹ Acker-Frauenmantel *Aphanes arvensis*

✻ Mai–Sept. ↕ 5–20 cm ▼ Getreidefelder; kalkmeidend

Pfl. meist graugrün, ohne grundständige B.rosette; St.b. kurz gestielt, obere sitzend, rautenförmig, auf $^1/_3$–$^1/_2$ eingeschnitten, 4–8 mm breit und 6–10 mm lang; Blüten 1,8–2,5 mm lang, in 10–20-blütigen Knäueln, gelbgrün; Kelchb. meist spreizend; Frucht über 2 mm lang. ▲ Zerstreut. Mittel- und Südeuropa, nördlich bis Südskandinavien.

❺ Alpen-Frauenmantel, Silbermantel *Alchemilla alpina*

✻ Juni–Aug. ↕ 10–25 cm ▼ Kalkarme, bodensaure Magerrasen und Matten, 1200–2600 m

B. handförmig in 5–9 schmale, oberseits grüne, am Rand und unterseits silbrig-seidenhaarige, vorne gezähnte Abschnitte zerteilt; Blüten gelbgrün, etwa 3 mm breit, in dichten, knäueligen Blütenständen; Blütenstiele kürzer als die Blüten. (Sammelart mit zahlreichen, schwer zu unterscheidenden Kleinarten) ▲ Verbreitet. Alpen, Gebirge Mittel- und Südeuropas, Arktis.

❻ Alpen-Gelbling *Sibbaldia procumbens*

✻ Juni–Aug. ↕ 3–10 cm ▼ Schneeböden, feuchte, saure Böden, 2000–3300 m

Rasenbildende Halbrosettenstaude; B. 3-zählig, oben graugrün, unten hellgrün, am Rand dicht behaart; B.chen vorne 3-zähnig; Blüten klein, unscheinbar, gelbgrün, in armblütigen Trugdolden; Kronb. lanzettlich, 1–2 mm lang; Kelchb. eiförmig, 3–4 mm lang. ▲ Verbreitet. Alpen, Sierra Nevada, Pyrenäen, Apennin, Jura, Vogesen, Kaukasus, Arktis.

1
5
2
4
3
6

Sauerkleegewächse *(Oxalidaceae)*

❶ Wald-Bingelkraut *Mercurialis perennis*

✻ Apr.–Mai ↕ 15–30 cm ▼ Krautreiche Laubwälder und Nadelmischwälder, Gebüsche

Pflanze 2-häusig; B. länglich-lanzettlich, 4–12 cm lang, stumpf gezähnt; Blüten 1-geschlechtig, klein, mit 3-teiligem, grünem Kelch, in Rispen oder Knäueln. Giftig! ▲ Häufig. Südskandinavien, Mittel- und Südeuropa.

❷ Einjähriges Bingelkraut *Mercurialis annua*

✻ Mai–Okt. ↕ 10–40 cm ▼ Äcker, Weinberge, Wege, Schutt; wärmeliebend

Stängel kahl, 4-kantig, mit vielen gegenständigen Ästen; B. ei-lanzettlich, stumpf gezähnt, 3–8 cm lang; Pflanze meist 2-häusig; ♀ Blüten fast sitzend, in armblütigen, b.achselständigen Knäueln, ♂ Blüten in vielblütigen, ährenartigen Knäueln. Giftig! ▲ Verbreitet. Ursprünglich Südeuropa, heute fast ganz Europa.

Wolfsmilchgewächse *(Euphorbiaceae)*

❸ Garten-Wolfsmilch *Euphorbia peplus*

✻ Mai–Okt. ↕ 10–30 cm ▼ Äcker, Gärten, Schutt

Pflanze 1-jährig, aber Blütendolden 3-strahlig, jeder Strahl nochmals 2–3-mal geteilt; Hüllb. eiförmig, kahnförmig gewölbt, kurz-stachelspitz; Drüsen des Blütenbechers halbmondförmig, in 2 lange Hörner auslaufend; B. eiförmig, gestielt, vorne stumpf; Fruchtkapsel an den 3 Kielen schmal doppelt geflügelt. Giftig! ▲ Häufig. Europa.

❹ Steife Wolfsmilch *Euphorbia stricta*

✻ Juni–Sept. ↕ 20–50 cm ▼ Waldränder, Auenwälder

Pflanze mit mehreren aufrechten Stängeln; Stängelb. lanzettlich, 2–4 cm lang, 5–8 mm breit, ab der Mitte bis zur Spitze fein gesägt, obere Stängelb. mit herzförmigem Grund sitzend; Stängel mit zahlreichen seitlichen, mehrfach gabelig verzweigten Teilblütenständen und endständigem, 3–5-strahlig und nochmals gabelig verzweigtem Teilblütenstand; Hüllchenb. 3-eckig, sitzend; Drüsen des Hüllbechers rundlich bis bohnenförmig; Kapsel 2 mm breit, mit kurzen, zylindrischen Warzen (4a). ▲ Verbreitet bis zerstreut. Mittel- und Südeuropa, nördlich bis England.

❺ Strand-Wolfsmilch *Euphorbia paralias*

✻ Mai–Sept. ↕ 30–60 cm ▼ Küstensand

Pflanze steif, blaugrün, am Grund mit Schuppenb.; B. dick, fleischig, eiförmig, spitz, dachziegelig, 5–20 mm lang; Blütendolde 3–6-strahlig; Hochb.hülle breit-eiförmig, nicht verwachsen; Drüsen des Hüllbechers mit kurzen Hörnern; Frucht fein-warzig. Giftig! ▲ Zerstreut. West- und Südeuropa.

❻ Liegende Wolfsmilch *Euphorbia humifusa*

✻ Juni–Sept. ↕ 5–15 cm ▼ Gärten, Wege, Pflasterfugen, sandige Ruderalstellen

Pflanze kahl, bläulich grün, später rot überlaufen; Stängel liegend; B. gegenständig, verkehrt-eiförmig, stumpflich, 5–10 mm lang, mit kleinen Nebenb.; Scheinblüten einzeln. Giftig! ▲ Ziemlich selten. Ursprünglich Asien, heute weit verbreitet.

1
5
3
4
2
4a
6

Wolfsmilchgewächse *(Euphorbiaceae)*

❶ Sonnenwend-Wolfsmilch *Euphorbia helioscopia*

✻ Apr.–Nov. ↕ 10–40 cm ▼ Äcker, Gärten, Weinberge, nährstoffreiche Böden

St.b. wechselständig, verkehrt-eiförmig bis keilförmig, hellgrün, kurz gestielt, vorne fein gezähnt, 2–4 cm lang; Blütendolde 5-strahlig; Hüllb. den St.b. ähnlich; Drüsen des Blütenbechers gelb, rundlich-oval; Fruchtkapsel glatt. Giftig! ▲ Häufig. Europa.

❷ Süße Wolfsmilch *Euphorbia dulcis*

✻ Apr.–Juni ↕ 20–50 cm ▼ Krautreiche Laubwälder, Nadelmischwälder

B. wechselständig, länglich-eiförmig, in den kurzen Stiel verschmälert, oberseits dunkelgrün, unterseits blaugrün; Blütenstand meist 5-strahlig; Drüsen des Hüllbechers rundlich-oval, anfangs gelbgrün, später rotbraun; Hochb. des Einzelblütenstandes nicht verwachsen; Fruchtkapsel mit halbkugeligen Warzen. Giftig! ▲ Zerstreut. Mitteleuropa, südlich bis Nordspanien, Mittelitalien, Balkanhalbinsel.

❸ Kleine Wolfsmilch *Euphorbia exigua*

✻ Juni–Sept. ↕ 5–15 cm ▼ Gärten, Wege Pflasterfugen, sandige Ruderalstellen

Pfl. 1-jährig; B. hellgrün, wechselständig, linealisch, stachelspitz, sitzend, 0,5–3 cm lang; Blütendolde 3–5-strahlig, jeder Strahl nochmals gabelig geteilt; Hüllb. hellgrün, linealisch, mit herzförmigem Grund sitzend; Drüsen des Blütenbechers halbmondförmig gehörnt; Fruchtkapsel glatt. Giftig! ▲ Zerstreut. Ursprünglich Südeuropa, heute fast ganz Europa.

Geißblattgewächse *(Caprifoliaceae* incl. *Linnaeaceae, Dipsacaceae,* und *Valerianaceae)*

❹ Echter Feldsalat, Rapünzchen *Valerianella locusta*

✻ Apr.–Juni ↕ 10–20 cm ▼ Äcker, Wege

B. länglich, untere spatelig, 2–7 cm lang, obere lanzettlich, spitz; Blütenstand endständig, gabelig verzweigt; Krone 5-zipfelig, bläulich weiß, 2 mm breit; Frucht abgeflacht, rundlich, kurz zugespitzt, glatt; als Salatpfl. angebaut. ▲ Ziemlich häufig. Europa.

❺ Ostalpen-Baldrian *Valeriana elongata*

✻ Juni–Aug. ↕ 5–25 cm ▼ Kalkfelsspalten, Felsschutt, 1600–2400 m

St. gefurcht, kahl; Rosettenb. lang gestielt, eiförmig, ganzrandig; St.b. fast sitzend, eiförmig oder fast 3-eckig, grob gezähnt; Blüten in achselständigen Trugdolden; Krone bräunlich bis grünlich, 2–3 mm lang. ▲ Zerstreut bis selten. Endemit der Ostalpen (Totes Gebirge ostwärts, Bozen, Osttirol, Julische und Steiner Alpen).

Araliengewächse *(Araliaceae)*

❻ Wassernabel *Hydrocotyle vulgaris*

✻ Juli–Aug. ↕ 10–40 cm ▼ Moorwiesen, Flachmoore, Gräben, Ufer

St. kriechend, fadenförmig, an den Knoten wurzelnd; B. kreisrund, schildförmig, gekerbt, 2–4 cm breit; Blüten weißlich, etwa 1 mm breit, zu 3–5 in kopfiger Dolde, diese kurz gestielt. Giftig! ▲ Ziemlich selten. Fast ganz Europa.

5
6
4
2
1
3

Weiderichgewächse *(Lythraceae* incl. *Trapaceae)*

❶ Wassernuss *Trapa natans*

✻ Juli–Aug. ↕ 60–300 cm ▼ Kalkarme, sommerwarme Gewässer

Pfl. mit Schwimmb.rosette aus 5–30 rautenförmigen, lederigen B., 2–6 cm lang, vorne gezähnt, oberseits grün oder rot, unterseits braun; B.stiele aufgeblasen; Blüten 4-zählig, weiß; Frucht eine Nuss mit 2–4 Dornen. ▲ Selten, wird z. B. für Bodensee, Rhein, Main, Weser, Elbe- und Odergebiet noch angegeben, aber durch Gewässerverschmutzung meistens verschwunden. Mittel- und Südeuropa.

❷ Sumpfquendel *Peplis portula*

✻ Juli–Sept. ↕ 10–30 cm ▼ Kalkarme feuchte Äcker, Teichböden, Ufer

Pfl. niederliegend, am Boden kriechend; St. an den Knoten wurzelnd; B. verkehrt-eiförmig, 1–1,5 cm lang, glänzend, etwas fleischig; Blüten unscheinbar, b.achselständig; Kronb. 6, rötlich, 1–2 mm lang, bald abfallend oder fehlend; Kelchb. pfriemlich; Frucht kugelig, 1,5 mm breit. ▲ Zerstreut bis selten. Europa.

Kreuzblütengewächse *(Cruciferae* oder *Brassicaceae)*

❸ Feld-Kresse *Lepidium campestre*

✻ Mai–Juni ↕ 20–60 mm ▼ Wege, trockene Ruderalstellen, Äcker

Pfl. graugrün, behaart; St. meist einzeln; B. pfeilförmig st.umfassend, ungeteilt, lanzettlich, gezähnt; Blüten weiß, 2–3 mm breit, in ährenförmigen Trauben; Schötchen breit-eiförmig, dicht mit schuppigen Bläschen bedeckt, flach oder etwas gewölbt, geflügelt, am Griffel ausgerandet, dieser die Ausrandung des Flügels nicht überragend. ▲ Zerstreut. Europa.

❹ Schutt-Kresse *Lepidium ruderale*

✻ Mai–Juli ↕ 10–30 cm ▼ Unkrautfluren, Trittrasen, Wege, Bahngelände

Pfl. beim Zerreiben stinkend; Grundb. 1–2-fach gefiedert, mit schmal-lanzettlichen Abschnitten; St.b. fiederteilig bis ungeteilt, nicht st.umfassend; Blüten unscheinbar, grünlich; Kronb. kürzer als die Kelchb. oder fehlend; Schötchen breit-eiförmig, 2–2,5 mm lang, schmal geflügelt. ▲ Zerstreut. Europa.

❺ Durchwachsene Kresse *Lepidium perfoliatum*

✻ Mai–Juni ↕ 20–40 cm ▼ Wege, Ufer, Schutt, Brachland

Grundb. doppelt-fiederspaltig, mit linealischen, unter 1 mm breiten Abschnitten; St.b. ungeteilt, ganzrandig, eiförmig, mit tief herzförmigem Grund st.umfassend; Blüten blassgelb, 2–3 mm breit; Schötchen breit-eiförmig oder rhombisch. ▲ Selten. Mittel- und Osteuropa.

❻ Dichtblütige Kresse *Lepidium densiflorum*

✻ Mai–Juli ↕ 15–40 cm ▼ Wegränder, sandige Plätze, Schutt, lehmige bis kiesige Ruderalstandorte; wärmeliebend

Pflanze mit dichter, kleinblütiger Blütentraube (6a); St. dicht kurzhaarig; St.b. (6b) lineal-lanzettlich, meist entfernt sägezähnig; Kronb. fehlend oder verkümmert; Kelchb. eiförmig, 0,5 mm lang; Fruchtstiele 2–3 mm lang, schräg aufwärts gerichtet; Schötchen (6c) verkehrt-eiförmig, 2–2,5 mm lang, mit u-förmiger Ausrandung. ▲ Zerstreut bis selten. Heimat Nordamerika, in Europa etwa ab 1870 eingeschleppt. – Ähnlich ist die **Virginische Kresse**, *L. virginicum*; Schötchen fast kreisrund, an der Spitze geflügelt; Kronb. vorhanden, weiß, 1–1,5 mm lang, untere Stängelb. fiederspaltig, obere lanzettlich, scharf gesägt. ▲ Aus Nordamerika eingeschleppt, heute in fast ganz Europa eingebürgert.

1
2
5
6a
3
4
6b
6c

Knöterichgewächse *(Polygonaceae)*

❶ Vogel-Knöterich *Polygonum aviculare*

✻ Juni–Okt. ↕ 5–50 cm ▼ Wege, Schutt, Gräben, Kiesplätze

Pflanze niederliegend; Stängel. dunkel gestreift; B. linealisch bis eiförmig, kurz gestielt, 0,5–3 cm lang, sehr vielgestaltig; Blüten zu 1–5 b.achselständig; Blütenb. meist 5, 2–3 mm lang, grünlich oder rosa. (Sammelart mit mehreren Kleinarten) ▲ Häufig. Europa.

❷ Floh-Knöterich *Polygonum persicaria*

✻ Juli–Okt. ↕ 10–80 cm ▼ Äcker, Schutt, Schlammböden

Pflanze ähnlich dem Ampfer-Knöterich (s. S. 100), aber B.scheiden eng anliegend, kurz behaart, am oberen Rand lang bewimpert; B. glänzend; Ährenstiele und Blüten drüsenlos; Blüten rosa oder weiß. ▲ Häufig. Europa.

❸ Milder Knöterich *Polygonum mite*

✻ Juli–Sept. ↕ 10–60 cm ▼ Ufer, Gräben, Quellen, feuchte Waldwege

B. lanzettlich, nach beiden Enden allmählich verschmälert, über 10 mm breit; B.scheidenrand lang bewimpert; Blüten in lockeren, dünnen, oft überhängenden oder gebogenen Scheinähren; Blüten rosa oder grünlich. ▲ Zerstreut. Europa.

❹ Stumpfblättriger Ampfer *Rumex obtusifolius*

✻ Juni–Aug. ↕ 50–120 cm ▼ Unkrautfluren, Schutt, Wege, Wiesen

B. länglich-eiförmig, mit herzförmigem Grund, 10–30 cm lang und 10–15 cm breit; innere Blütenb. 4–5 mm, jederseits mit 3–8 Zähnen, mit Schwielen. ▲ Häufig. Europa. – Ähnlich ist der **Knäuel-Ampfer**, *R. conglomeratus*; B. lang gestielt, länglich-eiförmig, 5–20 cm lang; Pflanze 30–80 cm, bis zur Spitze beblättert, zwischen den Blütenknäueln mit lanzettlichen Hochb.; innere 3 Blütenb. länglich, schmal, ganzrandig, ohne Zähne, 2–3 mm lang, alle 3 mit Schwielen. Ufer, Gräben, feuchte Äcker. ▲ Verbreitet. Südskandinavien, Mittel und Südeuropa.

❺ Krauser Ampfer *Rumex crispus*

✻ Juni–Aug. ↕ 30–120 cm ▼ Unkrautfluren, Äcker, Gräben, Ufer, Wiesen, Weiden

B. länglich-lanzettlich, bis 30 cm lang, am Rand wellig-kraus; Blütenstand reichblütig; innere 3 Blütenb. breit-eiförmig, mit herzförmigem Grund, meist alle 3 mit Schwielen. ▲ Häufig. Europa.

❻ Strand-Ampfer *Rumex maritimus*

✻ Juli–Sept. ↕ 10–60 cm ▼ Gräben, oft salzhaltige Teiche, Altwasser, Viehtränken, Schlammböden

Pflanze zur Fruchtzeit goldgelb; B. lineal-lanzettlich, in den B.stiel verschmälert; Blüten in knäueligen, übereinanderstehenden Scheinquirlen; innere Blütenb. gelbbraun, eiförmig 3-eckig, mit langen, schmalen Zähnen. ▲ Ziemlich selten. Mitteleuropa, nördlich bis Südskandinavien, Nordrussland, Sibirien.

❼ Schild-Ampfer *Rumex scutatus*

✻ Mai–Aug ↕ 20–40 cm ▼ Alpine Schuttfluren, Felsspalten, alpennahe Flussschotter, Steinbrüche, Mauern, in den Alpen bis 2700 m

Stängel meist unverzweigt; B. rundlich-spießförmig, blaugrün; Blütenhülle 6-teilig, 5–6 mm lang; 3 kleine, äußere, abstehende Blütenb., 3 innere; Frucht eine scharfkantige, glänzende Nuss. ▲ Zerstreut bis selten. Hauptsächlich Gebirge Mittel- und Südeuropas.

3
4
6
7
2
1
5

Knöterichgewächse *(Polygonaceae)*

❶ Wiesen-Sauerampfer *Rumex acetosa*

✻ Mai–Juli ↕ 30–100 cm ▼ Wiesen, Weiden, Wegraine

Grundb. lang gestielt, spießförmig, länglich-eiförmig, sauer schmeckend, derb, obere B. sitzend; B.scheiden zerschlitzt oder gezähnt; Blütenstand verzweigt, locker, unterbrochen, aufrecht; Blüten 1-geschlechtig, unscheinbar, klein; äußere 3 Blütenb. zur Fruchtzeit zurückgeschlagen, innere 3 Blütenb. 3–4 mm lang, rundlich oder breiter als lang, nicht gezähnt, am Grund mit roter oder grüner Schwiele. ▲ Häufig. Europa.

❷ Kleiner Sauerampfer *Rumex acetosella*

✻ Mai–Aug. ↕ 10–30 cm ▼ Magerrasen, Äcker, Wege, Heiden, Sandböden; kalkmeidend

B. sauer schmeckend, lineal-lanzettlich, am Grund mit auswärts gerichteten Spießecken; Blütenstand lockerblütig; Blüten 1-geschlechtig; Blütenhüllb. ohne Schwielen ▲ Verbreitet. Europa.

❸ Alpen-Säuerling *Oxyria digyna*

✻ Juni–Aug. ↕ 5–25 cm ▼ Kalkarmer Steinschutt mit langer Schneebedeckung, etwa 1600–2800 m

Stängel unverzweigt; grundständige B. lang gestielt, nierenförmig; Blüten 2-geschlechtig, in quirligen, traubigen Blütenständen; Blütenb. 4, grün, die 2 inneren der flachen Seite der Frucht anliegend, viel größer als die 2 äußeren, abstehenden Hüllb.; Frucht linsenförmig, mit purpurroten Flügeln. ▲ Zerstreut. Arktis, Nordeuropa, Gebirge Mittel- und Südeuropas.

❹ Echter Buchweizen *Fagopyrum esculentum (F. sagittatum)*

✻ Juli–Okt. ↕ 15–60 cm ▼ Äcker, Schutt, Wegränder; kalkmeidend

Stängel meist rot, wenig verzweigt; B. spieß- oder pfeilförmig, untere lang gestielt, obere fast sitzend, meist länger als breit; Blüten 3–4 mm lang, zu mehreren in b.achselständigen Blütenständen; Blütenb. 5, weiß oder rosa; Frucht 3-kantig, 5–6 mm lang, an den Kanten glatt. ▲ Zerstreut. Ursprünglich aus Zentralasien stammend, heute fast ganz Europa.

❺ Gemeiner Windenknöterich *Fallopia convolvulus (Polygonum convolvulus)*

✻ Juli–Okt. ↕ 15–100 cm ▼ Äcker, Gärten, Schuttplätze

Stängel hin- und hergebogen oder windend, kantig; B. 3-eckig bis pfeilförmig; Blüten hellgrün, zu 1–5 in B.achseln oder in wenigblütigen, ährenartigen Blütenständen; äußere Blütenb. gekielt; Frucht 4–5 mm lang, 3-kantig. ▲ Verbreitet. Europa.

❻ Stauden-Knöterich *Fallopia japonica (Reynoutria japonica)*

✻ Aug.–Sept. ↕ 100–200 cm ▼ Wegränder, Schutt, Gebüschsäume, Wälder

Wuchernde Pflanze; Stängel hohl, blaugrün bis rötlich; B. breit-eiförmig, plötzlich lang zugespitzt, bis 12 cm lang; Blüten weiß, 5-zählig, in den Achseln der oberen B. ▲ Verbreitet bis zerstreut. Herkunft Zentralasien, in Mitteleuropa eingebürgert und verwildert.

6
4
1
3
5
2

Nelkengewächse *(Caryophyllaceae)*

❶ Quirlige Knorpelmiere *Illecebrum verticillatum*

✻ Juli–Sept. ↕ 5–25 cm ▼ Feuchte Wegränder, Sandböden

Stängel niederliegend, an den Knoten wurzelnd; B. verkehrt-eiförmig, 2–5 mm lang; Blüten in b.achselständigen Knäueln; Kronb. 5, weiß, fadenförmig; Kelchb. 5, weiß, knorpelig verdickt, 2 mm lang, mit Grannenspitze. ▲ Selten. Mittel- und Südeuropa.

❷ Kahles Bruchkraut *Herniaria glabra*

✻ Juni–Sept. ↕ 5–20 cm ▼ Wege, Sand- und Kiesböden, Pflasterfugen

Pflanze niederliegend, polsterartig, 1–2-jährig; B. eiförmig-elliptisch, sitzend, kahl, gelbgrün, 2–7 mm lang; Blüten winzig, grünlich, in dichten, b.achselständigen Knäueln; Kronb. winzig oder fehlend. ▲ Zerstreut. Europa.

❸ Rote Schuppenmiere *Spergularia rubra*

✻ Mai–Sept. ↕ 5–25 cm ▼ Ufer, feuchte Äcker; kalkmeidend

Pflanze niederliegend bis aufsteigend, oben drüsig; B. gegenständig, stachelspitzig; Nebenb. silberweiß glänzend; Blüten 5-zählig, 6–8 mm breit, rosa; Staubb. 10; Samen runzelig, fein-warzig. ▲ Verbreitet. Fast ganz Europa.

❹ Salz-Schuppenmiere *Spergularia salina*

✻ Mai–Sept. ↕ 5–20 cm ▼ Küsten Europas

Pflanze ähnlich der Flügel-Schuppenmiere (s. S. 244). aber Blüten 6–8 mm breit; Kronb. tiefrosa, am Grund plötzlich weiß; Staubb. 2–5. ▲ Verbreitet, im Binnenland selten.

❺ Einjähriges Knäuelkraut *Scleranthus annuus*

✻ Mai–Sept. ↕ 5–15 cm ▼ Sandige Äcker, Wege, kalkarme Sandböden

Pflanze 1- oder 2-jährig; B. pfriemlich, blaugrün; Blüten in dichten Knäueln; Kronb. fehlend; Kelchb. 5, spitz, 3–4 mm lang, schmal-trockenhäutig berandet, zur Fruchtzeit abstehend oder aufrecht. ▲ Häufig. Fast ganz Europa. – Ähnlich ist das **Ausdauernde Knäuelkraut** *(Scleranthus perennis)*, aber Kelchb. stumpf, breit-weißhäutig berandet, zur Fruchtzeit zusammenneigend; Pflanze am Grund verholzt. Sandtrockenrasen, Silikatfelsfluren, Dünen. ▲ Zerstreut. Europa, nördlich bis Mittelskandinavien.

❻ Wimper-Mastkraut *Sagina ciliata (S. apetala)*

✻ Apr.–Juli ↕ 3–10 cm ▼ Äcker, Sandtrockenrasen, Pflasterfugen; kalkmeidend

Pflanze dunkelgrün; Kelchb. 4, die 2 äußeren spitz, mit gekrümmter Stachelspitze; Kronb. fehlend oder ½ so lang wie die Kelchb.; Blütenstiele drüsig bewimpert, nach der Blüte zurückgekrümmt; B. 3–8 mm lang, am Rand bewimpert, mit langer Stachelspitze. ▲ Ziemlich selten. Süd- und Mitteleuropa.

❼ Liegendes Mastkraut *Sagina procumbens*

✻ Mai–Sept. ↕ 2–5 cm ▼ Wege, saure Äcker, Trittstellen, Quellfluren

Pflanze niederliegend, rasenbildend, an den Knoten wurzelnd; B. linealisch, kurz-stachelspitz, 5–12 mm lang; Kelchb. meist 4, stumpflich, abstehend; Kronb. meist fehlend; Blütenstiele nach dem Verblühen zurückgebogen. ▲ Häufig. Europa.

5
7
6
2
1
4
3

Amarantgewächse *(Amaranthaceae* incl. *Chenopodiaceae)*

❶ Krummer Fuchsschwanz *Amaranthus retroflexus*

✻ Juli–Sept. ↕ 10–80 cm ▼ Unkrautfluren, Äcker, Wege; etwas wärmeliebend

Stängel gefurcht, dicht kurzhaarig; B. rhombisch eiförmig, hellgrün, unterseits auf den Nerven behaart, 5–15 cm lang; Blütenstand endständig, dicht, straußförmig oder eine kegelförmige Rispe bildend; Blüten 1-geschlechtig, knäuelig gedrängt; Blütenb. 5, grünlich weiß, 2–3 mm lang; Vorb. der Blüten 3–6 mm lang, derb, stechend. (Gattung mit vielen, ähnlichen Arten) ▲ Verbreitet. Europa.

❷ Guter Heinrich *Chenopodium bonus-henricus*

✻ Juni–Sept. ↕ 20–60 cm ▼ Unkrautfluren, Zäune, Wege, Viehläger

B. 3-eckig spießförmig, mattgrün, 5–10 cm lang; Blütenstand zusammengesetzt, kegelförmig, b.los; Blüten 2-geschlechtig, grün. ▲ Zerstreut. Europa.

❸ Vielsamiger Gänsefuß *Chenopodium polyspermum*

✻ Juli–Sept. ↕ 10–50 cm ▼ Unkrautfluren, Ufer, nährstoffreiche Äcker, Weinberge

Pflanze liegend bis aufsteigend; Stängel 4-kantig, oft rot überlaufen; B. länglich-eiförmig, lang gestielt, ganzrandig, 2–5 cm lang; Blütenstand beblättert; Samen schwarz glänzend, 1 mm breit, in der offenen Fruchthülle sichtbar. ▲ Verbreitet. Fast ganz Europa.

❹ Weißer Gänsefuß *Chenopodium album*

✻ Juli–Sept. ↕ 20–120 cm ▼ Unkrautfluren, Schutt, Äcker, Ufer, Schläge

B. und Stängel blau- oder graugrün; Stängel manchmal rot überlaufen; B. vielgestaltig, eiförmig-rhombisch bis lanzettlich, spitz, meist gezähnt, beiderseits mehlig bestäubt; Blütenstand pyramidenförmig, fast b.los; Blütenhülle 5-teilig, mehlig, weißlich grün. ▲ Häufig. Europa.

❺ Unechter Gänsefuß *Chenopodium hybridum*

✻ Juni–Sept. ↕ 30–80 cm ▼ Unkrautfluren, Gärten, stickstoffreiche Äcker

Pflanze kahl, unangenehm riechend; B. herzförmig oder 3-eckig, grob buchtig gezähnt, zugespitzt; Blüten grünlich, in b.losen Knäueln; Blütenstand rispig. ▲ Verbreitet. Fast ganz Europa.

❻ Kali-Salzkraut *Salsola kali*

✻ Juli–Sept. ↕ 15–60 cm ▼ Salzwiesen, Spülsäume an Küsten

Pflanze graugrün, verzweigt; Äste steif, sparrig; B. fleischig, stielrund, stechend; Blüten einzeln, b.achselständig, grün, mit 2 spitzen Vorb.; Blütenb. 5, mit Querkiel. ▲ An den Küsten Europas verbreitet, im Binnenland auf Sand selten.

❼ Strand-Sode *Suaeda maritima*

✻ Juli–Sept. ↕ 10–40 cm ▼ Schlickböden der Küsten

Pflanze kahl, blaugrün, oft rot überlaufen; B. linealisch, fleischig, nicht stachelspitzig; Blüten klein, zu 2–3 achselständig; Blütenb. 5, grün. ▲ An den Küsten Europas verbreitet, im Binnenland auf Salzstellen selten.

4
5
2
7
1
6
3

Quellkrautgewächse *(Montiaceae)*

❶ Bach-Quellkraut *Montia fontana*

✻ Juni–Aug. ↕ 10–30 cm ▼ Ufer, Gräben, Quellfluren, feuchte, saure Äcker

Pflanze niederliegend bis aufsteigend oder im Wasser flutend; B. gegenständig, spatelig, 5–25 mm lang; Blüten unscheinbar, weiß, zu 2–5; Kelchb. 2; Kronb. 3–5, 1–2 mm lang; Staubb. 3. (Sammelart mit mehreren Kleinarten) ▲ Zerstreut. Europa.

Amarantgewächse *(Amaranthaceae* incl. *Chenopodiaceae)*

❷ Strand-Melde *Atriplex litoralis*

✻ Juli–Sept. ↕ 30–90 cm ▼ Salzhaltige Sand- und Schlickböden

Pflanze anfangs mehlig; Äste rutenförmig, aufrecht; B. lanzettlich, am Grund keilförmig verschmälert, ganzrandig oder buchtig gezähnt; die 2 Vorb. (Fruchthülle) jeder Blüte nur am Grund verwachsen, eiförmig bis 3-eckig rhombisch, oft gezähnt. ▲ An den Küsten Europas verbreitet, im Binnenland selten.

❸ Spreizende Melde *Atriplex patula*

✻ Juli–Okt. ↕ 30–80 cm ▼ Äcker, Gärten, Schutt

Pflanze 1-häusig, sehr variabel; untere B. länglich-rautenförmig, mit keilförmigem Grund, obere B. länglich-lanzettlich; Blüten 1-geschlechtig; ♂ Blüten mit 5 Blütenb. und 5 Staubb., ♀ Blüten ohne Blütenhülle, aber mit 2 rautenförmigen, ganzrandigen oder gezähnten, manchmal warzigen Vorb., die sich zur Fruchtzeit vergrößern. (Gattung mit vielen, sehr ähnlichen Arten) ▲ Häufig. Europa.

❹ Spieß-Melde *Atriplex prostrata (A. hastata)*

✻ Juli–Sept. ↕ 30–90 cm ▼ Nährstoffreiche Unkrautfluren, Müllplätze, Ufer, Gräben, Schlammböden, Salzstellen, Meeresküsten

Pflanze ähnlich der Spreizenden Melde, aber untere B. breit 3-eckig, hellgrün; Vorb. (der blütenb.losen Blüten) 3-eckig, meist klein gezähnt, mit gestutztem oder breitem, keilförmigem Grund. ▲ Zerstreut. Europa.

❺ Strand-Salzmelde *Halimione portulacoides (Obione portulacoides)*

✻ Juli–Sept. ↕ 30–80 cm ▼ Salzwiesen und Küsten

Pflanze am Grund holzig, liegend bis aufsteigend; B. gegenständig, untere büschelig, länglich-eiförmig, dick, fleischig, bereift; Blüten grünlich, in Scheinähren, 1-geschlechtig; Fruchthülle ungestielt, 3-lappig, 3–4 mm lang. ▲ Verbreitet. Mittel- und Südeuropa.

❻ Gemeiner Queller *Salicornia europaea*

✻ Aug.–Okt. ↕ 5–30 cm ▼ Regelmäßig überstaute Küstenwatten und salzhaltige Sandböden im Binnenland

Pflanze grün, im Herbst rot; Stängel gegliedert; B. gegenständig, fleischig, dicht dem Stängel angepresst, dieser scheinbar b.los. (Formenreiche Sammelart mit mehreren Klein- und Unterarten.) ▲ An den Küsten Europas häufig, im Binnenland an Salzstellen selten.

4
5
1
6
2
3

Moschuskrautgewächse *(Adoxaceae)*

❶ Moschuskraut *Adoxa moschatellina*

✻ März–Mai ↕ 5–10 cm ▼ Gebüsche, feuchte Laubwälder, Auenwälder, Hochstaudenfluren, in den Alpen bis etwa 1800 m

Pfl. zierlich; Grundb. doppelt 3-zählig, die 2 gegenständigen St.b. 1-fach 3-zählig; Blüten zu 4–6, grünlich gelb, in einem endständigen, fast würfelförmigen Kopf; Gipfelblüten mit 4-teiliger Krone und 2-teiligem Kelch, seitliche Blüten mit 5-teiliger Krone und 3-teiligem Kelch. ▲ Ziemlich selten. Fast ganz Europa.

Borretschgewächse *(Boraginaceae)*

❷ Echte Hundszunge *Cynoglossum officinale*

✻ Mai–Juli ↕ 20–80 cm ▼ Sonnige Unkrautfluren

Pfl. dicht weichhaarig, grau; St. dicht beblättert; B. elliptisch bis lanzettlich, halb st.umfassend, graufilzig; Blütenstand verzweigt; Blüten violett, dann rotbraun, 5–7 mm breit; Kronröhre kurz, von Schlundschuppen verschlossen, Kronzipfel ausgebreitet; Nüsschen 4, am Rand wulstig verdickt, 6–8 mm lang, mit widerhakigen Stacheln besetzt. Giftig! ▲ Zerstreut. Fast ganz Europa.

❸ Braunes Mönchskraut *Nonea pulla*

✻ Mai–Aug. ↕ 20–40 cm ▼ Getreidefelder, Brachland, Wegränder; wärmeliebend

Pfl. grauhaarig, drüsig; B. länglich-lanzettlich, 8–12 cm lang, die oberen st.umfassend; Blüten rotbraun, 10–15 mm lang; Krone trichterförmig, mit walzlicher Röhre; Kelch zur Fruchtzeit stark vergrößert; Teilfrüchte fast kugelig. ▲ Selten. Mittel- und Südosteuropa.

Nachtschattengewächse *(Solanaceae)*

❹ Tollkirsche *Atropa bella donna*

✻ Juni–Aug. ↕ 50–150 cm ▼ Kahlschläge, Waldwege, Waldränder

B. eiförmig, bis 15 cm lang, kurz herablaufend, im Bereich des Blütenstandes scheinbar gegenständig, 1 größeres und 1 kleineres; Blüten einzeln, b.achselständig; Krone 5-teilig, glockig, außen braunviolett, innen gelbgrün mit violetten Adern; Frucht eine glänzende, schwarze Beere. Sehr giftig! ▲ Ziemlich häufig. Mittel- und Südeuropa.

❺ Schwarzes Bilsenkraut *Hyoscyamus niger*

✻ Juni–Okt. ↕ 30–60 cm ▼ Wege, Mauern, Schutt

Pfl. zottig-klebrig; B. länglich, 10–20 cm lang, buchtig gezähnt, obere st.umfassend; Blüten zu mehreren, b.achselständig; Krone trichterförmig, 2–3 cm lang, schmutzig gelb, mit violetten Netzadern; Kelch mit 5 stechenden Zähnen; Frucht eine krugförmige Kapsel. Giftig! ▲ Ziemlich selten. Fast ganz Europa.

❻ Wilde Blasenkirsche, Judenkirsche *Physalis alkekengi*

✻ Mai–Aug. ↕ 25–60 cm ▼ Auenwälder, Weinbergshecken

B. 3-eckig eiförmig, spitz, am Rand oft buchtig geschweift; Blüten einzeln; Krone 15–25 mm breit, grünlich weiß; Kelch zur Fruchtzeit orangerot und lampionähnlich, etwa 4 cm lang, die rote, kirschgroße Frucht einschließend; alte Kulturpfl., Beeren essbar. ▲ Mittel- und Südeuropa (östlich).

1
2
3
5
4
6
6a

Braunwurzgewächse *(Scrophulariaceae)*

❶ Knoten-Braunwurz *Scrophularia nodosa*

✻ Juni–Sept. ↕ 50–120 cm ▼ Kahlschläge, krautreiche Wälder

Pflanze unangenehm riechend, kahl, nur oberwärts drüsig; Stängel 4-kantig, nicht geflügelt; B. ei- oder herzförmig, doppelt gesägt; Blüten in endständiger Rispe; Krone schmutzig braun, am Grund grünlich, 7–9 mm lang. ▲ Verbreitet. Europa.

❷ Geflügelte Braunwurz *Scrophularia umbrosa (S. alata)*

✻ Juni–Sept. ↕ 50–120 cm ▼ Gräben, Bachröhrichte, Ufer, nährstoffreiche Gewässer

Pflanze kahl, oberster Teil des Stängels und der Blütenstiele drüsig; Stängel (2a) breit geflügelt, Flügel mindestens 1/3 des übrigen Stängels; B. herzförmig, spitz, gesägt, am Grund verschmälert; Blüten rotbraun, am Grund grünlich gelb, 6–8 mm lang. ▲ Verbreitet bis zerstreut. Europa.

❸ Wasser-Braunwurz *Scrophularia auriculata (S. aquatica)*

✻ Juni–Aug. ↕ 40–100 cm ▼ Ufer, Gräben, Bachröhrichte

Pflanze ähnlich der Geflügelten Braunwurz, aber B. mit herzförmigem Grund sitzend, stumpf gekerbt, am B.stiel meist mit 2 kleinen Öhrchen; Stängelflügel weniger als ¼ des übrigen Stängels; Krone 5–9 mm lang, dunkel purpurbraun. ▲ Zerstreut. Westliches und südwestliches Europa, Mosel, Rhein.

❹ Hunds-Braunwurz *Scrophularia canina*

✻ Juni–Aug. ↕ 20–60 cm ▼ Flussschotter, Kiesgruben, Wegränder

Pflanze dunkelgrün, oben oft violett überlaufen, unangenehm riechend; untere B. doppelt fiederteilig (4a), obere B. 1-fach geteilt; Krone 4–5 mm lang, dunkel purpurbraun (4b). (Formenreiche Art) ▲ Zerstreut. Oberrheingebiet, Süd- und Südosteuropa, Schweiz, Norditalien, Slowenien.

Sommerwurzgewächse *(Orobanchaceae)*

❺ Zierliche Sommerwurz *Orobanche gracilis*

✻ Mai–Aug. ↕ 15–40 cm ▼ Halbtrockenrasen, sonnige Magerwiesen

Pflanze ohne B.grün, bräunlich; Blüten in Ähren; Rückenkante der Krone gleichmäßig gekrümmt; Krone 15–25 mm lang, außen gelb, manchmal noch dunkelrot geadert, innen rot, nach Nelken riechend; Narbe gelb, rot gerandet; Staubfäden unten behaart; auf Leguminosen (*Lotus, Genista, Hippocrepis, Trifolium)* schmarotzend. ▲ Zerstreut bis selten. Süddeutschland, warme Täler der Alpen (Rhône, Rhein), Südeuropa.

❻ Gamander-Sommerwurz *Orobanche teucrii*

✻ Juni–Juli ↕ 15–40 cm ▼ Kalkmagerrasen in warmen Lagen, sonnige Hänge

Tragb. fast so lang wie die Blüten; Krone 20–35 mm lang, bräunlich lila, Rücken winkelig abgebogen; Narbe purpurn bis braun; Staubfäden unten behaart; Pflanze auf *Teucrium* schmarotzend. ▲ Zerstreut. Gebirge Mittel- und Südeuropas.

2
2a
1
5
3
4a
4b
6

Wegerichgewächse *(Plantaginaceae* incl. *Callitrichaceae, Hippuridaceae, Veronicaceae, Globulariaceae)*

❶ Gemeiner Wasserstern *Callitriche palustris*

✻ Mai–Okt. ↕ 5–40 cm ▼ Stehende und fließende Gewässer

Wasserpflanze mit fadenförmigem Stängel und rosettigen Schwimmb.; untergetauchte B. gegenständig, ganzrandig, linealisch bis eiförmig; Blüten klein, in B.achseln, ohne Blütenb., nur mit 2 sichelförmigen Vorb., 1 Staubb. und 1 Fruchtknoten. (Sammelart mit mehreren Kleinarten) ▲ Verbreitet. Europa.

❷ Tannenwedel *Hippuris vulgaris*

✻ Juni–Aug. ↕ 20–100 cm ▼ Langsam fließende oder fast stehende, klare Gewässer

Wasserpflanze; Stängel meist aufrecht, unverzweigt; B. quirlständig, linealisch, untergetauchte B. schlaff, über dem Wasser stehende steif; Blüten klein, grün, b.achselständig, ohne Kronb.; Staubb. 1; Fruchtknoten 1, unterständig. ▲ Zerstreut. Europa.

❸ Breit-Wegerich *Plantago major*

✻ Juni–Okt. ↕ 5–30 cm ▼ Wege, Trittrasen, Weiden

B. eiförmig-elliptisch, mit 5–9 parallelen Nerven; Spreite vom B.stiel scharf abgesetzt, dunkelgrün, derb; Blüten unscheinbar, in schmaler, bis 15 cm langer Ähre; Krone 4-teilig, gelblich weiß; Staubbeutel erst lila, dann gelblich. ▲ Häufig. Europa. – Der **Kleine Wegerich**, *P. intermedia*, ist kleiner; B. allmählich in den Stiel verschmälert, 3–5-nervig; Ährenstiel bogig aufsteigend, Ähre kurz. Feuchte Äcker ▲ Verbreitet. Europa.

❹ Strand-Wegerich *Plantago maritima*

✻ Juni–Sept. ↕ 15–30 cm ▼ Salzhaltige Böden, Salzwiesen, Meeresküsten

Pflanze blaugrün, am Grund verholzt; B. linealisch, fleischig, kahl, anfangs rinnig, schwach 3–5-nervig, 2–6 mm breit; Ähre 4–10 cm lang; Krone bläulich; Tragb. und Kelchzipfel kahl oder sehr kurz gewimpert. ▲ Im Küstengebiet häufig, sonst selten. Europa.

❺ Hoher Wegerich, Schlangen-Wegerich *Plantago strictissima (P. serpentina)*

✻ Juni–Aug. ↕ 10–40 cm ▼ Lückige Magerrasen, Fels- und Geröllfluren, in den Alpen bis 2500 m

B. linealisch, derb, 10–15 cm lang, am Rand borstig gewimpert (5a); Ähre 5–15-mal so lang wie breit, 5–12 cm lang (5b);Tragb. und Kelchzipfel lang gewimpert. ▲ Zerstreut bis selten. Alpen, Apennin.

❻ Spitz-Wegerich *Plantago lanceolata*

✻ Mai–Sept. ↕ 10–40 cm ▼ Wiesen, Weiden, Wegränder, Äcker

B. in grundständiger Rosette, lanzettlich, ganzrandig, mit 5–7 parallelen Nerven; Blüten 4-zählig, unscheinbar, in eiförmig-länglicher Ähre an langem, 5-kantigem, aufrechtem Stiel; Kelchb. 4, ungleich; Krone 2–4 mm breit, kahl, mit bräunlichen Kronzipfeln; Staubfäden sehr lang, Staubbeutel gelblich. ▲ Häufig. Fast ganz Europa.

6
1
3
4
2
5b
5a

Wegerichgewächse *(Plantaginaceae* incl. *Callitrichaceae, Hippuridaceae, Veronicaceae, Globulariaceae)*

❶ Alpen-Wegerich *Plantago alpina*

✻ Mai–Juli ↕ 5–20 cm ▼ Kalkarme Almweiden und Matten, Schneeböden, 1400–2800 m

Pfl. mit B.rosette; B. linealisch, kahl, etwas fleischig, undeutlich 3-nervig; Blütenschaft rund, angedrückt behaart, mit walzenförmiger, 2–3 cm langer und 3 mm breiter Ähre; Krone mit flaumig behaarter Röhre und weißlichen Zipfeln. ▲ Verbreitet. Alpen, Pyrenäen, Auvergne, Jura, Gebirge Mittel- und Südeuropas.

❷ Berg-Wegerich *Planago atrata (P. montana)*

✻ Mai–Aug ↕ 5–15 cm ▼ Feuchte Alpenmatten, Weiderasen, Schneeböden, 1200–2700 m

B. lanzettlich, kräftig, mit 3–5 deutlichen Nerven; Ähre kugelig bis eiförmig, schwärzlich; Blütenschaft stielrund, untere der Blütenähre zottig behaart; Kronröhre kahl; Tragb. der Blüten an der Spitze oder am Rand gewimpert. ▲ Verbreitet bis zerstreut. Alpen, Gebirge Mittel- und Südeuropas.

❸ Krähenfuß-Wegerich *Plantago coronopus*

✻ Mai–Okt ↕ 5–30 cm ▼ Meeresstrand, Salzwiesen, trockene, sandige Plätze, Wegränder

St. b.los, unverzweigt; B. in grundständiger Rosette, fiederspaltig oder grob gezähnt; Blüten gelblich, in 0,5–4 cm langer und 3–4 mm breiter Ähre; Kronröhre behaart. ▲ Zerstreut bis selten. Fast ganz Europa.

❹ Strandling *Plantago uniflora (Littorella uniflora)*

✻ Juni–Aug. ↕ 5–10 cm ▼ Sandige, flache Ufer, ziemlich nährstoffarme Seen und Teiche, bis in 2 m Tiefe

Pfl. mit grasartigen, linealischen, meist aufrechten B. in grundständiger Rosette und dünnen, oberirdischen Ausläufern; Blüten 1-geschlechtig, trockenhäutig; ♂ Blüten einzeln an langem Stiel, mit 4-teiliger, 6–8 mm langer Krone, ♀ Blüten meist zu 2, am Grund des Stieles der ♂ Blüten sitzend. ▲ Ziemlich selten. Fast ganz Europa.

Korbblütengewächse *(Compositae* oder *Asteraceae)*

❺ Acker-Filzkraut *Filago arvensis*

✻ Juli–Sept. ↕ 10–30 cm ▼ Brachland, Sandtrockenrasen; kalkmeidend

Pfl. oben verzweigt; Äste aufrecht, graufilzig; B. schmal-lanzettlich, 1–2 cm lang; Blütenköpfe 4–5 mm lang, 5-kantig, mit Spreub., zu 2–7 in dichten Knäueln, nur mit Röhrenblüten; Hüllb. dicht wollig-filzig, stumpf, zuletzt sternförmig ausgebreitet. ▲ Ziemlich selten. Fast ganz Europa.

❻ Gewöhnliche Spitzklette *Xanthium strumarium*

✻ Juli–Sept. ↕ 30–100 cm ▼ Strom- und Flusstäler entlang, Schuttplätze

Pfl. 1-jährig; B. 3-eckig herzförmig, oft 3–5-lappig, grob und unregelmäßig gezähnt, 8–15 cm breit (6a); Frucht (6b) eiförmig, 12–17 mm lang, behaart, zusätzlich mit 2 mm langen Hülldornen und am Ende mit 2 geraden oder zusammenneigenden Schnäbeln. ▲ Selten. Mittel- und Südosteuropa.

1
2
6b
6a
4
5
3

Korbblütengewächse *(Compositae* oder *Asteraceae)*

❶ Gewöhnlicher Beifuß *Artemisia vulgaris*

✱ Juli–Sept. ↕ 60–120 cm ▼ Wege, Schutt, Ufer, Auengebüsch

Pflanze reich verzweigt, unangenehm riechend; B. 1–2-fach gefiedert, oberseits dunkelgrün, unterseits weißwollig, am Grund geöhrt; Abschnitte der oberen Stängelb. tief gesägt; Blütenköpfe eiförmig, 3–4 mm lang, rötlich braun, in reichästigen Rispen; äußere Hüllb. eiförmig, filzig, breit-hautrandig; Gewürzpflanze. ▲ Häufig. Europa.

❷ Strand-Beifuß *Artemisia maritima*

✱ Sept.–Okt. ↕ 30–60 cm ▼ Salzböden

B. 2–3-fach fiederteilig, mit linealischen, 1–2 mm breiten, stumpfen Zipfeln, beiderseits weiß- oder graufilzig; Blütenköpfe eiförmig, 2–3 mm lang; Hüllb. filzig; Blüten 2-geschlechtig. ▲ An den Küsten Europas verbreitet, im Binnenland selten.

❸ Feld-Beifuß *Artemisia campestris*

✱ Aug.–Okt. ↕ 30–80 cm ▼ Sonnige Magerrasen, Dünen, Brachen, Trockenrasen, in den Alpen bis 2000 m

Pflanze halbstrauchig; Stängel niederliegend bis aufsteigend, stark verzweigt, meist rotbraun; grundständige B. gestielt, 2–3-fach fiederschnittig, mit lanzettlichen, etwa 1 mm breiten, stachelspitzigen Zipfeln; Stängelb. (3a) sitzend, am Grund geöhrt; Blütenköpfe (3b) eiförmig bis kugelig, 2–5 mm lang und 1–2 mm breit, rotbraun oder gelblich, in sparrigen Rispen. (Formenreiche Art) ▲ Zerstreut. Europa.

❹ Echte Edelraute *Artemisia umbelliformis (A. mutellina, A. laxa)*

✱ Juli–Sept. ↕ 10–30 cm ▼ Kalkarme Felsspalten, Felsschutt, 1600–3700 m

Pflanze aromatisch duftend; B. silber glänzend, die unteren doppelt 3-teilig, die oberen fingerig gestielt, Abschnitte kaum 1 mm breit; Blütenköpfe (3b) zu 5–20, traubig-ästig angeordnet, 4–6 mm breit, 10–30-blütig; Blüten gelb, die äußeren weißlich. ▲ Ziemlich selten. Alpen, Pyrenäen, Apennin.

❺ Schwarze Edelraute *Artemisia genipi*

✱ Juli–Sept. ↕ 5–15 cm ▼ Felsbänder, Moränenschutt, bevorzugt auf Kalkschiefer und saurem Gestein, 2100–3800 m

Grundb. 2–3-fach handförmig geteilt, mit lineal-lanzettlichen Zipfeln, grau seidenhaarig; Stängelb. 1-fach gefiedert, sitzend; Blütenköpfe fast kugelig, in anfangs nickender, dann aufrechter, dichter Ähre; Blüten gelb; Hüllb. filzig, mit trockenhäutigem, schwarzbraunem Rand. ▲ Ziemlich selten. Alpen (in den nördlichen Kalkalpen fehlend).

❻ Felsen-Edelraute *Artemisia petrosa*

✱ Juli–Sept. ↕ 10–30 cm ▼ Felsbänder, Felsschutt, auf Silikat und Kalkschiefer, 2000–3100 m

Grundb. 2–3-fach fiederteilig, mit 1–3 mm breiten Zipfeln; Stängelb. 1-fach fiederteilig oder ungeteilt; Blütenköpfe 4–7 mm breit, 20–30-blütig, nickend, 1-seitswendig; Blütenkrone dicht zottig; Hüllb. mit hellem Rand. ▲ Selten. Südwestalpen (von Savoyen bis in die Bergamasker Alpen), Pyrenäen, Apennin, Karpaten, Balkanhalbinsel.

5
3a
4
3b
1
2
6

Korbblütengewächse *(Compositae* oder *Asteraceae)*

❶ Wald-Ruhrkraut *Gnaphalium sylvaticum*

✻ Juli–Sept. ↕ 10–50 cm ▼ Waldwege, Kahlschläge, Magerrasen, Heiden

Pflanze zur Blütezeit mit vielen, nichtblühenden Rosetten; Stängel filzig; Grundb. lanzettlich, 2–6 cm lang, 2–5 mm breit, kurz gestielt, wie die Stängelb. 1-nervig, unterseits filzig; Blütenköpfe in langer Ähre, diese mindestens 1/3 der Stängellänge; Hüllb. mit hellbraunem Hautrand. ▲ Verbreitet. Europa.

❷ Sumpf-Ruhrkraut *Gnaphalium uliginosum*

✻ Juli–Sept. ↕ 5–20 cm ▼ Ufer, feuchte Äcker

Pflanze filzig, reich verzweigt; B. schmal-lanzettlich, beiderseits filzig, 1–4 cm lang; Blütenköpfe 3–4 mm lang, gelblich, ohne Spreub., zu 3–8 in Knäueln, eine dichte Ähre bildend, diese mindestens 1/3 so lang wie der Stängel; Hüllb. hellbraun, meist zerschlitzt. ▲ Verbreitet. Fast ganz Europa.

❸ Norwegisches Ruhrkraut *Gnaphalium norvegicum*

✻ Juli–Sept. ↕ 10–30 cm ▼ Kalkarme Magerrasen, Hochstaudenfluren, Waldlichtungen, 1000–2500 m

Pflanze kräftig, zur Blütezeit mit höchstens 1 nichtblühenden Rosette und vertrockneten Grundb.; mittlere Stängelb. (3a) 5–12 cm lang und 5–10 mm breit, deutlich 3-nervig bis schwach 5-nervig, graufilzig; Blütenköpfe zu 1–3 in Knäueln, eine dichte Ähre bildend, diese höchstens ¼ so lang wie der Stängel; Hüllb. schwarzbraun, ganzrandig. ▲ Zerstreut. Gebirge Mittel- und Südeuropas, in Nordeuropa bis Island.

❹ Alpen-Ruhrkraut *Gnaphalium hoppeanum*

✻ Juli–Sept. ↕ 2–10 cm ▼ Feuchter Felsschutt, Pionierrasen, Schneeböden, auf Kalk, 1500–3000 m

Stängel weißfilzig; B. lanzettlich, 1-nervig, graufilzig, 2–3 mm breit; Blütenköpfe zu 1–5 in endständiger, beblätterter Ähre; Hüllb. dachziegelig, breit-elliptisch, zugespitzt, mit breitem, schwarzem Rand, die äußeren kaum ½ so lang wie die inneren. ▲ Zerstreut. Alpen, Ostpyrenäen, Apennin, Tatra, Balkanhalbinsel.

❺ Zwerg-Ruhrkraut *Gnaphalium supinum*

✻ Juli–Sept. ↕ 2–12 cm ▼ Kalkarme Schneeböden, feuchte Silikatmagerrasen, 1600–3000 m

Stängel sehr dünn, weißwollig; B. lineal-lanzettlich, 1–2 mm breit, wollig; Blütenköpfe zu 1–6 in endständiger, anfangs gedrungener Ähre; Hüllb. länglich-elliptisch, zugespitzt, mit braunem Rand, zur Reife sternförmig ausgebreitet; die äußeren Hüllb. 2/3 so lang wie die inneren. ▲ Verbreitet bis zerstreut. Alpen, Gebirge Mittel- und Südeuropas, Nordeuropa.

❻ Beifußblättrige Ambrosie, Traubenkraut *Ambrosia artemisiifolia*

✻ Aug.–Okt. ↕ 50–100 cm ▼ Weg- und Straßenränder, Schuttplätze, Äcker

Pflanze 1-jährig, oft reich verzweigt; B. (6a) doppelt-fiederspaltig, anliegend behaart; ♂ Blüten und ♀ Blüten in getrennten Körbchen, ♂ Körbchen (6b) 4–6 mm breit, gelb, in endständigen, dichten, b.losen, ährenförmigen Blütenständen, ♀ Körbchen in den Achseln von Hüllb. am Grund des Blütenstandes sitzend; der Pollenstaub löst Allergien aus und bewirkt Heufieber und asthmaähnliche Anfälle. ▲ Zerstreut. Heimat Nordamerika, in Europa eingeschleppt.

2
6
6b
6a
5
1
3
3a
4

Geißblattgewächse *(Caprifoliaceae* incl. *Linnaeaceae, Dipsacaceae,* und *Valerianaceae)*

❶ Wilde Karde *Dipsacus sylvestris*

✻ Juli–Aug. ↕ 70–150 cm ▼ Wege, Brachland

St. stachelig; B. eiförmig, meist ungeteilt, am Rand kahl oder zerstreut stachelig, bis 30 cm lang; St.b. gegenständig, am Grund tütenförmig verwachsen, gesägt; Blütenköpfe kegelförmig, 3–8 cm lang, mit langen, bogigen, stechenden Hüllb. und borstigen Spreub., diese länger als die Blüten; Krone lila, 1 cm lang. ▲ Ziemlich häufig. Mittel- und Südeuropa.

❷ Schlitzblättrige Karde *Dipsacus laciniatus*

✻ Juli–Aug. ↕ 50–120 cm ▼ Unkrautfluren, Weg- und Waldränder; wärmeliebend

St. mit kräftigen Stacheln; St.b. tütenförmig verwachsen, unregelmäßig fiederteilig, am Rand borstig gewimpert, unterseits auf dem Mittelnerv stachelig; Blütenköpfe eiförmig, 5–8 cm lang; Hüllb. ungleich lang, pfriemlich, abstehend; Blütenkrone weiß, seltener blasslila, 10–13 mm lang. ▲ Selten. Mittel- und Südeuropa.

❸ Behaarte Karde *Dipsacus pilosus*

✻ Juli–Aug. ↕ 50–120 cm ▼ Auwälder, Waldlichtungen

St. zerstreut mit kurzen borstigen Stacheln; St.b. gestielt, am Grund nicht verwachsen, eiförmig, ungeteilt oder am Grund mit 2 Fiederb.chen; Blütenköpfe kugelig, 2 cm breit; Hüllb. lanzettlich, kurz, 10–12 mm lang, borstig gewimpert, abstehend; Blütenkrone gelblich weiß, 6–9 mm lang. ▲ Zerstreut bis selten. Mitteleuropa, Pyrenäen, Norditalien, nördliche Balkanhalbinsel.

Doldengewächse *(Umbelliferae* oder *Apiaceae)*

❹ Schaftdolde *Hacqetia epipactis*

✻ Apr.–Juni ↕ 15–25 cm ▼ Laubwälder, schattige, grasige Hänge, bis etwa 1200 m

Pfl. kahl; St. am Grund von häutigen B.scheiden umhüllt; B. grundständig, meist 2. lang gestielt, mit handförmig 3–5-teiliger B.spreite; Blüten grünlich gelb, in 1-facher, endständiger, von 5–6 b.artigen, großen, grünlichen oder gelblichen Hüllb. umgebener Dolde. ▲ Zerstreut bis selten. Östliche Kalkalpen und Vorland, Karpaten, sonst eingeschleppt.

❺ Stranddistel *Eryngium maritimum*

✻ Juni–Aug. ↕ 20–60 cm ▼ Dünensand der Küsten

Pfl. weißlich bereift, oft bläulich; B. buchtig gezähnt, steif, derb-stachelig, obere B. st.umfassend; Blütenköpfe 2–3 cm breit, umgeben von eiförmigen, fast 3-lappigen, stacheligen Hüllb.; Hüllchenb. schmal, meist bläulich, länger als die etwa 8 mm langen Blüten. ▲ Zerstreut. Küsten Europas.

❻ Feld-Mannstreu *Eryngium campestre*

✻ Juli–Aug. ↕ 20–80 cm ▼ Trocken- und Halbtrockenrasen, Wegränder, Bahnanlagen

Pfl. sparrig verzweigt, graugrün oder weißlich; mittlere und obere St.b. st.umfassend, doppelt-fiederspaltig, mit stechenden Spitzen; Blütenköpfe fast kugelig, mit lineal-lanzettlichen Hüllb.; Krone weiß oder graugrün. ▲ Zerstreut. Mittel- und Südeuropa, nördlich bis Südengland. – Ähnlich ist der **Flachblättrige Mannstreu**, *E. planum*, aber Pfl. blau überlaufen; untere B. ungeteilt, herz-eiförmig, obere B. 3–5-teilig; Blütenköpfe eiförmig; Krone blau. Sandtrockenrasen. ▲ Zerstreut bis selten. Mittel- und Südeuropa.

5
4
2
1
3
6

Rohrkolbengewächse *(Typhaceae* incl. *Sparganiaceae)*

❶ Breitblättriger Rohrkolben *Typha latifolia*

✻ Juli–Aug. ↕ 100–250 cm ▼ Nährstoffreiche Gewässer, Uferröhrichte, Schlammböden, in 20–150 cm Wassertiefe

B. 2-zeilig, 10–20 mm breit, beiderseits flach, blaugrün; Blüten in 10–20 cm langen, 2–3 cm breiten Kolben, der untere schwarzbraun, breiter, mit ♀ Blüten, der obere gelbbraun, schmäler, mit ♂ Blüten, ♀ und ♂ Kolben sich berührend und fast gleich lang. ▲ Ziemlich häufig, aber durch Entwässerungsmaßnahmen seltener werdend. Fast ganz Europa, nördlich bis Südnorwegen. Ähnlich sind noch: – **Schmalblättriger Rohrkolben**, *T. angustifolia*, aber B. 3–10 mm breit, unterseits meist gewölbt; ♀ und ♂ Kolben etwa 3–5 cm voneinander entfernt. Ufer, Gräben. ▲ Ziemlich selten. Europa. – **Zwerg-Rohrkolben**, *T. minima*, Pfl. 30–70 cm; B. grasartig, 1–2 mm breit, grundständig; Stängelb. zu B.scheiden zurückgebildet; Kolben kurz, eiförmig, 2–4 cm lang, der obere, ♂ Kolben etwas schmäler. Ufer langsam fließender Gewässer; kalkhold. ▲ Sehr selten. Mittel- und Südeuropa.

Süßgräser *(Gramineae* oder *Poaceae)*

❷ Hunds-Straußgras *Agrostis canina*

✻ Juni–Aug. ↕ 20–60 cm ▼ Quell- und Flachmoore, Sümpfe, Ufer

Ausläufer oberirdisch, mit dichten B.büscheln; Kriechtriebe oft wurzelbildend; B. weich, graugrün, die grundständigen borstenförmig; die Stängelb. flach, 1–3 mm breit, mit 2–4 mm langen, zugespitzten B.häutchen; Blütenrispe nach der Blüte zusammengezogen; Ährchen 2–3 mm lang, 1-blütig; Hüllspelzen 1-nervig, spitz; Deckspelzen 4–5-nervig, stumpf, am Rücken, unter der Mitte begrannt; Vorspelze fehlend oder sehr klein. ▲ Häufig. Europa.

❸ Rotes Straußgras *Agrostis tenuis*

✻ Juni–Juli ↕ 20–40 cm ▼ Saure Magerrasen, lichte Kiefern- und Eichenwälder

B. 2–4 mm breit, flach, rau; B.häutchen gestutzt, 1 mm lang; Rispe 5–12 cm lang, nach der Blüte ausgebreitet; Ährchen rotviolett, 1-blütig, 3–4 mm lang. ▲ Häufig. Europa.

❹ Borstgras *Nardus stricta*

✻ Mai–Juni ↕ 10–30 cm ▼ Magerrasen und -weiden, Heiden

Pflanze dichte, graugrüne Horste bildend; B. borstenförmig, eingerollt, rau, am Grund von dicht gebüschelten B.scheidenresten umgeben; Ähre 3–8 cm lang, 1-seitswendig; Ährchen 1-blütig, 7–15 mm lang, begrannt. ▲ Häufig. Europa, im Süden nur in den Gebirgen.

❺ Dreizahn *Danthonia decumbens (Sieglingia decumbens)*

✻ Juni–Juli ↕ 15–45 cm ▼ Silikatmagerrasen, Heiden

Pflanze horstbildend; B. oberseits graugrün, 2 mm breit, am Rand zerstreut behaart, anstelle des B.häutchens ein Haarkranz; B.scheiden bewimpert; Ähren aufrecht abstehend, 2–5-blütig; Hüllspelzen 8–10 mm lang, mit 2-zähniger Spitze; Deckspelze 4–6 mm lang, mit 3-zähniger Spitze. ▲ Verbreitet. Europa.

1
5
3
2
4

Süßgräser *(Gramineae* oder *Poaceae)*

❶ Taube Trespe *Bromus sterilis*

✻ Juni–Juli ↕ 30–80 cm ▼ Trockene Wegränder, Schutt, Mauern

B. 3–5 mm breit, behaart; B.häutchen zerschlitzt und gefranst; B.scheiden weichhaarig; Stängel oben kahl; Rispe locker, allseitswendig, mit rauen Ästen; Ährchen 2–3 cm lang, zur Spitze hin verbreitert; Granne länger als die Deckspelze; untere Hüllspelze klein, 1-nervig, obere größer, 3-nervig. ▲ Häufig. Fast ganz Europa. – Ähnlich ist die **Dach-Trespe**, *B. tectorum*, aber Stängel oben behaart; Rispe 1-seitswendig, obere Äste weichhaarig. Wege, Dämme, Kiesgruben. ▲ Verbreitet. Südskandinavien, Mittel- und Südeuropa.

❷ Trauben-Trespe *Bromus racemosus*

✻ Mai–Juni ↕ 30–80 cm ▼ Feuchtwiesen

Pflanze hellgrün; B. 3–4 mm breit; Rispe 3–10 cm lang, aufrecht; Ährchen eiförmig, kahl, 10–15 mm lang, 5–8-blütig; untere Hüllspelze 3–6-, obere 5–9-nervig; Deckspelze pergamentartig, eiförmig, mit 6–7 mm langer Granne. ▲ Zerstreut. Europa.

❸ Aufrechte Trespe *Bromus erectus*

✻ Mai–Okt. ↕ 30–100 cm ▼ Trockenwiesen, sonnige Böschungen, Magerrasen

Pflanze dichtrasig; Stängel aufrecht; untere B. borstlich gefaltet, obere B. flach, 2–4 mm breit, entfernt gewimpert; B.häutchen 1–2 cm lang; untere B.scheiden mit zerstreuten, abstehenden Haaren; Rispe aufrecht, 10–15 cm lang, mit langen Ästen; Ährchen vielblütig, etwas zusammengedrückt, flach, 2–4 cm lang; untere Hüllspelze 1-nervig, obere 3-nervig; Deckspelze mit kurzer Granne. ▲ Ziemlich häufig. Südskandinavien, Mittel- und Südeuropa.

❹ Unbegrannte Trespe *Bromus inermis*

✻ Juni–Juli ↕ 30–100 cm ▼ Wegränder, Äcker, Magerrasen

Pflanze mit Ausläufern; B. und B.scheiden kahl, B. flach, 6–10 mm breit; B.häutchen bis 2 mm lang; Rispe aufrecht, allseitswendig, 10–20 cm lang; Rispenäste bis 5 cm lang, reichährig; Ährchen lineal-stumpflich, 2–3 cm lang; untere Hüllspelze 1-nervig, obere 3-nervig; Deckspelzen unbegrannt oder mit 1–2 mm langer Granne. ▲ Zerstreut. Nord- und Mitteleuropa (östlich), südlich bis Alpensüdfuß, Balkanhalbinsel.

❺ Silbergras *Corynephorus canescens*

✻ Juni–Juli ↕ 15–30 cm ▼ Sandtrockenrasen, Dünen, trockene Kiefernwälder; kalkmeidend.

Pflanze horstbildend; B. borstförmig eingerollt, starr, aufrecht, graugrün; B.scheiden rosa; B.häutchen 2–3 mm lang; Rispe fein verzweigt, grau silberfarben, nach der Blüte zusammengezogen; Granne der Deckspelzen keulig verdickt, im Ährchen versteckt. ▲ Zerstreut bis selten. Südskandinavien, Mittel- und Südeuropa.

1
2
3
4
5

Süßgräser *(Gramineae* oder *Poaceae)*

❶ Fieder-Zwenke *Brachypodium pinnatum*

✻ Juni–Juli ↕ 50–100 cm ▼ Lichte, trockene Wälder und Waldränder, Magerrasen, Weiden, Halbtrockenrasen

Pflanze gelbgrün, mit langen, unterirdischen Ausläufern; Stängel steif, nur an den Knoten kurzhaarig; B. 4–6 mm breit, am Rand borstig behaart, selten kahl; B.häutchen gestutzt, 1–2 mm lang; Ähre steif, aufrecht; Ährchen 2–3 cm lang, 8–20-blütig; Deckspelze mit kurzer Granne. ▲ Verbreitet. Europa. – Ähnlich ist die **Wald-Zwenke**, *B. sylvaticum*, aber Pflanze in lockeren Horsten; B. dunkelgrün, schlaff, unterseits mit hervortretendem, weißem Mittelnerv; Ähre überhängend; Granne so lang wie oder länger als die dazugehörige Deckspelze. Auenwälder, Laubmischwälder. ▲ Häufig. Europa.

❷ Rasen-Schmiele *Deschampsia cespitosa*

✻ Juni–Juli ↕ 30–120 cm ▼ Auenwälder, nasse Waldstellen, feuchte Wiesen, Flachmoore, Quellfluren

Pflanze kräftige Horste bildend; B. flach, 2–4 mm breit, sehr rau, oberseits stark 7-rippig; B.häutchen 6–8 mm lang, oft zerschlitzt; Rispe grün, 10–30 cm lang, silbrig oder rötlich glänzend; Rispenäste rau; Ährchen 4–5 mm lang, meist 2-blütig; Granne der Deckspelze meist im Ährchen versteckt. ▲ Häufig. Europa.

❸ Draht-Schmiele, Schlängel-Schmiele *Deschampsia flexuosa*

✻ Juni–Aug. ↕ 30–50 cm ▼ Bodensaure Laub- und Nadelwälder, Magerweiden, Heiden; kalkmeidend

Pflanze lockerrasig, weiche Polster bildend; B. eingerollt, fadenförmig; B.häutchen 2–3 mm lang; Rispe locker, mit geschlängelten, feinen Rispenästen; Ährchen hellbräunlich, wie die Rispenäste violett überlaufen; Granne der Deckspelze gekniet, das Ährchen überragend. ▲ Verbreitet. Europa.

❹ Land-Reitgras, Waldschilf *Calamagrostis epigejos*

✻ Juni–Aug. ↕ 80–150 cm ▼ Waldschläge, lichte Wälder, Ufer, Kiesgruben

Pflanze mit langen unterirdischen Ausläufern; B. 5–10 mm breit, flach oder eingerollt, hart, beiderseits stark rau; B.häutchen bis 9 mm lang, gestutzt; Rispe bis 30 cm lang, knäuelig gelappt; Ährchen am Grund der Deckspelzen mit einem Haarkranz; Deckspelzen am Rücken begrannt, Granne die Deckspelze weit überragend, die Spitze der Hüllspelze fast erreichend, aber nicht aus dem Öhrchen herausragend. ▲ Häufig. Europa. – Ähnlich ist das **Berg-Reitgras**, *C. varia*; B. dunkelgrün, 3–8 mm breit, beiderseits rau; Granne gekniet, im untersten Viertel der Deckspelze eingefügt, diese und die Hüllspelze überragend und aus dem Ährchen herausragend. Bergwälder, besonders mit Föhre, steinige Kalkböden, Pionier auf Rutschhängen. ▲ Häufig. Gebirge Mittel- und Südeuropas.

1
2
3
4

Süßgräser *(Gramineae* oder *Poaceae)*

❶ Schaf-Schwingel *Festuca ovina*

✻ Mai–Aug. ↕ 10–40 cm ▼ Mager- und Trockenrasen, Eichen- und Kiefernwälder

Pflanze dichte Horste bildend; Grundb. und Stängelb. borstlich gerollt oder gefaltet, meist haardünn; B.häutchen sehr kurz; B.scheiden fast bis zum Grund offen; Blütenrispe 3–12 cm lang, zusammengezogen, mit aufrechten Ästen; Ährchen 4–7 mm lang; Deckspelzen meist begrannt. (Die meisten *Festuca*-Arten sind sehr ähnlich und schwierig zu bestimmen; formenreiche Sammelart mit vielen Kleinarten.) ▲ Verbreitet. Europa.

❷ Rot-Schwingel *Festuca rubra*

✻ Juni–Juli ↕ 30–80 cm ▼ Wiesen, Weiden, Halbtrockenrasen

Pflanze lockerrasig, graugrün; Grundb. borstlich, 0,5–1 mm breit; Stängelb. flach, 1–3 mm breit, am Grund nicht geöhrt; B.häutchen kurz, gestutzt; Rispe aufrecht, 6–15 cm lang; Ährchen 7–10 mm lang, 4–6-blütig, rötlich violett oder bräunlich; Granne der Deckspelze 1–2 mm lang, unterster Rispenast etwa ½ so lang wie die Rispe. ▲ Häufig. Europa.

❸ Wiesen-Schwingel *Festuca pratensis*

✻ Juni–Juli ↕ 30–80 cm ▼ Fettwiesen und -weiden, Moorwiesen

Pflanze dunkelgrün; B. 3–5 mm breit, 10–20 cm lang, am Grund mit kahlen Öhrchen; Rispe schlank, 10–20 cm lang, 1-seitswendig; unterster Rispenast mit 4–5 Ährchen und einem kurzen Zweig am Grund mit 1(–3) Ährchen; Ährchen 9–11 mm lang, meist 7–8-blütig, gelbgrün oder violett gefleckt, grannenlos. ▲ Häufig. Europa.

❹ Riesen-Schwingel *Festuca gigantea*

✻ Juli–Aug. ↕ 60–120 cm ▼ Erlen- oder Eschenauenwälder, feuchte Waldwege, Laubmischwälder

B. flach, 5–15 mm breit, glänzend, am Grund mit stängelumfassenden B.öhrchen; B.häutchen 1 mm lang, gestutzt; Rispe 10–30 cm lang, locker, zuletzt überhängend; Ährchen (ohne Granne) 10–15 mm lang; Deckspelzen mit 10–20 mm langer, geschlängelter Granne. ▲ Häufig. Südskandinavien, Mitteleuropa, südlich bis Mittelitalien. – Ähnlich ist der **Wald-Schwingel**, *F. altissima*, aber Ährchen 7–8 mm lang; Deckspelze unbegrannt; B.häutchen 3 mm lang. Buchen-Tannenwälder. ▲ Verbreitet bis zerstreut. Mittel- und Südeuropa.

❺ Wiesen-Knäuelgras *Dactylis glomerata*

✻ Mai–Juli ↕ 30–120 cm ▼ Fettwiesen und -weiden, Halbtrockenrasen

Pflanze graugrün; B. 4–10 mm breit; Ährchen 3–4-blütig, grün, oft violett überlaufen, an den Rispenästen geknäuelt; Rispe zur Blütezeit im Umriss 3-eckig, aufrecht, mit abstehendem unteren Rispenast; Hüllspelzen derb, nicht durchscheinend. ▲ Häufig. Europa.

1
2
3
4
5

Süßgräser *(Gramineae* oder *Poaceae)*

❶ Weiches Honiggras *Holcus mollis*

✻ Juli–Aug. ↕ 30–80 cm ▼ Bodensaure Eichenwälder, Heiden, Waldschläge

Pflanze blau- bis graugrün, mit unterirdischen Ausläufern; Stängel nur an den Knoten stark behaart (im Gegensatz zu Wolligem Honiggras); B. 3–8 mm breit, rau; Hüllspelzen kahl; Granne gekniet, aus dem Ährchen herausragend. ▲ Verbreitet. Fast ganz Europa.

❷ Wolliges Honiggras *Holcus lanatus*

✻ Juni–Aug. ↕ 30–100 cm ▼ Feuchte Wiesen und Weiden, Flachmoore

Pflanze graugrün; Stängelknoten, B.scheiden und B.spreiten weichhaarig; B.häutchen 2 mm lang, gefranst; Rispe 6–12 cm lang, rötlich überlaufen; Ährchen 4–5 mm lang; Hüllspelzen am Kiel und am Rand bewimpert, weißlich, oben rötlich; Deckspelze weiß glänzend, die der ♂ Blüten mit kurzer Granne. ▲ Häufig. Europa.

❸ Zittergras *Briza media*

✻ Mai–Juni ↕ 20–50 cm ▼ Halbtrockenrasen, Magerrasen

B. 2–5 mm breit, am Rand rau; B.häutchen 1 mm lang; Ährchen herzförmig, 3–12-blütig, 5–7 mm lang, hängend; Spelzen ohne Grannen; Rispenäste dünn, wellig. ▲ Verbreitet. Fast ganz Europa.

❹ Einblütiges Perlgras *Melica uniflora*

✻ Mai–Juni ↕ 30–50 cm ▼ Laubmischwälder, Buchenwälder

B. 3–6 mm breit; B.scheiden kahl, mit kleinen, bis 4 mm langen Anhängseln gegenüber dem B.grund; Rispe locker; Ährchen aufrecht, 5–6 mm lang, 1-blütig. ▲ Verbreitet. Südskandinavien, Mittel- und Südeuropa.

❺ Nickendes Perlgras *Melica nutans*

✻ Mai–Juni ↕ 30–60 cm ▼ Laubmischwälder, Auenwälder, lichte Nadelwälder

B. 3–8 mm breit; B.häutchen sehr kurz, ohne gegenständiges Anhängsel; Ährchen nickend, 6–10 mm lang, 2-blütig, in lockerer 1-seitswendiger, bis 10 cm langer Traube. ▲ Häufig. Fast ganz Europa.

❻ Bewimpertes Perlgras *Melica ciliata*

✻ Mai–Juni ↕ 20–70 cm ▼ Sonnige Mauern, Trockenrasen.

Pflanze graugrün; B. 2–3 mm breit, oberseits dicht kurzhaarig; B.häutchen 2–4 mm lang, zerschlitzt; untere B.scheiden kahl; Ährenrispe 6–14 cm lang, starr, aufrecht, locker, meist 1-seitswendig; Ährchen 5–7 mm lang; Deckspelzen dicht mit 2–3 mm langen, steifen Haaren bewimpert. ▲ Selten, im Süden häufig. Südskandinavien, Mittel- und Südeuropa.

1
2
3
4
5
6

Süßgräser *(Gramineae* oder *Poaceae)*

❶ Wiesen-Rispengras *Poa pratensis*

✻ Mai–Juni ↕ 10–80 cm ▼ Wiesen, Weiden

Pflanze dunkelgrün; B. 3–5 mm breit, flach oder gefaltet (nicht gerollt), plötzlich kahnförmig zugespitzt, mit Doppelrinne (sogenannte Schispur); B.häutchen 0,5–2 mm lang, gestutzt; Blütenrispe 5–10 cm lang, reichblütig; untere Rispenäste zu 3–5, rau; Ährchen flach, 4–6 mm lang; Hüllspelzen fast gleich lang, wie die Deckspelze behaart. ▲ Häufig. Europa.

❷ Gewöhnliches Rispengras *Poa trivialis*

✻ Mai–Juni ↕ 10–80 cm ▼ Feuchtwiesen, Auenwälder, feuchte Äcker

Pflanze sehr ähnlich dem Wiesen-Rispengras, aber B.häutchen 3–7 mm lang, zugespitzt; Hüllspelzen sehr ungleich lang; Stängel oben rau. ▲ Häufig. Europa.

❸ Einjähriges Rispengras *Poa annua*

✻ ganzjährig ↕ 5–25 cm ▼ Wege, Trittrasen, Äcker, Gärten

Pflanze rasenbildend; B. flach, oberseits in der Mitte mit Doppelrinne (Schispur); B.häutchen 2–4 mm lang, weißlich; Rispe 2–5 cm lang; untere Rispenäste 1–2, glatt, waagrecht abstehend; Deckspelzen meist grün. ▲ Häufig. Europa.

❹ Hain-Rispengras *Poa nemoralis*

✻ Juni–Juli ↕ 20–60 cm ▼ Laubmischwälder, Hecken, Waldränder

B. waagrecht abstehend, 1–2 mm breit, bläulich grün; B.häutchen sehr kurz oder fehlend; Rispe armblütig, locker, 5–10 cm lang; Ährchen oft 1-blütig. ▲ Häufig. Europa.

❺ Alpen-Rispengras *Poa alpina* var. *vivipara*

✻ Mai–Sept. ↕ 5–50 cm ▼ Tiefgründige, tonige Böden, Fettwiesen, Matten, etwa 1400–2600 m

Pflanze dichtrasig; Stängelgrund durch viele, dicht übereinanderliegende B.scheiden zwiebelartig verdickt; B. flach, 2–5 mm breit, grün bis blaugrün; Rispe locker; Ährchen 5–10-blütig, grüngelb und rotviolett gescheckt, zu beblätterten Brutknospen auswachsend. ▲ Häufig. Nordeuropa, Gebirge Mittel- und Südeuropas.

❻ Wiesen-Kammgras *Cynosurus cristatus*

✻ Juni–Juli und Sept.–Okt. ↕ 20–60 cm ▼ Fettweiden und -wiesen.

B. 2–3 mm breit, fein gerieft, oberseits glänzend, unterseits mattgrün; B.häutchen 1 mm lang; Ährenrispe linealisch, 4–10 cm lang, 1-seitswendig; Ährchen 2-reihig angeordnet, grün, 3–4 mm lang; jedes fruchtbare Ährchen mit einem unfruchtbaren, kammartigen Ährchen. ▲ Häufig. Fast ganz Europa.

1
2
3
4
5
6

Süßgräser *(Gramineae* oder *Poaceae)*

❶ Glatthafer *Arrhenatherum elatius*

✻ Juni–Juli ↕ 50–150 cm ▼ Fettwiesen, Wegraine

B. flach, 4–8 mm breit, oberseits kurzhaarig; B.scheiden kahl; B.häutchen kurz, gestutzt, gezähnt; Rispe 10–20 cm lang; Ährchen 8–12 mm lang, 2-blütig, nur mit 1 geknieten Granne; untere Hüllspelze 1-, obere 3-nervig; ergiebiges Futtergras. ▲ Häufig. Fast ganz Europa.

❷ Gewöhnlicher Goldhafer *Trisetum flavescens*

✻ Mai–Juni und Aug.–Sept. ↕ 30–80 cm ▼ Fettwiesen, Gebirgswiesen

Pflanze lockerrasig; Stängel an den Knoten und darunter behaart; B.scheiden zottig; B.spreite flach, am Rand bewimpert; B.häutchen 1–2 mm lang; Rispe 10–20 cm lang, Äste sehr fein, mit 3–12 Ährchen; Ährchen rundlich, 5–8 mm lang, 2–3-blütig, goldgelb, mit 2–3 Grannen; untere Hüllspelze 1-, obere 3-nervig, Deckspelze 5-nervig, 2-spaltig, mit 5–7 mm langer, geknieter Granne; gutes Futtergras. ▲ Häufig. Fast ganz Europa.

❸ Flaumhafer *Helictotrichon pubescens (Avenochloa pubescens, Avena pubescens)*

✻ Mai–Juni ↕ 30–100 cm ▼ Magere Wiesen, Kalkmagerrasen

Pflanze in lockeren Horsten; B. flach, 5–10 mm breit; B.scheiden und untere B. weichhaarig; B.häutchen 3-eckig, spitz, 4–6 mm lang; Rispe 10–20 cm lang, untere Rispenäste zu 3–5; Ährchen mit 2–3 Grannen, grünlich, violett und goldgelb gescheckt; untere Hüllspelze 1-nervig, etwa 12 mm lang, obere 3-nervig, etwa 16 mm lang; Granne 10–20 mm lang, unten bandartig, gedreht. ▲ Häufig. Fast ganz Europa.

❹ Gewöhnliches Ruchgras *Anthoxanthum odoratum*

✻ Apr.–Juni ↕ 10–50 cm ▼ Magere Wiesen und Weiden, lichte Laubwälder, Wegränder

Pflanze rasenbildend; B. 3–6 mm breit, blaugrün, bitter schmeckend, am Grund geöhrt und mit Haarkranz; B.häutchen 1–2 mm lang, gestutzt und gezähnt; Ährchen 1-blütig, zuletzt gelbbraun, mit 4 Hüllspelzen, in kurzer, schmaler, eiförmiger, 2–4 cm langer Rispe (Ährenrispe). ▲ Häufig. Europa.

❺ Waldgerste *Hordelymus europaeus (Elymus europaeus)*

✻ Juni–Aug. ↕ 50–120 cm ▼ Laubmischwälder, Buchenwälder

Untere B.scheiden und Stängelknoten zottig behaart; B. 6–10 mm breit, grün, weich, kurz behaart, am Grund mit sichelförmigen B.öhrchen, unterseits mit weißlichem, vorspringendem Mittelnerv; B.häutchen fast fehlend; Ähre 4–8 cm lang; Ährchen 10-blütig, jeweils zu 2 oder 3 auf den Absätzen der Ährenachse, kurz gestielt; Hüllspelzen mit Granne 2–3 cm lang. ▲ Zerstreut. Südskandinavien, Mittel- und Südeuropa.

3
1
2
4
5

Süßgräser *(Gramineae* oder *Poaceae)*

❶ Gewöhnliches Schilf *Phragmites australis (P. communis)*

✱ Juli–Sept. ↕ 100–400 cm ▼ Uferröhrichte, bis 2 m Wassertiefe, Moorwiesen, feuchte Äcker, Auenwälder

Pflanze bis 4 m lang, unterirdische Ausläufer treibend; B. graugrün, 2–3 cm breit; anstelle des B.häutchens ein Haarbüschel; Rispe 15–40 cm lang, schwach 1-seitswendig, bräunlich oder rötlich, zuletzt hängend; Ährchen 6–10 mm lang, 3–8-blütig, am Grund der Blüten mit 1 cm langen Seidenhaaren; Deckspelzen kahl; oft reine, ausgedehnte Bestände bildend; oft zur Ufersicherung von Flüssen, Bächen und Seen gepflanzt. ▲ Häufig. Europa.

❷ Rohr-Glanzgras *Phalaris arundinacea*

✱ Juni–Juli ↕ 50–200 cm ▼ Uferröhrichte, Erlenbrüche, Auenwälder

Pflanze schilfartig; B. 6–12 mm breit, flach; B.häutchen 3–6 mm lang, oft zerschlitzt; Rispe straußförmig, 10–20 cm lang, weißlich grün oder rötlich; Ährchen 5–7 mm lang, an den Rispenästen zu dichten Knäueln zusammengerückt, 1-blütig, mit 4 Hüllspelzen; oft reine Bestände bildend; oft zur Ufersicherung von Fließgewässern angepflanzt. ▲ Häufig. Europa.

❸ Blaues Pfeifengras *Molinia caerulea*

✱ Juni–Sept. ↕ 50–100 cm ▼ Moorwiesen, feuchte Sand- und Moorböden, Heidemoore, in den Alpen bis über 2000 m

Pflanze am Grund zwiebelartig verdickt; untere Stängelglieder sehr kurz, oberstes Stängelglied sehr lang, den ganzen oberirdischen Stängel bildend, Stängel daher knotenlos; B. blaugrün, flach, rau, am Grund schwach bewimpert; anstelle des B.häutchens ein Haarbüschel; Rispe schmal, bis 30 cm lang, meist schieferblau, seltener violett oder grün; Ährchen 6–8 mm lang; Deckspelzen 3–4 mm lang, unbegrannt. ▲ Häufig. Fast ganz Europa.

❹ Strand-Salzschwaden, Andelgras *Puccinellia maritima*

✱ Juni–Sept. ↕ 20–60 cm ▼ Strandwiesen

Pflanze mit ausläuferartig verlängerten Trieben im Herbst; B. eingerollt, fleischig, binsenartig, glatt; Rispenäste glatt, aufrecht abstehend, später zusammengezogen, die unteren meist 2; Ährchen 5–9-blütig, länglich, 5–10 mm lang, oft violett. ▲ Verbreitet. Nord- und Ostsee und der Atlantische Ozean.

❺ Wasser-Schwaden *Glyzeria maxima*

✱ Juli–Aug. ↕ 80–200 cm ▼ Uferröhrichte, stehende oder langsam fließende, nährstoffreiche Gewässer

Stängel dick, aufrecht, rohrartig; B. hellgrün, 10–15 mm breit; B.häutchen 1–3 mm lang, gestutzt; B.scheiden gekielt, rau; Rispe dicht, reichblütig, 20–40 cm lang; Ährchen 5–8 mm lang. ▲ Häufig. Fast ganz Europa.

1
5
2
3
4

Süßgräser *(Gramineae* oder *Poaceae)*

❶ Flutender Schwaden *Glyzeria fluitans*

✻ Mai–Aug. ↕ 40–100 cm ▼ Bäche, Gräben, Bachröhrichte, Auenwälder

Pflanze mit langen Ausläufern; B. grau- bis grasgrün, 5–10 mm breit, etwas rau; B.häutchen bis 10 mm lang, zerschlitzt; Blütenstand eine 1-seitswendige, oft zusammengezogene Rispe; Rispenäste mit 1–4 Ährchen, diese 10–25 mm lang; Deckspelzen 6–7 mm lang, vorne verschmälert, ganzrandig. ▲ Häufig. Europa.

❷ Flattergras, Waldhirse *Milium effusum*

✻ Mai–Juli ↕ 60–100 cm ▼ Laub- und Nadelmischwälder, lichte Tannen-Buchen-Fichtenwälder

Pflanze blaugrün, kahl; B. 10–15 mm breit, unterseits gekielt; B.häutchen bis 7 mm lang; Rispe locker, 10–25 cm lang; Rispenäste waagrecht, später schräg abwärts gerichtet; Ährchen 1-blütig, oval, 3–4 mm lang; Spelzen glänzend, kahl, nach der Blüte hart werdend. ▲ Verbreitet. Europa.

❸ Gemeiner Windhalm *Apera spica venti*

✻ Juni–Juli ↕ 30–100 cm ▼ Getreideäcker, Ruderalstellen; kalkmeidend

B. 3–4 mm breit, beiderseits rau, flach; B.häutchen bis 6 mm lang; Rispe bis 30 cm lang, lockerblütig, mit langen Ästen; Ährchen 2–3 mm lang, 1-blütig, mit 5–7 mm langer Granne. ▲ Verbreitet. Fast ganz Europa.

❹ Salz-Schlickgras *Spartina townsendii*

✻ Juli–Aug. ↕ 30–130 cm ▼ Salzhaltiger Schlick

Pflanze mit weit kriechenden Rhizomen; Blütenstand 10–25 cm lang, mit 3–6 schlanken, aufrechten Ähren; Ährchen 12–20 mm lang, 2-zeilig angeordnet, dicht der Ährenachse angedrückt, 1-blütig; B. steif, flach, 5–8 mm breit. (Bastardart aus *S. maritima* und *S. alterniflora*) ▲ Oft gepflanzt. Watt der Nordseeküste, ganz Europa.

3
4
2
1

Süßgräser *(Gramineae* oder *Poaceae)*

❶ Echtes Federgras *Stipa pennata*

✻ Mai–Juli ↕ 30–120 cm ▼ Sonnige Felshänge, Steppenrasen

B. 2–3 mm breit, flach oder eingerollt; Rispe schlank; Rispenäste aufrecht; Ährchen 1-blütig; Hüllspelzen 15–20 mm lang, mit 3–5 cm langer Granne; Deckspelze mit 20–30 cm langer Granne, diese unten gedreht, oben federig behaart. ▲ Selten, im Süden verbreitet. Südschweden, Mittel- und Südeuropa.

❷ Pfriemengras, Haar-Federgras *Stipa capillata*

✻ Mai–Juni ↕ 30–100 cm ▼ Felsfluren, Trocken- und Halbtrockenrasen

Pflanze horstbildend; B. graugrün, borstlich, etwa 1 mm breit; B.häutchen 5–10 mm lang, zugespitzt; Rispenäste fadenförmig; Hüllspelzen mit 10–20 mm langer Granne; Deckspelze mit 8–20 cm langer, nicht behaarter Granne, durch vorwärts gerichtete Zähne rau. ▲ Ziemlich selten. Mitteleuropa (Trockengebiete, regenarme Gebiete der Alpen), Mittelmeergebiet.

❸ Großes Schillergras, Kammschmiele *Koeleria pyramidata*

✻ Juni–Juli ↕ 30–80 cm ▼ Kalkmagerrasen, Kiefernwälder

B. flach, 2–3 mm breit, abstehend bewimpert; Rispe schmal, pyramidenförmig, 5–12 cm lang; Ährchen 3-blütig, 6–8 mm lang; Hüll- und Deckspelzen zugespitzt, borstig behaart; Stängel unter der Rispe kurzhaarig. ▲ Verbreitet. Südskandinavien, Mitteleuropa.

❹ Kalk-Blaugras *Sesleria caerulea (S. albicans)*

✻ März–Mai ↕ 10–40 cm ▼ Lichte Kiefern- und Buchenwälder, Trocken- und Halbtrockenrasen, kalkhaltige Böden

Pflanze dichtrasig; B. grün, 2–3 mm breit, mit hervortretendem Mittelnerv und stumpfer Spitze; B.häutchen 0,5 mm lang; Ährenrispe eiförmig bis zylindrisch, am Grund mit schuppenförmigen, häutigen Tragb.; Deckspelzen bläulich, mit grannenartiger Spitze. ▲ Ziemlich selten, in den Alpen und im Vorland verbreitet. Fast ganz Europa, im Süden in den Gebirgen.

❺ Blutrote Fingerhirse, Bluthirse *Digitaria sanguinalis (Panicum sanguinale)*

✻ Juli–Okt. ↕ 10–50 cm ▼ Sandige Äcker, Wegränder; kalkmeidend

B. und B.scheiden behaart, 5–10 mm breit; B.häutchen 1–2 mm lang; Ähren schmal-linealisch, zu 4–8, fingerförmig genähert; Ährchen lanzettlich, spitz, 3 mm lang. ▲ Häufig. Europa.

❻ Bartgras *Bothriochloa ischaemum (Andropogon ischaemum)*

✻ Juli–Sept. ↕ 15–60 cm ▼ Trocken- und Halbtrockenrasen, Wegböschungen; wärmeliebend

Pflanze knickig aufsteigend, mit kurzen Ausläufern; B. graugrün, spärlich bewimpert, 3 mm breit; B.häutchen in Haare aufgelöst; Ähren zu 2–5 fingerartig angeordnet, schmal, 3–6 cm lang; Ährchen linealisch, mit violetten, bewimperten Hüllspelzen und 1,5 cm langer Granne. ▲ Selten. Mittel- und Südeuropa.

1
2
3
4
5
6

Süßgräser *(Gramineae* oder *Poaceae)*

❶ Hühnerhirse *Echinochloa crus-galli*

✱ Juli–Okt. ↕ 30–90 cm ▼ Äcker, Weinberge

St. glatt, an den Knoten mit Haarbüscheln; B. dunkel graugrün, am Rand wellig; B.häutchen fehlend; Rispe aufrecht, bis 20 cm lang; Ährchen gehäuft sitzend, eiförmig, hellgrün oder violett überlaufen; Hüllspelzen kurz bewimpert, zugespitzt oder begrannt. ▲ Häufig. Europa.

❷ Grüne Borstenhirse *Setaria viridis*

✱ Juni–Okt. ↕ 5–50 cm ▼ Äcker, Gärten, Weinberge

Pfl. knickig aufsteigend; B. mit weißlichen oder violetten Mittelstreifen; Ährenrispe 7–10 mm dick, nicht unterbrochen; Borsten grün oder violett überlaufen, 5 mm lang, mit vorwärts gerichteten Zähnen, daher beim Abwärtsstreichen Blütenstand rau; Ährchen 2 mm lang; Frucht reif ausfallend. ▲ Häufig. Europa.

❸ Italienisches Raygras, Vielblütiger Lolch *Lolium multiflorum (L. italicum)*

✱ Juni–Aug. ↕ 30–100 cm ▼ Wiesen, Wege, Schutt

B. hellgrün, bis 10 mm breit, unterseits glänzend; B.scheiden, Halme oberwärts und Ährenachse rau; Ährchen flach, 2-zeilig angeordnet, mit der schmalen Seite zur Ährenachse gewandt (vgl. *Agropyron*); untere Hüllspelzen 7-nervig, ½ so lang wie das Ährchen; Deckspelzen 7–8 mm lang, begrannt; Kulturpfl. ▲ Ziemlich häufig. Europa.

❹ Englisches Raygras, Ausdauernder Lolch *Lolium perenne*

✱ Mai–Sept. ↕ 20–60 cm ▼ Wiesen, Parkrasen, Straßenränder

B.scheiden und Halme glatt; B. 2–4 mm breit, dunkelgrün; Hüllspelzen etwas länger als die Deckspelze, diese unbegrannt. ▲ Häufig. Europa. – Ähnlich ist die **Gemeine Quecke**, *Agropyron repens*; Pfl. mit langen Ausläufern; B. grün oder blaugrün, flach, 3–8 mm breit, oberseits rau, am Grund mit st.umfassenden Öhrchen; Ährchen flach, die Breitseite der Ährenachse zugewandt. Äcker, Schutt, Wege, Dämme, Ufer, Flussauen. ▲ Häufig. Europa.

❺ Mäuse-Gerste *Hordeum murinum*

✱ Mai–Sept. ↕ 10–40 cm ▼ Trockene Ruderalstellen

Pfl. 1-jährig, grasgrün; obere B.scheiden etwas aufgeblasen; Ähre 4–12 cm lang; Ährchen 1-blütig, je 3 zu einem »Ährchendrilling« angeordnet, das mittlere Ährchen 2-geschlechtig, die beiden seitlichen ♂ oder steril; Hüllspelzen borstenförmig und lang begrannt, 15–20 mm lang, am Rand abstehend bewimpert; bei der Reife zerbricht die Ährenachse unter jedem »Ährchendrilling«. ▲ Häufig. Süd- und Mitteleuropa, nördlich bis Südskandinavien.

❻ Strand-Gerste *Hordeum marinum*

✱ Mai–Juli ↕ 10–40 cm ▼ Salzwiesen und -weiden

Pfl. am Grund büschelig verzweigt, graugrün; St. knickig aufsteigend, fast bis zur Spitze beblättert; untere B.scheiden kahl oder weichhaarig, obere aufgeblasen; Ähre 4–6 cm lang; Ährenachse brüchig; Ährchen meist zu 3 (»Ährchendrillinge«); Hüllspelzen rau, schmal-lanzettlich oder borstlich; Deckspelzen mit langer Granne. ▲ An der Nordseeküste und an den Küsten West- und Südeuropas verbreitet, im Binnenland an Ruderalstellen selten.

1
2
3
4
5
6

Süßgräser *(Gramineae* oder *Poaceae)*

❶ Wiesen-Lieschgras *Phleum pratense*

✻ Juni–Aug. ↕ 20–100 cm ▼ Fettwiesen und -weiden

Pfl. horstbildend; B. hellgrün, rau, 3–8 mm breit; B.häutchen 3–5 mm lang; Ährenrispe dicht, walzenförmig, 5–20 (30) cm lang, 5–10 mm breit, meist grün, mit sehr kurzen Ästen, beim Umbiegen nicht lappig; Ährchen von der Form eines Stiefelziehers; Hüllspelzen nicht verwachsen, zottig bewimpert; Granne der Hüllspelze ¼–½ so lang; Staubbeutel violett. ▲ Ziemlich häufig. Europa.

❷ Steppen-Lieschgras *Phleum phleoides*

✻ Juni–Juli ↕ 30–60 cm ▼ Sandtrockenrasen, Felsen, lichte Kieferwälder

St. oben b.los; B. 2–4 mm breit, rau, am Rand weiß; B.häutchen gestutzt, 1–2 mm lang; Ährenrispe schlank, bis 18 cm lang; Ährchen 2-spitzig, stiefelknechtartig, 1-blütig; Hüllspelzen länger als die Deckspelzen. ▲ Zerstreut. Südskandinavien, Mittel- und Südeuropa.

❸ Wiesen-Fuchsschwanz *Alopecurus pratensis*

✻ Mai–Juni ↕ 30–100 cm ▼ Frische und feuchte Wiesen, Ufer

Pfl. grasgrün; B. 6–10 mm breit, oberseits rau; B.scheiden glatt, an den oberen B. etwas aufgeblasen; B.häutchen 3–5 mm lang; Ährenrispe (Scheinähre) dicht, walzenförmig, bis 10 cm lang und 1 cm breit; Ährchen eiförmig bis elliptisch, kurz gestielt, zu 4–6 je Rispenast; Hüllspelzen auf $^{1}/_{3}$ verwachsen, 5 mm lang, am Kiel bewimpert; Granne der Deckspelze bis 9 mm lang, meist dicht über dem Grund eingefügt. ▲ Häufig. Fast ganz Europa.

❹ Knick-Fuchsschwanz *Alopecurus geniculatus*

✻ Mai–Sept. ↕ 15–40 cm ▼ Ufer, Flutmulden, nasse Wege

St. niederliegend, oft im Wasser flutend, an den Knoten wurzelnd; B. graugrün, 2–8 mm breit; B.scheiden etwas aufgeblasen; Ährenrispe 2–5 cm lang und 4–5 mm breit; Granne unter der Mitte der Deckspelze eingefügt; Staubb. hellgelb, dann rostbraun. ▲ Zerstreut. Europa. – Ähnlich ist der **Rote Fuchsschwanz**, *A. aequalis*, aber Granne über der Mitte der Deckspelze eingefügt; Staubb. weißlich, dann ziegelrot; B.scheiden oft blauviolett. Gräben, Teichränder. ▲ Verbreitet bis zerstreut. Fast ganz Europa.

❺ Strandhafer, Sandrohr *Ammophila arenaria*

✻ Juni–Aug. ↕ 60–100 cm ▼ Dünensand

B. graugrün, steif, spitz, meist eingerollt, oberseits gerippt; B.häutchen 1–2 cm lang; Ährenrispe dicht, walzenförmig, weißlich, 10–20 mm lang; Ährchen 10–15 mm lang, innen mit feinen Haaren. ▲ An den Küsten Europas häufig.

❻ Strandroggen, Blauer Helm *Leymus arenarius (Elymus arenarius)*

✻ Juni–Aug. ↕ 60–120 cm ▼ Dünensand

Pfl. stark blaugrün, mit langen Ausläufern; B. steif, stechend, eingerollt, oberseits rau, 8–20 mm breit; B.häutchen sehr kurz; Ähre dicht, 10–30 cm lang; Ährchen 2–3 cm lang, meist mit 2 kurz gestielten Seitenährchen, diese »Ährchendrillinge« wechselständig sitzend. ▲ An den Küsten Europas häufig, im Binnenland selten. – Ähnlich ist die **Strand-Quecke**, *A. junceum*, aber Ährchen ohne Seitenährchen; Ähre 2-zeilig, 5–20 cm lang; Ährenachse sehr brüchig; Pfl. 30–60 cm hoch, blaugrün; B. 8 mm breit, anfangs flach, später stark eingerollt. ▲ Verbreitet. Küsten Europas.

3
2
5
4
6
1

Riedgrasgewächse oder Sauergräser *(Cyperaceae)*

❶ Scheidiges Wollgras *Eriophorum vaginatum*

✻ Apr.–Mai ↕ 30–60 cm ▼ Hochmoore, Kiefern- und Birkenmoore, saure nährstoffarme Torfböden

Pflanze dichtrasig, feste Horste aus borstenförmigen B. bildend; Ausläufer fehlend; Stängelb. am Rand rau, mit aufgeblasener Scheide; Stängel unten rund, oberwärts 3-kantig; mit 1 endständigen, zur Blütezeit eiförmig-länglichen, bis 2 cm langen Ähre, zur Fruchtzeit mit weißwolligem Kopf, gebildet aus 2–4 cm langen weißen Blütenborsten. ▲ Zerstreut, aber oft bestandsbildend. Mittel- und Nordeuropa, Pyrenäen und spanische Gebirge.

❷ Scheuchzers Wollgras *Eriophorum scheuchzeri*

✻ Juni–Sept. ↕ 10–40 cm ▼ Quellfluren, Alpenmoore

Pflanze rasenbildend; Stängel rund; mit 1 endständigen, kugeligen, zur Blütezeit runden, 1 cm langen Ähre; Stängelb. glatt, ohne aufgeblasene Scheide. ▲ Zerstreut. Alpen, Pyrenäen, Tatra, Karpaten, Skandinavien.

❸ Breitblättriges Wollgras *Eriophorum latifolium*

✻ Apr.–Juni ↕ 30–60 cm ▼ Flachmoore und Quellsümpfe

Pflanze dichtrasig, ohne Ausläufer; Stängel stumpf 3-kantig; B.scheiden der unteren B. schwarzbraun, zuletzt netznervig; Stängelb. schmal-lanzettlich, 3–8 mm breit; Ähre zu 4–10, deren Stiele rau; Blütenhülle aus weichen Borsten und Haaren, zur Fruchtzeit weißwollige Köpfe bildend. ▲ Zerstreut bis selten. Europa.

❹ Schmalblättriges Wollgras *Eriophorum angustifolium*

✻ Apr.–Mai ↕ 30–60 cm ▼ Flach- und Quellmoore, Übergangsmoore

Pflanze mit unterirdischen Ausläufern, am Grund rosarot überlaufen; Stängel stielrund; Stängelb. linealisch, rinnig, 3–6 mm breit, in eine 3-kantige Spitze verschmälert; oberste B.scheiden blasig erweitert; Ährenstiele glatt. ▲ Verbreitet. Fast ganz Europa.

❺ Alpen-Haarbinse *Trichophorum alpinum (Scirpus hudsonianus)*

✻ Apr.–Mai ↕ 10–30 cm ▼ Hoch- und Zwischenmoore

Stängel 3-kantig, rau; Ährchen endständig, 5–7 mm lang, 8–12-blütig, mit geschlängelten, weißen, 2 cm langen Wollhaaren. ▲ Selten. Hauptsächlich Gebirge Mittel- und Südeuropas, Norddeutschland, Skandinavien.

❻ Rasen-Haarbinse *Trichophorum cespitosum (Scirpus cespitosus)*

✻ Mai–Juni ↕ 5–30 cm ▼ Hoch- und Heidemoore, Quellmoore

Pflanze dichte, feste Polster bildend; Stängel stielrund, gefurcht; Ährchen 4–6 mm lang, 3–6-blütig, ohne Wollhaare. ▲ Zerstreut. Europa.

3
5
4
1
6
2

Riedgrasgewächse oder Sauergräser *(Cyperaceae)*

❶ Braune Schnabelbinse *Rhynchospora fusca*

✻ Mai–Juli ↕ 10–30 cm ▼ Hochmoorschlenken, Übergangsmoore, Torfschlammböden

Pflanze mit langen unterirdischen Ausläufern; B. 1 mm breit; Ährchen dicht geknäuelt, rotbraun, obere Hochb. 2–4-mal so lang wie das Ährchenknäuel. ▲ Sehr selten. Mittel- und Nordeuropa, Pyrenäen.

❷ Weiße Schnabelbinse *Rhynchospora alba*

✻ Juni–Aug. ↕ 15–40 cm ▼ Hochmoorschlenken, Übergangsmoore

Pflanze ohne Ausläufer oder mit kurzen Ausläufern; Stängel 3-kantig; B. borstenförmig oder rinnig, 1–2 mm breit; Ährchen 4–5 mm lang, dicht geknäuelt, 2-blütig, weiß, später rötlich; Tragb. so lang wie das Ährchenknäuel. ▲ Ziemlich selten. Fast ganz Europa.

❸ Gewöhnliche Sumpfbinse *Eleocharis palustris*

✻ Mai–Aug. ↕ 10–80 cm ▼ Röhrichte, Seggensümpfe, Nasswiesen, Gräben

Pflanze mit Ausläufern; Stängel b.los, stielrund, ungestreift, 1–4 mm breit; Ährchen endständig, 5–20 mm lang, 20–30-blütig, am Grund mit 2 blütenlosen Hüllspelzen, jede davon das Ährchen halb umfassend; Narben 2. (Formenreich, mit mehreren Kleinarten) ▲ Ziemlich häufig. Europa.

❹ Nadelbinse *Eleocharis acicularis*

✻ Juni–Okt. ↕ 2–10 cm ▼ Zeitweise trockenfallende Teichböden und Altwasser

Pflanze rasenbildend; Stängel 3–4-kantig, unter 0,5 mm breit; untere B.scheiden oft purpurn; Ährchen endständig, 2–4 mm lang, 3–7-blütig; Spelzen braun, weißrandig; Narben 3. ▲ Zerstreut. Europa.

❺ Schwarze Kopfbinse *Schoenus nigricans*

✻ Mai–Juli ↕ 15–50 cm ▼ Nasse Kalkflachmoore, Ufer

Pflanze dichtrasig; B. borstenförmig; grundständige B.scheiden schwarzbraun, glänzend; Blütenstand kopfig, 10–15 mm lang, aus 5–10 schwarzbraunen Ährchen bestehend, überragt von 2–5 cm langem Tragb. ▲ Zerstreut bis selten. Europa.

❻ Rostrote Kopfbinse *Schoenus ferrugineus*

✻ Mai–Juni ↕ 10–30 cm ▼ Kalkreiche Quell- und Flachmoore

Grundständige B.scheiden dunkel rotbraun; Ährchen zu 2–3, dunkel rotbraun, von kurzem Tragb. kaum überragt. ▲ Ziemlich selten. Fast ganz Europa.

6
4
5
2
1
3

Riedgrasgewächse oder Sauergräser *(Cyperaceae)*

❶ Strandsimse, Meerbinse *Bolboschoenus maritimus (Scirpus maritimus)*

✻ Juni–Aug. ↕ 30–100 cm ▼ Ufer, Gräben, nährstoffreiches, oft salzhaltiges Wasser

Stängel scharf 3-kantig, rau; B. flach, gekielt, 3–8 mm breit; Hochb. laubb.artig, viel länger als der Blütenstand; Ähren 1–2 cm lang, rotbraun, kopfig gehäuft. ▲ Selten. Europa.

❷ Gemeine Kugelsimse, Kopfsimse *Scirpoides holoschoenus (Scirpus holoschoenus, Holoschoenus romanus)*

✻ Juni–Aug. ↕ 30–100 cm ▼ Sumpfwiesen, Nassweiden, tonige Ufer

Stängel stielrund, b.los, gerippt; Blütenstand aus 3–10 kugeligen, 5–15 mm breiten Köpfen, 1 davon sitzend, die anderen gestielt. ▲ Sehr selten. Mittel- und Südeuropa.

❸ Schneidried *Cladium mariscus*

✻ Juni–Juli ↕ 80–200 cm ▼ Uferröhrichte, Gräben, Flachmoortümpel

Stängel 3-kantig; B. 7–15 mm breit, graugrün, am Rand und unterseits auf dem Mittelnerv gesägt, scharf schneidend; Blütenstand reich verzweigt, aus vielen rotbraunen Köpfen mit je 3–10 Ährchen gebildet; Ährchen 1–3-blütig, 3–5 mm lang. ▲ Selten. Fast ganz Europa.

❹ Borstige Moorbinse, Schuppensimse *Isolepis setacea (Scirpus setaceus)*

✻ Juli–Okt. ↕ 2–15 cm ▼ Nasse Waldwege, Ufer, Moorgräben

Stängel rund, am Grund beblättert; B. borstenförmig; Ähren 2–4 mm lang, zu 1–4 scheinbar seitenständig; Spelzen bräunlich, mit grünem Kiel; Hochb. den Blütenstand weit überragend. ▲ Zerstreut. Mittel- und Südeuropa, nördlich bis Südskandinavien.

❺ Quellbinse, Flaches Quellried *Blysmus compressus*

✻ Juni–Aug. ↕ 10–40 cm ▼ Quellmoore, Nasswiesen

Pflanze grasgrün; Stängel etwas zusammengedrückt; B. flach, gekielt, glänzend, 1–3 mm breit, am Rand rau; Ährchen rotbraun, 2-zeilig zu 5–12 in einer flach gedrückten, 2–3 cm langen Ähre angeordnet. ▲ Ziemlich selten. Fast ganz Europa.

1
3
4
5
2

Riedgrasgewächse oder Sauergräser *(Cyperaceae)*

❶ Waldsimse, Flechtsimse *Scirpus sylvaticus*

✻ Mai–Juli ↕ 30–100 cm ▼ Nasswiesen, Auenwälder, Sümpfe

Pflanze mit sterilen Laubsprossen; Stängel 3-kantig, beblättert; B. 8–20 mm breit, glänzend grün; Blütenstand reichästig, bis 20 cm breit, von den Hochb. überragt; Ährchen 3–4 mm lang, schwärzlich grün, zu 3–5 kopfig gehäuft. ▲ Häufig. Fast ganz Europa.

❷ Gewöhnliche Teichbinse, Seebinse *Schoenoplectus lacustris (Scirpus lacustris)*

✻ Juni–Juli ↕ 100–400 cm ▼ Uferröhrichte stehender oder langsam fließender Gewässer

Stängel stielrund, b.los, aufrecht, dunkel grasgrün; B. linealisch, am Stängelgrund flutend; Ähren rotbraun, 5–10 mm lang, in scheinbar seitenständiger, kopfiger Rispe; Narben 3; Spelzen glatt; Frucht 3-kantig. ▲ Verbreitet. Europa. – Ähnlich ist die **Graue Seebinse**, *Sch. tabernaemontani*, aber Stängel graugrün bis blaugrün; Narben 2; Spelzen mit rötlichen oder dunklen Warzen; Frucht linsenförmig, flach. Salzhaltige Gewässer. ▲ An den Küsten verbreitet, sonst zerstreut bis selten. Europa.

Einährige Seggen
Pflanze nur mit 1 endständigen Ähre

❸ Torf-Segge, Davall-Segge *Carex davalliana*

✻ Mai–Juni ↕ 10–30 cm ▼ Kalkhaltige Quell- und Flachmoore

Pflanze 2-häusig, ♂ und ♀ Ähren auf verschiedenen Pflanzen, in dichten Horsten; B. borstenförmig; B. und Stängel 3-kantig, rau; Fruchtschläuche der ♀ Ähre 3–5 mm lang, abstehend, lang geschnäbelt, braun, etwas gekrümmt. ▲ Zerstreut. Mitteleuropa.

❹ Armblütige Segge *Carex pauciflora*

✻ Mai–Juni ↕ 5–10 cm ▼ Hochmoore

Pflanze 1-häusig; Ähren am Grund ♂, oben ♀; Stängel stumpf 3-kantig; Ähre armblütig, mit 3–5 abstehenden oder zurückgeschlagenen, 7 mm langen, gelblichen, lang geschnäbelten Fruchtschläuchen; Narben 3. ▲ Ziemlich selten. Nordeuropa, west-, mittel- und südosteuropäische Gebirge.

Gleichährige Seggen
Pflanze mit gleich gestalteten Ähren, jede mit ♂ und ♀ Blüten

❺ Monte-Baldo-Segge *Carex baldensis*

✻ Juni–Juli ↕ 15–40 cm ▼ Sonnige, kalkreiche Steinrasen, lockere Bergkiefernwälder, Flusskies

B. 2–3 mm breit, flach, graugrün; ♂ und ♀ Ähren gleich gestaltet, kopfig gehäuft, von den langen Tragb. weit überragt; Blütenstand weiß; Schläuche kugelig-eiförmig, ungeschnäbelt, weiß bis gelbbraun; Narben 3. ▲ Selten. Ammergebirge in den Nordalpen, Südalpen.

♀
♂
1
2
3
4
5

Riedgrasgewächse oder Sauergräser *(Cyperaceae)*

Gleichährige Seggen
Pflanze mit gleich gestalteten Ähren, jede mit ♂ und ♀ Blüten

❶ Fadenwurzel-Segge, Strick-Segge *Carex chordorrhiza*

✱ Mai–Juni ↕ 10–30 cm ▼ Moorschlenken, Schwingrasen, Torfschlammböden

Pflanze mit 1 m langen, oberirdisch kriechenden Ausläufern, an jedem Knoten einen aufsteigenden, sterilen Spross und am Ende einen blühenden, aufrechten Trieb bildend; Stängel hauptsächlich am Grund beblättert; B. 1–2 mm breit, am Rand rau; Blütenstand 1 cm lang, aus 2–5 armblütigen, kopfig gedrängten Ährchen bestehend; Ährchen unten mit ♀, oben mit ♂ Blüten; Fruchtschlauch braun, am Rand glatt, kurz geschnäbelt; Narben 2. ▲ Sehr selten. Hauptsächlich Mittel- und Nordeuropa.

❷ Zypergras-Segge *Carex bohemica (C. cyperoides)*

✱ Juni–Sept. ↕ 5–30 cm ▼ Teichufer, Altwasser, Schlammböden

Pflanze hellgrün; B. 1–2 mm breit, flach; Ähren grün, am Grund ♂, an der Spitze ♀, kopfig gehäuft, mit 2–15 cm langen Hochb.; Fruchtschläuche lang geschnäbelt, bis 1 cm lang; Narben 2. ▲ Selten. Hauptsächlich Mitteleuropa.

❸ Sand-Segge *Carex arenaria*

✱ Mai–Juni ↕ 15–40 cm ▼ Dünensand, trockene Kiefernwälder

Pflanze mit unterirdischen, weit kriechenden Ausläufern; B. starr, rinnig, 3–4 mm breit; Blütenstand 4–6 cm lang, aus 6–16 gleich gestalteten Ähren, die unteren rein ♀, die oberen rein ♂, die mittleren am Grund ♀, an der Spitze ♂; Schläuche 4–5 mm lang, gelblich, geflügelt; Narben 2. ▲ An den Küsten Europas verbreitet, sonst selten.

❹ Rispen-Segge *Carex paniculata*

✱ Mai–Juni ↕ 40–100 cm ▼ Gräben, Quellen, Erlenbruchwälder, Großseggensümpfe

Pflanze kräftige, große Horste bildend; B. 4–6 mm breit; Stängel sehr rau; grundständige B.scheiden glänzend braun, ohne Faserschopf; Ähren in 2–10 cm langer, lockerer Rispe mit abstehenden, verlängerten Ästen; Schläuche eiförmig, hellbraun, glänzend. ▲ Zerstreut. Fast ganz Europa.

❺ Krumm-Segge *Carex curvula*

✱ Juli–Aug. ↕ 5–25 cm ▼ Bodensaure Magerrasen, steinige Böden, etwa 2000–3000 m

Pflanze am Grund mit den Resten vorjähriger B.; grundständige B.scheiden gelbbraun; B. borstlich, hohlrinnig, 1–2 mm breit, bogig gekrümmt, rau, im oberen Teil bald absterbend, daher graubraun bis gelbgrün; Ähren gleich gestaltet, kopfig gedrängt, unten die ♀, oben die ♂; Narben 3. ▲ Verbreitet. Gebirge Mittel- und Südeuropas.

1
2
3
4
5

Riedgrasgewächse oder Sauergräser *(Cyperaceae)*

Gleichährige Seggen
Pflanze mit gleich gestalteten Ähren, jede mit ♂ und ♀ Blüten

❶ Igel-Segge, Stern-Segge *Carex echinata (C. stellulata)*

✻ Mai–Juli ↕ 10–30 cm ▼ Flachmoore, Quellen, Gräben

B. steif, graugrün, 1–2 mm breit, kürzer als der scharf 3-kantige Stängel; Ähren 3–5, kugelig, 4–6 mm lang; Schläuche außen gewölbt, innen flach, sternförmig spreizend. ▲ Häufig. Europa.

❷ Grau-Segge *Carex canescens*

✻ Mai–Juni ↕ 20–40 cm ▼ Flach- und Quellmoore, Ufer

Pflanze horstbildend; B. graugrün, 2–3 mm breit; Stängel scharfkantig; Ähren 4–6, graugrün, eiförmig, 5–9 mm lang, unten entfernt stehend; Schläuche hellgrün, mit kurzem Schnabel. ▲ Ziemlich häufig. Europa.

❸ Winkel-Segge *Carex remota*

✻ Juni–Juli ↕ 30–60 cm ▼ Auenwälder, schattige Quellfluren, feuchte Waldwege, Laubmischwälder

B. 2 mm breit, schlaff; Stängel 3-kantig, bis oben beblättert, zuletzt überhängend; Ähren 5–10, gleich gestaltet, 5–8 mm lang, unten ♂, oben ♀, die unteren Ähren weit auseinanderstehend (bis 8 cm), Gesamtblütenstand dadurch 10–15 cm lang; Tragb. laubb.artig, schlaff, sehr lang; Fruchtschläuche 3–4 mm lang, weißlich grün, innen flach, außen gewölbt; Narben 2. ▲ Häufig. Fast ganz Europa.

❹ Hasen-Segge *Carex leporina*

✻ Juni–Juli ↕ 20–60 cm ▼ Saure Magerrasen, Feuchtweiden; kalkmeidend

Pflanze dichte Horste bildend; B. 2–3 mm breit, graugrün, kürzer als der 3-kantige, oben raue Stängel; Ähren 5–6, eiförmig, dicht gedrängt, ♂ und ♀ Ähren gleich gestaltet; Schläuche geflügelt, allmählich in den Schnabel verschmälert; Spelzen zugespitzt, braun; Narben 2. ▲ Häufig. Europa.

❺ Zittergras-Segge, Seegras *Carex brizoides*

✻ Mai–Juni ↕ 30–70 cm ▼ Feuchte Wälder, Laubmischwälder, Auenwälder

Pflanze rasenbildend, mit Ausläufern; B. schlaff, 2–3 mm breit, länger als der dünne, 3-kantige, zur Fruchtzeit gebogene Stängel; Blütenstand 2–3 cm lang, aus 5–8 gekrümmten, gleich gestalteten Ähren, diese unten ♂, oben ♀; Fruchtschläuche 2–2,5 mm lang, schmal geflügelt, gelbgrün; Narben 2; früher als »Seegras« für Polster verwendet. ▲ Häufig. Mittel- und Osteuropa, südlich bis Pyrenäen, Oberitalien.

1
2
3
4
5

Riedgrasgewächse oder Sauergräser *(Cyperaceae)*

Verschiedenährige Seggen
Pflanze mit deutlich verschieden gestalteten Ähren

❶ Steif-Segge *Carex elata*

✻ Apr.–Mai ↕ 50–120 cm ▼ Ufer, Sümpfe, Erlenbrüche, Verlandungszonen

Pflanze große Bulte oder Horste bildend; grundständige B.scheiden gelbbraun, netzfaserig; B. 4–5 mm breit, steif, graugrün; Ähren 2–6 cm lang, meist sitzend, die unteren Ähren rein ♀, die oberste rein ♂; Narben 2; Schläuche 3–4 mm lang, früh abfallend. ▲ Zerstreut. Fast ganz Europa.

❷ Schlank-Segge *Carex gracilis*

✻ Mai–Juni ↕ 40–150 cm ▼ Ufer, Nasswiesen, Flutmulden

Grundständige B.scheiden glänzend braun; Stängel scharf 3-kantig, rau; B. 5–10 mm breit, bis 150 cm lang; ♀ Ähren 3–6, 2–10 cm lang, ♂ Ähren 1–4; Schläuche 3 mm lang, spitz, undeutlich geschnäbelt; Narben 2; unterstes Tragb. den Blütenstand weit überragend. ▲ Ziemlich häufig. Europa. – Ähnlich ist die **Sumpf-Segge,** *C. acutiformis*; Pflanze 30–120 cm; B. graugrün, 5–10 cm breit; untere B.scheiden stark netzfaserig; Ähren 2–8 cm lang; ♀ Schläuche 4–5 mm lang, geschnäbelt; Narben 3. Nasswiesen, Ufer, Moorgräben. ▲ Häufig. Europa.

❸ Wiesen-Segge, Braun-Segge *Carex nigra (C. fusca)*

✻ Apr.–Juni ↕ 5–40 cm ▼ Nass- und Moorwiesen, Flachmoore

B. 2–5 mm breit, graugrün; grundständige B.scheiden glänzend braun; Stängel oberwärts rau; ♂ Ähren 1–2, ♀ Ähren mehrere, fast sitzend, 1–3 cm lang; Narben 2; Schläuche 2–3 mm lang, kaum geschnäbelt; unteres Tragb. fast so lang wie der Blütenstand. ▲ Häufig. Europa.

❹ Scheinzypergras-Segge *Carex pseudocyperus*

✻ Juni–Juli ↕ 40–90 cm ▼ Ufer von Tümpeln, Altwasser, Gräben, Erlenbrüche

Pflanze gelbgrün; Stängel scharf 3-kantig, bis oben beblättert; B. 6–12 mm breit, flach; ♀ Ähren 3–6, lockerfrüchtig, auf dünnen Stielen überhängend, die oberen genähert; Schläuche 5–6 mm lang, gelblich glänzend, zur Reife rückwärts gerichtet; Schnabelzähne 1 mm lang, spreizend. ▲ Selten. Fast ganz Europa.

❺ Raue Segge *Carex hirta*

✻ Apr.–Juni ↕ 10–60 cm ▼ Wege, Ufer, Kahlschläge, lückige Wiesen, Böschungen

Pflanze mit bräunlichen bis purpurroten, schwach netzfaserigen Scheiden am Grund; B. graugrün, wie die B.scheiden behaart; Stängel 3-kantig; Blütenstand mit 2–4 lang gestielten ♀ Ähren und oben mit 2–3 ♂ Ähren; Fruchtschläuche 5–7 mm lang, gelbgrün, dicht behaart; Narben 3. ▲ Häufig. Fast ganz Europa.

1
2
3
4
5

Riedgrasgewächse oder Sauergräser *(Cyperaceae)*

Verschiedenährige Seggen
Pflanze mit deutlich verschieden gestalteten Ähren

❶ Schnabel-Segge *Carex rostrata (C. inflata)*

✻ Mai–Juni ↕ 30–80 cm ▼ Ufer, Teiche, Gräben, Moore

Grundständige B.scheiden braunrot, schwach netznervig; Stängel stumpf 3-kantig; B. 3–5 mm breit, rinnig, graugrün; Ähren 2–8 cm lang; Schläuche fast waagrecht abstehend, kugelig-eiförmig, plötzlich in den 2-zähnigen Schnabel verschmälert, reif bräunlich. ▲ Ziemlich häufig. Fast ganz Europa.

❷ Blasen-Segge *Carex vesicaria*

✻ Mai–Juni ↕ 30–80 cm ▼ Ufer, Moorgräben, Verlandungsgesellschaften, Erlenbruchwälder

Pflanze ähnlich der Schnabel-Segge, aber Stängel scharfkantig, rau; grundständige B.scheiden rot, stark netznervig; B. hellgrün, 4–7 mm breit, flach; Schläuche schief-aufrecht, eiförmig, allmählich in den Schnabel verschmälert, reif strohgelb. ▲ Ziemlich häufig. Fast ganz Europa.

❸ Blaugrüne Segge *Carex flacca (C. glauca)*

✻ Mai–Juli ↕ 20–60 cm ▼ Lichte Wälder, Kalkmagerrasen, Kalkflachmoore

Grundständige B.scheiden rotbraun; B. 2–5 mm breit, steif, rinnig, blaugrün; Ähren verschieden gestaltet, die ♂ schlank, zu 2–4, endständig, die ♀ walzlich, 2–3 cm lang, an 3–8 cm langen, zuletzt überhängenden Stielen; Tragb. laubb.artig, das unterste die Spitze des Blütenstandes erreichend; Fruchtschläuche braun bis schwarz, beiderseits gewölbt, mit undeutlichem Schnabel; Narben 3. ▲ Häufig. Europa.

❹ Saum-Segge *Carex hostiana*

✻ Mai–Juli ↕ 20–50 cm ▼ Nasse Flachmoorwiesen und Quellen der Gebirge

Pflanze lockerrasig, hellgrün; B. 2–3 mm breit, flach, etwa ½ so lang wie der glatte Stängel; ♀ Ähren kurz, walzlich, etwa 1 cm lang, entfernt stehend; Schläuche gelbgrün, allmählich in den 2-zähnigen Schnabel zugespitzt; Narben 3; Spelzen rotbraun, mit weißem Hautrand und grünem Mittelstreif. ▲ Verbreitet bis zerstreut. Hauptsächlich Gebirge Europas.

2
3
4
1

Riedgrasgewächse oder Sauergräser *(Cyperaceae)*

Verschiedenährige Seggen
Pflanze mit deutlich verschieden gestalteten Ähren

❶ Schlamm-Segge *Carex limosa*

✻ Mai–Juni ↕ 20–40 cm ▼ Moorschlenken, Schwingrasen, Zwischenmoore

Pflanze weit kriechend, mit ober- oder unterirdischen Ausläufern; B. 1–1,5 mm breit, graugrün, rinnig gefaltet; ♂ Ähre endständig, ♀ Ähren kurz-walzig, 15–20 mm lang, auf dünnen, übergebogenen Stielen; Schläuche stark nervig; Spelzen hellbraun; unterstes Tragb. kürzer als der gesamte Blütenstand. ▲ Selten. Nord- und Mitteleuropa, Alpen, Pyrenäen, Kaukasus.

❷ Wald-Segge *Carex sylvatica*

✻ Mai–Juli ↕ 30–70 cm ▼ Laub- und Nadelmischwälder

Pflanze dichtrasig; grundständige B.scheiden braun; Stängel bis oben beblättert; B. 4–8 mm breit, schlaff, glänzend grün; ♂ Ähre 1, endständig, ♀ Ähren 2–5, linealisch, 3–5 cm lang, lockerfrüchtig, an 3–10 cm langen, dünnen, nickenden Stielen; Fruchtschläuche 5–6 mm lang, allmählich in den langen, 2-zähnigen Schnabel verschmälert; Narben 3. ▲ Verbreitet. Südskandinavien, Mittel- und Südeuropa.

❸ Große Segge, Hängende Segge *Carex pendula*

✻ Mai–Juni ↕ 50–150 cm ▼ Feuchte Laubwälder, schattige Quellfluren

Pflanze horstbildend; B. 7–15 mm breit, glänzend; Stängel 3-kantig, 2–4 mm breit, gleichmäßig bis oben beblättert; ♂ Ähre 1, endständig, ♀ Ähren 2–5, lang gestielt, bogig überhängend, 7–15 cm lang, dichtblütig; Tragb. laubb.artig; Fruchtschläuche 3–4 mm lang, in den kurzen Schnabel verschmälert, glänzend; Narben 3. ▲ Verbreitet. Mittel- und Südeuropa.

❹ Gelbe Segge *Carex flava*

✻ Juni–Aug. ↕ 5–50 cm ▼ Flach- und Quellmoore, Gräben, nasse Wiesen

Pflanze gelbgrün; grundständige B.scheiden gelbbraun; B. 1–5 mm breit, rinnig oder flach; ♂ Ähre 1, endständig, ♀ Ähren 1–6, kurz-walzlich bis kugelig; Schläuche 2–7 mm lang, gelbgrün, allmählich oder plötzlich in den langen Schnabel verschmälert; Hochb. den Blütenstand überragend. (Sammelart mit mehreren Kleinarten) ▲ Zerstreut. Europa.

❺ Bleiche Segge *Carex pallescens*

✻ Mai–Juni ↕ 10–50 cm ▼ Magerrasen, Wiesen, Wege

Pflanze horstbildend; grundständige Scheiden rotbraun, glänzend; B. 2–5 mm breit, zerstreut behaart, gelbgrün; Stängel 3-kantig, rau; ♂ Ähre 1, endständig, ♀ Ährchen eiförmig, vielblütig, 8–15 mm lang, grün, glänzend; Schläuche völlig ungeschnäbelt, gelbgrün, kahl, glänzend; Narben 3. ▲ Häufig. Fast ganz Europa.

1
2
3
4
5

Riedgrasgewächse oder Sauergräser *(Cyperaceae)*

Verschiedenährige Seggen
Pflanze mit deutlich verschieden gestalteten Ähren

❶ Hirse-Segge *Carex panicea*

✻ Mai–Juni ↕ 20–50 cm ▼ Flach- und Quellmoore, nasse Wiesen und Heiden

Pflanze grau- bis blaugrün; grundständige B.scheiden braun; B. 2–4 mm breit, flach; ♀ Ähren 2–3 cm lang, walzlich, lockerfrüchtig; Narben 3; Schläuche kugelig-eiförmig, graugrün oder gelbbraun, mit kurzem, dickem Schnabel; Spelzen schwärzlich. ▲ Häufig. Fast ganz Europa.

❷ Weiße Segge *Carex alba*

✻ Mai–Juni ↕ 10–30 cm ▼ Wärmeliebende Laubwälder, Kiefernwälder

Pflanze rasenbildend, mit langen, unterirdischen Ausläufern; grundständige B.scheiden braun; B. 1–1,5 mm breit, steif, kahl; Stängel stumpf 3-kantig; ♂ Ähre 1, endständig, ♀ Ähren 2–4, lockerfrüchtig, 5–10 mm lang, an 0,5–3 cm langen, aufrechten Stielen, oberste ♀ Ähre oft die ♂ Ähre überragend; Fruchtschläuche kugelig, gelblich; Spelzen weißhäutig; Narben 3. ▲ Zerstreut. Süddeutschland, Alpen, Pyrenäen, Karpaten, Gebirge der nördlichen Balkanhalbinsel.

❸ Frühlings-Segge *Carex caryophyllea*

✻ März–Mai ↕ 10–30 cm ▼ Halbtrockenrasen

Pflanze mit kurzen Ausläufern; B. 2–4 mm breit, steif, graugrün, überwinternd, kürzer als der glatte Stängel; ♀ Ähren 2–3, kurz gestielt, 5–10 mm lang, ♂ Ähre 1, endständig; Schläuche kaum geschnäbelt, behaart; Spelzen rost- bis gelblich braun, grün gestreift, spitz; Narben 3. ▲ Verbreitet. Fast ganz Europa.

❹ Polster-Segge *Carex firma*

✻ Juni–Aug. ↕ 5–20 cm ▼ Kalkreiche Steinrasen, Felsbänder, etwa 1500–2500 m, gelegentlich tiefer herabgeschwemmt

Halbkugelige Polsterpflanze; B. derb, steif, dicht gedrängt, 2–3 mm breit, 4–5 cm lang, fast waagrecht abstehend; Stängel b.los.; ♀ Ähren 6–10 mm lang, zu 1–3, ♂ Ähre 1, endständig; Narben 3. ▲ Häufig. Gebirge Mittel- und Südeuropas.

❺ Horst-Segge *Carex sempervirens*

✻ Juni–Aug. ↕ 20–50 cm ▼ Kalkhaltige Matten, Bergwiesen, 1400–3000 m

Pflanze horstbildend, am Grund mit dunkelgrauem Faserschopf; B. glänzend, 2–3 mm breit, etwas kürzer als der stielrunde Stängel; ♂ Ähre 1, endständig, ♀ Ähren 2–3, lockerfrüchtig, 1–2 cm lang; Tragb. braun, weißhäutig berandet, kürzer als die grünen Schläuche. ▲ Häufig. Gebirge Mittel- und Südeuropas.

❻ Rost-Segge *Carex ferruginea*

✻ Juli–Sept. ↕ 30–60 cm ▼ Durchfeuchtete, tiefgründige Böden, Bergwiesen, etwa 1000–2700 m

Pflanze ähnlich der Horst-Segge, aber mit Ausläufern; grundständige B.scheiden rost- bis purpurrot, nicht faserig; B. 1–2 mm breit, schlaff. ▲ Häufig. Gebirge Mittel- und Südeuropas.

4
6
5
1
3
2

Riedgrasgewächse oder Sauergräser *(Cyperaceae)*

Verschiedenährige Seggen
Pflanze mit deutlich verschieden gestalteten Ähren

❶ Vogelfuß-Segge *Carex ornithopoda*

✻ Apr.–Mai ↕ 5–15 cm ▼ Wälder, Gebüsche, Halbtrockenrasen

Grundständige B.scheiden rotbraun, faserig; B. hellgrün, 2–4 mm breit; alle Ähren fast von einem Punkt entspringend; ♀ Ähren 6–10 mm lang, 2–6-blütig, zuletzt krallenförmig gekrümmt; Fruchtschläuche stark behaart. ▲ Zerstreut. Fast ganz Europa.

❷ Finger-Segge *Carex digitata*

✻ März–Mai ↕ 10–30 cm ▼ Laub- und Nadelmischwälder

Grundständige B.scheiden rotbraun, faserig; B. 2–4 mm breit, dunkelgrün, schlaff; ♂ Ähre 1, endständig, ♀ Ähren dünn, 15–20 mm lang, 5–10-blütig, fingerartig genähert, die unterste herabgerückt, 1–2 cm lang gestielt; Fruchtschläuche gelbgrün bis hellbraun; Narben 3. ▲ Häufig. Fast ganz Europa.

Binsengewächse *(Juncaceae)*

❸ Gewöhnliche Hainsimse, Hasenbrot *Luzula campestris*

✻ März–Mai ↕ 5–20 cm ▼ Magerrasen, Heiden, Sandböden; kalkmeidend

B. 2–4 mm breit, flach, am Rand spärlich lang bewimpert; Ähren 2–5, eiförmig, 3–10-blütig; Ährenstiele später herabgebogen; Blütenb. 6, 3–4 mm lang, kastanienbraun, mit durchsichtigem Rand; Staubbeutel länger als die Staubfäden. (Formenreiche Sammelart mit mehreren Kleinarten) ▲ Häufig. Europa.

❹ Schnee-Hainsimse *Luzula nivea*

✻ Juni–Juli ↕ 40–90 cm ▼ Laub- und Nadelmischwälder

Pflanze lockerrasig; B. 3–5 mm breit, bewimpert; Blüten zu 6–20 gebüschelt; Hochb. so lang wie oder länger als der Blütenstand; dieser aufrecht, schirmrispig zusammengezogen; Blütenb. 6, reinweiß. ▲ Zerstreut. Alpen und Vorland, Pyrenäen, Cevennen, Apennin.

❺ Wald-Hainsimse *Luzula sylvatica*

✻ Mai–Juni ↕ 30–90 cm ▼ Bodensaure Wälder, Heiden

Pflanze mit kurzen, dicken Ausläufern; B. 10–15 mm breit, am Rand lang bewimpert, glänzend, dunkelgrün; Blüten zu 3–4 an den Ästen gebüschelt; Hochb. kürzer als der Blütenstand; Blütenb. braun oder rotbraun, mit grünem Mittelstreifen, die inneren länger als die äußeren. ▲ Häufig. Fast ganz Europa.

❻ Behaarte Hainsimse, Frühlings-Hainsimse *Luzula pilosa*

✻ Apr.–Mai ↕ 15–30 cm ▼ Laub- und Nadelwälder

Pflanze horstbildend; Grundb. 5–10 mm breit; Stängelb. schmäler; B.scheiden dunkelrot; Blütenstand doldig; Blüten einzeln, an langen Stielen; Blütenb. 6, spitz, braun, 3–4 mm lang; Blütenäste später zurückgeschlagen. ▲ Verbreitet. Europa.

1
2
3
4
5
6

Binsengewächse (*Juncaceae*)

❶ Zarte Binse *Juncus tenuis*

✻ Juni–Sept. ↕ 15–40 cm ▼ Waldwege, Trittrasen

Stängel dicht stehend, am Grund mit langen, grasartigen B.; Blütenstand endständig, vielblütig, von 2–3 Hochb. überragt; Blütenb. 6, gelbgrün, 3-nervig, fein zugespitzt, länger als die Kapsel. ▲ Häufig. Europa, aus Nordamerika eingeschleppt.

❷ Blaugrüne Binse *Juncus inflexus*

✻ Juni–Aug. ↕ 30–60 cm ▼ Ufer, Kahlschläge, Feuchtweiden, lehmige Böden

Stängel blaugrün, matt, gerieft, scheinbar b.los; grundständige B.scheiden glänzend schwarzbraun; Mark der Stängel und B. durch Querwände gekammert; Blütenstand (scheinbar) seitenständig; Staubb. 6. ▲ Häufig. Fast ganz Europa.

❸ Spitzblütige Binse *Juncus acutiflorus*

✻ Juli–Sept. ↕ 30–100 cm ▼ Nasswiesen, Gräben

Pflanze hellgrün; B. borstlich, nicht gefurcht; Stängel, besonders am Grund, zusammengedrückt; Blütenstand endständig, reichästig; Blütenb. 6, braun, die äußeren kürzer als die inneren, diese grannenartig lang zugespitzt, nach außen gekrümmt. ▲ Verbreitet. Fast ganz Europa.

❹ Flatter-Binse *Juncus effusus*

✻ Juni–Aug. ↕ 30–120 cm ▼ Nasswiesen, Ufer

Stängel glänzend, glatt, grasgrün; Blütenstand locker, scheinbar seitenständig. ▲ Häufig. Europa. – Ähnlich ist die **Knäuel-Binse**, *J. conglomeratus*, aber Stängel graugrün, fein gestreift, glanzlos; Blütenstand in einen Kopf zusammengezogen. Nass- und Feuchtwiesen, kalkarme Moorwiesen. ▲ Verbreitet. Fast ganz Europa.

❺ Faden-Binse *Juncus filiformis*

✻ Juni–Aug. ↕ 10–40 cm ▼ Flach- und Quellmoore, Nasswiesen; kalkmeidend

Pflanze kriechend, lockerrasig; Stängel dünn, fein gestreift, b.los, am Grund mit braunen B.scheiden; Blütenstand armblütig, sein Tragb. etwa so lang wie der Stängel, daher Blütenstand scheinbar in der Mitte des Stängels; Blütenb. weißlich, fein zugespitzt. ▲ Verbreitet. Europa.

❻ Dreispaltige Binse *Juncus trifidus*

✻ Juli–Aug. ↕ 10–25 cm ▼ Saure Böden, Silikatfelsspalten, etwa 1600–3000 m

Am Grund des stielrunden Stängels nur mit gelbbraunen, fast spreitenlosen B.scheiden, im oberen Drittel meist mit 3 fadenförmigen B.; Blütenstand 1–4-blütig, endständig; Blütenb. 6, gleich lang, kastanienbraun, fein zugespitzt. ▲ Zerstreut. Nordeuropa, Gebirge Mittel- und Südeuropas.

❼ Salz-Binse *Juncus gerardii*

✻ Juni–Juli ↕ 15–50 cm ▼ Salzwiesen, Salzstellen

Pflanze mit stielrundem Stängel und linealischen, 1 mm breiten B.; Blütenstand endständig, mit kurzen Hochb.; jede Blüte mit 2 häutigen Vorb.; Blütenb. 6, dunkelbraun, mit grünem Mittelstreifen, weiß berandet, 2–3 mm lang. ▲ An den Küsten zerstreut, sonst selten. Europa.

1
2
3
4
5
6
7

Binsengewächse *(Juncaceae)*

❶ Kröten-Binse *Juncus bufonius*

✻ Juni–Sept. ↕ 10–25 cm ▼ Feuchte Äcker, Wege, Ufer

Pflanze am Grund büschelig verzweigt; untere B.scheiden gelbbraun; Blüten 3–7 mm lang, einzeln an langen, aufrechten Ästen sitzend; Blütenb. lanzettlich, weißhäutig, mit grünem Mittelstreifen, länger als die Kapsel. ▲ Verbreitet. Europa.

❷ Zwiebel-Binse *Juncus bulbosus (J. supinus)*

✻ Juli–Aug. ↕ 5–15 cm ▼ Ufer, Gräben, Schlammböden

Pflanze rasenbildend; Stängel am Grund zwiebelförmig verdickt, an den Knoten wurzelnd, bis oben beblättert; Blüten in knäueligen Büscheln am Ende des Stängels; Köpfchen meist überragt von den Hochb.; Blütenstand oft mit Laubtrieben; Blütenb. 6, lanzettlich, spitz, grünlich bis bräunlich, 3–4 mm lang; Kapsel etwas länger als die Blütenb. ▲ Zerstreut. Europa.

Blasenbinsengewächse *(Scheuchzeriaceae)*

❸ Blumenbinse *Scheuchzeria palustris*

✻ Mai–Juni ↕ 10–20 cm ▼ Hoch- und Zwischenmoorschlenken, Schwingrasen

Stängel beblättert; B. grasartig, gelblich grün, am Grund langscheidig; Blüten in 3–10-blütigen Trauben, mit großen Tragb.; Blütenhüllb. 6, gelbgrün, unscheinbar; Früchtchen meist 3, schief-eiförmig, aufgeblasen. Geschützt! ▲ Selten. Nord- und Mitteleuropa, südlich bis Pyrenäen, Norditalien und nördliche Balkanhalbinsel.

Dreizackgewächse *(Juncaginaceae)*

❹ Sumpf-Dreizack *Triglochin palustre*

✻ Juni–Aug. ↕ 10–50 cm ▼ Sumpfwiesen, Gräben, Quell- und Flachmoore

B. alle grundständig, grasartig, 2-zeilig; Blüten in lockeren, tragb.losen Trauben; keine Blütenhülle; Narben 3; Staubb. 6; Frucht linealisch, mit 3 Teilfrüchtchen. ▲ Ziemlich selten. Europa.

❺ Strand-Dreizack *Triglochin maritimum*

✻ Juni–Aug. ↕ 15–70 cm ▼ Salzwiesen

B. linealisch, halb stielrund, grundständig; Blütentraube oben dicht; Blütenb. 6, grün, 2–3 mm lang; Narben 6; Frucht eiförmig, in 6 Teilfrüchte zerfallend. ▲ An den Küsten Europas verbreitet, im Binnenland selten.

Kalmusgewächse *(Acoraceae)*

❻ Kalmus *Acorus calamus*

✻ Mai–Juli ↕ 60–120 cm ▼ Ufer, Altwasser, Gräben, nährstoffreiche Gewässer

Pflanze beim Zerreiben aromatisch riechend; Stängel 3-kantig, 2-zeilig beblättert; B. 5–20 mm breit, am Rand wellig; Blütenkolben (scheinbar) seitenständig, 4–10 cm lang, am Grund mit einer grünen, stängelähnlichen Blütenscheide (Spatha), diese den Stängel über dem Kolben fortsetzend; Blüten gelbgrün, winzig; Blütenb. 6, unter 1 mm lang. ▲ Zerstreut. Fast ganz Europa.

1
2
3
4
5
6

Eibengewächse *(Taxaceae)*

❶ Eibe *Taxus baccata*

✻ März–Apr. ↕ bis 20 m ▼ Laubwälder, Buchen-Tannenwälder, Bergmischwälder mit wintermildem Klima

Oft mehrere Bäume am Stammgrund verwachsen; Rinde anfangs rotbraun, dann graubraun, schuppig; B. immergrün, nadelförmig, flach, in einer Ebene (gescheitelt), oberseits dunkelgrün, unterseits hellgrün; Pfl. 2-häusig; ♂ Blüten aus 6–14 kätzchenartig angeordneten Staubb. bestehend, ♀ Blüten aus einer endständigen Samenanlage bestehend; Samen von einem fleischigen, roten Samenmantel (Arillus) umgeben; Beginn der Blüte mit 20 Jahren. Giftig (Samenmantel genießbar)! Geschützt! ▲ Selten. Verjüngung durch überhöhte Schalenwildbestände (Hirsche, Rehe) gefährdet, für die die Nadeln unschädlich sind. Südskandinavien, Mitteleuropa, Gebirge Südeuropas.

Kieferngewächse *(Pinaceae)*

❷ Weißtanne *Abies alba*

✻ Mai–Juni ↕ bis 50 m ▼ Wälder, vor allem Bergmischwälder mit Buche und Fichte in luftfeuchter Lage; frostempfindlich

Krone pyramidenförmig, bei älteren Bäumen storchennestartig abgeflacht, da Seitenäste den Gipfeltrieb überragend; Rinde glatt, hellgrau; Nadeln 2–3 cm lang, flach, 2-spitzig, dunkelgrün, mit scheibenartig verbreiterten, grünen Stielchen, unterseits gekielt, mit weißlichen Wachsstreifen; Zapfen aufrecht, bei der Reife fallen die Schuppen einzeln ab und die Zapfenspindel bleibt zurück; Beginn der Blüte mit 60–70 Jahren. ▲ Verbreitet. Verjüngung durch überhöhte Schalenwildbestände (Hirsche, Rehe) gefährdet. Gebirge Mittel- und Südeuropas.

❸ Fichte, Rottanne *Picea abies (P. excelsa)*

✻ Mai–Juni ↕ bis 50 m ▼ Wälder; ursprünglich nur über 800 m Höhe bestandsbildend; in den Alpen bis etwa 2000 m

Krone spitz; Rinde rotbraun; Nadeln 4-kantig, spitz, mit braunen Stielchen; Zapfen hängend, zur Reife als Ganzes abfallend; Beginn der Blüte mit 30–60 Jahren. ▲ Häufig, durch Pflanzung weit verbreitet und andere Baumarten ersetzend. Nord- und Mitteleuropa.

❹ Europäische Lärche *Larix decidua (L. europaea)*

✻ Apr.–Mai ↕ bis 40 m ▼ Bergwälder, in den Alpen bis 2500 m; lichtliebend

Baum mit graubrauner, abblätternder Rinde; Nadeln hellgrün, 1–3 cm lang, im Herbst goldgelb und abfallend, weich, zu 15–30 an Kurztrieben gebüschelt; Zapfen eiförmig bis kugelig, anfangs rot, zur Reife braun, 2–5 cm lang; Beginn der Blüte mit 30–60 Jahren. ▲ Verbreitet, im Flachland vielfach angepflanzt. Alpen, Sudeten, Karpaten.

♀
3
♂
4
♀
♂
2
1
♂

Kieferngewächse *(Pinaceae)*

❶ Wald-Kiefer, Föhre *Pinus sylvestris*

✻ Mai–Juni ↕ bis 40 m ▼ Wälder, Dünen, Moore, steinige, trockene, sandige Böden, wo andere Hölzer nicht mehr konkurrenzkräftig sind

Krone kegel-, später schirmförmig; Rinde in der unteren Stammhälfte dunkelbraun, in der oberen und im Kronenraum rostrot; Nadeln zu 2 an Kurztrieben gebüschelt, grau- oder blaugrün, zugespitzt, 4–7 cm lang; Zapfen kugel- bis eiförmig, 3–7 cm lang, deutlich gestielt, hängend; Beginn der Blüte mit 30–70 Jahren, Samenreife erst im 2. Jahr nach der Blüte. ▲ Häufig. Europa. – Ähnlich ist die **Schwarz-Kiefer**, *P. nigra*, aber Nadeln 8–15 cm lang, dunkelgrün; Stamm und Äste dunkelgrau. ▲ Südosteuropa, aber vielerorts angepflanzt.

❷ Berg-Kiefer, Latsche *Pinus mugo (P. montana)*

✻ Juni–Juli ↕ bis 20 m ▼ Bergwälder, in den Alpen bis etwa 2500 m in der Latschen- oder Krummholzzone, Hochmoore

Niederliegender Strauch oder hoher Baum; Krone kegelförmig; Rinde grau- bis schwarzbraun; Nadeln zu 2 an Kurztrieben, dunkelgrün, stumpflich, 2–5 cm lang; Zapfen 2–5 cm lang, fast sitzend. (Nach Wuchsform und Form der Zapfen und der Zapfenschilder werden mehrere Kleinarten unterschieden, deren genaue Abgrenzung noch nicht geklärt ist.) ▲ Verbreitet. Gebirge Mittel- und Südeuropas.

❸ Zirbel-Kiefer, Arve *Pinus cembra*

✻ Juni–Juli ↕ bis 25 m ▼ Nadelwälder in Hochlagen und an der Waldgrenze, etwa zwischen 1200 und 2600 m

Krone kegelförmig oder walzig; Rinde braun, junge Zweige dick, rotgelb behaart; Nadeln zu 5 an Kurztrieben gebüschelt, steif, dunkelgrün, 6–10 cm lang, 3-kantig, 1,5 mm breit; Zapfen eiförmig, 5–8 cm lang, schief-aufrecht oder abstehend, erst im 2. Jahr nach der Blüte reif; Fruchtschuppen bläulich, mit brauner Spitze. ▲ In den Zentralalpen häufig, in den Nordalpen selten. Karpaten.

❹ Weymouths-Kiefer, Strobe *Pinus strobus*

✻ Mai–Juni ↕ bis 40 m ▼ Gärten, Parkanlagen, Forstbaum

Krone kegelförmig; Rinde grau- bis dunkelbraun; junge Zweige dünn, grünlich, anfangs fein behaart; Nadeln zu 5 an Kurztrieben gebüschelt, weich, dünn, blaugrün, 8–15 cm lang, unterseits mit 2 Wachsstreifen; Zapfen schlank, hängend, häufig leicht gekrümmt, 10–15 cm lang; Fruchtschuppen schmal, keilförmig, an der Spitze mit gelbbrauner Verdickung; Beginn der Blüte mit etwa 30 Jahren.
▲ Herkunft Nordamerika, in Mitteleuropa häufig angepflanzt.

1
♀
♂
4
3
♀
♂
2
♀
♂

Buchengewächse *(Fagaceae)*

❶ Rot-Buche *Fagus sylvatica*

✻ Apr.–Mai ↕ bis 40 m ▼ Laubmischwälder; spätfrostempfindlich

Baum mit glatter, grauer Rinde; Tiefwurzler; Knospen schmal, lang zugespitzt, braun; B breit-eiförmig, bis 10 cm lang, ganzrandig, gewimpert; ♂ Blüten in kugeligen, lang gestielten Kätzchen, ♀ Blüten zu 2 auf langem Stiel, gemeinsam von einem weichstacheligen Fruchtbecher (Cupula) umgeben; Frucht eine 3-kantige Nuss, im Herbst aus dem Fruchtbecher fallend; Beginn der Blüte mit 40–60 Jahren. ▲ Verbreitet. Fast ganz Europa in Gebieten mit ozeanischem Klimacharakter (hohe Niederschläge und relativ milde Winter), nördlich bis Südskandinavien, im Süden hauptsächlich in den Gebirgen, bildet dort oft die Waldgrenze.

❷ Edel-Kastanie *Castanea sativa*

✻ Juni ↕ bis 30 m ▼ Laubwälder sommerwarmer Gebiete, kalkarme bis saure Böden

Baum mit rissiger Rinde; Tiefwurzler; B. länglich-lanzettlich, dornig gezähnt, lederig, bis 25 cm lang; ♂ Blüten in bis 20 cm langen, aufrechten Kätzchen, ♀ Blüten meist zu 3 am Grund der ♂ Blütenstände; Blütenb. 6, nur an der Spitze frei; Narben 6, steif, fadenförmig; Fruchtbecher kugelig, 5–7 cm breit, mit harten, stechen-den Stacheln, meist 3 dunkelbraune, glatte, halbkugelige Nüsse einschließend; Beginn der Blüte mit 20–30 Jahren. ▲ Zerstreut. Zur Römerzeit im Mittelmeergebiet eingebürgert, heute Süddeutschland, Zentralplateau, Ober- und Niederösterreich, Südalpen, Südeuropa.

❸ Stiel-Eiche *Quercus robur*

✻ Apr.–Mai ↕ bis 40 m ▼ Laubmischwälder

Baum mit dunkelbrauner, rissiger Rinde; B. gelappt, sehr kurz gestielt, mit herzförmig geöhrtem Grund, asymmetrisch, größte Lappen an der Spitze der B.spreite; ♂ Blüten in lockeren, hängenden Ähren, ♀ Blüten zu 2–5 achselständig; Blütenhülle 6-zählig; Fruchtstand 3–8 cm lang gestielt; Frucht (Eichel) eine eiförmige, glatte Nuss, vom zapfenförmigen Fruchtbecher umschlossen; Beginn der Blüte mit 40–80 Jahren. ▲ Verbreitet. Fast ganz Europa.

❹ Trauben-Eiche *Quercus petraea (Q. sessiliflora)*

✻ Apr.–Mai ↕ bis 35 m ▼ Laubmischwälder, Forstbaum

B. 1–3 cm lang gestielt, mit keilförmigem Grund; B.spreite eiförmig, symmetrisch, größte Lappen in der Mitte; Frucht höchstens 1 cm lang gestielt. ▲ Verbreitet. Mitteleuropa, nördlich bis Südskandinavien, südlich bis Mittelitalien, Korsika, Pyrenäen, Nordspanien.

❺ Flaum-Eiche *Quercus pubescens*

✻ Apr.–Mai ↕ 5–20 m ▼ Wälder, sonnige Trockenhänge

Strauch oder Baum; Äste sparrig abstehend; junge Triebe und B. flaumig behaart, später verkahlend (nicht aber B.unterseite); B. 5–10 cm lang, 1–2 cm lang gestielt; Schuppen des Fruchtbechers behaart. ▲ Selten, im Süden häufig. Süddeutschland, warme Täler der Alpen, Wiener Becken, Südkarpaten, Südeuropa.

❻ Stein-Eiche *Quercus ilex*

✻ Apr.–Mai ↕ bis 20 m ▼ Trockene, felsige Hänge; Charakterbaum der mediterranen Hartlaubwälder

Strauch, selten Baum; mit wintergrünen, ovalen, am Rand welligen, stachelig gezähnten (6a) oder glattrandigen, 3–6 cm langen, unterseits dicht grauhaarigen B.; Fruchtbecher mit stumpfen, angepressten Schuppen. ▲ Hauptsächlich Südeuropa.

4
6
♀
♂
2
♀
3
♀
♂
♂
1
5

Birkengewächse *(Betulaceae* incl. *Corylaceae)*

❶ Hänge-Birke *Betula pendula (B. verrucosa)*

✻ Apr.–Mai ↕ bis 25 m ▼ Wälder, Moore, Heiden, Steinbrüche

Baum; unten (bis etwa 10 m) mit rissiger, wulstiger, schwärzlicher Borke mit einigen weißen Flecken, oberer Stammteil glatt, weiß; B. 3-eckig rautenförmig, lang zugespitzt, jung klebrig, kahl; Zweige hängend, jung mit harzigen Wärzchen; ♂ Kätzchen 3–6 cm lang, ♀ 1,5–3 cm lang; Fruchtschuppen 3-lappig (Verwachsung aus Tragb. und 2 Vorb.), bei der Reife abfallend; Frucht eine geflügelte Nuss; Flügel 2–3-mal so breit wie die Nuss. ▲ Verbreitet. Europa. – Ähnlich ist die **Moor-Birke**, *B. pubescens*, aber Rinde meist glatt, weiß, selten grau bis schwarz; junge Zweige und B. weichhaarig; B. ei- oder rautenförmig, kurz zugespitzt; Verästelung aufrecht; Flügel kaum breiter als die Nuss. Moor- und Bruchwälder, bodensaure Eichenwälder. ▲ Verbreitet. Fast ganz Europa.

❷ Grau-Erle *Alnus incana*

✻ Febr.–Apr. ↕ bis 20 m ▼ Auenwälder, Gebirgsbäche und Alpenflüsse

Baum mit glatter, hellgrauer Rinde; B. eiförmig-elliptisch, allmählich zugespitzt, doppelt gesägt, mit 7–12 Seitennervenpaaren; ♀ Kätzchen sitzend; Stickstoffanreicherung durch stickstoffbindende Pilze, die in Wurzelknöllchen mit der Erle in Symbiose leben. ▲ Häufig. Nord- und Mitteleuropa, südlich bis Mittelitalien, Balkanhalbinsel.

❸ Schwarz-Erle *Alnus glutinosa*

✻ März–Apr. ↕ bis 20 m ▼ Auen- und Bruchwälder, Ufer

Borke schwärzlich, rissig; B. rundlich-eiförmig, bis 10 cm lang, vorne stumpf oder ausgerandet, mit 5–8 Seitennervenpaaren, gesägt; Knospen und junge B. klebrig; ♂ und ♀ Kätzchen an denselben Zweigen, die ♀ gestielt, zapfenförmig, verholzend. ▲ Häufig. Europa.

❹ Hopfenbuche *Ostrya carpinifolia*

✻ Apr.–Juni ↕ 5–10 m ▼ Felsige Steilhangwälder, bis 1300 m

Strauch oder Baum mit anfangs glatter, weißgrauer Rinde, später mit rissiger Borke; B. eiförmig, spitz, scharf doppelt gesägt, mit 11–17, anfangs behaarten Seitennerven; Kätzchen mit den B. erscheinend; ♀ Kätzchen zapfenförmig, 4–6 cm lang, ähnlich einer Hopfendolde. ▲ Zerstreut. Südalpen (in den Nordalpen nur bei Innsbruck), Südeuropa in Gebirgslagen.

❺ Hainbuche, Weißbuche *Carpinus betulus*

✻ Apr.–Mai ↕ bis 20 m ▼ Laubwälder, Hecken, in tieferen Lagen

Baum mit glatter, grauer Rinde, oft mit gedrehten Längsstreifen; B. eiförmig, 5–8 cm lang, meist asymmetrisch, doppelt gezähnt, hellgrün; ♂ Blütenstände gleichzeitig mit den B. erscheinend, ♂ Blüten ohne Blütenb., einzeln in den Achseln der Tragb. walziger Kätzchen, ♀ Blüten mit unscheinbarer Blütenhülle und 3-teiligen Vorb. in lockeren Kätzchen; Frucht (5a) eine Nuss, 5–10 mm lang, am Grund des 3-lappigen Vorblattes sitzend. ▲ Verbreitet. Hauptsächlich Mittel- und Südosteuropa, nördlich bis Südschweden.

Walnussgewächse *(Juglandaceae)*

❻ Echte Walnuss *Juglans regia*

✻ Mai ↕ bis 25 m ▼ Laubwälder in spätfrostsicheren Lagen

Baum mit grauer, längsrissiger Borke; B. mit 7–9 ganzrandigen, eiförmigen, bis 15 cm langen Fiederb.; ♂ Blüten in hängenden, 5–15 cm langen Kätzchen, ♀ Blüten zu 2–3, endständig; Steinfrucht mit grüner, fleischiger Schale und brauner Fruchtwand (Nussschale). ▲ Südosteuropa, sonst kultiviert.

1
♀
♀
♂
2
♀
♂
3
4
5
5a
6
♀
♂

Rosengewächse *(Rosaceae)*

❶ Vogelbeerbaum, Eberesche *Sorbus aucuparia*

✻ Mai–Juni ↕ 5–15 m ▼ Lichte Laub- und Nadelwälder

Strauch oder Baum mit glatter Borke; B. unpaarig gefiedert; Fiederb. eiförmig, 4–6 cm lang, scharf gezähnt; Blüten in reichblütigen, doldenartigen Rispen; Kelchb. 5; Kronb. 5, 4–5 mm lang, weiß; Griffel 2–4; Frucht fast kugelig, rot, 8–10 mm lang ▲ Verbreitet. Europa. – Ähnlich ist der **Speierling**, *S. domestica*, aber Borke rau; Fiederb. nur in der oberen Hälfte gesägt; Blütenstand 6–12-blütig, Griffel meist 5; Frucht birnförmig, rötlich gelb. Wärmeliebende Laubwälder. ▲ Mittelmeergebiet, gebietsweise auch in Deutschland urwüchsig, häufig auch angepflanzt oder verwildert.

❷ Mehlbeere *Sorbus aria*

✻ Mai–Juni ↕ 2–10 m ▼ Sonnige Laubwälder, Kalkfelshänge

Strauch oder Baum; B. eiförmig, ungleichmäßig gesägt, 8–14 cm lang, dunkelgrün, unterseits grau- bis weißfilzig, mit 10–14 Nervenpaaren; Blüten weiß; Griffel 2; Frucht kugelig oder eiförmig, orange bis rot. ▲ Zerstreut. Gebirge Mittel- und Südeuropas.

❸ Elsbeere *Sorbus torminalis*

✻ Mai–Juni ↕ 3–15 m ▼ Eichen-Hainbuchenwälder, Flaumeichengebüsch; wärmeliebend

Baum oder Strauch; B. gelappt, unterseits graufilzig, später verkahlend, jederseits mit 4–6 hervortretenden Nerven; B.lappen spitz, die unteren groß, waagrecht abstehend; Blüten in doldenartigen Rispen, weiß; Früchte eiförmig, braun. ▲ Zerstreut. Mittel- und Südeuropa.

❹ Schwedische Vogelbeere *Sorbus intermedia*

✻ Mai–Juni ↕ 3–15 m ▼ Laubwälder

Baum oder Strauch, ähnlich der Elsbeere, aber B. derb, lederig, Oberseite dunkelgrün, unterseits graufilzig, nicht verkahlend, jederseits mit 7–9 Nerven und stumpfen, abgerundeten Lappen; Bastardart aus *S. aria, S. aucuparia* und *S. torminalis.* ▲ Nordeuropa und Ostseeraum, in Deutschland angepflanzt und gelegentlich verwildert.

❺ Vogel-Kirsche, Süß-Kirsche *Prunus avium (Cerasus avium)*

✻ Apr.–Mai ↕ bis 25 m ▼ Laub- und Nadelmischwälder, Waldränder, Hecken, Hartholzaue

Baum mit rotbrauner bis schwarzer, in Querstreifen sich abringelnder Rinde; B. eiförmig, 6–15 cm lang, gezähnt; Blüten in Büscheln; Blütenstiele 3–5 cm lang, am Grund nur mit Knospenschuppen; Kronb. 10–15 mm lang, weiß; Staubb. bis 20; Frucht kugelig, 10–15 mm breit, rot bis schwarzrot, mit glattem Stein. ▲ Zerstreut. Hauptsächlich Mittel- und Südeuropa. – Ähnlich ist die Weichsel oder **Sauer-Kirsche**, *P. cerasus (C. vulgaris)*; Strauch oder Baum, bis 10 m; Blütenstiele 2–4 cm lang, am Grund mit Knospenschuppen und mit 1–2 Laubb.; Kronb. fast kreisrund. Lichte Wälder, Hecken. ▲ Häufig angepflanzt. Ursprünglich Südosteuropa.

❻ Wild-Apfel, Holz-Apfel *Malus sylvestris (Pyrus malus)*

✻ Apr.–Mai ↕ 8–10 m ▼ Auenwälder, Hecken

Zweige meist dornig; B. rundlich bis eiförmig, 3–5 cm lang, fein gezähnt, unterseits nur auf den Nerven behaart, diese deutlich hervortretend; Blüten 5-zählig, 3–4 cm breit, in armblütigen Trauben; Kronb. oberseits weiß, unterseits rot überlaufen; Staubb. gelb; Frucht holzig. ▲ Zerstreut. Fast ganz Europa. – Die **Wild-Birne**, *Pyrus achras (P. pyraster)*, hat beiderseits reinweiße Kronb., rote Staubb. und runde B. mit unterseits kaum hervortretenden Nerven. Steinige Gebüsche, Auenwälder; wärmeliebend. ▲ Zerstreut. Süd-, West- und Mitteleuropa.

5
4
1
3
6
2

Seifenbaumgewächse *(Sapindaceae* incl. *Aceraceae* und *Hippocastanaceae)*

❶ Rosskastanie *Aesculus hippocastanum*

✻ Apr.–Mai ↕ 15–25 m ▼ In Wirtsgärten und Parkanlagen angepflanzt

Baum mit grauschwarzer, anfangs glatter, später dünnschuppig abblätternder Rinde; Blüten (1a) zu 20–30 in aufrechten Trauben; Krone weiß mit gelbem, später rotem Fleck; Staubb. weit herausragend; B. (1b) handförmig geteilt, mit 5–7 gesägten, 10–25 cm langen Fiederb.; Frucht eine stachelige, grüne, 3-klappig aufspringende Kapsel, 6 cm groß; Samen (Kastanie) glänzend braun. Giftig! ▲ Herkunft Südosteuropa.

❷ Berg-Ahorn *Acer pseudoplatanus*

✻ Mai–Juni ↕ bis 30 m ▼ Schluchtwälder, Buchen-Mischwälder, Bergwälder

B. über 10 cm breit, 5-lappig, mit spitzen Buchten und ungleich grob gezähnten Abschnitten, unterseits graugrün; Blüten gelbgrün, in hängenden, 5–15 cm langen Trauben; Kelchb. und Kronb. 5, frei; jede Teilfrucht mit einem 4–6 cm langen Flügel, diese zusammen einen spitzen Winkel bildend. ▲ Ziemlich häufig. Mittel- und Südeuropa.

❸ Spitz-Ahorn *Acer platanoides*

✻ Apr.–Mai ↕ bis 30 m ▼ Krautreiche Laubwälder mit Eiche, Linde, Hainbuche, Ulme, in den Alpen selten über 1000 m

B. über 10 cm breit, 3–7-lappig, beiderseits dunkelgrün, glänzend; B.lappen lang zugespitzt, mit spitzen Zähnen und gerundeten Buchten; Blüten gelbgrün, mit den B. erscheinend, in abstehenden, doldenartigen Rispen; die Flügel der Frucht einen stumpfen Winkel bildend bis fast waagrecht abstehend. ▲ Zerstreut. Südschweden, Mitteleuropa, südlich bis Pyrenäen, Apennin, Griechenland.

❹ Feld-Ahorn *Acer campestre*

✻ Mai–Juni ↕ 3–15 m ▼ Auenwälder, Eichen-Hainbuchenwälder, Hecken, in den Alpen kaum über 1000 m

Baum oder Strauch; B. 5–8 cm breit, (3–)5-lappig, Lappen stumpf, die mittleren jederseits mit einem großen, stumpfen Zahn, die beiden seitlichen meist ganzrandig; Blüten in doldigen, aufrechten Blütenständen; Blütenstiele und Blütenhülle dicht behaart; Früchte anfangs filzig behaart, deren Flügel waagrecht abstehend. ▲ Häufig. Mittel- und Südeuropa.

❺ Eschen-Ahorn *Acer negundo*

✻ März–Mai ↕ 5–20 m ▼ Auenwälder, als Zier- und Straßenbaum gepflanzt, gelegentlich verwildert

Baum 2-häusig, mit glatter, graubrauner Rinde; 1–2-jährige Zweige bläulich bereift; B. unpaarig 3–5 (7)-zählig gefiedert (5a); Fiederb. sehr verschieden, länglich-eiförmig, spitz, ganzrandig oder 2–3-lappig, gestielt, bis 15 cm lang und 8 cm breit; Blüten 1-geschlechtig, vor den B. erscheinend; ♀ Blüten in langen, hängenden Trauben; Früchte mit spitzwinkelig spreizenden, 2–4 cm langen Flügeln. ▲ Heimat Nordamerika, in Mitteleuropa verwildert.

Platanengewächse *(Platanaceae)*

❻ Bastard-Platane *Platanus hispanica*

✻ Mai ↕ bis 35 m ▼ Auenwälder; frostempfindlich

B. handförmig, 3–5-teilig, Lappen spitz, ganzrandig oder mit großen, spitzen, gebogenen Zähnen; Mittellappen am Grund breiter als lang; Rinde in Schuppen abblätternd; Blüten in dichten, kugeligen, 1-geschlechtigen, 1 cm breiten, hängenden Köpfen; Bastardart aus *P. occidentalis* (heimisch in Nordamerika) und *P. orientalis* (heimisch in Südosteuropa und Asien); als Park- und Alleebaum gepflanzt. ▲ Südosteuropa.

6
1a
1b
5
5a
4
3
2

Weidengewächse *(Salicaceae)*

❶ Zitter-Pappel, Espe *Populus tremula*

✻ März–Apr. ↕ 5–20 m ▼ Waldränder, lichte Wälder

Baum mit gelbbrauner, später dunkelgrauer, glatter Rinde; B. fast kreisrund, stumpflich gezähnt, an langen, dünnen, zusammengedrückten Stielen, kahl, leicht beweglich (Espenlaub); Blüten in 5–10 cm langen Kätzchen, ♂ Blüten mit 8 Staubb., ♀ Blüten mit purpurnen Narben; Tragb. der Blüten (Kätzchenschuppen) zottig behaart. ▲ Verbreitet. Europa.

❷ Schwarz-Pappel *Populus nigra*

✻ März–Apr. ↕ 15–30 m ▼ Auenwälder, Parkanlagen

Baum mit stark rissiger Rinde; jüngere Äste rundlich, ohne Korkrippen; B. breit-eiförmig bis rautenförmig, fein gesägt, kahl, 5–10 cm lang; Tragb. der Blüten kahl; ♂ Blüten mit 20–30 Staubb. ▲ Verbreitet. Mittel- und Südeuropa.

❸ Silber-Pappel *Populus alba*

✻ März–Apr. ↕ 15–35 m ▼ Auenwälder, Schuttplätze

Baum mit hellgrauer, glatter Rinde und weit ausladender Krone; junge Zweige, Knospen und B.unterseite weißfilzig; B. eiförmig, am Rand buchtig gelappt; Blüten in 5–10 cm langen Kätzchen; Tragb. der Blüten behaart; ♀ Blüten mit gelben Narben. ▲ Ziemlich häufig. Mittel- und Südeuropa.

❹ Silber-Weide *Salix alba*

✻ Apr.–Mai ↕ bis 20 m ▼ Ufer von Seen und Flüssen, Altwasser, Auenwälder

Baum oder Strauch; Zweige gelbbraun bis rotbraun; B. lanzettlich, 5–8 cm lang, mit fein gesägtem Rand, unterseits dicht anliegend behaart (jung beiderseits seidenhaarig); Kätzchen mit den B. erscheinend; Tragb. der Blüten 1-farbig; Fruchtknoten kahl, fast sitzend. ▲ Häufig. Mittel- und Südeuropa.

Ulmengewächse *(Ulmaceae)*

❺ Feld-Ulme *Ulmus minor (U. carpinifolia, U. campestris)*

✻ März–Apr. ↕ 10–30 m ▼ Auenwälder, Laubwälder, Flaumeichenwälder; wärmeliebend

Baum mit gefeldeter, graubrauner Rinde; B. glatt, 6–10 cm lang, scharf gezähnt, jederseits mit 8–12 Seitennerven, fast kahl, in der Mitte am breitesten, bis 1,5 cm lang gestielt; Blüten zwitterig, fast sitzend, in knäueligen Blütenständen; Frucht eiförmig bis rundlich, bis 2 cm lang; Samen dem oberen Flügelrand der Frucht genähert. ▲ Verbreitet. Mittel- und Südeuropa.

❻ Berg-Ulme *Ulmus glabra (U. scabra)*

✻ März–Apr. ↕ bis 30 m ▼ Laubwälder, Gebüsche, Schluchtwälder, Alpen bis 1400 m

Baum mit längs gefurchter Rinde; B. asymmetrisch, 8–15 cm lang, rau, scharf gesägt, jederseits mit 12–20 Seitennerven, unterseits behaart, im oberen Drittel am breitesten, 3–7 mm lang gestielt; Blüten fast sitzend; Samen in der Mitte der Frucht. ▲ Zerstreut. Europa.

3
1
♀
2
♂
♀
♀
4
♂
5
6

Malvengewächse *(Malvaceae* incl. *Tiliaceae)*

❶ Winter-Linde *Tilia cordata*

✻ Juni–Juli ↕ bis 25 m ▼ Laubmischwälder, in wintermilden Klimalagen

B. herzförmig, 3–8 cm breit, gesägt, oberseits matt, dunkelgrün, unterseits blaugrün, in den Nervenwinkeln rostrot oder gelblich behaart, sonst kahl; Blütenstand 4–10-blütig, dessen flügelartiges Tragb. 4–8 cm lang; Kronb. 5, 4–8 mm lang, gelblich weiß; junge Zweige und Knospen olivgrün bis rötlich; Frucht dünnwandig, lederig, undeutlich kantig. ▲ Zerstreut. Südskandinavien, Mittel- und Südeuropa.

❷ Sommer-Linde *Tilia platyphyllos*

✻ Juni ↕ bis 30 m ▼ Laubwälder

B. 5–15 cm breit, oberseits meist kurzhaarig, unterseits in den Nervenwinkeln büschelig weißbärtig, sonst kurzhaarig; B.stiel behaart; Triebe behaart; Blütenstand 2–5-blütig, mit flügelartigem, 5–12 cm langem Tragb.; Frucht dickwandig, holzig, 5-kantig. ▲ Zerstreut. Mittel- und Südeuropa.

Ölbaumgewächse *(Oleaceae)*

❸ Gewöhnliche Esche *Fraxinus excelsior*

✻ Apr.–Mai ↕ bis 40 m ▼ Auen- und Schluchtwälder, krautreiche Mischwälder

Baum jung mit glatter, später mit längsrissiger, schwärzlicher Rinde; B. gefiedert, mit 9–13 ei-lanzettlichen, fein gezähnten Fiederb.; B.knospen dick, schwarz, gegenständig; Blütenrispe aufrecht, vor den B. erscheinend; Kronb. und Kelchb. fehlend; Frucht eine geflügelte Nuss. ▲ Verbreitet. Fast ganz Europa, nördlich bis Südskandinavien, im Süden nur in den Gebirgen.

❹ Blumen-Esche, Manna-Esche *Fraxinus ornus*

✻ Apr.–Mai ↕ 5–10 m ▼ Flaumeichenwälder, Gebüsche

Baum mit glatter Rinde; B. mit 5–9 elliptischen, gezähnten, kurz gestielten Fiederb., unterseits heller grün oder weißlich; Knospen graufilzig; Blüten weiß, in reichblütigen, pyramidenförmigen Blütenständen, duftend, mit den B. erscheinend; Kronb. 4, linealisch, 10–15 mm lang; Staubbeutel mit langen Staubfäden; Frucht 3 cm lang, geflügelt; auch als Zierbaum gepflanzt. ▲ Zerstreut bis verbreitet. Südalpen, Südeuropa.

Schmetterlingsblütengewächse *(Fabaceae* oder *Papilionacea)*

❺ Robinie, Falsche Akazie *Robinia pseudoacacia*

✻ Mai–Juni ↕ 5–10 m ▼ Flussufer, Hecken

Baum mit grauer, tief längsrissiger Rinde; Blüten weiß, stark duftend, in hängenden, 10–25 cm langen Trauben; B. 15–25 cm lang, mit 7–15 eiförmigen Fiederb.; Zweige und Kurztriebe mit langen Dornen; Frucht eine lederige, braune, 10 cm lange Hülse. ▲ Herkunft Nordamerika, in fast ganz Europa eingebürgert.

3

4

5

2

1

Zypressengewächse *(Cupressaceae)*

❶ Gewöhnlicher Wacholder *Juniperus communis*

✻ Mai–Juni ↕ 2–5 m ▼ Magerweiden, felsige Hänge, lichte, trockene Wälder

Säulenförmiger, aufrechter Strauch, selten baumförmig; B. nadelförmig, stechend, 10–20 mm lang, graugrün; Blüten in B.achseln; ♀ Blüten mit 2–4 Fruchtschuppen; Frucht ein kugeliger, 5–9 mm breiter, zuerst grüner, dann im 2. Jahr nach der Blüte bläulich schwarzer Beerenzapfen. ▲ Ziemlich häufig. Fast ganz Europa. – Ähnlich ist der **Zwerg-Wacholder**, *J. sibirica*, aber niedriger Spalierstrauch bis 1 m, mit 5–12 mm langen Nadeln. ▲ Verbreitet. Alpen.

Braunwurzgewächse *(Scrophulariaceae)*

❷ Sommerflieder *Buddleja davidii*

✻ Juli–Sept. ↕ 1–3 m ▼ Straßenränder, Bahnanlagen, Ufergebüsche

Strauch mit lanzettlichen, gezähnten, oberseits dunkelgrünen, unterseits graufilzigen B.; Blüten 4-zählig, mit langer Kronröhre, in 10–25 cm langer, schmaler, dichtblütiger Rispe, stark duftend; Kronensaum lila, am Schlund gelblich; Zierstrauch und verwildert. ▲ Herkunft China und Tibet, in wärmeren Gebieten Europas eingebürgert.

Gagelgewächse *(Myricaceae)*

❸ Gagelstrauch *Myrica gale*

✻ Apr.–Mai ↕ 50–200 cm ▼ Heidemoore, feuchte Gebüsche

Strauch 2-häusig; B. lanzettlich bis verkehrt-eiförmig, kurz gestielt, schwach gesägt, stark aromatisch riechend, 2–5 cm lang; Blüten in 5–15 mm langen, aufrechten Kätzchen, vor den B. erscheinend. ▲ Zerstreut. Norddeutschland, Nordeuropa.

Birkengewächse *(Betulaceae* incl. *Corylaceae)*

❹ Grün-Erle *Alnus viridis*

✻ Mai–Juli ↕ 2–3 m ▼ Schattige, feuchte Steilhänge in den höheren Lagen der Gebirge, in den Alpen etwa 1400–2400 m, in den Mittelgebirgen tiefer

B. eiförmig, spitz, beiderseits grün, gezähnt; Zähne höher als breit; Knospen spitzlich, sitzend (bei den übrigen Arten gestielt); ♂ Kätzchen hängend, gelb, bis 6 cm lang, bei Entfaltung der B. stäubend, ♀ Kätzchen unter den ♂ Kätzchen, rundlich-eiförmig, 10–15 mm lang, grün, später zu braunen Zapfen verholzend. ▲ Zerstreut. Gebirge Mittel- und Südeuropas.

❺ Hasel *Corylus avellana*

✻ Febr.–Apr. ↕ 2–6 m ▼ Gebüsche, Waldränder, Laubwälder

B. eiförmig, spitz, 5–12 cm lang, doppelt gezähnt; ♂ Blüten in 2–8 cm langen Kätzchen, diese zu 1–4, ♀ Blüten zu 2–6, von Knospenschuppen umgeben, zur Blütezeit nur die roten, fadenförmigen Narben herausragend; Frucht eine hartschalige, braune Nuss, umgeben von einer unregelmäßig zerschlitzten Hülle. ▲ Verbreitet. Europa.

♀
5
3
4
2
♀
♂
1

Hahnenfußgewächse *(Ranunculaceae)*

❶ Gewöhnliche Waldrebe *Clematis vitalba*

✻ Juni–Juli ↕ 3–8 m ▼ Auenwälder, Gebüsche, Waldränder

Pfl. windend und kletternd, mit verholztem St.; B. mit 3 oder 5 lang gestielten, ei- oder herzförmigen, grob und asymmetrisch gezähnten Fiederb.; Blütenstand rispig, end- und b.achselständig; Blüten 5-zählig, 2–3 cm breit, weiß; Blütenb. beiderseits flaumig behaart; Griffel zur Fruchtreife bärtig. Giftig! ▲ Ziemlich häufig. Mittel- und Südeuropa, nördlich bis England.

❷ Aufrechte Waldrebe *Clematis recta*

✻ Mai–Juli ↕ 50–150 cm ▼ Steinige Hänge, Laubmischwälder; wärmeliebend

Pfl. aufrecht, nicht kletternd oder windend, krautig; St. selten verholzt, kantig, hohl; B. mit 5, 7 oder 9 ganzrandigen, eiförmigen, spitzen Fiederb.; Blüten in endständiger Rispe, weiß; Blütenb. nur am Rand dicht filzig behaart. ▲ Selten. Süddeutschland.

Tamariskengewächse *(Tamaricaceae)*

❸ Deutsche Tamariske *Myricaria germanica*

✻ Juni–Aug. ↕ bis 2 m ▼ Schotterflächen der Alpenflüsse

Strauch mit rutenförmigen Ästen; B. schuppenförmig, graugrün, 2–3 mm lang; Blüten rötlich oder weiß, 3–5 mm breit, in dichten Trauben; Kelchb. und Kronb. 4–5. ▲ Selten. Skandinavien, Alpen und Vorland bis zur Donau, Schwarzwald, Pyrenäen, Abruzzen, Gebirge der Balkanhalbinsel.

❹ Französische Tamariske *Tamarix gallica*

✻ Mai–Aug. ↕ 1–3 m ▼ Flussufer, Küsten

Graugrüner Strauch; mit schuppenförmigen, dachziegelartig angeordneten B. und kleinen, 5-zähligen, rosaroten, 1,5–2 mm langen Blüten in ährenartigen Blütenständen; Zierpfl. ▲ Südwesteuropa.

Sauerdorn- oder Berberitzengewächse *(Berberidaceae)*

❺ Berberitze, Sauerdorn *Berberis vulgaris*

✻ Mai–Juni ↕ bis 3 m ▼ Hecken, Waldränder, Auenwälder, lichte Laub- und Kiefernwälder

Sommergrüner Strauch; Langtriebe mit 1–7, meist 3-teiligen Dornen, in deren Achseln Kurztriebe mit Büscheln von verkehrt-eiförmigen, stechend gewimperten, 2–6 cm langen B.; Blüten 6-zählig, in vielblütigen, hängenden Trauben; Kelchb. und Kronb. gelb; Beere länglich, rot, 8–11 mm lang; Zwischenwirt des Getreiderostes. ▲ Zerstreut. Hauptsächlich Mittel- und Südeuropa, nördlich bis Südskandinavien.

Ölbaumgewächse *(Oleaceae)*

❻ Gewöhnlicher Liguster *Ligustrum vulgare*

✻ Juni–Juli ↕ 1–5 m ▼ Gebüsche, Waldränder, Mischwälder; wärmeliebend

Strauch; B. ei-lanzettlich, gegenständig, ganzrandig, kahl; Blüten klein, in dichten Rispen, 4-zählig; Krone tief 4-teilig, weiß, duftend; Frucht eine schwarze Beere, ungenießbar. ▲ Häufig. Fast ganz Europa, nördlich bis Irland, England, Schottland und Südskandinavien.

6

1

5

2

4

3

Buchsbaumgewächse *(Buxaceae)*

❶ Buchsbaum *Buxus sempervirens*

✱ März–Apr. ↕ 0,5–3 m ▼ Wälder, in wintermilden Klimalagen; wärmeliebend

B. immergrün, lederig, 10–25 mm lang; Blüten 1-geschlechtig, in b.achselständigen, knäueligen Blütenständen; Krone fehlend; Kelchb. 4–8, gelbgrün, 2 mm lang. Giftig! ▲ Selten. Moseltal, Südschwarzwald, Elsass, Alpen, Pyrenäen, Südeuropa.

Ölweidengewächse *(Eleagnaceae)*

❷ Sanddorn *Hippophae rhamnoides*

✱ März–Mai ↕ bis 6 m ▼ Flussauen, Kiesbänke, Küstendünen, lichte Föhrenwälder

Dorniger Strauch; B. lineal-lanzettlich, 5–6 cm lang, 3–7 mm breit, oberseits dunkelgrün, unterseits silberweiß; Blüten 1-geschlechtig, klein, bräunlich; Frucht eiförmig, 6–8 mm lang, orangerot. ▲ Zerstreut bis selten. Gebirge Mittel- und Südeuropas, Nord- und Ostseeküste.

Stechpalmengewächse *(Aquifoliaceae)*

❸ Stechpalme *Ilex aquifolium*

✱ Mai–Juni ↕ 1–10 m ▼ Laubwälder, in den Alpen bis etwa 1500 m

B. immergrün, glänzend, dornig gezähnt oder ganzrandig, 3–8 cm lang; Blüten (3a) 1-geschlechtig, 4–5-zählig; Kronb. weiß, 3 mm lang; Frucht (3b) 6–8 mm breit, rot. Giftig! ▲ Zerstreut bis selten. Südnorwegen, Irland, Schottland, Nordwestdeutschland, Vogesen, Schwarzwald, Bodensee, Rheingebiet, Alpen und Vorland, Südeuropa.

Weidengewächse *(Salicaceae)*

❹ Lavendel-Weide *Salix eleagnos*

✱ Apr.–Mai ↕ 3–10 m ▼ Kiesbänke und Auen der Gebirgsflüsse, bis 1800 m

Strauch oder niedriger Baum; B. (4b) lineal-lanzettlich, 4–10 cm lang, 1–15 cm breit, anfangs beiderseits weißfilzig, später oberseits kahl; B.rand umgerollt, gegen die Spitze fein-drüsig gesägt; Kätzchen mit den B. oder kurz vor den B. erscheinend, ♀ Kätzchen schmal, walzig; Fruchtknoten kahl, 0,5 mm lang gestielt; Narben fadenförmig, fast so lang wie der Fruchtknoten; ♂ Kätzchen (4a) walzig, Deckb. der Blüten 1-farbig gelbgrün, am Rand behaart; Staubb. 2 (4c), unten miteinander verwachsen. ▲ In den Alpen und Voralpen verbreitet, Mittel- und Südeuropa.

❺ Purpur-Weide *Salix purpurea*

✱ Apr.–Mai ↕ 2–6 m ▼ Auengebüsch, Kiesbänke der Flüsse

Junge Zweige purpurn überlaufen; B. 4–12 cm lang, oberseits dunkelgrün, unterseits blaugrün; Kätzchen vor den B. erscheinend; Tragb. der Blüten 2-farbig, dicht behaart; Fruchtknoten sitzend, filzig behaart; Staubfäden bis zu den Staubbeuteln verwachsen, anfangs purpurn, beim Stäuben gelb. ▲ Häufig. Mittel- und Südeuropa.

♂
♀
2

3a

3b

1

♂
5

4a

4b

4c

Weidengewächse *(Salicaceae)*

❶ Korb-Weide *Salix viminalis*

✻ März–Apr. ↕ 4–10 m ▼ Weichholzaue

Strauch, seltener Baum; Zweige grüngelb bis blaugrün, rutenförmig; B. schmal-lanzettlich, fast ganzrandig, 8–15 cm lang, am Rand wellig; Kätzchen vor den B. erscheinend, dicht seidenhaarig, 10–15 mm breit; Tragb. der Blüten 2-farbig; Fruchtknoten fast sitzend, behaart; zum Korbflechten verwendet. ▲ Verbreitet. Fast ganz Europa.

❷ Sal-Weide *Salix caprea*

✻ März–Apr. ↕ 3–9 m ▼ Waldränder, Kiesgruben, Auenwälder

Zweige rotbraun, wie die Knospen kahl; B. elliptisch, 3–10 cm lang, unterseits graugrün bis weißlich, dicht weißfilzig; Nebenb. klein; Kätzchen dick, walzlich, 4–10 cm lang, erst sitzend, später gestielt; Tragb. 2-farbig, mit langen weißen Haaren; Fruchtknoten filzig. ▲ Häufig. Fast ganz Europa.

❸ Grau-Weide *Salix cinerea*

✻ Apr.–Mai ↕ 2–5 m ▼ Moorränder, Bruchwälder

Junge Zweige graufilzig; B. breit-eiförmig, 4–10 cm lang, graugrün, fein gesägt; Kätzchen 4–9 cm lang; Fruchtknoten filzig; Staubbeutel anfangs orangerot. ▲ Häufig. Europa.

❹ Ohr-Weide *Salix aurita*

✻ Apr.–Mai ↕ 1–3 m ▼ Moorränder, Bruchwälder.

Äste sparrig; Zweige und Knospen kahl; B. 2–5 cm lang, rundlich-eiförmig, runzelig, am Rand wellig, gezähnt, mit großen Nebenb.; Kätzchen 2 cm lang; Tragb. der Blüten 2-farbig; Fruchtknoten filzig behaart; Staubbeutel gelb. ▲ Verbreitet. Nord- und Mitteleuropa, südlich bis Pyrenäen, Apennin.

❺ Schwarzwerdende Weide *Salix myrsinifolia (S. nigricans)*

✻ Apr.–Mai ↕ 2–5 m ▼ Auenwälder, Bachufer, Moore

Zweige braun bis schwarzbraun, matt; B. 3–8 cm lang, eiförmig, gesägt, oberseits dunkelgrün, glänzend, unterseits blaugrün, gegen die Spitze hin reingrün; Nebenb. groß, nierenförmig; Kätzchen fast gleichzeitig mit den B. erscheinend, eiförmig, 2–3 cm lang; Tragb. 2-farbig, zottig; Fruchtknoten kahl, gestielt. ▲ Zerstreut. Fast ganz Europa.

❻ Mandel-Weide *Salix triandra*

✻ Apr.–Mai ↕ 2–5 m ▼ Auengebüsch, Ufer von Flüssen und Bächen

Zweige gelbgrün bis rotbraun; Rinde alter Stämme sich in Fetzen ablösend; B. lanzettlich, kahl, 5–10 cm lang, bis 2 cm breit, grün, beiderseits fast gleichfarbig; Tragb. der Blüten 1-farbig; ♀ Kätzchen dünn; Fruchtknoten kahl, deren Stiele ¼–½ so lang wie der Fruchtknoten; ♂ Blüten mit 3 Staubb. ▲ Verbreitet. Fast ganz Europa.

❼ Lorbeer-Weide *Salix pentandra*

✻ Mai–Juni ↕ bis 12 m ▼ Auen, Bruchwälder

Strauch mit glänzenden, olivgrünen bis rotbraunen Zweigen und breit-lanzettlichen, fein gesägten, 5–15 cm langen B.; ♀ Kätzchen lockerblütig; Tragb. 1-farbig, gelbgrün; Staubb. meist 5; Kätzchen und B. gleichzeitig. ▲ Zerstreut. Mittel- und Nordeuropa, südlich bis Pyrenäen, Norditalien, Balkanhalbinsel.

7
3
4
1
♂
6
♂
5
♂
♀
2
♀
♂

Ölbaumgewächse *(Oleaceae)*

❶ Gewöhnlicher Flieder *Syringa vulgaris*

✻ Apr.–Mai ↕ 2–8 m ▼ Steinige Gebüsche, Mauern

Strauch mit herzförmigen, zugespitzten, 3–8 cm langen B.; Blüten 4-zählig, 10–15 mm lang, lila oder weiß, in 10–20 cm langen, dichten Blütenständen; Zierstrauch, seit dem 16. Jahrhundert kultiviert. ▲ Herkunft Südosteuropa, verwildert in Mitteleuropa.

Rosengewächse *(Rosaceae)*

❷ Feld-Rose *Rosa arvensis*

✻ Juni–Juli ↕ 50–150 cm ▼ Waldränder, lichte Laubwälder, Hecken

Strauch liegend oder kletternd, mit schwach gebogenen, gleichartigen Stacheln; B. 7-zählig; B.chen eiförmig, 1–3 cm lang, gezähnt, dunkelgrün, unterseits hellgrün; Blüten einzeln, lang gestielt, 4 cm breit, weiß; Kelchb. ganzrandig, selten gefiedert, vor der Fruchtreife abfallend; Griffel zu einer Griffelsäule verwachsen, diese deutlich aus dem Blütenbecher ragend und mindestens so lang wie die inneren Staubb.; Frucht elliptisch bis kugelig, dunkelrot, 1–1,5 cm lang. ▲ Häufig. Mittel- und Südeuropa.

❸ Alpen-Heckenrose *Rosa pendulina*

✻ Juni–Juli ↕ 0,5–2 m ▼ Bergmischwälder, Hochstaudenfluren, Felsbänder, Latschengebüsch

Stamm und Zweige mit geraden, wenigen Stacheln oder stachellos; B. mit 9–11 dunkelgrünen, doppelt gezähnten B.chen; Blüten meist einzeln; Blütenstiele 1–3 cm, mit Drüsenhaaren; Kelchb. ganzrandig, nach der Blütezeit aufgerichtet, bleibend; Kronb. rosa bis dunkelrot; Frucht flaschenförmig, mit Drüsenhaaren und Stachelborsten, orange bis rot. ▲ Zerstreut. Gebirge Mittel- und Südeuropas.

❹ Hunds-Rose *Rosa canina*

✻ Juni ↕ 1–3 m ▼ Wald- und Wegränder, Hecken, lichte Wälder

Strauch mit hakigen Stacheln; B. 5–7-zählig, beiderseits kahl, drüsenlos; B.chen gezähnt; B.stiel mit sichelförmigen Stacheln; Kelchb. nach der Blütezeit zurückgeschlagen, vor der Reife abfallend, äußere 2 Kelchb. durch schmale Anhängsel gefiedert; Blüten rosa; Griffel frei, kurz, nur wenig aus dem Blütenbecher ragend; Frucht eiförmig, rot. ▲ Verbreitet. Europa.

❺ Zimt-Rose *Rosa majalis (R. cinnamomea)*

✻ Mai–Juni ↕ 0,5–2 m ▼ Sonnige Hecken, Felshänge, Auenwälder

Blütenzweige mit gleichartigen, meist paarweise angeordneten, hakig gekrümmten Stacheln, untere Zweige und Stamm noch mit vielen Nadelstacheln und Stachelborsten; B. 5–7-zählig, oberseits dunkelgrün bis blaugrün, behaart, unterseits graugrün, flaumig bis filzig behaart; Kelchb. ganzrandig, nach der Blütezeit aufgerichtet, bleibend, länger als die Kronb., diese rosa bis dunkelrot; Frucht kugelig, kahl, orange bis rot. ▲ Selten. Nord- und Mitteleuropa (östlich).

❻ Wein-Rose *Rosa rubiginosa*

✻ Juni–Juli ↕ 1–2 m ▼ Hecken, Kalkmagerweiden, Waldränder, Trockenrasen

Gedrungener, kurzästiger Strauch; Äste mit hakig gekrümmten und auch geraden, dicht stehenden Stacheln; B. meist 7-zählig, dunkel- bis gelbgrün, zerrieben nach Äpfel duftend; Fiederb. rundlich bis breit-eiförmig, sich gegenseitig deckend, gezähnt, unterseits mit kurz gestielten, rotbraunen Drüsen; Blüten rosa; Blütenstiele mit klebrigen, gestielten Drüsen; Kelchb. so lang wie die Kronb., nach der Blüte aufgerichtet; Frucht kugelig bis eiförmig, orangerot. (Formenreiche Art) ▲ Verbreitet bis zerstreut, gebietsweise selten. Mittel- und Südeuropa, nördlich bis Südskandinavien.

1

6

5

2

4

3

Rosengewächse *(Rosaceae)*

❶ Zweigriffeliger Weißdorn *Crataegus laevigata*

✱ Mai–Juni ↕ 2–10 m ▼ Laubwälder, Hecken

B. schwach gelappt, mit keilförmigem Grund; Blüten in Schirmrispen, 5-zählig, weiß; Griffel 2–3; Frucht kugelig, rot, 6–10 mm breit, mit 2–3 Steinkernen. ▲ Verbreitet. Fast ganz Europa, nördlich bis Südskandinavien.

❷ Eingriffeliger Weißdorn *Crataegus monogyna*

✱ Mai–Juni ↕ 2–8 m ▼ Sonnige Gebüsche, Wälder

Ähnlich Zweigriffeligem Weißdorn, aber B. tief fiederspaltig, meist 5-teilig, mit breitem B.grund; B.lappen ganzrandig oder an der Spitze gezähnt; Blüten 5-zählig, weiß; Griffel 1; Frucht kugelig, rot, mit 1 Steinkern. ▲ Häufig. Fast ganz Europa, nördlich bis Schottland.

❸ Gewöhnliche Zwergmispel *Cotoneaster integerrimus*

✱ Apr.–Mai ↕ 50–200 cm ▼ Sonnige Felshänge, trockene Wälder

B. eiförmig, 2–4 cm lang, oberseits kahl, grün, unterseits graufilzig; Blüten zu 1–5; Kelchb. 5, außen kahl, 2 mm lang; Kronb. 5, weiß bis blaurot; Frucht kugelig, rot, 6–8 mm breit. ▲ Ziemlich selten. Mittel- und Südeuropa (östlich), nördlich bis Südskandinavien.

❹ Schwarzdorn, Schlehe *Prunus spinosa*

✱ Apr.–Mai ↕ 2–4 m ▼ Wald- und Wegränder, sonnige Hecken, Magerweiden

Strauch sparrig und stark dornig; B. ei-lanzettlich, 2–4 cm lang, dunkelgrün, fein gezähnt; Blüten einzeln oder zu 2, aber dicht gedrängt; Kronb. 5–8 mm lang, weiß; Kelchb. unregelmäßig und fein gezähnt; Staubb. etwa 20; Frucht kugelig, blaubereift, 1–1,5 cm breit. ▲ Häufig. Europa.

❺ Steinweichsel, Felsenkirsche *Prunus mahaleb (Cerasus mahaleb)*

✱ Apr.–Mai ↕ 1–6 m ▼ Sonnige Hecken, Buschwälder, felsige Hänge, Flaumeichenwälder; wärmeliebend

Strauch; B. rundlich-eiförmig, mit aufgesetzter Spitze, dunkelgrün, am Rand mit kurzen, stumpfen Zähnen, 4–8 cm lang; Blüten zu 4–10 in Schirmtrauben, weiß, 1 cm breit; Frucht eiförmig, schwarz. ▲ Selten, im Süden häufiger. Süddeutschland, Österreich, Südeuropa, sonst angepflanzt.

❻ Traubenkirsche *Prunus padus (Padus avium)*

✱ Apr.–Mai ↕ bis 12 m ▼ Auenwälder, Waldränder

Strauch oder Baum; B. breit-lanzettlich, 5–10 cm lang, fein gezähnt; Blüten zu 10–20 in aufrechten, dann hängenden Trauben; Kronb. 5–10 mm lang, weiß; Kelchb. gefranst, drüsig; Frucht kugelig, glänzend, schwarz, 7–8 mm breit, Stein grubig gefurcht. ▲ Ziemlich häufig. Fast ganz Europa.

❼ Zwerg-Mehlbeere *Sorbus chamaemespilus*

✱ Juni–Juli ↕ 1–3 m ▼ Grünerlen-, Latschen- und Alpenrosengebüsch, lichte Nadelwälder in der montanen und subalpinen Stufe, bis etwa 2400 m; kalkliebend

Niedriger Strauch; B. elliptisch, lederig, fein gezähnt, oberseits dunkelgrün, unterseits mattgrün, 3–10 cm lang; Blüten in weißfilzigen Schirmrispen; Kronb. rosarot, schmal, 4–5 mm lang; Frucht kugelig, rotbraun. ▲ Verbreitet bis zerstreut. Alpen, Französischer und Schweizer Jura, Vogesen, Schwarzwald, Sudeten, Karpaten, Apennin.

6
4
5
7
3
1
2

Rosengewächse *(Rosaceae)*

❶ Felsenbirne *Amelanchier ovalis*

✻ Apr.–Mai ↕ 1–3 m ▼ Felsgebüsch, Kalkfelsspalten, sonnige Eichen- oder Kiefernwälder

Strauch; B. elliptisch, 2–4 cm lang, oberseits dunkelgrün, kahl, unterseits graufilzig, später kahl und graugrün, fein gezähnt; Blüten in armblütigen Trauben, 5-zählig; Kronb. schmal-lanzettlich, 15–20 mm lang, weiß oder gelblich weiß, außen zottig; Staubb. 20; Frucht blauschwarz. ▲ Zerstreut. Gebirge Mittel- und Südeuropas.

Kreuzdorngewächse *(Rhamnaceae)*

❷ Faulbaum *Frangula alnus (Rhamnus frangula)*

✻ Mai–Juni ↕ 1–4 m ▼ Auen, feuchte Wälder

Zweige dornenlos; B. wechselständig, eiförmig, 2–5 cm lang, jederseits mit 7–12 Seitennerven; Blüten (2a) 5-zählig, zu 2–10 in den B.achseln, gelbgrün, etwa 5 mm breit; Frucht eine rote, später dunkelblaue, 5–8 mm breite Beere. Giftig! ▲ Häufig. Fast ganz Europa.

❸ Echter Kreuzdorn, Purgier-Kreuzdorn *Rhamnus cathartica*

✻ Mai–Juni ↕ 1–3 m ▼ Sonnige Hecken, Waldränder, lichte Wälder, Magerweiden

Zweigspitzen meist dornig; B. rundlich bis breit-eiförmig, 4–6 cm lang; B.stiel viel länger als die Nebenb.; Blüten zu 2–8 in den B.achseln, gelbgrün, 4-zählig, 4–5 mm breit; Beere 6–8 mm breit, schwarz. Giftig! ▲ Zerstreut. Südskandinavien, Mittel- und Südeuropa.

❹ Felsen-Kreuzdorn *Rhamnus saxatilis*

✻ Apr.–Mai ↕ 50–100 cm ▼ Waldränder, sonnige Gebüsche

Dorniger Strauch; B. ei-lanzettlich, 1–3 cm lang, unterseits weichhaarig, in den kurzen B.stiel verschmälert; Blüten und Beeren wie beim Echten Kreuzdorn. ▲ Ziemlich selten. Süddeutschland, Alpen, Südosteuropa, südlich bis Nordspanien, Mittelitalien.

❺ Alpen-Kreuzdorn *Rhamnus alpina*

✻ Mai–Juni ↕ 1–3 m ▼ Lichte Wälder, Felsschutt, 600-2000 m

Aufrechter, dornenloser Strauch; B. eiförmig, 7–12 cm lang, 3–6 cm breit, beiderseits des Mittelnervs mit 7–20 bogigen Seitennerven; Blüten zu mehreren in den B.achseln; Kronb. 4, gelbgrün; Frucht kugelig, 7–10 mm breit, anfangs grün, später schwärzlich. Ssp. *alpina* hat behaarte Zweige und Knospenschuppen; ssp. *fallax,* der **Krainer Kreuzdorn**, hat kahle Zweige und kahle oder bewimperte Knospenschuppen und bis zu 15 cm lange B. ▲ Zerstreut bis selten. Ssp. *alpina* Westalpen, spanische Gebirge, Pyrenäen; ssp. *fallax* südliche Steiermark, Kärnten, Julische Alpen, Karawanken, Balkanhalbinsel.

Spindelbaumgewächse *(Celastraceae* incl. *Parnassiaceae)*

❻ Gewöhnliches Pfaffenhütchen, Spindelbaum *Euonymus europaeus (Evonymus europaeus)*

✻ Mai–Juni ↕ 2–5 m ▼ Hecken, Auen, Laubwälder

Junge Zweige 4-kantig, grün, später oft mit Korkleisten; B. eiförmig, spitz, fein gezähnt, 4–10 cm lang; Blütenstand 2–6-blütig, lang gestielt; Blüten grünlich, 8–10 mm breit, 4-zählig; Frucht eine rote, 4-kantige Kapsel, Samen weiß, vom orangeroten Samenmantel umgeben. Samen giftig! ▲ Häufig. Fast ganz Europa.

5
2a
2
1
4
3
6

Stachelbeerengewächse *(Grossulariaceae)*

❶ Berg-Johannisbeere *Ribes alpinum*

✻ Apr.–Mai ↕ 80–150 cm ▼ Bergmischwälder, in den Alpen bis 2000 m

Strauch ohne Stacheln; B. 3(–5)-lappig, grob gezähnt, unterseits glänzend, 2–4 cm lang; Pfl. meist 1-geschlechtig; ♂ Blüten zu 10–30, ♀ Blüten zu 2–5 in aufrechten Trauben; Blüten 5-zählig, grünlich gelb; Kronb. kürzer als die Kelchb.; Beere rot. ▲ Zerstreut. Nord- und Mitteleuropa, südlich bis nordspanische Gebirge, Apennin, Gebirge der Balkanhalbinsel.

❷ Schwarze Johannisbeere *Ribes nigrum*

✻ Apr.–Mai ↕ 80–150 cm ▼ Erlenbruch, Auenwälder

Strauch ohne Stacheln, mit intensivem Geruch; B. 3(–5)-lappig, bis 10 cm lang, unterseits mit gelblichen Drüsen; junge Triebe flaumig behaart; Blüten grünlich, in hängenden Trauben; Kronb. aufrecht, viel kürzer als die zurückgekrümmten, dicht behaarten Kelchb.; Frucht eine 10–15 mm breite, schwarze, essbare Beere. ▲ Ziemlich selten. Hauptsächlich Mittel- und Nordeuropa.

❸ Stachelbeere *Ribes uva-crispa (R. grossularia)*

✻ Apr.–Mai ↕ 60–120 cm ▼ Waldränder, Schlucht- und Auenwälder, Burgruinen

Strauch stachelig; B. 3–5-lappig, 3 cm breit, behaart, mit stumpfen Zähnen; Blüten zu 1–3, grünlich; Kelchb. dicht behaart, abstehend, 2–3-mal so lang wie die weißlichen Kronb.; Beere 1–2 cm breit, gelbgrün oder rötlich, oft behaart; Kulturpfl. ▲ Ziemlich häufig. Fast ganz Europa, im Süden in den Gebirgen.

Hartriegelgewächse *(Cornaceae)*

❹ Roter Hartriegel *Cornus sanguinea*

✻ Mai–Juni ↕ 2–5 m ▼ Waldränder, Schlucht- und Auenwälder, Burgruinen, Hecken

Strauch; junge Zweige rot; B. gegenständig, eiförmig, spitz, 5–8 cm lang, mit 3–4 Nervenpaaren, beiderseits grün, im Herbst rot; Blüten in reichblütigen Scheindolden, 4-zählig, nach den B. erscheinend; Kronb. 4–6 mm lang, weiß; Früchte blauschwarz, kugelig, 6–8 mm lang; Kulturpfl. ▲ Häufig, oft auch gepflanzt. Fast ganz Europa.

❺ Kornelkirsche *Cornus mas*

✻ März–Apr. ↕ 2–6 m ▼ Wälder, Gebüsche

Strauch; junge Zweige grün; B. gegenständig, ei-lanzettlich, 5–8 cm lang, beiderseits grün, unterseits in den Nervenwinkeln behaart, mit 3–4 Nervenpaaren; Blüten gelb, vor den B. erscheinend, an Kurztrieben zu 10–20 in kugeligen Dolden, diese jeweils mit 4-blättriger, gelbgrüner Hochb.hülle; Kronb. 2–3 mm lang; Frucht länglich, 1–2 cm lang, rot, saftig; häufig gepflanzt und verwildert. ▲ Zerstreut. Ursprünglich Mittel- und Südosteuropa, heute in Süd- und Mitteleuropa eingebürgert.

Seidelbastgewächse *(Thymelaeaceae)*

❻ Gewöhnlicher Seidelbast *Daphne mezereum*

✻ März–Apr. ↕ 30–150 cm ▼ Laub- und Mischwälder, Hochstaudenfluren, Felsschutt, in den Alpen über 2000 m

Strauch blüht, bevor die B. erscheinen; Zweige rutenförmig, an der Spitze beblättert; B. lanzettlich, 5–12 cm lang, hellgrün; Blüten duftend, rosa, 10–14 mm breit, 4-zipfelig; Frucht rot, kugelig, 6–10 mm breit. Giftig! ▲ Verbreitet. Fast ganz Europa.

4
6
3
1
5
2

Schmetterlingsblütengewächse *(Fabaceae* oder *Papilionaceae)*

❶ Besenginster *Cytisus scoparius (Sarothamnus scoparius)*

✱ Mai–Juni ↕ 50–200 cm ▼ Waldränder, Kahlschläge, bodensaure Eichenwälder, Heiden; kalkmeidend

Zwergstrauch mit aufrechten, verzweigten St. und rutenförmigen, 4–5-kantigen, grünen Zweigen; untere B. 3-zählig, obere B. 1-fach, lanzettlich, 5–20 mm lang; Blüten zu 1–2, b.achselständig; Kelch kahl; Krone 20–25 cm lang; Griffel spiralig eingerollt; Hülse 3–5 cm lang, behaart. ▲ Häufig. Südskandinavien, Mittel- und Südeuropa (westlich).

❷ Blasenstrauch *Colutea arborescens*

✱ Juni–Aug. ↕ 2–5 m ▼ Eichenwälder, Gebüsche, sonnige Waldränder

B. unpaarig gefiedert, Fiedern verkehrt-eiförmig, vorne ausgerandet, 1–3 cm lang; Blüten zu 3–6, gelb, 15–25 mm lang; Kelch glockig, mit 5 ungleichen Zähnen; Hülsen bauchig aufgeblasen, 6–8 cm lang, 3 cm dick. ▲ Selten. Süddeutschland, Niederösterreich, Südeuropa.

❸ Strauchige Kronwicke *Hippocrepis emerus (Coronilla emerus)*

✱ Apr.–Mai ↕ 50–200 cm ▼ Sonnige Gebüsche, lichte Eichen- und Kiefernmischwälder, felsige Hänge; wärmeliebend

St. aufrecht, holzig; Zweige grün, kantig; B. kurz gestielt, mit 5–9 ovalen, 1–2 cm langen, vorne abgerundeten oder ausgerandeten Fiederb.; Blüten zu 2–3; Krone gelb, 16–22 mm lang; Fahne oft rot gestreift; Kelch kurz, $^1/_3$ so lang wie die Krone, mit kurzen, 3-eckigen Kelchzähnen; Hülse 5–10 cm lang, schmal-walzlich, fast stielrund. ▲ Selten. Vereinzelt bis Südskandinavien, Süddeutschland, Österreich, Föhntäler der Nordalpen, Zentral- und Südalpen, Südeuropa.

❹ Stechginster *Ulex europaeus*

✱ Apr.–Juni ↕ 100–150 cm ▼ Brachland, Waldränder, Wege, Heiden, kalkarme, sandige Böden mit wintermildem Klima

Strauch mit vielen, verzweigten Dornen; Zweige sparrig abstehend, stark dornig, abstehend behaart; B. dornenähnlich, stechend, pfriemlich, 5–10 mm lang; Blüten in den Achseln von B.dornen; Krone gelb, 15–20 mm lang, viel länger als der abstehend dicht behaarte Kelch; Hülse 15–20 mm lang, dicht behaart. ▲ Verbreitet. Westeuropa, Schottland, Südskandinavien, in Mitteleuropa nur in geschützten Lagen und meist gepflanzt und verwildert.

Rautengewächse *(Rutaceae)*

❺ Diptam *Dictamnus albus*

✱ Mai–Juni ↕ 60–120 cm ▼ Sonnige, felsige Hänge, Eichengebüsch, auch lichte Eichen-Föhrenwälder; wärmeliebend

Pfl. stark aromatisch nach Zitrone oder Zimt duftend; B. 1-fach gefiedert, mit 7–11 ei-lanzettlichen, 5–8 cm langen, fein gezähnten Fiederb.; Blüten in endständiger, aufrechter Traube; Kronb. 5, rosa-dunkel geadert, 2–3 cm lang, 4 nach oben gerichtet, das 5. herabgebogen; Kelchb. 5, 6–8 mm lang. ▲ Selten. Mittel- und Südeuropa.

5
1
3
2
4

Moschuskrautgewächse *(Adoxaceae)*

❶ Schwarzer Holunder *Sambucus nigra*

✻ Mai–Juni ↕ 3–7 m ▼ Hecken, krautreiche, feuchte Wälder, Schuttplätze

Strauch; B. gefiedert, unterseits bläulich grün, mit meist 5 länglich-eiförmigen, 5–10 cm langen, fein gezähnten Fiederb.; Zweige mit weißem Mark; Blütenstand eine 10–20 cm breite Doldenrispe; Krone radförmig, 5-teilig, weiß oder gelblich; Staubbeutel gelb; Beeren schwarz, essbar. ▲ Häufig. Fast ganz Europa.

❷ Trauben-Holunder *Sambucus racemosa*

✻ Apr.–Mai ↕ 1–4 m ▼ Nadel- und Mischwälder, Kahlschläge, Schutthalden, in den Alpen bis etwa 2000 m

Strauch; St.mark gelbbraun; B. beiderseits hellgrün, mit länglich-lanzettlichen Fiederb.; Blütenstand eine eiförmige Rispe, mit den B. erscheinend; Krone grünlich gelb; Beeren rot, essbar, die Steinkerne jedoch giftig! ▲ Verbreitet. Mitteleuropa, südlich bis Pyrenäen, Norditalien, Bulgarien, in Skandinavien eingebürgert.

❸ Zwerg-Holunder, Attich *Sambucus ebulus*

✻ Juni–Aug. ↕ 60–160 cm ▼ Kahlschläge, Waldlichtungen, Flussauen

Pfl. krautig, unangenehm riechend; St. unverzweigt; B. 15–30 cm lang und 10–20 cm breit, gefiedert; Fiederb. 5–13, schmal-eiförmig bis lanzettlich, gesägt; Nebenb. b.artig, gesägt; Blüten weiß oder rötlich, in 10–20 cm breiten Doldenrispen; Staubbeutel rot; Beeren schwarz, ungenießbar. ▲ Verbreitet. Mittel- und Südeuropa, nördlich bis Südschweden.

❹ Wolliger Schneeball *Viburnum lantana*

✻ Mai–Juni ↕ 1–3 m ▼ Gebüsche, lichte Wälder

Strauch; B. eiförmig, netzrunzelig, fein gezähnt, oberseits dunkelgrün, unterseits graufilzig; Blüten in 5–10 cm breiten Doldenrispen; alle Blüten gleich groß; Krone weiß, 6–8 mm breit; Beeren eiförmig und abgeflacht, 7–9 mm lang, zuerst rot, dann schwarz. Schwach giftig! ▲ Zerstreut. Mittel- und Südeuropa.

❺ Gewöhnlicher Schneeball *Viburnum opulus*

✻ Mai–Juni ↕ 1–4 m ▼ Auen, Wald- und Bachränder

Strauch; B. rundlich, 3–5-lappig, bis 12 cm lang und breit, beiderseits grün, kahl, unregelmäßig gezähnt; Doldenrispe 5–10 cm breit; Blüten 6–8 mm breit, die Randblüten unfruchtbar, größer, mit asymmetrischer Krone, 1–2 cm breit; Beeren kugelig, rot, 8–10 mm breit. Schwach giftig! ▲ Häufig. Fast ganz Europa.

Araliengewächse *(Araliaceae* incl. *Hydrocotylaceae)*

❻ Efeu *Hedera helix*

✻ Sept.–Nov. ↕ 6–20 m ▼ Auenwälder, Laubwälder, Mauern, Felsen; frostempfindlich

Kletterstrauch; Äste und Zweige mit Haftwurzeln; B. wechselständig, immergrün, glänzend, an nichtblühenden Trieben 3–5-eckig, gelappt, an blühenden Sprossen ei-lanzettlich bis rhombisch, 5–10 m lang; Blüten 5-zählig, in halbkugeligen Dolden, grün; Kronb. 3–4 mm lang, fleischig, außen braun, innen grün; Frucht eine dunkelblaue Beere, 8–10 mm breit. Giftig! ▲ Häufig. Fast ganz Europa.

2

3

6

1

4

5

Geißblattgewächse (*Caprifoliaceae* incl. *Linnaeaceae, Dipsacaceae,* und *Valerianaceae)*

❶ Rote Heckenkirsche *Lonicera xylosteum*

✻ Mai–Juni ↕ 1–2 m ▼ Krautreiche Laub- und Mischwälder, Hecken

Strauch; B. gegenständig, breit-elliptisch, weichhaarig, oberseits dunkelgrün, unterseits heller, 2–6 cm lang; Blüten zu 2 auf gemeinsamem Stiel, dieser 1–2-mal so lang wie die Blüten; Krone gelblich weiß, 10–15 mm lang; Fruchtknoten der beiden Blüten nur am Grund verwachsen; Beeren (1a) rot, paarweise, aber nicht verwachsen, schwach giftig! ▲ Häufig. Fast ganz Europa.

❷ Wald-Geißblatt *Lonicera periclymenum*

✻ Juni–Juli ↕ 2–3 m ▼ Gebüsche, Wälder

Windender Strauch; B. ei-lanzettlich, 4–8 cm lang, kurz gestielt, das oberste B.paar unter dem Blütenstand ungestielt; Blüten 4–5 cm lang, zu 3–5 in kopfig zusammengerückten Blütenständen, gelblich weiß bis gelblich, oft rötlich überlaufen, wohlriechend; Früchte dunkelrot, nicht verwachsen, schwach giftig! Zierpfl. ▲ Verbreitet. West- und Mitteleuropa, nördlich bis Südskandinavien, südlich bis Mittelitalien, Korsika.

❸ Blaue Heckenkirsche *Lonicera caerulea*

✻ Mai–Juni ↕ 60–150 cm ▼ Bodensaure Nadelwälder, Fichten- und Kiefernmoorwälder, in den Alpen bis 2000 m

B. gegenständig, kurz gestielt, oval, hellgrün, unterseits blaugrün; Blüten kurz gestielt, paarweise in den B.achseln; gemeinsamer Blütenstiel kürzer als die B.; Krone 5-zipfelig, gelblich weiß (3a); Fruchtknoten der beiden Blüten verwachsen; Frucht (3b) eine blauschwarze, blaubereifte Doppelbeere. ▲ Zerstreut. Alpen, Pyrenäen, Karpaten, Balkan, Nordeuropa.

❹ Alpen-Heckenkirsche *Lonicera alpigena*

✻ Mai–Juli ↕ 60–150 cm ▼ Bergmischwälder, Hochstaudenfluren, in den Alpen bis 2300 m

Strauch mit kantigen jungen Ästen; B. gestielt, elliptisch, spitz, dunkelgrün, unterseits glänzend, 7–10 cm lang und 3–5 cm breit; Blüten paarweise verwachsen, 1–2 cm lang, gelblich bis rötlich, innen behaart, 2-lippig; gemeinsamer Blütenstiel länger als die Blüten (4a); Frucht (4b) eine glänzend rote Doppelbeere mit 2 Narben. Giftig! ▲ Verbreitet bis zerstreut. Alpen und nördliches Vorland, Pyrenäen, Zentralmassiv, Apennin, westlicher Balkan.

❺ Schwarze Heckenkirsche *Lonicera nigra*

✻ Mai–Juni ↕ 50–150 cm ▼ Krautreiche Bergmischwälder, in den Alpen bis etwa 2000 m

Strauch mit länglich-elliptischen bis verkehrt-eiförmigen, 3,5–6 cm langen und 1–2,5 cm breiten B.; Krone rötlich weiß oder weiß; Blüten paarweise; gemeinsamer Blütenstiel 3–4-mal so lang wie die B.; Beeren blauschwarz, nur am Grund verwachsen. Giftig! ▲ Verbreitet bis zerstreut. Gebirge Mittel-, West- und Osteuropas.

Pimpernussgewächse *(Staphyleaceae)*

❻ Pimpernuss *Staphylea pinnata*

✻ Mai–Juni ↕ 5 m ▼ Laubwälder; wärmeliebend

B. gegenständig, lang gestielt, mit 5 oder 7 ei-lanzettlichen, fein gezähnten, 6–10 cm langen Fiedern, unterseits blaugrün; Blüten in hängenden Rispen, radiär, 5-zählig; Kronb. 10–15 mm lang, gelblich, spatelig, glockig zusammenneigend; Frucht eine häutige, aufgeblasene Kapsel, 3–4 cm lang und breit. Geschützt! ▲ Selten. Süddeutschland, Elsass, Französischer Jura, Alpen, Südosteuropa.

6
4b
4a
2
5
1a
3a
1
3b

Kreuzdorngewächse *(Rhamnaceae)*

❶ Zwerg-Kreuzdorn *Rhamnus pumila*

✻ Juni–Aug. ↕ 5–20 cm ▼ Felsspalten, meist auf Kalk, 1200–3000 m

Knorriger, stark verzweigter, dem Felsen anliegender Spalierstrauch; B. wechselständig, eiförmig, 3–4 cm lang, fein gezähnt, mit 4–9 Seitennerven; Blüten 4-zählig, klein, gelbgrün; Kronb. schmal, unscheinbar oder fehlend; Griffel 3–4-spaltig; Frucht eine blauschwarze, kugelige Beere. ▲ Zerstreut. Alpen, Gebirge Mittel- und Südeuropas.

Weidengewächse *(Salicaceae)*

❷ Netz-Weide *Salix reticulata*

✻ Juli–Aug. ↕ 10–40 cm ▼ Kalkreicher Ruhschutt, Schneetälchen, etwa 1800–2500 m

Spalierstrauch, mit verzweigten, überall wurzelnden Stämmchen; B. lang gestielt, breit-elliptisch, 1–4 cm lang, oberseits dunkelgrün, matt, unterseits grau bis weißlich, behaart, netzaderig; Kätzchen lang gestielt, dichtblütig, rosarot. ▲ Zerstreut. Arktis, Skandinavien, Pyrenäen, Alpen, Gebirge der Balkanhalbinsel.

❸ Kraut-Weide *Salix herbacea*

✻ Juni–Aug. ↕ 1–8 cm ▼ Kalkarmer Felsschutt, feuchte Rasen, Schneetälchen, 1600–3300 m

Kleiner Strauch, nur mit den Zweigspitzen aus dem Boden ragend, übriges Astwerk und Stämmchen im Boden; treibt jährlich kurze Sprossen mit 2 runden, fein gesägten, hellgrünen B. und lockeren, 4–12-blütigen Kätzchen; B. kreisrund, kurz gestielt, beiderseits hellgrün; Staubbeutel zuerst purpurrot, später goldgelb. ▲ Verbreitet. Alpen, Pyrenäen, Auvergne, Sudeten, Karpaten, Apennin, Balkanhalbinsel, Arktis.

❹ Stumpfblättrige Weide, Teppich-Weide *Salix retusa*

✻ Juni–Aug. ↕ 5–15 cm ▼ Magerrasen, Felsschutt, Schneeböden, 1700–2600 m

Kriechender Spalierstrauch, mit kurz gestielten, 8–20 mm langen, 5–8 mm breiten, kahlen, glänzenden, kleinen, verkehrt-eiförmigen oder spateligen, stumpfen oder ausgerandeten B.; Kätzchen locker, gelblich; Staubbeutel anfangs rot, später gelb. ▲ Verbreitet. Alpen, Pyrenäen, Jura, Apennin. – Ähnlich ist die **Quendelblättrige Weide**, *S. serpyllifolia*, aber B. 4–10 mm lang, 24 mm breit, spitz, fast dachziegelig; Äste dem Boden angepresst. Alpine Rasen, Felsspalten, Felsschutt, auf Kalk. ▲ Zerstreut. Alpen, Karpaten.

❺ Kriech-Weide *Salix repens*

✻ Apr.–Mai ↕ 20–100 cm ▼ Moorwiesen, Magerrasen, Heiden

Zwergstrauch, mit unterirdisch kriechendem Stamm und niederliegenden, bogig aufsteigenden Ästen; B. schmal-elliptisch oder lanzettlich, 1–5 cm lang, ganzrandig; Kätzchen 10–15 mm lang, kurz vor den B. erscheinend; Fruchtknoten gestielt, seidig-filzig. ▲ Zerstreut. Fast ganz Europa.

3

2

4

1

5

Heidekrautgewächse *(Ericaceae* incl. *Monotropaceae, Pyrolaceae* und *Empetraceae)*

❶ Heidekraut *Calluna vulgaris*

✻ Aug.–Okt. ↕ 30–100 cm ▼ Heiden, Magerrasen, Moore, Kiefern- und Eichenwälder

B. immergrün, 4-zeilig, dachziegelig, lineal-lanzettlich, 1–4 mm lang; Blüten in 1-seitswendigen, dichten Trauben, mit 4-blättrigem Außenkelch; Kelch und Krone blassviolett, 4-zählig. ▲ Verbreitet. Europa.

❷ Schnee-Heide *Erica carnea (E. herbacea)*

✻ Febr.–Mai ↕ 15–30 cm ▼ Kiefernwälder, Latschengebüsch, in den Alpen bis 2700 m

B. wintergrün, nadelförmig, spitz, zu 4 quirlständig; Blüten 1-seitswendig; Krone hell- bis dunkelrot, selten weiß; Staubbeutel dunkel, aus der Kronröhre herausragend. ▲ Zerstreut. Gebirge Mittel- und Südeuropas.

❸ Glocken-Heide *Erica tetralix*

✻ Juni–Sept ↕ 15–50 cm ▼ Hochmoore, Torfböden

B. nadelförmig, 3–5 mm lang, steifhaarig bewimpert, zu 3–4 quirlständig; Blütenstand kopfig, 5–15-blütig; Krone rot, 6–8 mm lang; Staubb. in der Krone eingeschlossen. ▲ Selten. Westeuropa, Norddeutschland, Schwarzwald.

❹ Dorset-Heide *Erica ciliaris*

✻ Juli–Sept. ↕ 30–80 cm ▼ Moore, Heiden; kalkmeidend

Ähnlich der Glocken-Heide, aber B. länglich-eiförmig, 2–4 mm lang, drüsenhaarig, lang bewimpert; Zweige abstehend behaart; Blüten rot, 8–10 mm lang, in verlängerten, 5–12 cm langen, 1-seitswendigen Trauben; Staubb. ohne Anhängsel, in der Krone eingeschlossen (Die Glocken-Heide hat Staubb. mit schmalen Anhängseln). ▲ Selten bis zerstreut. Westeuropa, nördlich bis Westirland.

❺ Blauheide *Phyllodoce coerulea*

✻ Juni–Juli ↕ 10–30 cm ▼ Heiden, lichte, felsige Wälder, Torfböden; kalkmeidend

Zwergstrauch; B. dicht gedrängt, wechselständig, linealisch, immergrün, lederig, 6–10 mm lang, unterseits behaart; B.rand umgerollt; Kelchb. und Kronb. 5; Krone flaschenförmig, 7–8 mm lang, blauviolett, purpurn, kurz 5-zähnig; Blüten an dünnen, drüsenhaarigen Stielen. ▲ Hauptsächlich in den Gebirgen. Selten und zerstreut in Nordeuropa, isoliertes Vorkommen in den Pyrenäen.

❻ Alpen-Azalee, Gamsheide *Loiseleuria procumbens*

✻ Juni–Aug. ↕ 15–30 cm ▼ Silikatschutt, Grate, etwa 1600–3000 m

Niederliegender Spalierstrauch, oft ausgedehnte Teppiche bildend; B. lederig, immergrün, schmal-elliptisch, ganzrandig, 4–7 mm lang, gegenständig, am Rand umgerollt; Blüten zu 2–5; Krone 5-spaltig, glockig, rosa; Kelchb. 5, rot; Staubbeutel 5, purpurn. ▲ Verbreitet. Nordeuropa, Alpen, Pyrenäen, Karpaten.

6
3
1
4
2
5

Heidekrautgewächse (*Ericaceae* incl. *Monotropaceae, Pyrolaceae* und *Empetraceae*)

❶ Bewimperte Alpenrose *Rhododendron hirsutum*

✻ Juli–Aug. ↕ 20–100 cm ▼ Auf Kalkböden, Zwergstrauchheiden, Wälder im Bereich der Waldgrenze, etwa 1200–2600 m

Zwergstrauch, mit wintergrünen, elliptischen, langhaarig bewimperten B.; Blüten zu 3–10; Kelchzipfel lanzettlich, zugespitzt; Krone trichterförmig-glockig, hellrot, innen behaart. ▲ Verbreitet. Alpen.

❷ Rostblättrige Alpenrose *Rhododendron ferrugineum*

✻ Juni–Juli ↕ 40–150 cm ▼ Zwergstrauchheiden, etwa 1500–2800 m; kalkmeidend

Zwergstrauch; B. wintergrün, derb, elliptisch bis länglich, am Rand umgerollt, nicht bewimpert, oben dunkelgrün, unten von gelbgrünen, später rostbraunen Drüsenschuppen besetzt. Giftig! ▲ Verbreitet. Gebirge Mittel- und Südeuropas.

❸ Zwerg-Alpenrose *Rhodothamnus chamaecistus*

✻ Mai–Juli ↕ 20–40 cm ▼ Kalkfelsen, Latschengebüsch, etwa 1000–2400 m

Zierlicher Zwergstrauch, mit immergrünen, lederigen, schmal-elliptischen, fein bewimperten B.; Blüten meist zu 2, lang gestielt, rosarot. ▲ Zerstreut. Gebirge Mittel- und Südeuropas.

❹ Echte Bärentraube *Arctostaphylos uva-ursi*

✻ März–Juli ↕ 20–60 cm ▼ Kiefernwälder, Heiden, in den Alpen bis 2500 m

Zwergstrauch; B. wintergrün, kahl, glänzend, lederig, ganzrandig, 1–3 cm lang, am Rand nicht umgerollt, unterseits netzaderig; Blüten zu 3–8; Krone eiförmig, 5-teilig, gelblich oder rosa; Frucht rot, 6–8 mm breit. ▲ Zerstreut bis selten. Fast ganz Europa.

❺ Alpen-Bärentraube *Arctostaphylos alpina*

✻ Mai–Juni ↕ 20–50 cm ▼ Zwergstrauchheiden, Kalkfelsschutt, 1500–2600 m

Weit kriechender Spalierstrauch; B. verkehrt-eiförmig, scharf gezähnt, beiderseits netzaderig, sommergrün, im Herbst leuchtend rot; Blüten (5a) in 2–4-blütiger Traube; Krone krugförmig, mit 5 zurückgeschlagenen Zähnen, weiß oder rosa; Kelch 5-zipfelig; Frucht (5b) eine kugelige, rote, dann blauschwarze Steinfrucht. ▲ Verbreitet. Alpen, Pyrenäen, Jura, Apennin, Karpaten, Illyrien, Arktis.

❻ Vierkantige Moorheide *Cassiope tetragona*

✻ Juli–Aug. ↕ 10–30 cm ▼ Heiden, Tundra

Zwergstrauch; B. dicht, dachziegelig, 4-zeilig angeordnet, stumpf, 3–5 mm lang, unterseits mit tiefer Längsfurche; Blüten einzeln, b.achselständig; Krone glockig, 5–7 mm lang, weiß, mit rosafarbenen Zipfeln oder reinweiß; Blütenstiele kahl; Frucht eine Kapsel. ▲ Hauptsächlich Gebirge Nordeuropas, Arktis.

2

1

3

6

5a

5b

4

Heidekrautgewächse *(Ericaceae* incl. *Monotropaceae, Pyrolaceae* und *Empetraceae)*

❶ Heidelbeere *Vaccinium myrtillus*

✱ Apr.–Juni ↕ 15–50 cm ▼ Bodensaure Laub- und Nadelwälder, Zwergstrauchgesellschaften, in den Alpen bis über 2500 m

Zwergstrauch; Zweige kantig, grün; B. eiförmig, spitz, fein gesägt, grün, 2–3 cm lang; Blüten einzeln, b.achselständig; Krone kugelig, 4–5 mm breit, grünlich und rötlich überlaufen; Frucht kugelig, 5–8 mm breit, blauschwarz. ▲ Verbreitet. Nord- und Mitteleuropa, nordspanische Gebirge, Korsika, Apennin, Gebirge der Balkanhalbinsel.

❷ Rauschbeere *Vaccinium uliginosum*

✱ Apr.–Juni ↕ 20–80 cm ▼ Kiefern- und Birkenmoore, Zwergstrauchgesellschaften, in den Alpen bis etwa 2500 m

Zwergstrauch; Zweige stielrund, braun; B. verkehrt-eiförmig, stumpf, ganzrandig, blaugrün, unterseits stark netzaderig; Blüten zu mehreren, traubig, rosa oder weißlich; Frucht schwarzblau, 6–10 mm breit. ▲ Zerstreut. Nord- und Mitteleuropa, im Süden in den Gebirgen.

❸ Preiselbeere *Vaccinium vitis idaea*

✱ Mai–Aug. ↕ 10–20 cm ▼ Nadelwälder, Moore, Heiden, in den Alpen bis etwa 2500 m

Zwergstrauch; B. wintergrün, lederig, verkehrt-eiförmig, am Rand umgerollt, glänzend, unterseits hellgrün, 1–3 cm lang; Blüten in zierlichen Trauben, glockig, meist 4-zählig, weißlich oder rosa, 5–8 mm lang; Frucht kugelig, 5–8 mm breit, rot. ▲ Verbreitet. Nord- und Mitteleuropa, südlich bis Pyrenäen, Apennin, Gebirge der Balkanhalbinsel.

❹ Schwarze Krähenbeere *Empetrum nigrum*

✱ Apr.–Mai ↕ 15–50 cm ▼ Torfmoore, Dünen, Heiden, Nadelwälder; kalkmeidend

Zwergstrauch, ausgedehnte Teppiche bildend; Pfl. 2-häusig; B. wintergrün, nadelförmig, unterseits mit schmaler, weißer Rinne; Triebe jung rötlich, später rotbraun; Blüten einzeln, 1-geschlechtig, an Kurztrieben, unscheinbar, 3-zählig, rosa oder purpurn; Frucht eine schwarz glänzende, kugelige Beere, genießbar, aber bitter. ▲ Zerstreut. Nordeuropa, Norddeutschland, deutsche Mittelgebirge, in den Alpen fehlend.

Seidelbastgewächse *(Thymelaeaceae)*

❺ Rosmarin-Seidelbast, Heideröschen *Daphne cneorum*

✱ Mai–Aug. ↕ 5–30 cm ▼ Halbtrockenrasen, lichte Kiefernwälder, Felsbänder

B. lineal-spatelig, dunkelgrün, lederig, gleichmäßig am Zweig verteilt; Blüten dunkelrosa, außen behaart; Kelchröhre und Zweige anliegend behaart. Giftig! ▲ Selten. Mittel- und Südeuropa.

❻ Gestreifter Seidelbast, Steinröschen, Alpenflieder *Daphne striata*

✱ Mai–Aug. ↕ 5–30 cm ▼ Felsschutt, subalpine Rasen- und Zwergstrauchbestände, Latschengebüsch, meist auf Kalk, 1500–2800 m

B. schmal-keilförmig bis spatelig, lederig, derb, bläulich grün, an den Zweigenden rosettig gehäuft; Blüten rosarot, fein gestreift, duftend, zu 5–12 am Ende der Zweige; Kelchröhre und Zweige kahl. Giftig! ▲ Ziemlich häufig. Alpen.

5

6

3

4

1

2

Rosengewächse *(Rosaceae)*

❶ Strauch-Fingerkraut *Potentilla fruticosa*

✻ Juni–Aug. ↕ 20–100 cm ▼ Feuchte Felsstandorte, Ufer

Niedriger Strauch; B. 5–7-zählig gefiedert, Fiederb. mit eingerolltem Rand, 1–2 cm lang, länglich-eiförmig, ganzrandig, unterseits dicht seidenhaarig; Kronb. 5, goldgelb, rundlich, 10–12 mm lang; Rinde braunrot, in Fetzen sich ablösend. ▲ Zerstreut. Nordeuropa, südeuropäische Gebirge, sonst als Zierstrauch angepflanzt und gelegentlich verwildert.

Birkengewächse *(Betulaceae* incl. *Corylaceae)*

❷ Zwerg-Birke *Betula nana*

✻ Apr.–Juni ↕ 20–70 cm ▼ Hochmoore, saure Torfböden

Zwergstrauch; B. fast kreisrund, breiter als lang, stumpf gekerbt, 1 cm breit; Kätzchen aufrecht, bis 1 cm lang; Eiszeitrelikt. ▲ Sehr selten. Nordeuropa, Norddeutsche Tiefebene, Harz, Erzgebirge, Jura, Alpen und Vorland, Böhmerwald, Karpaten.

❸ Strauch-Birke *Betula humilis*

✻ Apr.–Mai ↕ 50–200 cm ▼ Birkenmoore, Übergangsmoore, Torfböden

Zwergstrauch; B. eiförmig, ungleich gesägt, 2–3 cm lang, gestielt; junge Zweige drüsig behaart; Eiszeitrelikt. Geschützt! ▲ Selten. Nordostdeutschland, Süddeutschland.

Sandelgewächse *(Santalaceae)*

❹ Mistel *Viscum album*

✻ Febr.–Mai ↕ 40–100 cm ▼ Die **Laubholz-Mistel**, ssp. *album*, auf Laubhölzern, verbreitet; die **Tannen-Mistel**, ssp. *abietis*, auf Weißtannen, zerstreut; und die **Kiefern-Mistel**, ssp. *austriacum*, auf Kiefern, zerstreut

Pfl. strauchig; Zweige gabelig verzweigt; B. lederig, immergrün; Blüten 1-geschlechtig, unscheinbar, in der Gabel zwischen den Zweigen; Beeren weiß oder gelblich; als Halbschmarotzer auf Bäumen (holt aus der Wirtspfl. Wasser und Mineralsalze). ▲ Südskandinavien, Mittel- und Südeuropa.

Spargelgewächse *(Asparagaceae* incl. *Ruscaceae, Hyacinthaceae)*

❺ Stechender Mäusedorn *Ruscus aculeatus*

✻ Febr.–Apr. ↕ 30–100 cm ▼ Gebüsche, Eichenwälder, trockene, felsige Hänge; wärmeliebend

B. schuppenförmig, stattdessen b.artig verbreiterte Seitensprosse (Phyllokladien), diese breit-lanzettlich, lederig, immergrün, 2–3 cm lang, mit stechender Spitze; Blüten grünlich, 3 mm breit, zu 1–2, mit schuppigen Tragb., auf der Oberseite der Phyllokladien; Frucht eine kugelige, rote Beere. ▲ Zerstreut. Südalpen, Südeuropa; Schottland und Belgien verwildert.

1
2
3
4
5

Stichwortverzeichnis – Deutsche Namen

F

G

L

M

Q

R

S

T

Stichwortverzeichnis – Wissenschaftliche Namen

W

X

Z

Dr. Thomas Schauer ist Vegetationskundler und Ingenieurbiologe. Über 35 Jahre war er am Landesamt für Wasserwirtschaft in München tätig. Er hat zahlreiche Arbeiten in verschiedenen Fachzeitschriften zu ökologischen, naturschutzfachlichen sowie vegetationskundlichen Themen veröffentlicht und ist ein profunder Kenner der heimischen Pflanzenwelt.

Claus Caspari, Sohn des renommierten Kunstmalers und Karikaturisten Walther Caspari, arbeitete zunächst als Kunsthändler und Dolmetscher. Ab dem Jahr 1949 konzentrierte er sich mehr und mehr auf die naturalistische Pflanzen- und Tiermalerei, in der er sich autodidaktisch zur Perfektion weiterentwickelte. Seine Pflanzen- und Tierdarstellungen sind einzigartig: filigran, detailgenau, mit plastischer Wirkung. Er starb 1980 in München im Alter von 69 Jahren.

Stefan Caspari ist der Sohn von Claus Caspari und wuchs in dessen künstlerischem Umfeld und Vorbild auf. Nach seinem Jurastudium wandte er sich der Fotografie zu, in der er die Meisterprüfung ablegte. Seit über 30 Jahren arbeitet er als freier Fotograf. Parallel dazu betätigt er sich erfolgreich als Kunstmaler und Illustrator. Stefan Caspari hat zwei Töchter und lebt und arbeitet in München. www.stefancaspari.de

Projektleitung: Elena Gabler, Sonja Forster
Lektorat: Jutta Weikmann
Herstellung: Martina Koralewska
Korrektorat: Jutta Weikmann
Bildredaktion: Nadia Gasmi
Umschlaggestaltung und Innenlayout: Independent Medien-Design, München: Horst Moser (Artdirection)
Satz: Anton Walter,Gundelfingen
Reproduktion: Repro Ludwig, Zell am See
Druck und Bindung: Livonia Print, SIA

ISBN 978-3-96747-005-5

14. Auflage 2024, vollständig überarbeitete und erweiterte Neuausgabe des Titels Der illustrierte Pflanzenführer für unterwegs (ISBN 978-3-8354-1827-1)

Wichtiger Hinweis
Das vorliegende Buch wurde sorgfältig erarbeitet. Dennoch erfolgen alle Angaben ohne Gewähr. Weder Autor noch Verlag können für eventuelle Nachteile oder Schäden, die aus den im Buch vorgestellten Informationen resultieren, eine Haftung übernehmen.

Bildnachweis
Fotos S. 3–15: Dr. Thomas Schauer

Farbzeichnungen
Claus und Stefan Caspari

Piktogramme:
Nadia Gasmi

GRÄFE UND UNZER

Ein Unternehmen der
GANSKE VERLAGSGRUPPE

BLV

PEFC
PEFC/32-31-076

Aufbau der Blüte

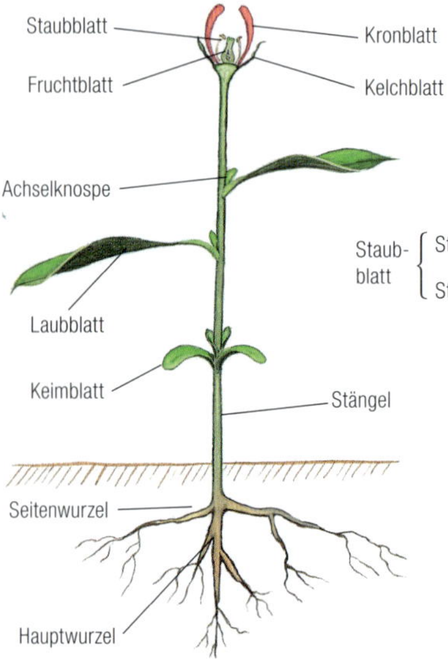

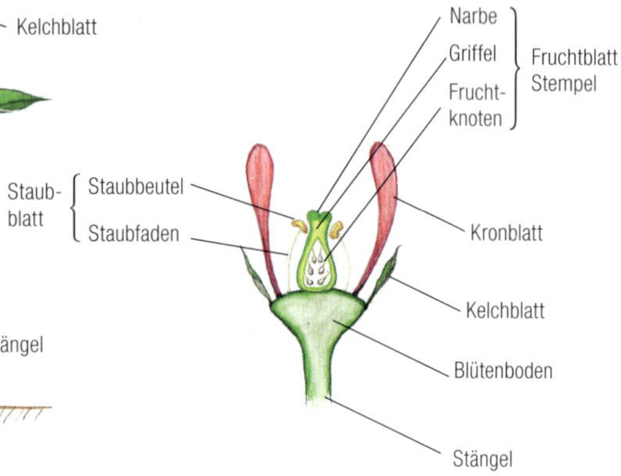

Stellung der Blätter

grundständig

kreuzgegenständig

wechselständig

gegenständig

quirlständig